환경심리와 인간행태

– 친인간적 환경설계연구 –

저 자

임 승 빈

서울대학교 농업생명과학대학 조경 · 지역시스템공학부 명예교수

환경심리와 인간행태

–친인간적환경설계연구

1판 1쇄 발행 2007년 7월 30일
1판 2쇄 발행 2008년 9월 15일
1판 3쇄 발행 2012년 7월 10일
1판 4쇄 발행 2016년 7월 15일
1판 5쇄 발행 2020년 7월 15일

지 은 이 | 임 승 빈
발 행 인 | 김 병 계
발 행 처 | 도서출판 보문당
등 록 | 1990년 6월 15일(제 1-1066호)
주 소 | 서울시 마포구 토정로 222 한국출판콘텐츠센터 422호
전 화 | 704-7025 / 704-0635
팩 스 | 704-2324
홈페이지 | http://www.bomoondang.co.kr
전자우편 | bmdpub@naver.com

값 22,000 원

ISBN : 978-89-8413-136-1 (93530)

환경심리와 인간행태

– 친인간적 환경설계연구–

임승빈 저

普文堂

머리말

본 서에 흐르고 있는 기본적인 주제는 '인간을 위한 환경의 창조' 이다. 더욱 구체적으로 말한다면 환경의 이용자들이 쾌적하게 느끼는 공간을 조성하자는 것이다.

실제 이용자들이 환경을 지각, 인지하고 태도를 형성하는 과정에 대한 이해를 바탕으로 이루어진 환경설계만이 '인간을 위한 환경의 창조' 에 접근할 수 있다.

현재 우리나라에서는 설계가를 위한 환경심리 · 행태에 관한 교육이 극히 부분적으로 이루어지고 있는 실정이며, 보다 완전하고 창의력 높은 설계가를 양성하기 위한 이 분야 교육의 확충이 시급한 과제라 할 수 있다.

본 서는 건축, 조경, 도시설계 등 환경설계를 전공하는 학부생 및 대학원생에게 필요한 환경심리에 관한 기초적인 내용을 주로 다루고 있다. 그러나 환경심리에만 국한시키지 않고 인간행태의 이해에 관련된 포괄적인 내용을 포함하고자 하였다.

또한 이들 내용을 기술함에 있어서 학문적 호기심에 머물지 않고, 환경설계실무와의 직접적인 연관성을 다루고 있으므로 실무자를 위한 참고서로서도 이용될 수 있을 것이다.

제1부와 제2부에서는 기초이론과 더불어 설계실무와의 관련성을 장별로 기술하였으며, 제3부에서는 앞서의 이론을 기초로 한 설계연구의 실례를 제시하였으며 동시에 설계연구방법을 기술하였다.

이 책을 통하여 환경설계를 전공하는 학생, 실무자들은 환경심리 · 행태와 관련된 기초이론을 습득할 수 있을 것이며, 심리학 · 사회학을 전공하는 학생들은 심리학적 · 사회학적 이론이 환경설계에 어떻게 응용되는지를 이해할 수 있을 것이다.

이 책이 처음 출간된 1986년에 비하여 환경심리 · 행태연구 분야가 독자적 영역을 구축하고 발전했다기 보다는, 조경, 도시, 건축, 환경 등 인접분야의 발전과 보조를 맞추며 현실문제 해결을 위한 다양한 주제를 다루면서 나름대로의 발전을 이룩해왔다고 할 수 있다. 그동안의 새로운 경향을 추가하면서 20년 만에 개정판을 내게 된 것을 기쁘게 생각하며 앞으로도 계속 수정 보완해 나가고자 한다.

끝으로 이 개정판의 출판을 흔쾌히 맡아주신 도서출판 보문당의 김병계 사장님을 비롯한 편집부 여러분께 감사드리며, 원고 정리를 도와준 서울대학교 조경계획 · 설계 연구실 연구원들, 특히 사진 촬영과 편집을 도와준 허윤선양에게 감사드린다.

2007년 봄

저자 씀

| 목차 Contents |

제2부 인간행태연구

Chapter 4. 문화적 환경과 행태

Chapter 5. 사회적 환경과 행태

Chapter 6. 감각적 환경과 행태

》》 들어가며

1. 환경심리 · 행태연구의 발달

환경심리 · 행태연구의 발달과정은 환경설계 분야(조경, 건축, 도시설계, 환경미술 등)와 심리학, 사회학, 인류학 등의 사회과학 분야가 상호 접근하는 과정이라고 볼 수 있다.

역사적으로 볼 때 환경설계는 건축가들이 주로 담당하여 왔으며 조경, 도시계획 등의 보다 세분된 전문 분야가 본격적으로 활동하기 시작한 것은 20세기에 들어오면서부터이다.

'건축가들이 심리학자로부터 배울 것이 있다' 라고 최초로 생각한 사람은 스위스의 건축가 메이어(Meyer)라고 전해진다(Broadbent, 1980). 메이어는 독일의 그로피우스(Gropius)가 1920년대에 미술과 공예의 결합을 목적으로 설립한 바우하우스(Bauhaus)에 초대되어 건축 교과과정을 마련하면서 심리학 강의를 개설하였다. 메이어는 이 강의를 통하여 학생들로 하여금 건물이 생리적, 심리적 및 인간의 기타 유기체적 특성에 어떠한 영향을 미치는가를 공부할 것을 권장하였다.

이후 심리학 및 사회학이 환경설계와 직접적인 유대를 맺은 것은 1961년 미국 유타주에서 열린 건축심리학과 정신병학(Architectural Psychology and Psychiatry)에 관한 회의가 열리면서부터이다.

그러나 건축심리학(Architectural Psychology)이라는 단독 주제를 채택한 것은 1967년, 전국 규모의 회의가 미국 유타주에서 열린 것이 세계

최초이며(Broadbent, 1980), 영국에서는 1969년 같은 주제를 가지고 칸터(David Canter)의 주도로 최초의 회의가 열렸다(Broadbent, 1980).

이후 미국에서는 1970년에 환경설계연구학회(EDRA : Environmental Design Research Association)가 창립되면서 환경설계와 심리학, 사회학, 인류학 등 관련 학문간의 본격적인 유대가 맺어지기 시작하였다. 이러한 흐름의 일환으로 크레이크(Craik, 1973)는 응용심리학으로서의 환경심리학의 관심 분야를 종합 정리한 바 있는데, 이는 환경심리학의 본격적인 대두를 의미한다(1장 참조). 이밖에도 1970년대에는 『환경과 행태』(Environment and Behavior) 등의 학술지 및 수많은 책을 통하여 활발한 연구 활동의 내용들이 출판되었다.

이러한 활발한 연구 활동은 기존의 인공환경이 설계자의 직관 및 경험에만 의존하고 실제 이용자의 선호 및 가치를 반영하지 못함으로써 이용자에게 적합한 환경이 조성되지 못했음에 대한 비판 및 반성에 자극을 받아 이루어지게 되었다.

1980년대에는 환경지각, 인지 및 태도에 관한 연구에 더하여 '환경의 의미' 까지 연구의 폭을 넓히고, 환경설계에 일반 대중의 선호 및 의식을 본격적으로 도입하기 시작하였다.

이상을 살펴볼 때 1920년대부터 1950년대 까지를 환경심리·행태연구의 '태동기' 로 볼 수 있으며, 1960년대에는 구체적인 모습이 나타나며 연구의 필요성이 인식되는 '출산기' 로 볼 수 있다. 1970년대는 종합과학적 연구를 지향한 연구 활동이 본격적으로 시작되는 '유아기' 로 볼 수 있으며, 1980년대는 문제중심적인 접근을 통하여 이용자의 심리·행태에 초점을 맞추어 보다 체계적이고 활발한 연구가 이루어지는 '소년기' 라 할 수 있다.

1990년대는 그 동안의 연구결과가 어느 정도 축적되고, 환경설계의 과학화가 정착되어 본격적인 궤도에 오를 것으로 기대되었으나, 이와는 상반되게 환경심리·행태연구의 한계성을 인식하는 기간이었다고 볼 수 있다(진, 1994). 즉, 설계가들은 환경심리·행태연구로부터 설계안에 대한 어느 정도의 해답을 얻을 것으로 기대했었으나 직접적인 해답보다는 설계지침적인 자료만 얻을 수 있었으며, 더욱이 이 자료는 제한된 여건에서 얻어진 결과이므로 범용적으로 적용하기에는 적절치 않았다. 또한 이들 자료는 대부분 연구방법에 대한 전문적인 지식이 있어야만 해석 및 응용이 가능하다는 어려움이 있었다. 따라서 이 시기는 환경심리 · 행태연구에 대한 연구자들의 반성의 시기였으며 동시에 설계가들에게는 이 분야에 대한 관심이 상대적으로 낮았던 시기라고 할 수 있다.

한편 1990년대는 생태환경에 대한 사회적 관심이 높아지는 시기였으며 이에 발맞추어 생태환경과 관련된 환경심리학 연구가 증가하는 시기였다. 예를 들면 친환경적 행태(proenvironmental behavior), 환경적 의식(environmental awareness), 환경적 관심(environmental concern), 환경적 의무(environmental responsibility), 환경적 참여(environmental commitment) 등과 관련된 연구가 수행된 바 있다. 따라서 이러한 맥락에서 녹색심리학(green psychology), 자연심리학(natural psychology), 지구환경변화 심리학(psychology of global environmental change), 지속가능성 심리학(psychology of sustainability) 등이 제시된 바 있다(Bonnes & Bonaiuto, 2002).

21세기로 진입하면서 기존의 인공환경 중심의 환경심리학 연구가 생태환경으로 영역을 확대하면서 보다 폭넓은 연구대상을 지니게 되었다. 따라서 기존의 자연과학 중심의 자연생태학(natural ecology)보다는 생태환경과 인간사회활동을 함께 고려하는 통합생태학(full ecology)적 관점에 관심을 기울이고 있다(Bonnes & Bonaiuto, 2002). 이와 더불어 환경심리 · 행태연구에 대한 과도한 기대치를 낮추고 참모습을 재인식하는 과정에 있다고 볼 수 있다. 21세기 환경심리 · 행태연구의 중심과제는 설계안을 직접 제시하는 것이 아니라 인간의 심리와 행태에 대한 이해를 바탕으로 검증되고 응용 가능한 설계이론과 지침 및 방향을 제시하는 것이다(표 1).

표 1 환경심리 · 행태연구의 발달

구분	연도	사건	경향
태동기	1920–1950's	바우하우스(BAUHAUS)에서 비롯	심리학강의 개설
출산기	1960's	세계 최초의 건축심리학 회의 개최	연구의 필요성 인식
유아기	1970's	환경설계연구학회(EDRA) 창립	종합과학적 모색
소년기	1980's	환경설계의 대중화	문제중심적 접근 모색
청년기 (반성기)	1990's	지속가능환경의 중요성, 녹색심리학 대두 환경심리 · 행태연구에 대한 한계성 인식	생태환경과 관련된 연구 증가 설계가의 과도한 기대 인식/반성
장년기	2000's	자연생태학(natural ecology)에 대비되는 통합생태학(full ecology) 인식	기존의 인공환경 중심의 연구에서 생태환경을 포함하여 연구영역 확대 검증된 설계이론 및 지침제공 기대

유럽과 미국에서는 심리학자, 사회학자 등이 환경심리 · 행태 분야에 적극적으로 참여하여 설계가에게 자극을 주고, 관련 분야간에 비교적 균형을 이루며 이 분야의 발달에 기여하고 있음에 비하여 우리나라에서는 환경설계가들이 이 분야를 주도하고 있는 것으로 보여진다.

아직 유아기 혹은 소년기에 있다고 보여지는 우리나라에서는 심리학이나 사회학 쪽에서 이 분야에 큰 관심을 보이고 있지 않은 것이 사실이다. 이는 '환경심리학' 과목이 심리학과에는 없고 환경설계 관련 학과에 개설되어 있음을 보아도 짐작할 수 있다(서울대학교, 1985). 또한 사회학과, 인류학과, 지리학과에는 각각 도시사회학, 도시인류학, 도시지리학 등이 개설되고 있으나 환경설계와 얼마나 직접적인 관계가 있는지는 확실치 않다(서울대학교, 1985). 우리나라에서 환경심리 · 행태 분야의 발전을 위하여는 관련 분야간의 협력과 공동노력이 활발하게 이루어져야 할 것이다.

2. 환경심리 · 행태연구와 관련 학문

지난 30여 년 동안 환경설계(건축, 조경, 도시설계, 환경미술 등)와 관련하여 환경심리 및 인간행태에 관한 수많은 책들이 쏟아져 나왔다. 이 책들은 독자들이 혼란을 느낄 정도로 매우 다양하고 광범위한 분야에 걸쳐 있으나 학문적 근원을 따른다면 세 가지로 크게 나누어 볼 수 있다.

첫째는 심리학에 기본바탕을 두고 있는 환경심리학에 관한 것으로서 환경의 지각, 인지 및 태도의 형성과정을 이해하려는 노력을 의미하는 것이다. 이러한 흐름을 대변하는 책들은 그 제목에서 주로 '환경심리(학)'를 표방하고 있다(Proshansky, et al., 1978 ; Heimstra & McFarling, 1974 ; Ittelson, et al., 1974 ; Bell, et al., 1978 ; Holahan, 1982).

둘째로는 사회학, 인류학 및 지리학에 기본 바탕을 두고 있으며 인공환경 내에서의 인간행태를 사회적, 문화적 측면에서 주로 해석하려는 노력을 포함하는 것이다. 이러한 흐름을 대변하는 책들은 환경심리학보다는 훨씬 다양하고 광범위하게 출판되고 있다. 그 제목에서 '환경과(사회적) 행태'(Altman, 1975 ; Porteous, 1977)를 많이 표방하고 있으나 이에 국한되지 않고 매우 다양한 제목을 보여 주고 있다.

사회적 측면에서는 『인간과 도시환경』(Man and His Urban Environment, Michelson, 1970), 『환경계획 : 지각과 행태』(Environmental Planning : Perception and Behavior, Saarinen, 1976), 『건축의 실험사회학』(Experimental Sociology of Architecture, Ankerl, 1981) 등이 있다. 또한 지리학자들 중에는 현상학적 측면에서 장소성(sense of place)에 관심을 가져 『장소와 장소상실』(Place and Placelessness, Relph, 1976) 등이 출판되었다.

문화적 측면에서는 『도시형태의 인간적 측면』(Rapoport, 1977), 『인공환경에서의 의미와 행태』(Broadbent et al., 1980), 『인공환경의 의미』(Rapoport, 1982) 등이 출판된 바 있다.

셋째로는 환경설계 및 계획에 기본바탕을 두고 있으면서 주로 직관에 의지하여 온 전통적인 설계 자세로부터 과학적인 접근을 시도하려는 노력을 포함하는 것이다. 이러한 흐름을 대표하는 책들은 『패턴의 언어』(Alexander, 1977), 『도시의 이미지』(Lynch, 1960), 『소규모 도시공간의 사회적 행태』(Whyte, 1980) 등이다.

이상에서 환경심리 및 행태에 관련된 연구를 주로 저자의 학문적 배경 및 이에 따른 접근 방법의 측면에 따라서 셋으로 구분하였으나, 실제에 있어서 연구내용상 중복되는 부분이 많으며 상호간의 영역 경계를 긋기란 매우 어렵다고 할 수 있다. 더욱이 최근 문제중심적인 접근이 일반적인 경향이 되면서 각 분야의 경계를 구분하기가 사실상 불가능하게 되었다.

일반적으로 심리학 쪽에서는 '환경심리' 라고 표현하고, 사회학, 인류학 쪽에서는 주로 '인간행태' 라고 표현하며, 환경설계 분야에서는 '과학적 설계' 라고 표현하는 경향을 볼 수 있는데 사실상 이들의 내용을 살펴보면 관심 분야가 거의 일치하고 있음을 알 수 있다.

실제로 '심리' 와 '행태' 는 불가분의 관계에 있으며, 설계연구에서는 환경창조를 위한 인간의 심리 및 행태의 연구에 관심을 집중하고 있다. 환경심리 혹은 인간행태의 연구는 궁극적으로 보다 쾌적한 인간환경의 창조를 목표로 하고 있으며, 쾌적한 인간환경의 창조를 위하여는 앞서 언급된 분야들이 모두 고려되어야 하므로 이상의 관련 분야들이 균형있게 조화된 종합적 접근이 요구된다(그림 1).

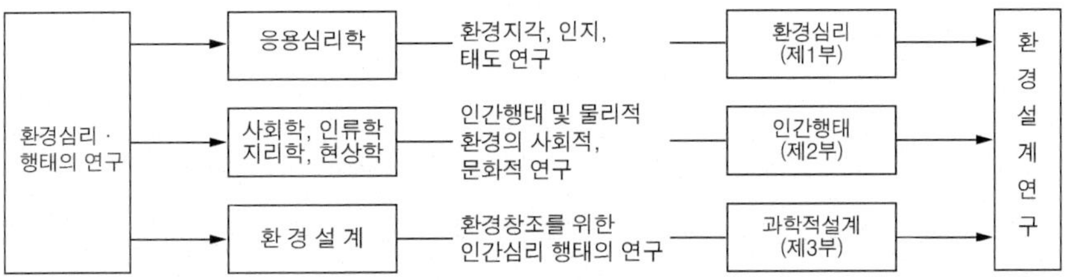

그림 1 **환경심리 · 행태의 종합적 연구**

이상에서 언급된 세 가지 분야는 접근의 측면에서 약간씩 상이함을 보여주나 궁극적으로는 물리적 환경과 인간의 심리 · 행태의 관계성에 초점을 맞추고 있다는 점에서 커다란 공통점이 있다.

본 서에서는 '환경설계연구' 와 환경심리 · 행태의 다양한 기존 연구 분야가 어떻게 접목될 수 있는가에 초점을 맞추어 3부로 구성하였다.

3. 설계교육과 환경심리 · 행태연구

유럽과 미국에서 환경설계를 위한 환경심리 · 행태연구의 중요성에 관한 인식은 1960년대 초부터 비롯되었으나 교과과정에 반영된 것은 1970년대에 이르러서이다.

1967년 미국 건축가협회(AIA)에 의하여 74개의 건축대학을 대상으로 이루어진 '환경설계교육의 연구'에 의하면 건축대학의 대학원과정에서는 사회과학 혹은 인문과학에 관한 강의가 전혀 없었으며 학부에서는 일부(사회학, 심리학, 철학 등) 있었으나 이는 대부분이 입문정도에 그치는 것이었다(Perin, 1970). 따라서 환경심리 · 행태에 관한 본격적인 교육은 1960년대 말 까지는 거의 없었다고 보아야 할 것이다.

표 2 미국 건축대학의 교과과정

과 목	학 부	대학원
건축설계	26%(평균%)	44%
시각적 연구	9	7
사회과학	3	0
인문과학	8	0
선 택	9	1

(자료 : Perin, 1970, p.7)

환경심리 · 행태연구의 중요성에 대한 인식이 점차 높아지면서 1970년대에 이르러서는 미국 대부분의 대학에서 환경설계 교육과정에 이들과 관련된 교과목이 나타나게 되었다. 이들 교과목의 명칭은 다양한 양상을 보여 주었다. 펜실베니아 대학에는 '도시설계에서의 행태적 인자(Behavioral Factors in Urban Design)', '사회과학 연구방법(Social Science Research Method)' 등이 있으며, 버지니아 주립대(VPI & SU)에는 '설계에서의 인간환경적 인자(Human Environmental Factors in Design)' 등의 교과목이 개설된 바 있다.

현재 미국에서는 이상과 같이 그 명칭에 있어서는 다양하지만, 환경설계와 관련된 거의 모든 대학에서 이 분야의 강좌를 개설하고 있는 실정이다. 이러한 추세는 환경설계와 계획에서 종합과학적 접근의 필요성이 높아짐에 따른 당연한 결과로 볼 수 있다.

한편 우리나라에서는 1970년대 초반부터 설계교육에서 환경심리 · 행태에 관한 필요성이 부분적으로 인식되고 있었으며, 1970년대 후반에 이르러 비로소 교과목으로 등장하기 시작하였다(서울대학교, 1977, 1981, 1985). 학부에서는 1970년 서울대학교 농업생명과학대학 조경학과에 '인간행태분석' 이 최초로 개설된 바 있으나 2000년부터는 대학원과정의 '환경설계와 인간행태' 로 합병되었다.

대학원과정에서는 1976년 연세대학교 건축공학과에 '환경심리학' 이 최초로 개설되었다.

이어서 1977년 서울대학교 대학원 건축과에 '건축환경심리론' 이 개설되었으며, 1981년에는 동대학교 환경대학원에 '환경심리' 가 개설되었다(1985년에 '환경심리와 행태' 로 개정). 같은 해 동대학교 농업생명과학대학 조경학과에는 환경심리학과 관련이 깊은 '환경미학' 이 개설되었다.

우리나라에서는 이상과 같이 1970년대 후반 및 80년대에 이르러 비로소 환경심리 · 행태와 관련된 교과목이 등장하고 있는 실정이다. 물론 교과목의 명칭이 다르며, 다른 과목에서 부분적으로 환경심리 · 행태의 개념을 소개하고 있는 것은 사실이지만 이에 관한 본격적인 교육은 아직 미흡한 현실이다. 따라서 우리나라에서 환경설계교육을 위한 '환경심리 · 행태' 관련 과목의 도입이 필요하다. 그러나 아직도 과목의 명칭은 물론, 무슨 내용을 어느 정도의 깊이로 다루어야 할지에 대한 기준조차 설정되어 있지 않은 실정이므로 이에 대한 연구가 요구되고 있다.

본 서는 이러한 필요성에 부응하기 위하여 환경심리 · 행태연구의 관심분야를 가능한 한 광범위하게 다루고자 하였으며, 각 분야간에 체계를 세우고자 시도하였다. 따라서 본 서는 환경설계가를 위한 환경심리 · 행태교육의 내용 및 깊이를 설정함에 도움이 될 수 있을 것으로 믿는다.

4. 설계가와 과학자

환경심리 · 행태의 연구는 궁극적으로 환경설계와 사회 및 행태과학(사회학, 심리학, 문화인류학, 지리학)의 결합으로 이루어진다.

설계와 과학을 결합시킨다는 일은 일면 매력적이며 흥미로운 일임에는 틀림없으나, 두 영역이 지닌 특성의 차이 때문에 결코 쉬운 일이 아니다.

설계 작업과 과학적 연구의 특성을 대비시켜보면 다음과 같다(Altman, 1975).

1 결과물의 실현 – 현상의 이해

설계 작업은 주어진 시간 내에 의뢰인의 요구에 부응하는 구체적인 설계안을 만들어야 하며 이 안이 실제로 시공될 것을 전제로 한다.

이에 비하여 과학적 연구는 보다 추상적인 내용을 다루며, 현실에의 적용보다는 현상의 파악과 이해에 보다 관심을 둔다. 연구결과는 현실적 문제해결에 도움을 줄 수는 있으나 직접적으로 적용되기는 어려운 점이 있다. 따라서 설계자는 비록 만족스럽지 못하다 하더라도 결과물을 만들어 내야 하는 반면, 과학자의 연구는 논리적으로 보다 치밀한 구성을 지닐 수 있으나 연구결과를 현실에 곧바로 적용할 것을 최상의 목표로 하는 것은 아니다.

2 종합 – 분석

설계 작업은 문제해결을 위하여 이에 관련되는 사항을 가능한 한 모두 수집하고 각 항목간의 우선순위를 정하며, 각 항목의 상대적 중요성에 부응하여 설계안을 도출하게 된다. 따라서 설계 작업은 관련된 사항을 종합하는 과정으로 볼 수 있다.

이에 비하여 과학적 연구는 하나의 현상을 요인 별로 나누고 더욱 세분하여 각각의 인자의 역할 및 인자 상호간의 관련성을 밝혀내는데 노력을 기울인다. 따라서 과학적 연구는 분석하는 과정으로 볼 수 있다.

3 장소중심적 – 개념중심적

설계 작업은 특정 장소를 전제로 한 작업인데 비하여, 과학적 연구는 여러 장소에서 공통으로 적용되는 특정 개념에 초점을 맞추는 것이 보통이다. 이를 보다 쉽게 이해하기 위하여 세 개의 축을 가정해보자(그림 2).

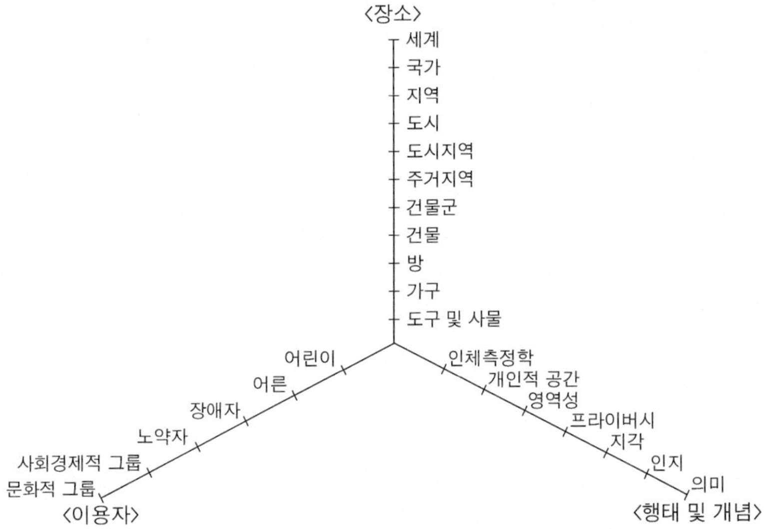

그림 2 환경-행태의 정보체계(자료 : Moore, 1979, p.50)

첫째로 장소의 축을 생각할 수 있는데 이는 작게는 가구, 방으로부터 크게는 도시, 지역, 국가에 이르며 이들은 환경설계의 물리적 단위들이 된다.

둘째로 이용자의 축을 생각할 수 있는데 이는 각각의 물리적 단위를 이용하는 인간 그룹으로서 어린이, 노인을 비롯하여 개인 및 각종 규모의 그룹을 포함한다.

셋째로 행태 및 개념의 축을 생각할 수 있는데 이는 물리적 환경에서 이용자들이 환경을 지각, 인지하고 반응하는 과정 및 이용자간의 상호작용을 포함한다.

이상과 같은 세 가지 축을 가정해 볼 때 환경설계가는 장소축 상의 특정 공간에 초점을 맞추고 여기에서의 이용자 및 이용자의 행태에 관심을 가지며 이를 설계에 반영한다.

이에 비하여 사회 및 행태 과학자들은 특정 행태 혹은 특정 개념에 초점을 맞추고 이 행태 혹은 개념이 이용자 그룹 및 장소에 따라서 어떻게 변화하는가 혹은 불변하는가를 규명하는데 관심을 갖는다.

4 표현적 창의성 – 합리성

전통적으로 설계 작업은 창의성을 필요로 하며 과학과는 거리가 먼 것으로 인식되어져 왔다. 그렇다면 과학자는 창의성이 없어도 되는가 하는 의문을 가질 수 있는데 이에 대한 해답은 자명하다. 높은 창의성을 지닌 과학자가 훌륭한 과학자가 될 수 있음은 당연하기 때문이다.

여기서 우리는 창의성을 '사고의 창의성'과 '표현의 창의성'으로 구분할 필요를 느끼며, 이를 통하여 설계 작업과 과학적 연구의 특성을 비교해 보고자 한다.

사고의 창의성은 주로 과학과 관련되는 것으로서 혁신적인 아이디어 혹은 개념을 도출하는데 필요한 능력이다. 이는 보통의 사고방식으로는 도출하기 어려운 새로운 가능성을 제시하는 것으로서, 눈으로 보거나 귀로 들을 수 없는 주로 추상적인 내용을 포함한다. 표현의 창의성은 주로 예술과 관련되는 것으로서 건축, 미술, 음악 등과 같이 감각기관을 통하여 감지할 수 있는 구체적 내용을 표현하는데 필요한 능력이다(그림 3).

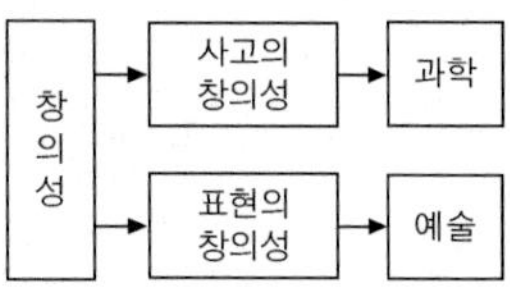

그림 3 창의성의 유형

사고와 표현의 창의성이 구별되는 것은 같은 아이디어 혹은 개념을 갖고서도 이것을 표현하는데(예 : 건축, 조경, 음악 등) 있어서는 수많은 형태를 지닐 수 있음에 기인한다.

설계과정은 일반적으로 (프로그램 작성)–(분석)–(종합)–(설계안 도출)의 순서로 이루어지는데 프로그램 작성의 단계에서는 사고의 창의성이 요구되며 설계안 도출단계에서는 표현의 창의성이 요구된다. 따라서 설계 작업에서는 두 가지 유형의 창의성이 모두 필요하다고 볼 수 있다.

한편 과학적 연구는 일반적으로 (가설 설정)–(가설 검증)의 순서로 이루어지는데 가설의 설정단계에서는 사고의 창의성이 요구되며, 가설의 검증을 위하여 사고의 합리성이 요구된다(그림 4).

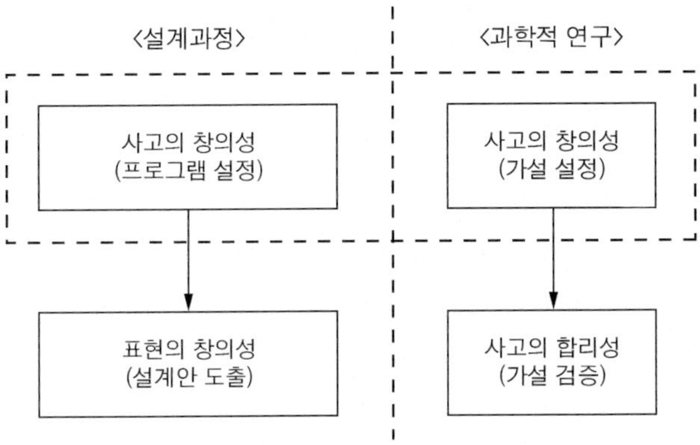

그림 4 **설계 및 과학적 연구의 과정**

따라서 설계가와 과학자는 기본적으로 사고의 창의성이 요구되나 이에 더하여 설계가는 표현의 창의성이 필요하며 과학자는 사고의 합리성이 필요하다. 전통적으로 설계가는 표현의 창의성(예술성)을 강조하여 왔으며 과학자는 이론의 합리성을 강조하여 왔다. 이상에서 언급된 설계와 과학의 근본적인 차이점으로 인하여 환경심리 · 행태연구에 거는 기대는 두 분야간에 차이가 있다.

즉, 설계 분야에서는 설계에 직접 응용될 수 있는 보다 구체적인 결과가 나오기를 기대하고 있으며, 사회 및 행태과학 분야에서는 시간이 걸리더라도 보다 기초적인 문제부터 차근차근 해결하기를 기대하고 있다. 그러나 양자를 동시에 만족시킨다는 것은 거의 불가능한 일이다. 이러한 시각의 차이로 인하여 설계가들은 환경심리 · 행태연구에 대하여 실망을 느끼기도 하며, 과학자들은 이 분야의 연구에 매력을 잃기도 한다.

이상과 같은 어려움에도 불구하고 환경심리 · 행태연구 분야에 대한 설계가와 과학자의 관심이 계속 증대되고 있음은 이 분야의 필요성을 입증하는 것이라 볼 수 있다.

설계가들은 시급한 문제를 추출하여 연구의 방향을 제시하여야 할 것이며, 과학자들은 문제해결을 위한 접근방법 및 이론을 제시함으로써 두 분야간의 협력을 통한 발전을 도모하여야 할 것이다.

5. 환경심리 · 행태연구자

앞서 언급된 바와 같이 설계가와 과학자가 상이한 특성을 지니고 있다면 누가 양자의 특성을 종합하여 환경심리 · 행태연구를 수행할 것인가 하는 의문을 갖게 된다. 설계가 혹은 과학자가 할 것인가, 아니면 환경심리 · 행태연구의 전문성을 지닌 새로운 전문가가 필요한 것인가 하는 점을 생각하지 않을 수 없다.

지금까지의 경향을 보면 설계가의 연구는 실제 적용하기에는 쉬우나 논리적 전개가 치밀하지 못한 점을 보여 주고 있다. 반면 과학자의 연구는 치밀한 전개를 보여 주나 실제 적용과는 거리가 먼 경우가 많으며, 설계가들이 이해하기 어려울 정도의 추상성을 내포하는 경우가 많다.

이는 설계가들은 과학적 방법에 대한 기초가 부족하며, 과학자들은 설계문제에 대한 이해가 부족하면 수준 높은 연구를 수행하기 어려우며, 직접 설계를 해보지 않고서는 풀어야 할 문제가 무엇인지를 확실히 알기 어렵다.

따라서 가장 이상적인 연구자는 설계 및 과학적 연구에 모두 경험이 있는 사람일 것이다. 양자 모두에 경험을 갖는 세 가지 경우를 생각해 볼 수 있겠다(그림 5). 첫째는 과학자가 설계경험을 한 후에 연구를 수행하는 것인데 사회학자나 심리학자가 다시 설계 수업을 처음부터 수행한다는 것은 설계 작업의 특성상 불가능하지는 않으나 현실적으로 어려울 것임에 틀림없다.

둘째는 설계가가 과학적 연구방법 및 관련 기본개념을 체득하는 경우인데 이 역시 쉬운 일은 아니나, 설계 작업을 하면서 점진적으로 과학적 방법에 대한 이해 및 인식을 높여가는 것은 가능할 것으로 보여진다.

셋째는 처음부터, 예를 들면 학부과정부터 두 분야를 균형있게 수학하여 환경심리 · 행태연구의 전문가로 성장하는 경우이다. 이 경우는 일견 가장 바람직한 경우로 보여지나 현재로서는 실현성이 적으며, 장차 환경심리 · 행태연구 분야가 성숙되었을 경우에나 새로운 학과, 혹은 두 분야의 협동과정의 신설을 통하여 가능할 것으로 보여진다.

이상에서 언급된 첫째, 둘째의 경우는 모두 바람직한 것으로 보여지나 두 번째의 경우가 보다 현실성이 있어 보인다. 세 번째의 경우는 이론적으로는 이상적이나 실현성이 적다.

한편 두 번째 경우와 세 번째 경우의 절충적인 방법을 생각해 볼 수도 있다. 즉, 건축, 조경 등 환경설계 관련 학과의 대학원에서 환경설계연구에 관한 전공을 두어 환경심리 · 행태연구의 전문가를 양성하는 방법이다. 이 경우 학부를 졸업하고 설계실무에 3년 이상 경험을 가진 후 대학원에 들어간다면 더욱 바람직할 것이다. 이는 현실적으로 바람직한 방법이 될 수 있는데 다만 사회 및 행태과학 분야의 교수진을 환경설계 관련 학과에서 확보하여야 한다는 문제가 남아 있다. 실제로 미국에서는 대부분의 설계학과에 사회 및 행태과학 전문학자를 확보하고 있음을 볼 수 있다.

우리나라의 현 실정에서는 누가 이 분야의 연구를 수행할 것이냐 보다는 이 분야에 관심있는 사람은 설계자나 과학자를 불문하고 모두 참여하여 이 분야의 발전에 일익을 담당할 것이 요구된다. 특히 이 분야의 균형적인 발전을 위하여 사회 및 행태과학자들의 적극적인 참여가 이루어져야 하겠다.

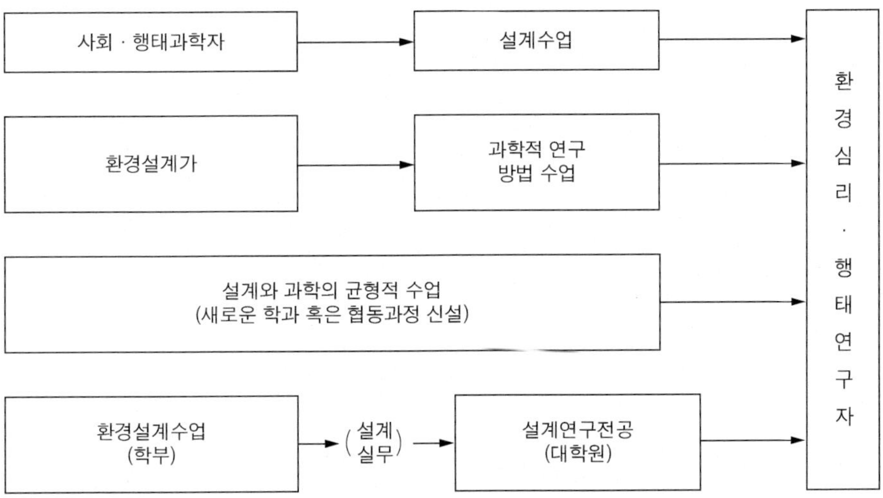

그림 5 **환경심리 · 행태연구자의 양성**

6. 환경심리 · 행태연구의 기여

앞서 언급된 바와 같이 설계가들은 환경심리 · 행태연구의 결과가 설계에 직접적으로 응용될 수 있기를 기대하고 있다.

더욱 구체적으로 말하면 설계안을 만들 때 사고의 창의성 뿐 아니라 표현의 창의성에도 적용될 수 있기를 바라고 있는 듯하다. 이는 무리한 요구인 듯 보여지며, 이러한 과도한 기대는 설계가들이 과학적 연구에 쉽게 실망을 느끼는 원인의 하나가 되고 있다. 이러한 관점에서 환경심리 · 행태의 연구가 환경설계작업에 어떻게, 얼마 만큼 기여할 수 있는가를 살펴봄은 환경심리 · 행태연구의 실체를 파악하는데 도움이 될 것이다.

환경설계의 과정은 각 분야의 특성에 따라서 또한 프로젝트의 성격에 따라서 다소 차이가 있으나 일반적인 과정은 (프로그램 설정)–(자료의 분석 및 종합)–(대안의 설정 및 선정을 통한 기본계획 작성)–(세부설계 및 시공도면 작성)–(시공)의 순서로 이루어진다(그림 6). 이러한 과정의 각 단계에서 환경심리 · 행태의 연구는 단계별로 다소 상이한 내용의 기여를 할 수

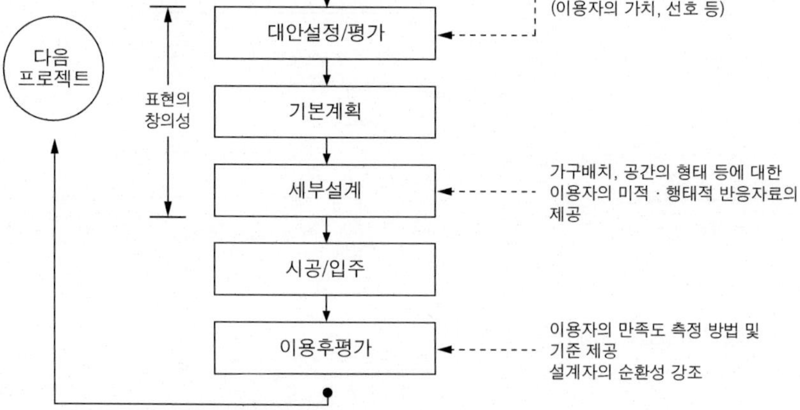

그림 6 설계과정과 환경심리 · 행태연구의 기여

있다고 보여진다. 이를 네 가지 측면에서 살펴보면 다음과 같다(그림 6).

(1) 우선 프로그램의 단계에서 이용자의 특성, 행위유형 및 행위유형에 따른 공간의 규모 및 공간 상호간의 관계성에 관한 보다 과학적인 자료를 제공할 수 있다(Altman 1975, p.196).

(2) 자료의 분석 및 종합을 통하여 비교, 평가하여 최적의 대안을 선정할 때 이용자의 가치 및 선호의 측면에서 대안설정의 기준을 제시해 줄 수 있다.

(3) 기본계획을 더욱 발전시켜 세부설계를 수행할 때 각각의 세부공간이 이용자에게 어떠한 반응을 불러일으킬 것인가에 관한 자료를 제공할 수 있다.

(4) 이용후평가(post occupancy evaluation)의 방법 및 기준을 제공해 준다(임승빈, 주신하, 2000). 기존의 설계 작업에서는 한 번 시공되고 난 후에는 해당 프로젝트에 대한 관심이 끝나버리는 경향이 많았다. 그러나 최근에는 시공되고 난 후에 얼마 동안의 이용 기간이 경과한 후 이용자들이 얼마나 만족하는가, 설계의도대로 이용되고 있는가 등에 관한 조사를 하여 다음의 유사한 프로젝트에 이 결과를 반영시키고자 하는 노력을 하고 있으며 이를 이용후평가라고 부른다. 이용후평가는 기본적으로 환경심리 · 행태연구의 영향을 받아서 대두되기 시작하였으며, 설계과정의 일방향적 흐름을 순환적 흐름으로 바꾸어 놓는 계기가 되었다(Moore, 1979).

이상을 살펴볼 때 환경심리 · 행태의 연구는 설계 작업을 대신해 주는 것이 아니고 설계과정의 각 단계에서 필요한 자료를 과학적 근거에 입각하여 제시해 준다고 볼 수 있다.

따라서 설계에서 요구되는 두 가지 유형의 창의성 가운데 표현의 창의성보다는 사고의 창의성에 더욱 많은 도움을 줄 수 있다.

전통적으로 설계가는 사고의 창의성보다는 표현의 창의성을 강조해 온 것이 사실인데, 이러한 흐름의 반작용으로 대두된 사고의 창의성 및 합리성의 강조가 환경심리 · 행태연구를 발전시킨 한 배경이 된다고 볼 수 있다. '과학적 설계' 라는 말도 이와 같은 측면에서 이해되어져야 할 것이다.

즉 과학이 설계를 대신한다는 의미 보다는 과학적인 합리적 사고와 설계가의 표현적 창의성이 상호보완적으로 균형을 이루어, 보다 바람직한 환경을 창조한다는 의미로 받아 들여져야 하겠다.

7. 행태의 개념

환경심리 · 행태의 연구는 주로 유럽과 미국에서 발달하기 시작한 분야이므로 관련용어를 번역하여 사용하는데 있어서 학자에 따라 상이한 경우를 종종 볼 수 있다. 이는 해당되는 개념(單語)이 한글에 없었거나 학자들이 속한 분야의 특성이 상이함에 기인한다. 여기서는 이 책에서 채용하고 있는 몇 가지 중요한 개념을 소개하고자 한다.

1 동작, 행동, 행태, 행위, 활동

이상의 다섯 가지 개념은 상호 중복되어 사용되는 경우가 많은데 이를 영어와 관련시켜보면 다음과 같다.

Action : 행동 혹은 동작
Behavior : 행동 혹은 행태
Activity : 행위 혹은 활동

심리학에서는 행동을 '생활체가 행하는 신체적 및 정신적 활동의 총칭'으로 사용하고 있어서 영어의 'action' 혹은 'behavior'를 행동으로 번역하고 있다. 행위라 함은 넓은 뜻으로는 '인간의 모든 동작'을 의미하고, 좁은 뜻으로는 '분명한 목적 관념이나 동기를 가지고 사고, 선택, 결심을 거쳐 의식적으로 행해지는 의지적 동작으로서 선악, 시비의 판단대상이 되는 것'으로 풀이하고 있으므로 영어의 'act' 또는 'activity'에 해당된다고 보겠다.

한편 'action'은 물리적인(근육) 움직임을 다분히 내포하고 있으므로 이를 강조하는 뜻에서는 '동작'으로 번역하여도 될 것이다. 또한 'behavior'

는 심리학에서는 주로 행동으로 번역하고 있으나 동작과 구별하는 뜻에서 '행태' 라고 번역하여도 무방하리라 생각한다. 행태라는 말은 비교적 최근에 사용되기 시작한 것으로 단순한 동작이 아닌 특정 상황 하에서 특정인의 행동(혹은 동작) 패턴을 의미하는 뜻에서 행태라고 부를 수 있다.

'activity' 는 일반적으로 '활발하게 행동함' 혹은 '어떤 일의 성과를 거두기 위하여 운동함' 의 뜻인 활동으로 번역되고 있으나 앞서 언급된 바와 같이 행위로 번역해도 무방할 것이다. 다만 활동이라고 할 경우(예 ; 포교활동)에는 '일반적인 특정 행동' 을 의미하나, 행위라고 할 경우(예 ; 포교행위)에는 특정 행동을 선악 · 시비의 판단대상으로 본다는 뜻이 함축되어 있다.

이상을 종합하여 볼 때 다음과 같이 각 개념의 상대적 의미를 정의할 수 있겠다.

동작 : 신체적 운동에 대한 일반적 호칭
행동 : 신체적, 정신적 활동에 대한 총체적 호칭
행태 : 특정 상황 하에서 특정 행동의 패턴
활동 : 특정 의도를 지닌 행동의 일반적 지칭
행위 : 특정 의도를 지닌 행동의 일반적 호칭이며 선악 · 시비 판단의 대상임을 함축

따라서 'behavior' 를 행동 혹은 행태로 번역할 수 있으나, 이 책에서는 일반적인 행동 자체보다는 일정 환경에서 일어나는 행동의 패턴을 강조하는 뜻에서 '행태' 로 번역하고자 한다.

이와 같은 맥락에서 'human behavior' 는 인간행태, 'behavioral science' 는 행태과학, 'recreation behavior' 는 레크레이션 행태와 같이 부르기로 한다.

2 사회과학과 행태과학

사회과학(social science)은 넓은 의미로는 정치학, 경제학, 역사학 등

을 포함하고 있으며 좁은 의미로는 사회학을 주로 의미할 때도 있다.

행태과학(behavioral science)은 넓은 의미로는 심리학, 인류학, 지리학 등을 포함하고 있으나, 좁은 의미로는 심리학을 주로 뜻한다. 행태과학 혹은 행동과학은 비교적 최근에 사용되기 시작한 단어로서 사회과학과 중복되는 분야가 많다고 볼 수 있다.

8. 환경심리 · 행태연구의 내용

환경심리 · 행태의 연구는 기본적으로 환경적 자극을 지각 · 인지하고 태도를 형성하며 이를 바탕으로 하여 행동으로 나타나는 전과정을 포함한다.

이와 관련하여 이 책에서는 환경심리 · 행태연구의 내용을 3부로 기술하고 있다(그림 7).

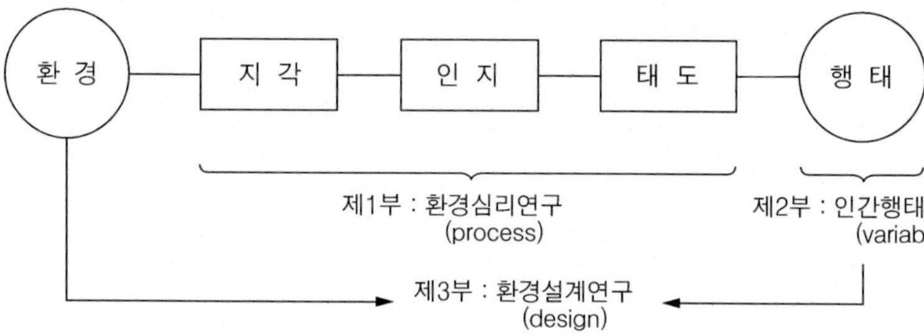

그림 7 **환경심리 · 행태연구의 내용과 본서의 구성**

제1부는 환경심리의 과정에 관한 것으로서 환경적 자극을 지각 · 인지하고 태도를 형성하는 과정(process)을 다루고 있다. 이는 주로 환경심리학의 영역에 속하는 것으로서 환경지각, 환경인지, 환경에 대한 태도와 관련된 기초이론을 다루고 있으며, 특히 설계와 관련이 많은 미적 지각에 관하여 상술하고 있다.

제2부에서는 인간의 행동에 초점을 맞추어 인간행태를 좌우하는 문화적, 사회적, 물리적 변수(variable)들을 다루고 있다.

이는 넓게 보면 환경심리학의 영역에 속한다고 보겠으나 인간의 환경적 반응과정보다는 행태 자체에 초점을 맞춘다는 점에서 환경심리학과 구별된다고 하겠다. 인간이 환경적 자극을 받아들이고 반응하는 과정보다는 환경적 상황과 행태의 직접적 관계에 관심을 두고 이를 연구하는 '환경-행태연구' 분야라고 할 수 있다. 이는 관찰 가능한 인간행동을 주로 연구하는 것으로서 최근에는 이러한 측면의 연구를 '환경-행태연구(environment-behavior studies)'라는 이름으로 부르는 학자들이 늘어나고 있다.

이러한 측면에서 문화적, 사회적 환경과 인간행태의 관계를 기술하고 있다, 또한 물리적인 측면에서 소음, 바람, 빛 등과 관련된 감각적 환경, 그리고 물리적 크기와 관련된 척도와 인간행태의 관계성을 논하고 있다. 즉, 이상에서 언급된 문화적, 사회적, 물리적 인자들이 변함에 따라 달라지는 인간행태에 관하여 기술하고 있다.

제3부에서는 장소에 초점을 맞추어 환경설계연구의 측면을 다루고 있다. 자연환경 및 도시환경에서 이루어지는 인간행태를 연구하고 이를 설계에 응용할 수 있는 예를 보여 주고 있으며, 동시에 설계연구방법도 기술하고 있다. 그러나 인간환경의 모든 장소에 대한 연구를 포함하고 있지는 않으며 대표적인 사례만을 소개하고 있다.

이상과 같은 세 구분은 상호 배타적인 구분이라고 볼 수는 없다. 따라서 상호 중복되는 부분이 있을 수 있으며 상호 보완적인 관계를 통하여 환경심리 · 행태연구 분야가 발전할 수 있을 것이다.

한편 환경설계와 관련된 기존의 많은 이론 혹은 기법들은 환경심리 · 행태과정의 어느 한 단계와 관계가 깊으며 환경심리학적 이론에 기초하고 있음을 볼 수 있다(그림 8).

환경설계의 미적 측면은 주로 환경지각이론에 기초하고 있으며, 공간의 이미지와 관련된 인지도 작성은 환경인지에 바탕을 두고 있다. 또한 만족도, 선호도 등의 문제는 환경에 대한 태도에 기초를 두고 있다.

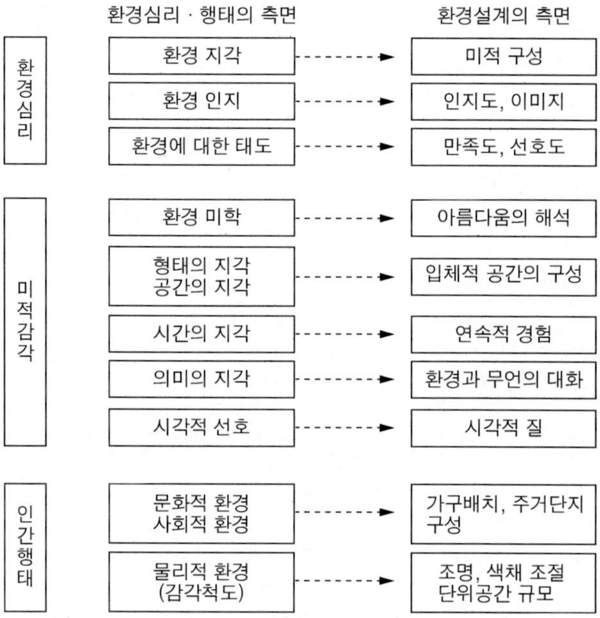

그림 8 **환경심리 · 행태연구와 환경설계 기법과의 관계**

더 나아가서 아름다움의 해석은 환경미학에, 평면, 입면 등의 공간구성은 형태 및 공간지각에 기초를 두고 있다. 또한 연속적 경험을 고려한 설계는 시간의 지각에, 의미의 파악을 통한 의사소통은 의미의 지각에 기초하고 있으며, 시각적 질에 관련된 접근은 인간의 시각적 선호에 바탕을 두고 있다.

또한 가구 배치, 주거단지구성 등은 문화적, 사회적 환경과 관련이 깊으며 조명, 색채조절, 단위공간규모 등은 감각적 환경 및 척도를 포함하는 물리적 환경과 관련이 깊다.

따라서 환경심리 · 행태의 연구는 과학적, 합리적인 환경설계를 위한 이론적, 경험적 토대를 마련하는데 필수적임을 알 수 있다.

제1부

환경심리연구

제1부에서는 환경심리학적인 측면에서 인간이 환경적 자극을 받아 들이고 이에 반응하는 총체적인 과정(process)을 중심으로 고찰하였다. 자극-반응의 과정은 지각, 인지, 태도형성의 단계를 포함하며 이들 각각의 단계와 관련된 기초이론 및 환경설계와의 관련성을 중점적으로 다루고 있다. 특히 환경설계와의 관련성 측면에서 볼 때 미적 지각 · 반응은 환경설계가에게 중요한 사항이므로 별도의 장을 설정하여 기술하였다.

Chapter 1

환경심리학

1.1 환경심리학의 정의

인간의 사회적 가치 및 행태는 문화인류학, 사회학, 지리학, 환경심리학 등 여러 분야에서 접근되어질 수 있다. 이들 중 환경심리학에서의 연구는 환경설계 · 계획을 수행하는데 있어 바탕이 되는 많은 이론적 · 실험적 자료를 제공하여 주며 실제로 이러한 자료를 설계 · 계획에 응용한 예를 많이 찾아 볼 수 있다.

환경심리학에 관하여 여러 사람들이 정의를 내리고 있으나 인간행태와 환경의 관계성을 연구하는 분야라는데 그 초점이 모아지고 있다.

"인간행태와 물리적 환경의 관계성에 관련되는 학문이다(Heimstra and McFarling, 1974)."
"인간행태 및 경험과 인조환경의 경험적 · 이론적 관계성을 정립하고자 하는 노력이다(Proshansky, 1976)."
"물리적 환경에 내재하는 인간을 연구하는 학문이다(Kantowitz, 1977)."

이상에서 언급된 환경심리학에 관한 정의를 종합해 보면 환경심리학은 자연 및 인공환경을 포함하는 물리적 환경과 인간의 개인적, 사회적 행태 사이의 이론적, 실험적 관계성을 연구하는 응용심리학의 한 분야라고 정의되어질 수 있다.

벨 등(Bell, et al., 1978)은 전통적인 심리학과 구별되는 환경심리학의 특성을 다음과 같이 여섯 가지로 요약하고 있다.

(1) 환경 – 행태의 관계성을 그 구성요소 각각을 연구하기보다는 종합된 하나의 단위로서 연구한다.

(2) 환경 – 행태 상호간에 영향을 주고 받는 상호작용을 연구한다.

(3) 이론적이고 기초적인 연구에만 관심을 두지 않고 현실적인 문제해결을 위한 이론 및 그 응용을 연구한다.

(4) 건축, 조경, 도시계획, 사회학 등의 여러 분야와 관련 깊은 종합과학이다.

(5) 사회심리학과 많은 공동의 관심 분야를 지니고 있다.

(6) 다소 엄격하지 않고 정밀하지 않은 방법이라도 문제해결에 도움이 될 수 있는 가능한 모든 연구방법을 사용한다.

1.2 환경심리학의 분야

환경심리학의 관심 분야는 다음과 같이 열거할 수 있다(Craik, 1973).

(1) 환경평가 – 일정 장소의 특성을 분석하는 것으로서 다섯 단계의 평가를 들 수 있다.

첫째, 수목의 종류와 수, 호수로부터의 거리 및 크기 등 물리적, 공간적 구성요소의 평가

둘째, 일정 장소의 물리적 구성요소의 상대적 배치 혹은 위치

셋째, 일정 장소의 아름답다, 쾌적하다 등의 수식어로 표현되는 분위기 평가

넷째, 일정 장소에서 일어나는 행위의 빈도수 평가

다섯째, 학교나 병원 등 일정 기관의 고유한 특성 평가

(2) 환경지각 – 관찰자의 장소에 대한 인상에 영향을 주는 심리적, 환경적 인자에 관심이 집중되고 있으며, 문화적 배경이 환경지각에 미치는 효과에 대하여도 연구되고 있다. 또한 지진, 홍수, 화산 등 자연재해의 지각과 개인적 특성의 관계성에 관한 연구도 관심을 끌고 있다.

(3) 환경의 인지적 표현 – 린치(Lynch, 1960)가 그의 저서 『도시의 이미지』에서 보여준 바와 같은 도시의 물리적 형태와 주민들의 도시에 대한 이미지의 관련성에 많은 관심이 모아지고 있다. 식별성(legibility) 높은 환경의 조성 그리고 '길찾기 행태(way-finding behavior)'에 관한 연구가 주목을 받고 있다.

(4) 개인적 특성(personality) 및 환경에 대한 반응 – 환경에 대한 민감성, 적응, 환경제어, 이동성 등에 대한 연구가 관심의 대상이 되고 있다. 또한 실외 레크레이션 행위, 자연재해에의 적응 등과 같은 환경적 행태를 이해하고 예측하는데 관심이 모아지고 있다.

(5) 환경에 관련된 의사결정 – 환경의 계획, 설계, 관리 분야에서의 의사결정 행태에 대한 연구, 평가 그리고 이러한 행태의 조정 등에도 관심이 쏠리고 있다.

또한 일반대중(의뢰인)의 계획, 설계, 관리에 관련되는 의사결정과정에의 참여도를 높이는 방법에 관한 연구도 관심을 끌고 있다.

(6) 환경에 대한 일반대중의 태도 – 환경에 대한 일반대중의 인식이 높아감에 따라 환경보호를 위한 일반대중의 적극적이고 조직적인 활동이 증대되고 있는 현실에서 공기, 물의 오염, 소음공해 등에 대한 대중의 지각 및 태도가 연구의 대상이 되고 있으며 이러한 환경문제에 대처하는 일반대중의 활동 및 친환경적 행태 또한 연구의 대상이 된다.

(7) 환경의 질 – 소음, 냄새, 물 및 대기, 열, 조명의 영향을 평가하고 이들의 질을 측정하는 방법에 관한 연구에도 관심이 모아지고 있다. 이들 인자들이 인간에게 직접적으로 미치는 영향 그리고 환경의 분위기에 미치는 영향 등이 연구의 대상이 되고 있다.

(8) 생태심리학 및 환경단위의 분석 – 환경심리학의 테두리 내에서 보다 종합적이면서 동시에 단일성을 갖는 주거단지, 학교, 병원, 놀이터 등의 환경단위에 연구의 초점을 두는 생태심리학(ecological psychology)이 관심을 끌고 있다. 생태심리학은 인간과 환경의 관계를 기술하는 단계를 넘어 이 관계를 바람직한 방향으로 '조정'하는 것(intervention)까지를 연

구 분야로 한다. 이를 위하여 물리적 개선뿐만 아니라 운영개선, 프로그램 개선 등을 포함하는 종합적(holistic) 접근을 추구한다.

(9) 인간의 공간적 행태 – 개인적 공간(personal space), 영역성(territoriality) 등으로 표현되는 인간의 공간적 행태에 관한 연구가 활발하며 문화적 · 개인적 차이, 환경적 상황의 변화가 이들 행태에 미치는 영향이 연구되고 있다.

(10) 밀도가 행태에 미치는 영향 – 혼잡이 인간행태에 미치는 영향이 연구되고 있으며 물리적 밀도, 사회적 밀도가 구별되어 연구되고 있다.

(11) 주거환경에서의 행태적 인자 – 주거환경에 관한 활발한 연구가 진행되고 있으며 주택의 선택, 만족도의 패턴이 주민 특성과 관련되어 연구되고 있다. 또한 이주가 행태에 미치는 영향도 관심을 끌고 있다. 이들에 관한 활발한 연구는 주거단지의 계획 · 설계에 많은 도움을 주고 있다.

(12) 공공기관에서의 행태적 인자 – 병원, 교도소, 학교 등의 물리적 구성, 행태적 특성, 분위기 등의 분석 및 평가를 통한 바람직한 환경의 조성이 관심의 대상이 되고 있다.

(13) 실외 레크레이션 및 경관에 대한 반응 – 다양한 옥외 레크레이션 행위에 대한 인구학적, 사회학적 연구가 관심의 대상이 되고 있다. 또한 옥외 레크레이션 활동의 증대에 따른 환경적 영향 및 부정적 영향의 제어 등도 연구되고 있다. 경관미학의 기초가 되는 경관기술, 평가도 연구되고 있으며 객관적 경관평가는 환경보존, 삼림관리, 레크레이션 부지선정 등의 의사결정에 기여하게 된다.

이상에서 열거된 분야들은 각각 독립된 별개의 분야라기보다는 상호 깊은 연관을 갖고 있으며, 연구의 초점이 어디에 모아지는가에 따른 나열이라고 볼 수 있겠다.

환경심리학은 이상에 열거된 바와 같이 광범위하고 다양한 분야를 다루고 있으며 환경계획 · 설계에 관련되는 실질적인 문제의 해결에 기여할 수 있는 이론적 · 경험적 연구에 초점을 맞추고 있다. 환경심리학은 환경설계 · 계획을 보다 과학적 합리적으로 접근할 수 있는 토대를 마련한다고 볼 수 있다.

이상에서 언급된 환경심리학의 관심 분야를 다시 연구주제의 측면에서 본다면 네 가지의 커다란 유형으로 분류할 수 있다(표 1.1).

표 1.1 **환경심리학의 연구 분야 분류**

연구 분야	연구주제	연구내용
기초 이론 연구	환경 지각 환경 인지 환경에 대한 태도 환경 미학 생태심리학	환경적 자극의 수용 이미지, 의미, 환경적 의식(awareness) 만족도, 선호도, 친환경적 행태 미적 반응 환경의 운영 및 프로그램, 행태적 장의 순환주기
변수 중심적 연구	문화적 변수 사회적 변수 감각적 변수(오관) 물리적 변수(척도)	문화권, 생활양식, 개인차 개인적 공간, 영역성, 혼잡 소음, 열, 추위, 대기오염, 바람, 빛 인간적 척도, 인간공학
장소 중심적 연구	도시 환경 자연 · 생태 환경	학교, 병원, 어린이놀이터, 소공원, 주거단지 여가행태, 시각자원, 국립공원
평가 및 응용방법연구	환경의 질 설계과정	지표 이용후평가, 환경설계평가

(1) 기초이론에 관한 연구 – 이 유형에 속하는 것으로서는 환경지각, 환경인지, 태도, 환경미학, 생태심리학 등으로서 환경심리학의 이론적 토대를 마련하는 데 기여하는 분야이다.

(2) 환경심리에 영향을 미치는 인자들에 관한 연구 – 환경을 구성하는 여러 변수들을 변수중심으로 연구하여 인간의 심리 혹은 행태와의 관계를 밝히는 것이다. 이 유형에 속하는 것으로서는 문화적 변수(문화권, 생활양식, 개인차 등 : 4장 참조), 사회적 변수(개인적 공간, 영역성, 혼잡 등 : 5장 참조), 인체의 감각기관에 관련된 물리적 변수(소음, 열, 추위, 대기오염, 바람 등 : 6장 참조), 척도에 관련된 물리적 변수(인간적 척도 등 : 7장 참조) 등에 관한 연구가 있다. 이들 연구는 필요에 따라 실험실에서 혹은 현장에서 이루어진다. 이 가운데에서 척도와 관련된 물리적 변수에 관한 연구는 지금까지 환경심리학의 연구에서 크게 주목을 받지 못하였으나 앞으로 개척되어야 할 분야 중의 하나이다.

(3) 장소중심의 연구 – 앞서의 연구는 변수 하나 하나에 초점을 맞추어 연구하는데 비하여 장소중심의 연구는 특정 장소(behavioral setting)를 중심으로 그 장소 내의 여러 인자를 종합적으로 연구하는 것이다. 따라서 이러한 유형의 연구는 실험실에서 수행하기는 어려우며 실재하는 장소에서 수행하게 된다.

이러한 연구는 도시환경 및 자연환경 모두를 대상으로 하고 있다. 도시환경에서의 연구로서는 건물(병원, 학교 등)을 대상으로 하는 경우, 옥외공간(어린이 놀이터, 소공원 등)을 대상으로 하는 경우, 혹은 양자를 모두 대상으로 하는 경우(아파트 단지, 캠퍼스 등)가 있다. 뉴먼(Newman, 1973)의 도시 범죄 발생률을 줄이기 위한 연구는 장소중심연구 유형의 대표적인 사례이다. 자연환경을 대상으로 하는 경우는 주로 여가 행태에 관련된 것으로서 유원지, 캠프장, 시각자원 등에 관한 것이다.

(4) 평가 및 설계에의 응용방법에 관한 연구 – 이러한 분야의 연구는 환경심리학에서의 연구결과를 설계 · 계획에 직접적으로 응용할 수 있는 방안에 관한 것이다. 환경의 질의 지표(perceived environmental quality index), 이용후평가(post occupancy evaluation), 혹은 환경설계평가(environmental design evaluation)에 관한 연구가 이에 속한다.

1.3 생태심리학

생태심리학(ecological psychology)은 환경심리학의 한 분야로서 단일성을 갖는 장소 혹은 기관(behavioral setting)을 연구대상으로 하고 있으며 물리적 구성뿐 아니라 특정 장소 혹은 기관의 운영 프로그램까지도 연구에 포함시키고 있다.

생태심리학이라 불린 이유는 본래의 생태학(ecology)과 연구단위에서 유사한 점에 기인한다고 볼 수 있다. 즉 생태학은 생물개체 각각에 대한 연구보다는 개체군에 대한 연구에 초점을 맞추고 있다. 생태심리학 역시 단편적인 환경적 자극과 개인적 행태의 관계보다는 특정 장소 내의 종합적 환경과 이에 내재하는 모든 인간(참여자)들의 행태를 하나의 단위로 연구하고 있으므로 이러한 의미에서 생태심리학이라 부른다. 여기서 '생태'라는 용어는 자연과학으로서의 '생태학'과는 구별되는 종합, 통합, 혹은 집합적 사회 · 물리환경을 의미한다고 보아야 할 것이다.

따라서 주로 인공환경에서의 '행태적 장'을 연구단위로 하는 생태심리학은 지속가능성 및 생태환경에 관심을 갖는 최근의 '녹색심리학(green psychology)'과는 구별되는 개념이다(Bonnes & Bonaiuto, 2002).

생태심리학자들은 인간의 행위가 인간 자신의 동기(motivation)에 의해서만 설명되어질 수 없으며, 인간이 처한 사회 · 물리적 환경 즉 종합적 환경에 대한 연구를 통하여 보다 잘 설명되어질 수 있다고 주장한다. 따라서 생태심리학은 사회 · 물리적 단위 환경에서의 행태를 연구하는 분야라고 정의내릴 수 있다.

1. 행태적 장(behavioral setting)

생태심리학에서 기본적인 연구단위는 '행태적 장'이다(Wicker, 1979). 행태적 장은 적은 규모로서는 강의실, 놀이터 등이 될 수 있으며 크게는 아파트 단지, 도시 전체가 될 수도 있다. 여기서 행태적 장이라 함은 단순히 물리적 장소만을 말하는 것이 아니며 장소 내의 운영프로그램 전부를 포함한다. 세미나 장소를 예로 들어보자. 먼저 좌장이 발표자를 소개하면 발표자는 단상에 올라 발표를 한다. 발표자가 제한 시간을 초과하면 좌장은 종을 치며 빨리 끝낼 것을 촉구한다. 발표가 끝나면 청중 가운데에서 질문을 하며 질의 응답이 끝난 후에는 좌장은 끝맺는 말을 하고 청중은 박수를 쳐서 발표자의 수고를 치하하고 다음 발표자로 넘어간다.

이러한 경우에 좌장, 발표자, 청중들의 행태는 세미나 장소의 물리적 배치만으로는 이해하기 힘들며 세미나 진행방법에 대한 이해가 있어야만 세미나 참여자의 행태를 이해할 수 있게 된다. 행태적 장이 원활히 운영되기 위하여, 즉 세미나가 효율적으로 진행되기 위하여 의자, 강단 등의 물리적 배치가 적절하게 배치되어야 하며 세미나 진행 방법이 적절하게 구성되어야 한다.

행태적 장은 물리적이며 시간적인 경계를 지니고 있다(Wicker, 1979). 즉, 세미나의 경우 세미나실의 벽이 경계가 될 것이며, 세미나 시작과 끝이 시간적 경계가 될 것이다.

1 생태적 환경

이상에서 살펴본 바와 같이 생태심리학에서는 단편적 행태의 연구는 큰 의미가 없으며 행태가 일어나는 장소의 물리적 구성 및 상황적 여건 즉 '생태적 환경(ecological environment)'이 연구되어야 한다고 주장한다(Barker, 1968). 이러한 생태적 환경을 이해함으로써 특정 행위가 어떻게 이루어졌으며 앞으로 어떻게 전개될 것인가를 이해할 수 있게 된다.

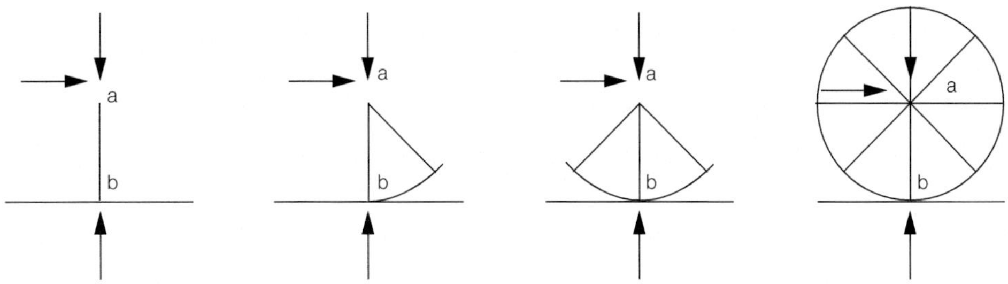

그림 1.1 순간적 행태와 생태적 환경 : 일정 순간의 행태를 이해하기 위하여 생태적 환경에 대한 이해가 있어야 한다(자료 : Barker, 1968, p.8).

인간의 행태를 바퀴가 굴러가는 것에 비유하고 순간적인 행태를 그림 1.1에서와 같이 바퀴살(a, b)이 땅에 닿는 것에 비유하여 보자(Barker, 1968). 이 때에 바퀴살만 보아가지고는 바퀴살이 수직으로 서있는 것은 알 수 있으나 어떻게 수직으로 서게 되었는지, 앞으로 어떻게 움직여 나갈지는 알 수가 없다.

그러나 바퀴살(a, b)이 속한 생태적 환경(바퀴전체)을 알고 있다면 a부분은 중심으로서 계속 전진할 것이며 b부분은 a를 중심으로 회전하며 전진하리라는 것을 쉽게 알 수 있다. 이상의 비유는 생태심리학에서 '생태적 환경'을 연구의 단위로 하고 있는 이유를 잘 설명하여 주고 있다.

생태심리학의 연구대상이 되는 '행태적 장' 혹은 '생태적 환경'의 단위는 본래의 생태학(ecology)에서의 연구단위와 유사하게 정의내릴 수 있다. 즉,

① 자생적(self-generated)으로 형성되는 단위이며,
② 각 단위는 공간적, 시간적 경계를 지니며,
③ 그 경계는 내부의 패턴과 이질적인 외부의 패턴을 구별짓는다(Barker, 1968).

2 구조적, 동적 특성

행태적 장은 구조적 특성과 동적 특성을 지닌다(Barker, 1968).

하나의 행태적 장은 몇 개의 '행태-환경(behavior-and-milieu)'의 패턴으로 구성되는 것이 보통이다. 행태적 장에서는 몇 종류의 행태가 이루어지고 이들 각각의 행태는 환경의 적절한 지원에 의하여 원활히 이루어진다. 이와 같이 행태적 장은 '환경-행태'의 패턴들로 형성되는 구조적 특성을 지니고 있으며, 행태와 환경이 적절하게 맺어졌을 때에는 '구조적 동일성(synomorphic)'이 있다고 말한다(그림 1.2).

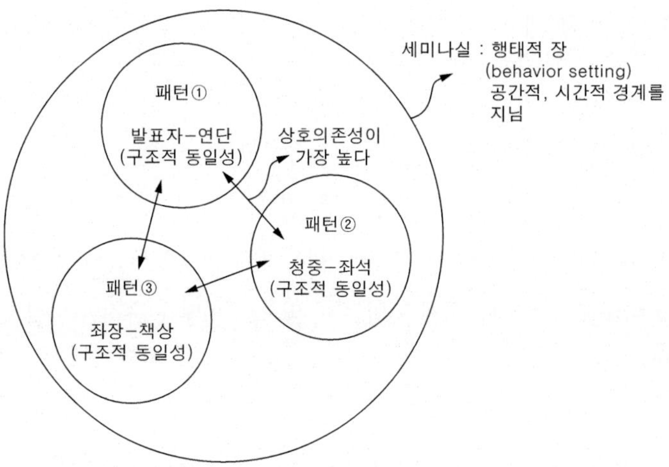

그림 1.2 세미나실의 '행태-환경'의 패턴들

한편 행태적 장 내의 '환경-행태' 의 패턴들은 필요한 정도의 상호의존성을 지닌다. 상호의존의 정도는 행태적 장 밖의 '행태-환경' 패턴의 의존도보다는 높다. 앞서의 세미나 장의 예를 들면 발표자의 행태-연단, 좌장의 행태-좌장의 좌석, 청중의 행태-청중석 등의 '환경-행태' 의 패턴들은 상호의존적이며 상호의존의 정도는 세미나 장 밖에서 일어나는 '행태-환경' 의 패턴과의 의존도보다는 높을 것이다. 이러한 '행태-환경' 패턴 상호간의 의존성을 동적 특성이라 한다.

바커(Barker, 1968)는 이러한 행태적 장의 특성을 다음과 같이 요약하고 있다.

① 행태적 장은 하나 이상의 행태 패턴을 포함한다.

② 행태적 장은 '행태-환경(behavior-and-milieu)' 의 패턴들로 구성된다. 행태는 환경의 지원을 받아서 이루어지지만 환경은 행태와 독립하여 존재한다. 즉 세미나 중간 휴식시간에도 세미나 장은 존재하고 있다.

③ 행태 패턴은 환경(milieu)의 시간적, 공간적 경계에 의하여 둘러싸인다.

④ 환경은 행태와 구조적 동일성(synomorphic)을 지니고 있다.

⑤ 행태와 환경을 별개로 보지 않고 합하여 하나로 보는 '행태-환경' 의 패턴을 '구조적 동일체(synomorph)' 라고 부른다. 따라서 행태적 장은 구조적으로 볼 때 '구조적 동일체의 집합(a set of synomorphs)' 이라고 할 수 있다.

⑥ 행태 - 환경의 패턴(구조적 동일체)들은 일정한 정도의 상호의존성(interdependence)을 지닌다. 세미나 장의 예에서 보면 청중과 발표자는 청중과 좌장의 상호의존성보다는 높은 정도의 상호의존성을 지닌다고 볼 수 있다.

⑦ 행태적 장 내의 행태 - 환경의 패턴들은 상호 구별되어질 수 있는 별개의 패턴임에는 틀림없으나 기능적인 측면에서 상호의존성을 지닌다. 이러한 패턴들은 행태적 장 밖의 패턴과의 상호의존도보다는 행태적 장 내의 패턴들 사이에서 높은 상호의존도를 지닌다.

2. 참여이론(manning theory)

참여이론은 일정한 행태적 장 내에서 참여자의 규모에 따른 참여자의 행태에 관한 이론으로서 생태심리학적 연구를 위한 중요한 이론 중의 하나이다. 참여이론은 바커(Barker)가 소규모 마을을 대상으로 주민들의 행태를 연구하면서 주민들이 마을 제반 행사에 높은 참여율을 보이는 것을 관찰하고 이를 '참여이론'으로 설명하고자 시도함에서 비롯되었다(Wicker, 1979).

참여이론은 행태적 장의 운영(program)이 참여자의 부족으로 위기에 처하게 되면 참여자들은 이에 대응한, 즉 원활한 운영을 위한 보다 적극적인 행태를 보인다는 사실에 기초하고 있다.

앞서 소규모 마을에서 주민들이 높은 참여율을 보이는 것은 참여자수(주민)가 적음으로 인하여 이에 적절히 대응하기 위한(마을 기능을 적절히 수행하기 위한) 동기로서 높은 참여율을 나타낸다고 보는 것이다.

이러한 사실은 대부분의 사회조직에서 발견할 수 있는 현상이다. 적은 규모의 학교, 혹은 교회에서는 학생 혹은 신도들이 많은 부분의 과외활동(미술반, 음악반, 독서반 등) 혹은 봉사활동(주일학교, 바자회, 성경공부 등)에 참여하며 이때 참여자들은 자신들이 보다 중요하고 가치있는 일을 하고 있다고 느끼는 것이 보통이다. 반면, 큰 규모의 학교 혹은 교회에서는 이들 활동에 참여해야 하는 심리적 부담이 상대적으로 적으며 따라서 상대적으로 낮은 참여율을 보이는 것이 사실이다.

1 과소, 적정, 과다참여

행태적 장 내에서 참여자의 수가 운영이 안 될 정도로 적은 과소참여(undermanned), 적절한 참여가 있는 적정참여(optimally manned), 너무 많은 사람이 참여하는 과다참여(overmanned)의 세 가지 경우를 생각해 볼 수 있다(Wicker, 1979).

앞서 언급된 바와 같이 과소참여의 경우에는 참여자들이 보다 적극적인 참여의식을 갖는 것이 일반적이며, 반대로 과다참여의 경우에는 상대적으로 소극적인 참여의식을 갖게 되어 행태적 장의 기능이 원활하게 운영되도록 대응한다.

한편 행태적 장의 운영이 불가능해지는 극단적인 경우를 상상해 볼 수 있다. 즉, 과소참여의 정도가 지나쳐서 소수 참여자의 적극적 참여로도 운영이 불가능한 경우가 있을 수 있겠다. 세미나의 경우 한 두 사람의 청중만 있다면 세미나의 본래 의의가 없어질 것이며, 세미나 진행 자체가 취소될 경우도 생길 것이다.

또한 과다참여의 경우도 정도가 지나쳐서 참여자의 적응 한계를 넘게 되면 운영이 불가능해질 수도 있다. 세미나의 경우에도 극도로 많은 청중이 참여하게 되면 발표자의 내용이 청중에게 전달됨에 한계가 있게 되며 심한 경우 세미나 진행 자체에 혼란이 오게 될 것이다.

이와 같이 어느 정도의 과소참여 혹은 과다참여는 참여자의 적절한 대응으로 행태적 장의 운영에 큰 무리가 없게 되나 일정한 한계를 넘는 극단적인 과소 혹은 과다참여는 행태적 장의 운영을 불가능하게 한다(그림 1.3). 이는 자연생태계(ecosystem)가 어느 정도의 파괴에 대하여는 회복할 수 있는 탄력성이 있으나 탄력성의 한계를 넘으면 회복 불능이 되어 파괴되고 마는 것과 유사하다고 보겠다.

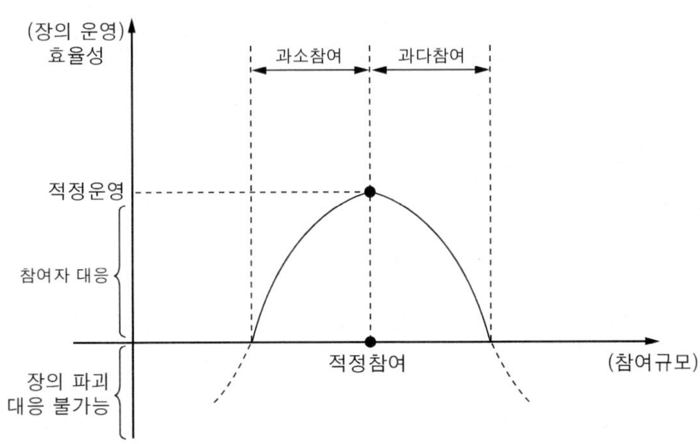

그림 1.3 **참여규모에 따른 행태적 장의 운영**

2 참여의 두 측면

행태적 장의 참여자들은 크게 두 그룹으로 나누어 볼 수 있다. 은행을 예로 들면 고객과 고객에게 서비스하는 은행직원의 두 그룹으로 나누어 볼 수 있는 것이다. 이 경우 직원에 비하여 고객이 너무 많이 몰리면 직원의 입장에서 보면 과소참여의 상태이나 고객의 입장에서 보면 과다참여의 상태가 된다. 반대로 직원에 비하여 고객의 수가 적을 경우에는 직원의 입장에서는 과다참여가 될 것이며 고객의 입장에서는 과소참여가 된다. 이와 같이 과소 혹은 과다참여는 행태적 장 내의 구성원의 입장에 따라서 상대적으로 달라진다.

은행 혹은 병원의 경우 고객이 너무 많아 과다참여의 상태가 되면 고객들은 어느 정도까지는 참고 기다리나 너무 오래 기다리게 되면 다음부터는 다른 은행과 병원을 선택하게 될 것이다. 이와 같이 서비스가 이루어지는 곳에서는 적정참여 규모를 유지함이 사업의 성패와도 연결된다.

3. 종합적 접근(holistic approach)

생태심리학에서는 물리적인 공간구성과 인간행태의 관계성에만 관심이 있는 것이 아니고 행태적 장의 운영방법(program)에도 관심을 둔다. 즉, 생태적 환경 내의 모든 인자를 고려하는 종합적(holistic) 접근을 시도하는 것이다.

앞서 은행의 예에서 고객이 너무 많아 고객의 만족도가 낮아지게 되면 큰 건물을 짓고 더 많은 직원을 채용하는 등의 해결 방법이 있을 수 있다. 그러나 이 문제는 운영방법의 개선만으로도 어느 정도까지는 해결할 수 있다. 즉, 고객이 많이 몰리는 시간에는 접수창구의 수를 늘리는 방법으로 고객의 기다리는 시간을 줄일 수 있는 것이다. 최근에는 혼잡을 해소하는 것은 물론이고 고객이 편하게 앉아서 기다릴 수 있도록 번호표를 나누어 주는 사례가 늘어나고 있다(그림 1.4).

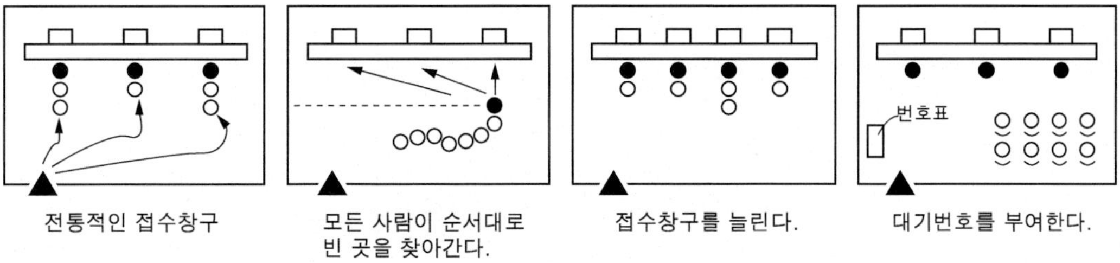

그림 1.4 **접수창구의 혼잡을 줄이기 위한 운영방법의 개선**

이와 같이 생태심리학에서는 행태적 장의 원활한 운영에 초점을 맞추며 행태적 장의 운영에 관련되는 모든 인자에 관심을 갖는다. 더 나아가서 생태심리학의 연구는 행태적 장의 원활한 운영을 위한 방안을 제시하고자 시도한다. 즉, 일정한 행태적 장에서의 참여자의 만족도 등을 분석하고 문제점을 찾아 그 해결방안을 제시할 수 있는 것이다. 그 해결방안은 물리적 공간의 재구성 및 운영방법의 개선을 포함한다. 이러한 평가 및 개선작업은 한 번에 끝나는 것이 아니고 필요에 따라서 정기적으로 혹은 연속적으로 반복되어 수행될 수 있다. 이와 같이 정기적으로 혹은 필요할 때마다 일정 행태적 장의 문제를 발견하고 그 해결을 찾아내는 작업을 '행태적 장의 조절(fine-tunning)' 이라고 부른다(Wicker, 1979).

행태적 장의 변화에 능동적으로 대처하고자 함은 생태심리학의 중요한 측면 중의 하나이며 이 분야의 계속적 연구는 생태심리학의 응용 측면에서 앞으로 기여하는 바가 클 것으로 기대된다. 더 나아가서 '행태적 장의 조절' 에 관한 기법이 많이 개발된다면 이는 궁극적으로 생태심리학의 이론적 발전에도 기여하게 될 것이다(Wicker, 1979).

표 1.2 심리학, 환경심리학, 생태심리학의 비교

항 목	심리학	환경심리학	생태심리학
관심사항	개인의 내적 심리에 관심 개인의 지각, 인지, 반응	심리와 행태에 관심(사회 · 물리적 환경) 환경과 인간의 관계성	심리와 행태에 관심(사회 · 물리적 환경) 프로그램적 측면 고려
연구내용	자극과 반응의 관계성 연구(내적 심리과정 연구) 실험실의 실험	심리 · 행태와 환경의 관계성 연구(인공 및 생태 환경 포함) 실제 환경에서의 행태 (경계는 설정하지 않음)	행태적 장에서의 심리 · 행태 연구, 장(場)의 운영 프로그램 연구(주로 인공환경 대상) Behavior Setting (시공간적 경계가 있는 환경)
환경에 대한 생각	환경은 임의성이 있다고 생각함(모든 사람이 서로 다르게 지각하며 환경의 위계를 구별하지 않는다).	환경은 임의성이 있다고 생각함(모든 사람이 서로 다르게 지각하며 환경의 위계를 구별하지 않는다).	환경은 양파처럼 잘 짜여져 있다고 생각함.
인간 · 환경의 관계	환경에 대한 관심이 상대적으로 낮다.	인간과 환경은 상호의존적이다.	인간과 환경은 상호의존적이다.

4. 앞으로의 연구방향

생태심리학은 지난 50여 년 동안 꾸준히 그 명맥을 유지해왔으며, 앞으로도 환경계획 · 설계 분야에의 기여가 기대된다. 앞으로 시대의 흐름에 맞추어 행태적 장의 순환주기, 행태적 장의 외부와의 관련성, 가상 행태적 장 등에 관한 한 단계 발전된 연구가 이루어질 것으로 기대된다.

1 행태적 장의 순환주기(life cycle)

행태적 장은 시간성의 측면에서 시작하는 시간과 끝나는 시간이 있다. 시작은 집합(convergence)이라 부를 수 있고 끝은 해산(divergence)이라고 부를 수 있다. 또한 시작과 끝 사이를 '지속기간(continued existence)'이라 부를 수 있는데 전통적인 생태심리학에서의 관심은 지속기간 동안의 행태와 장의 관계성에 초점을 맞추고 있다. 지속기간 동안에도 행태와 장의 관계성은 고정된 것이 아니고 계속적으로 변화되므로 지속기간동안 어떠한 변화가 일어나는지 그 패턴에 관한 연구도 유용한 결과를 제공해줄 것이다(Wicker, 2002).

2 행태적 장 사이의 연관성

행태적 장은 내부의 사람 및 행태와 연결되어 있을 뿐만 아니라 외부의 다른 행태적 장, 그리고 사회물리적 환경과 연결되어 있다. 따라서 앞으로는 행태적 장 사이의 관계성 및 외부의 사회물리적 환경과의 관계성에 관한 연구도 이루어질 것으로 본다(Wicker, 2002). 즉 행태적 장의 내부에 국한하지 않고 외부로까지 연구의 대상을 넓힐 것이다.

3 가상 행태적 장(virtual behavior setting)

최근 전자시대의 도래로 인하여 컴퓨터를 통한 전자우편(e-mail) 교환 혹은 네티즌 동아리가 많아지고 있으며 이들 그룹들은 가상의 행태적 장(Wicker, 2002)에서 접촉 혹은 활동하고 있다고 볼 수 있는데 이에 대한 연구가 많아질 것으로 보인다. 행태적 장의 이론을 그대로 적용하기에는 어려움이 예상되나 기존 이론의 적절한 응용을 통하여 이들 그룹의 심리와 행태를 연구하는 것은 흥미로운 과제가 될 것이다. 더구나 컴퓨터 모니터에 카메라 렌즈 부착이 일반화되고 있어 직접 상대방을 볼 수 있는 다자간 화상 대화가 보편화되고 있으므로 이러한 가상 행태적 장의 연구는 더욱 활발해질 것으로 보인다.

Chapter 2

환경지각, 인지, 태도

인간이 환경적 자극을 받아들이고 이에 대하여 반응하는 과정은 환경지각, 인지, 태도로서 설명된다. 본장에서는 이들과 관련된 기초적 이론에 관하여 언급하기로 한다.

2.1 지각, 인지 및 태도의 관계

1. 자극 – 반응의 과정

환경지각은 인체의 감각기관을 통하여 현존하는 환경에 대한 정보를 감지(sensation)하여 받아들이는 과정을 포함한다. 환경인지는 현존하는 혹은 과거에 경험했던 환경(혹은 자극)에 대한 정보를 저장, 조직, 재편성, 추출하는 과정을 포함한다. 환경에 대한 태도(attitude)는 환경의 내용에 대한 '우호적(favorable)' 인 혹은 '비우호적(unfavorable)' 인 감정을 말하는 것으로서 선호도 또는 만족도 등으로 표현된다(Holahan, 1982, p.24).

이들 환경에 관한 지각, 인지 및 태도는 상호 독립된 별개의 과정이 아니고, 상호 연결된 하나의 과정을 이루는 부분으로서 이해된다(그림 2.1).

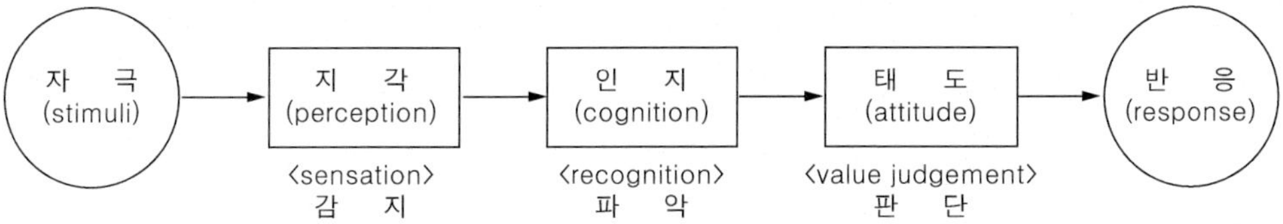

그림 2.1 **자극-반응의 과정**

환경심리학이 대두되기 시작한 이래 환경심리학의 여러 분야 중 환경지각 및 인지에 관한 연구가 가장 활발하였다고 할 수 있다(Feimer, 1981). 인간은 환경지각 및 인지과정을 통하여 주변 환경을 알고(know), 이해(comprehend)하게 되므로 인간행태의 이해를 위하여 환경지각 및 인지에 대한 연구가 필수적이다.

일반적으로 지각(perception)과 인지(cognition)는 연속된 하나의 과정으로 이해된다. 지각은 "감각기관의 생리적 자극을 통하여 외부의 환경적 사물(stimuli)을 받아들이는 과정 혹은 행위"를 말한다(Moore and Golledge, 1976, p.6). 여기서 감각기관이라 함은 보고, 듣고, 냄새 맡고, 맛을 보고, 촉감을 느끼는 모든 기능을 포함한다.

인지는 "과거 및 현재의 외부적 환경과 현재 및 미래의 인간행태를 연결지어 주는 앎(awareness) 혹은 지식(knowing)을 얻는 다양한 수단"을 말한다(Moore and Golledge, 1976, p.6). 또한 인지는 "개인의 환경에 관한 지식이 증가되거나 수정되어지는 과정"이라고도 볼 수 있다. 이러한 측면에서 볼 때 지각은 넓은 의미의 인지의 한 부분적 과정이라고 볼 수도 있다.

일반적으로 지각은 '환경적 사물을 받아들이는(receive) 과정'을 강조하고, 인지는 '아는(know) 과정'을 강조하는 것이 보통이다. 인간이 어떤 사물을 지각할 때 인간은 인간 자신의 사상, 그 사물에 대한 인상 혹은 그 사물과 관련된 과거의 경험 등에 따라 그 사물을 인지하게 된다(Moore and Golledge, 1976). 따라서 지각과 인지는 별개의 과정이라기보다는 거의 동시에 일어나는 상호 융합된 하나의 과정이라고 할 수 있다.

한편 환경지각과 인지를 연속된 전후의 과정으로만 볼 것이 아니라 별개의 과정으로 이해할 수도 있다(그림 2.2).

즉, 불을 보고 '불이야' 소리를 지를 경우에는 환경적 자극을 지각하고 곧바로 반응으로 이어진다고 볼 수 있다. 또한 눈을 감고 추억 속의 장소 혹은 도시의 가로망을 회상하며 예전의 느낌을 되살리거나 길을 찾아가는 (반응) 과정은 직접적인 지각과정을 거치지 않고 인지과정을 거쳐 반응으로 연결되는 것으로 볼 수 있다.

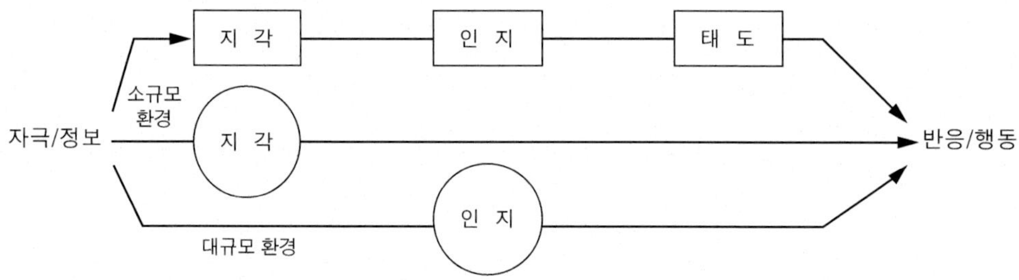

그림 2.2 **지각과 인지의 독립된 과정**

환경지각 및 인지는 일반심리학에서의 지각 및 인지에 관한 이론적 · 경험적 연구에 기초를 두고 있으나 네 가지 측면에서 전통적인 지각 및 인지와 구별되어진다(Feimer, 1981).

첫째, 환경지각 및 인지에서는 환경심리학과 마찬가지로 연구의 대상이 종합적인 사회물리적 환경(molar sociophysical environment)이다. 전통적인 지각 및 인지에 관한 연구는 사물, 빛, 형태 등과 같이 종합적 환경으로부터 추출된 부분적 인자를 연구단위로 하였으나, 환경지각 및 인지에서는 개인에게 종합적으로 영향을 미치는 생태적 상황(ecological context)이 연구단위가 된다. 생태적 상황이라 함은 개인이 처해 있는 여러 인자가 상호작용하는 포괄적인 사회물리적 환경을 말한다.

둘째, 전통적인 지각과 인지에 관한 구별과는 달리 환경지각 및 환경인지에 관한 연구에서는 두 분야간의 명확한 구별이 적다. 개인의 감지(sensation), 기억(memory), 태도(attitude) 및 믿음(belief) 등을 포함하는 사회물리적 환경에 관한 앎(awareness)에 관련되는 것은 환경지각 혹은 환경인지 모두에 속한다고 볼 수 있다.

셋째, 전통심리학에서는 지각 및 인지의 '과정(process)'에 보다 관심이 있는 반면 환경심리학에서는 지각 및 인지의 '내용(content)'에 보다 관심을 둔다. 따라서 환경지각 및 인지에서는 지각 및 인지에 관계되는 생태적 상황(ecological context)의 연구에 초점을 맞춘다.

넷째, 환경지각 및 인지에 관한 연구는 심리학뿐 아니라 인류학, 건축, 조경, 도시계획, 지리학, 사회학 등 여러 분야에서 이루어져 왔으며, 이러한 종합과학적 노력이 이 분야의 발전에 크게 기여하고 있다.

2. 환경의 규모와 환경지각 · 인지

한편 환경지각 혹은 환경인지의 대상의 측면에서 볼 때 환경지각은 보다 인체와 가까운 주변 환경에 관계되며, 환경인지는 대규모 환경에 주로 관계된다고 볼 수 있다(그림 2.3).

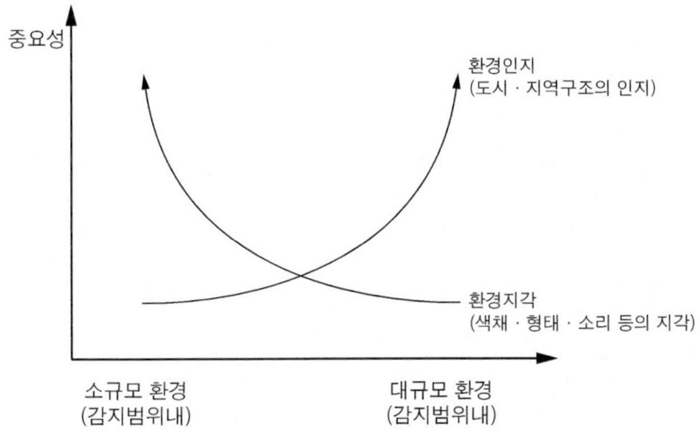

그림 2.3 **환경규모에 따른 환경지각 및 인지의 상대적 중요도**

인간의 감각기관이 감지할 수 있는 범위 내의 환경(예 : 가시권, 가청권)에서는 감각기관을 통한 자극의 감지가 인간의 행태에 미치는 영향이 크며, 이러한 범위를 넘어서는 광범위한 환경(예 : 국가, 지역, 도시)과 관련된 인간의 행태(이미지, 길찾기)는 해당 환경에 대하여 인간이 이미 알고 있는 정보가 상대적으로 중요하게 된다. 즉, 부분적(혹은 소규모) 환경의 연속된 지각을 통하여 정보를 저장하고 여과시킴으로써 전체(혹은 대규모) 환경에 대한 인지가 이루어진다고 볼 수 있다.

이러한 측면에서 볼 때 세 단계의 공간규모를 생각해 볼 수 있다(그림 2.4). 즉, 인체주변에 인체의 오관이 도달할 수 있는 범위의 공간규모를 지각적 공간이라고 부를 수 있으며, 오관이 도달할 수 있는 범위를 넘어서 인간이 인지할 수 있는 범위의 공간규모(예 : 도시)를 인지적 공간이라 부를 수 있겠다. 또한 이보다 더욱 광범위하여 구체적 공간인지는 어려우며, 개념적으로 이해하는 공간(예 : 지역, 국가)은 지리적 공간이라 부를 수 있을 것이다.

그림 2.4 **세 단계의 공간규모**

하나의 장소(환경)가 바람직한 환경이 되기 위해서 공간의 전체적 구조가 명료하여 공간인지가 쉽게 이루어져야 할 것이며, 부분적으로는 다양한 구성을 이루어 공간지각에 쾌적함을 줄 수 있어야 할 것이다. 즉, 지각과정과 인지과정이 상호 보완적으로 이루어질 수 있어야 한다. 이에 관하여는 본장 3절에서 자세히 언급하기로 한다.

2.2 환경지각

환경의 지각은 인간이 살고 있는 환경에 관한 지식의 바탕을 제공해주며 이러한 지식은 인간이 환경에 적응하는데 있어서 필수적인 것이다. 인간은 환경지각을 통하여 일상 환경의 주요한 정보를 받아들이며, 다른 사람과의 정보교환 및 사회적 작용이 가능해지며 다양한 미적 경험을 즐길 수 있다.

환경에 관한 지각은 내용(construct)면에서 현존하는 자극의 감지 및 유사한 자극에 대한 과거 경험에 관한 정보를 포함한다. 즉, 지각은 현재의 자극과 과거의 경험을 바탕으로 자극 대상으로부터 일정 패턴을 추출하며, 동시에 일정 패턴과 관련된 의미를 추출하는 과정을 포함한다(Bell, et al., 1978). 예를 들면 우리가 나무를 지각한다고 할 경우 나무의 질감, 색채, 크기, 형태 등을 동시에 감지하게 된다. 또한 과거에 이와 유사한 패턴의 자극을 감지했을 경우에 '나무' 라고 훈련 받았으므로 비로소 '나무'로 인지하게 되며 동시에 나무 혹은 나무와 유사한 패턴과 관련되었던 과거 경험 속의 의미(혹은 상징성)를 되살리게 된다(그림 2.5).

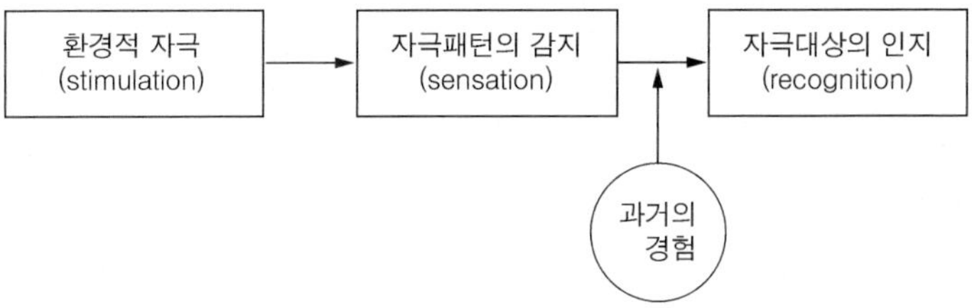

그림 2.5 **구조적 접근**

환경지각의 이론적 기초가 되고 있는 지각에 관한 기존의 접근 방법들을 살펴보면 구조적 접근, 총체적 접근, 기능적 접근의 셋으로 크게 나누어 볼 수 있다(표 2.1).

표 2.1 **환경지각의 이론적 접근**

이론적 측면	내 용
• 구조적 접근(structuralism)	생리적/체계적 과정
• 총체적 접근(holistic)	
1) 형태심리학(Koffka)	'Gestalt' 의 지각
2) 장의 이론(Lewin)	'유의성' 의 지각
• 기능적 접근(functional)	
1) 생태적 이론(Gibson)	'지원성' 의 지각
2) 확률적 이론(Brunswik)	개인적 역할의 강조

1. 구조적 접근(structuralism)

인간은 감각기관을 통하여 외부의 자극을 받아들인다. 외부로부터의 자극은 다양한 형태를 지니며 이들은 색(눈), 소리(귀), 냄새(코), 맛(혀), 촉감(피부) 등을 포함한다.

인간은 자극의 정도에 따라서 이를 감지할 수도, 감지하지 못할 수도 있다. 인간은 몇 종류의 자극을 거의 동시에 감지(sensation)하는 것이 보통이며, 이들로부터 자극물의 패턴을 인지(recognize)하게 된다(그림 2.5). 전통적인 심리학에서는 이러한 자극(stimulation)–감지(sensation)–인지(recognition)의 과정을 지각(perception)이라고 부른다. 이와 같이 지각을 생리적 과정의 측면에서 체계적으로 고찰하는 입장을 구조적 접근(structuralism)이라 한다(Bell, et al., 1978).

2. 총체적 접근

총체적 접근은 환경적 요소 혹은 다양한 자극을 별개로 지각하는 것이 아니고, 통합된 하나로 지각한다고 보는 입장이다. 이러한 접근에는 형태심리학(gestalt psychology)과 장의 이론(field theory)이 있다.

1 형태심리학(gestalt psychology)

형태심리학에서는 지각을 하나의 '총체적 과정(holistic process)' 으로 연구한다. 이러한 형태심리학의 발달은 지각과정을 몇 개의 요소 혹은 인자로 나누어 분석하는 연구에 대한 반작용으로 대두되었다고 볼 수 있다(Holahan, 1982). 형태심리학자들은 '전체는 부분의 합 이상' 이며, 따라서 인간의 지각은 '총체적인 과정' 으로만 이해가 가능하다고 주장하였다. 예를 들어 우리가 영화를 본다고 할 때 필름 한 장 한 장을 별도로 보아 배우의 연기를 지각하는 것이 아니고, 배우의 움직임을 하나의 '동적인 전체(dynamic whole)' 로서 지각한다.

'게쉬탈트(Gestalt)' 라는 말은 '형태 혹은 모습을 지닌 독자적 특성을 띤 실체(entity)' 를 의미한다(Koffka, 1963, p.682). 게쉬탈트는 '조직(organization)' 의 산물이며, 다시 말해서 조직을 통하여 게쉬탈트에 이른다(그림 2.6). 조직(organization)의 과정을 지배하는 것은 전체에 내재되어 있는 본질적인 법칙(intrinsic law)이며, 조직은 부분들의 단순한 조합 혹은 배치 이상의 의미를 지닌다. 형태심리학자들은 형태를 지각함에 있어서의 이러한 '조직의 원리' 들을 제시하고 있으며 이는 3장에서 보다 자세히 언급하기로 한다.

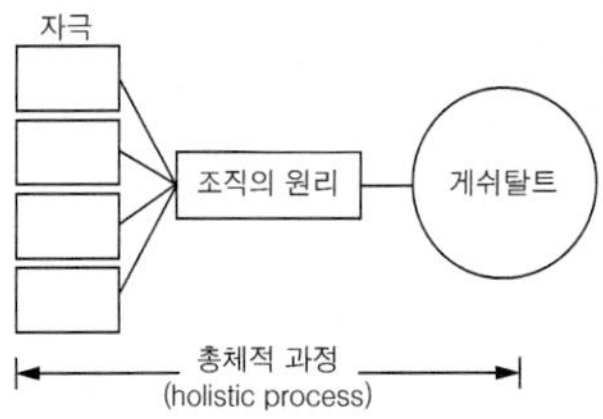

그림 2.6 **형태심리학**

형태심리학은 지각을 연구함에 있어서 총체적이며 동적인 과정으로서 연구해야 함을 주장함으로써 지각이론에 많은 영향을 끼쳤다. 그러나 최근 들어 행태심리학은 지각과정 자체에 내재되어 있는 '조직' 의 과정을 강조하여, 과거의 경험 혹은 보다 고차원적인 지적 과정이 지각에 미치는 영향을 간과함으로써 비평을 받고 있다(holahan, 1982). 최근의 환경지각에서는 지각을 통한 학습(learning) 그리고 고차원적인 인식과정이 지각에 미치는 영향을 강조하는 경향이 있다.

2 장의 이론(field theory)

형태심리학자인 코프카(Koffka, 1963, p.27)는 지리적 환경(geographical environment)과 행태적 환경(behavioral environment)을 구분하고 있다.

지리적 환경은 물리적 환경을 말하는 것으로서 인간과 무관하게 존재하고 있는 것을 말한다. 이에 비하여 행태적 환경은 지리적 환경과 인간(보다 일반적으로 유기체)의 상태에 따라서 형성된다.

이러한 구분은 다음의 실험에서 더욱 명확해진다. 어느 방의 천장에 바나나를 매달아 놓고 이곳에서 약 3미터 떨어진 곳에 상자를 놓는다. 원숭이를 한 마리씩 방 안에 넣고 관찰해보면 상자를 바나나 밑에 운반하여 바나나를 먹는 원숭이도 있고, 바나나를 잡으려고 이러 저리 뛰다가 포기하는 원숭이도 있다. 이 경우에 물리적 환경(지리적 환경)은 변함이 없으나 두 마리의 원숭이는 서로 다른 행동을 보여준다고 할 수 있다(Koffka, 1963, p.29).

즉, 지리적 환경은 동일하나 행태적 환경은 동일하지 않음을 나타내고 있는 것이다. 한편 형태심리학자인 루인(Lewin)은 심리적 장(field)의 개념을 도입하여 인간행태를 설명하고자 시도하였다. 심리적 장의 개념은 코프카가 제안한 행태적 환경의 개념과 반드시 일치하지는 않으나(Koffka, 1982, p.46) 유사한 개념으로 보여진다.

루인(Lewin)은 인간행태(*B*)는 개인의 특성 및 기타 개인적인 인자(*P*)와 개인에게 지각되는 환경(*E*)의 함수로 나타내진다고 하였다(Ittelson, et al., 1974, p.69).

$$(B) = f(P \cdot E)$$

루인은 또한 이러한 함수관계를 설명함에 있어서 유의성(valence)의 개념을 도입하고 있다. 즉, 인간의 생활공간(life space) 내의 사물, 상황 혹은 다른 사람은 긍정적인(positive) 혹은 부정적인(negative) 유의성을 지니고 있다는 것이다.

목마른 사람에게 음수대는 긍정적인 유의성을 지니게 되어 가까이 가고 싶은 심리적 작용으로 음수대로 가게 된다. 또한 땀을 흘리는 사람에게 직사광은 부정적인 유의성을 지니게 되어 이로부터 멀어지려는 심리적 작용에 의하여 그늘로 피하게 된다. 따라서 루인은 인간의 행위를 시간의 흐름에 따라 변하는 환경적 유의성에 의하여 설명하고자 하였다. 유의성은 외적 환경 자체에 내재되어 있는 것이 아니며, 인간의 내적 욕구 혹은 필요성과 지각된 외적 환경과의 상호작용에 의하여 형성되는 것이다.

또한 유의성은 벡터(vector)와 같이 힘의 크기와 방향성을 지니고 있다. 즉, 생활공간 내의 사물 혹은 상황은 그것을 보는 사람이 가까이 혹은 멀리 가고자 하는 방향성을 지니고 있으며 가까이 혹은 멀리 가고자 하는 힘의 크기도 사물 혹은 상황에 따라서 다르게 된다(그림 2.7). 유의성의 강도는 공간적, 시간적 거리가 가까울수록 커진다. 목마른 사람은 물이 멀리 있을 때 보다는 가까이 있을 때 물을 마시고자 하는 충동이 더욱 커지며, 어린이들은 소풍날이 가까워 올수록 더욱 흥분하여 잠을 잘 이루지 못하는 경우가 많아진다.

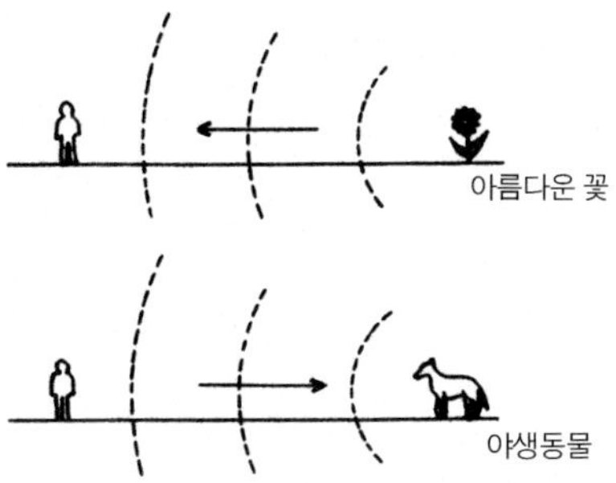

그림 2.7 긍정적 유의성(상)과 부정적 유의성(하)

3. 기능적 접근

기능적 접근은 환경지각이 인간행동을 위한 정보를 제공해주어 환경 내에서 인간 활동이 원활하게 이루어지도록 하는 기능을 지녔다고 보는 입장이다. 이러한 접근에는 생태적 이론(ecological theory)과 확률적 이론(probabilistic theory)이 있다.

1 생태적 이론(ecological theory)

깁슨(Gibson)은 환경지각을 형태심리학자와 마찬가지로 총체적인 과정(holistic process)으로서 이해하고자 하였다. 따라서 다양한 자극들의 총체적 패턴을 통하여 지각한다고 보았다. 또한 깁슨은 환경적 자극의 생태적 특성(ecological properties)을 중요시하였다. 이와 같이 생태적 특성을 중요시하는 입장을 '생태적 접근'이라고 부른다. 여기서 '생태적'이라는 말은 개인적, 사회적, 물리적 환경 상호간의 적응(adjustment)을 의미한다(Bell, et al., 1978).

환경적 자극은 생태적 특성을 지니며, 인간은 자극의 패턴 자체에 이미

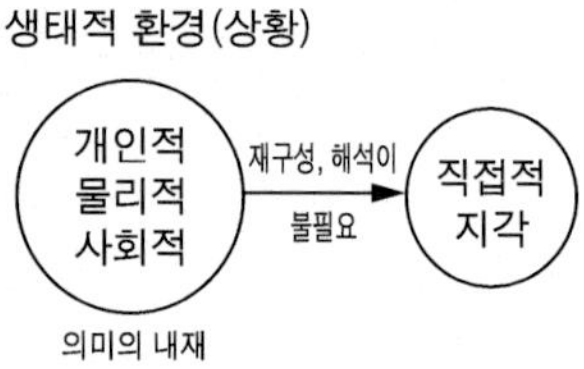

그림 2.8 **생태적 접근**

내재되어 있는 의미를 받아들이면 된다. 따라서 지각하는 사람은 자극의 재구성, 해석 등의 과정을 거쳐서 의미를 추출할 필요가 없다고 주장하였다(그림 2.8).

깁슨은 이러한 관점에서 환경의 지각은 환경으로부터 인간에게 도달되는 자극의 직접적인 산물이라고 주장하였다(Holaban, 1982, p.37). 또한 깁슨은 환경지각의 기능적 측면에서의 중요성을 주장하였다. 지각은 단순한 자극의 감지에 끝나는 것이 아니며 유기체가 환경 내에서 원활히 활동할 수 있는 바탕을 마련한다. 이와 같이 지각은 유기체(organism)가 환경 내에서 "원활한 활동(get along with)"을 하기 위한 수단이라는 측면에서 고찰하는 입장을 기능적 접근(functionalism)이라 한다(Bell, etal., 1978).

깁슨(Gibson)은 기능적 접근과 관련하여 '지원성(affordance)' 의 개념을 도입하였다. '지원성' 은 유기체(사람)가 일정 환경 내에서 접하게 되는 사물의 '변하지 않는 기능적 특성(invariant functional properties)' 이라고 정의하고 있다(Bell, et al., 1978). 예를 들어 한 물체가 매우 단단하고 지면에서 도출되어 있으며 윗면이 비교적 평평하고 수평에 가까울 경우 이 물체는 앉는 기능에 대한 '지원성' 을 지닌다고 말할 수 있다(그림 2.9).

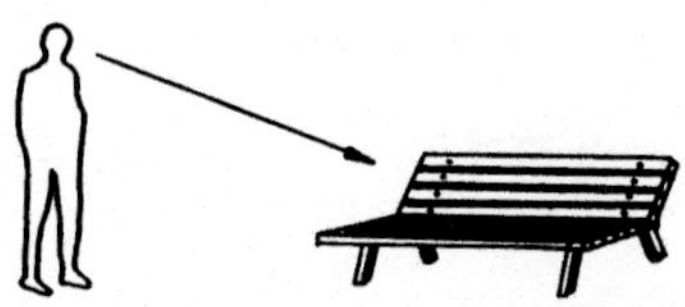

그림 2.9 **인간은 사물의 지원성을 지각한다.**

이와 같이 인간은 환경 내에서 대상물의 '지원성(affordance)' 을 지각하게 되며, 지원성의 지각은 환경과 어떻게 상호작용할 것인가를 지각하는 것이라고 바꾸어 말할 수 있다. 즉, 생태적 환경(행태적 장)은 다양한 자극 대상으로 구성되어 있으며 이들 자극대상은 각기 다양한 지원성을 대표하고 있다. 따라서 인간은 생태적 환경 내의 다양한 지원성을 지각하고 이러한 지각을 바탕으로 환경 내에서의 행위를 결정하게 된다.

이러한 지원성은 종(species)에 따라서 다르게 지각될 수 있다(Bell, et

al., 1978). 즉, 한 그루의 나무는 인간에게는 그늘을 주는 휴식의 '지원성' 을 지닌다고 지각될 것이나 새들에게는 종족을 번식할 수 있는 집(새둥지)을 지을 수 있는 '지원성' 을 지닌다고 지각될 것이다. 또한 사람에 따라서 혹은 상황에 따라서도 서로 다른 '지원성' 을 지각하게 될 것이다. 즉, 한 그루의 나무는 지친 사람에게는 휴식할 수 있는 장소로서의 '지원성' 으로 지각될 것이나 땔감을 찾는 사람에게는 연료로서의 '지원성' 을 지각될 것이다. 이러한 관점에서 한 물체는 여러 유형의 지원성을 지닐 수 있으며, 인간은 상황적 특성에 따라서 적절한 '지원성' 을 지각하게 된다.

이러한 측면에서 볼 때 환경설계는 생태적 상황 하에서 적절한 '지원성' 을 마련하는 작업이라고 말할 수 있다. 즉 특정 환경에서 요구되는 다양한 행태적 여건을 적절히 지원해줄 수 있는 다양한 '지원성' 을 창조하는 작업이 환경설계라고 볼 수 있다.

이상에서 살펴본 깁슨(Gibson)의 주장은 지각을 총체적 과정(holistic process)으로 이해하려 한다는 측면에서 형태심리학자들과 같은 입장을 취하고 있다. 또한 깁슨이 중요시 여긴 '생태적 특성(ecological properties)' 의 개념은 형태심리학자들의 '게쉬탈트(gestalt)' 의 개념과 동일한 것은 아니나 대응되는 개념이라고 볼 수 있다. 즉, 형태심리학자들은 환경적 자극에 게쉬탈트(즉, 독자적 특성을 지닌 실체 : entity)가 존재한다고 본 데 비하여 깁슨은 개인적, 사회적, 물리적 환경이 어우러진 생태적 특성이 존재한다고 보고 있다.

깁슨은 이로부터 한걸음 더 나아가 의미지각, 그리고 환경지각의 기능적 측면에서의 새로운 관점을 부각시켰으므로 깁슨의 이론을 생태적 기능주의(ecological functionalism)라고 불러도 좋을 것이다.

2 확률적 이론

브룬스윅(Brunswik)은 깁슨(Gibson)의 견해와는 대조적으로 지각과정에서 개인의 역할을 강조하고 있다. 개인에게 도달되는 환경적 자극은 단편적인 정보일 뿐이며 감지된 자극을 해석하는데 있어서 개인이 보다 적극적인 역할을 한다는 것이다(Holahan, 1982, p.38).

예를 들어 일정한 거리에 있는 물체로부터의 시각적 자극이 망막에 도달하면 관찰자는 그 물체가 멀리 있는 큰 물체인지 혹은 가까이에 있는 작은 물체인지를 판단하여야 한다. 이러한 지각적인 '모호성(ambiguity)' 은 관찰자가 실제 상황에 대한 '확률적 추정(probabilistic estimate)' 을 함으로써 해소된다. 이러한 확률적 판단은 환경에 대한 '최선의 추정(best bet)' 혹은 '학습된 추측(educated guess)' 이라고 부를 수 있다.

환경으로부터 개인에게 도달되는 자극의 모호성 및 모순성에 대처하기 위하여 사람들은 환경에 관한 여러 유형의 확률적 상황을 알고 있어야 한다. 이러한 확률적 판단은 수많은 환경적 장(environmental setting)으로부터의 자극의 패턴을 감지함으로써 가능해진다.

우리는 모든 가능한 환경을 경험할 수는 없으므로 우리의 판단은 완벽할 수 없으며, 따라서 '확률적 추정' 에 불과할 뿐이다. 따라서 환경지각이 인간 행위를 적절히 수행하는데 기여한다고 보는 브룬스윅(Brunswik)의 이론을 확률적 기능주의(probabilistic functionalism)라 부른다(Holahan, 1982).

브룬스윅은 환경지각과정에서의 개인의 역할을 설명하기위해 '렌즈모델(lens model)' 을 제시하였다. 지각과정은 렌즈가 빛을 모아서 비추는 과정과 유사하다고 보았다(그림 2.10). 즉, 지각과정은 환경으로부터의 다양한 자극들을 모아서 재구성함으로써 이루어진다고 보았다.

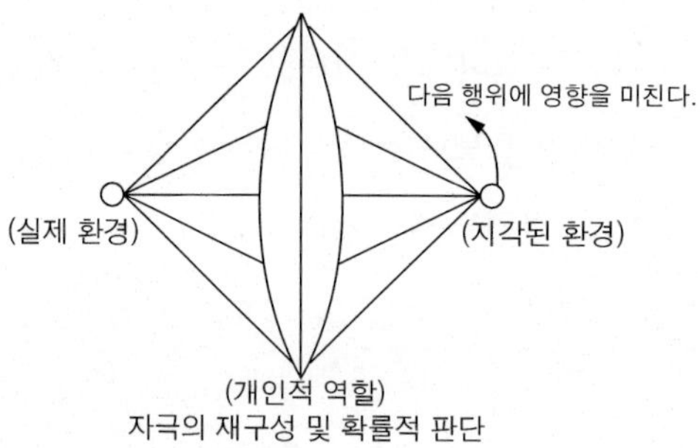

그림 2.10 **렌즈모델(자료 : Holahan, 1982, p.39)**

최근, 확률적 이론은 생태적 이론에 비하여 많은 주목을 받고 있다. 최근의 지각이론에서는 개인의 지각을 설명하는데 있어서 개인의 기억 및 정보처리과정을 중요시하는 경향을 나타내고 있다. 브룬스윅의 렌즈모델은 환경지각, 인지, 태도를 융합시키는 개념적 틀로서 혹은 인간과 환경의 관계를 설명, 관찰하는 종합적인 틀로서 쓰여질 수 있는 가능성을 보여주고 있다(Holahan, 1982, p.40).

이상에서 살펴본 바와 같이 인간은 자극대상으로부터 자극패턴을 감지하며, 여기에 과거의 경험 혹은 기억을 바탕으로 하여 자극대상을 인지하고, 자극대상과 관련된 의미 혹은 상징성을 추출하게 되며 동시에 기능적인 측면에서의 지원성을 인지하게 된다. 이러한 과정을 종합하여 지각이라고 부르며 이러한 지각과정이 생태적 환경 하에서 수행될 때에 이를 환경지각이라 말할 수 있다.

인간은 환경을 지각함에 있어서 상징적, 기능적 측면 외에도 미적인 측면도 지각하게 된다. 미적 지각에 관하여는 3장에서 자세히 언급하기로 한다.

생태적 접근과 확률적 접근을 상호보완적으로 결합시킨다면 지금까지 언급된 환경지각의 내용을 포괄할 수 있는 개념적 틀이 도출될 수 있으리라 생각된다. 즉 렌즈모델에서 환경에 해당되는 부분을 생태적 환경으로 바꾸어 놓는다면 보다 포괄적인 틀이 만들어진다(그림 2.11). 즉 개인적, 사회적, 물리적 환경이 어우러진 생태적 환경으로부터의 자극을 받아들이며 이들 자극은 다시 개인적 경험 혹은 기억에 의하여 재구성되고 해석된다고 보는 것이다. 이는 '생태적 환경'과 '개인적 역할'이 동시에 중요하다고 보는 것이다.

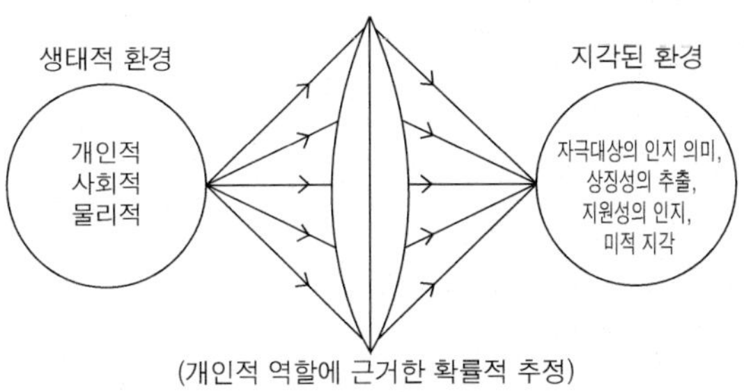

그림 2.11 **생태적 이론과 확률적 이론의 결합**

이 개념을 좀 더 전개하여 보기로 하자. 예를 들어 반구형의 조그만 유리그릇이 하나 있다고 할 때 어떤 사람은 물그릇으로, 또 어떤 사람은 과자그릇으로 생각할지 모른다. 그러나 무엇인가를 담을 수 있다는 것은 그 유리그릇이 지닌 변하지 않는 특성이라고 볼 수 있다. 이 경우 유리그릇을 지각함에 있어 '무언가 담을 수 있다'는 유리그릇이 지닌 변하지 않는 특성과, 구체적으로 물그릇 혹은 과자그릇이라고 판단하는 두 가지 속성이 있다고 보겠다(그림 2.12).

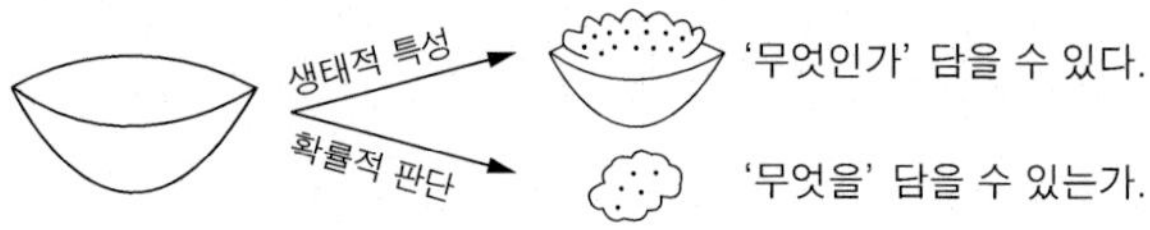

그림 2.12 **생태적 특성과 확률적 판단 – 이 그릇은 무엇인가를 담을 수 있다는 '생태적 특성'을 지니고 있으며 물그릇인가 과일그릇인가 하는 '확률적 판단'은 개인에게 달려있다.**

여기서 '무언가 담을 수 있는 것'은 유리그릇의 생태적 환경이라고 볼 수 있으며, 물그릇 혹은 과자그릇으로 지각하는 것은 생태적 환경과 개인의 경험 및 필요에 기초한 개인의 확률적 판단이라고 볼 수 있다. 즉 '무엇'을 담을 것인가에 관한 판단이 요구되는 것이지, 담을 수 있느냐 없느냐에 관한 판단은 요구되지 않으며 이는 생태적 환경이 스스로 나타내고 있는 바이다.

4. 환경설계와 환경지각

환경설계의 많은 원리들은 환경지각 이론에 근거를 두고 있다. 특히 시각적 환경의 설계 시에는 형태심리학(gestalt psychology)이 많은 영향을 미쳐왔다(3장 2절 참조).

설계가들은 이들 이론에 근거하여 환경적 자극의 요소들이 독립된 별개가 아니고 통일된 하나의 전체로서 지각됨을 이해하고 있으며 이는 환경설계작업의 바탕을 형성하고 있다.

또한 최근 환경설계가들은 환경이 지녀야 하는 적절한 정도의 시각적 복잡성(3장 6절 참조)과 같은 물리적 구성에만 국한하지 않고 물리적 환경에 대하여 개인이 느끼는 의미, 상징성(3장 5절 참조)까지도 관심을 보여 왔으며 이는 브룬스윅의 렌즈모델과 관계가 깊다.

지각이론의 발달이 환경설계가들의 작업에 영향을 미친 것은 사실이나, 설계가들의 창조능력에까지 영향을 미쳤다고 보기는 어렵다. 즉, 설계가들이 무의식적으로 해오던 작업을 이론적인 측면에서 뒷받침해 주었으며 보다 논리적인 설계 작업이 가능하도록 하였다는 것이 옳은 표현일 것이다.

환경심리학은 인간의 지각과정을 밝혀내고 설계가들은 이러한 과정을 응용하여 환경을 창조한다. 따라서 환경심리학자와 설계가는 역방향으로 작업한다고 볼 수 있다. 즉, 환경심리학자는 특정한 환경으로부터 오는 자극을 인간이 어떻게 지각하느냐에 관련된 '환경→인간' 의 방향에 관심이 있다면 설계가는 특정한 지각효과를 마련하기 위하여 인간이 어떠한 환경을 필요로 하는지를 알고자하는 '인간→환경' 의 방향에 관심이 있다(그림 2.13).

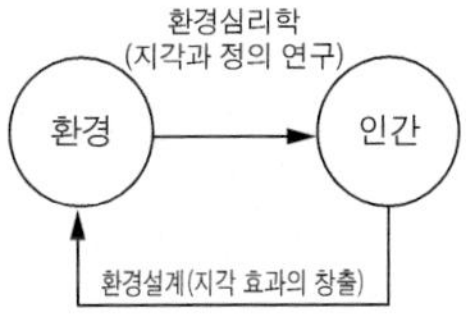

그림 2.13 환경지각과 환경설계

2.3 환경인지

일반적으로 인지(cognition)라 함은 모든 형태의 앎(knowing)에 관계되며, 따라서 감지(sensation), 지각(perception), 이미지, 기억(retention), 회상(recall), 추론(reasoning), 문제해결 및 판단과 평가의 단계들을 포함한다.

환경인지(environmental cognition)는 사람들이 환경에 대하여 지니고 있는 앎(awareness), 인상, 정보, 이미지, 믿음(belief) 등에 관련된다(Moor & Golledge, 1976). 환경인지는 공간적인 측면에서 국가, 지역, 도시 등과 같이 주로 대규모 환경에 관련되지만 건물내부 혹은 건물사이의 공간 등과 같이 소규모 환경과 무관한 것은 아니다. 또한 자연환경 및 인공환경을 포함하며, 물리적, 사회적, 문화적, 정치적, 경제적 측면의 인간 환경에 모두 관계된다.

환경의 인지는 환경에 대한 정보와 이미지뿐 아니라 환경의 성격, 구조 등에 대한 인상 및 이와 관련된 의미, 중요성, 상징성 등을 포함한다.

이상에서 살펴본 바와 같이 환경지각은 환경을 '어떻게' 받아들이느냐에 초점을 맞추고 있음에 비하여, 환경인지는 정보의 해석, 평가, 수정을 통하여 머리 속에 '무엇'이 들어있느냐에 보다 초점을 맞추고 있음을 알 수 있다.

1. 성장에 따른 공간인지(spatial cognition)

대규모 환경에서 사물의 위치 및 거리에 관한 공간인지는 태어날 때부터 확립되어 있는 것이 아니고 어린이가 성장함에 따라서 점진적으로 형성되어진다. 이러한 단계는 셋으로 나누어 볼 수 있다(Feimer, 1981 ; 그림 2.14).

첫째 단계는 자아중심적(egocentric orientation) 단계이다. 네 살 미만의 어린이들은 자신의 위치 혹은 움직임을 중심으로 공간을 인식한다. 따라서 환경은 주로 통행로를 중심으로 한 '움직임의 통로'로서 이해되어지며, 랜드마크는 독립적인 의미를 지니지 못하고, '움직임의 통로'와의 관계성만을 지닌다. 그러나 이러한 초보적 공간인지는 두 지점을 연결하고 방향감각을 지니는 데 있어서는 유용하다.

둘째 단계는 고정된 위치(fixed reference system)를 인지하는 단계로서 보통 네 살에서 일곱 살 사이에 형성된다. 이 단계에서는 환경 내의 고정된 물체(예, 랜드마크)를 방향을 찾기 위한 기준으로 이용하는 능력을 갖게 된다. 그러나 환경 내의 여러 랜드마크 상호간의 단일한 위치체계를 인지하지는 못하며, 각각의 랜드마크는 상호 독립된 좌표체계를 갖춘 것으로 인지하게 되므로 정확한 거리 및 상대적 위치감각이 불완전하다.

셋째 단계는 공간에 관한 완벽한 단일 좌표체계(coordinated system)를 인지하는 단계로서 보통 아홉 살에서 열두 살 사이에 형성된다. 이 단계에 이르면 어린이들은 자신의 위치나 움직임에 관계없이 공간 내 구성요소 상호간의 관계를 파악할 수 있게 되어 거리 및 상대적 위치에 관한 완벽한 감각을 지니게 된다.

이상에서 언급된 세 단계의 발달단계에 관하여는 대부분의 학자들이 일치를 보이고 있으나 연령구분에 있어서는 다소 이견을 보이고 있다 (Feimer, 1981).

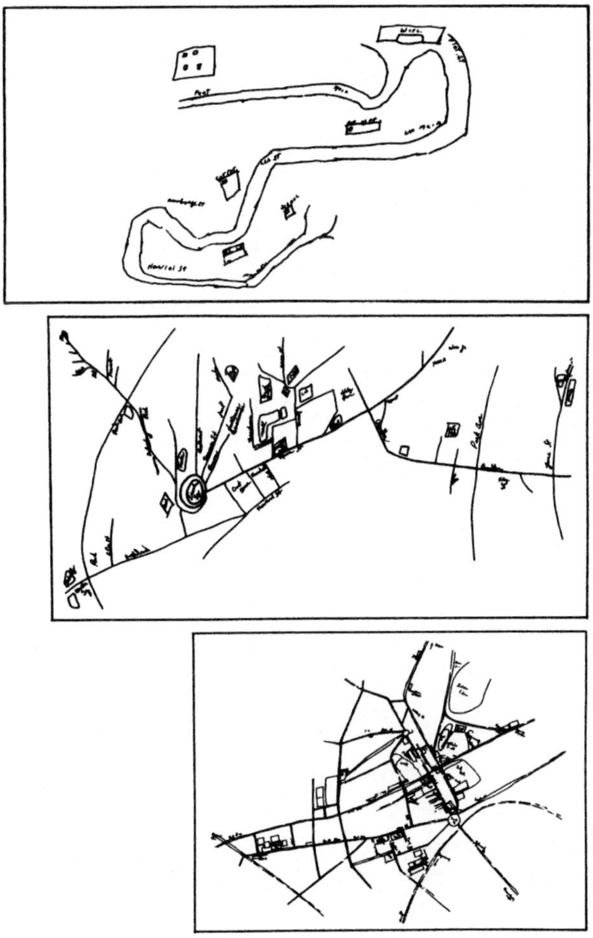

그림 2.14 공간인지 발전의 3단계
a) 통행로를 중심으로 한 자아중심적 단계
b) 단일좌표체계는 없으나 고정된 위치를 인식하는 단계
c) 단일좌표체계를 인식하는 단계(자료 : Holahan, 1982, p.75)

2. 환경인지의 도면화

인간은 대규모 물리적 환경(도시, 지역)을 지각, 인지하는 과정에서 과거의 경험, 개인적 특성에 따라 나름대로 여과하는 과정을 거친다.

인간의 감각기관은 환경 구성요소 전부를 동시에 인지할 수 없으며, 감지된 자극이라 할지라도 특별한 경우를 제외하고는 곧 잊어버리는 경우가 많다. 물리적 환경요소 가운데 강한 인상 혹은 의미를 주는 요소는 기억 속에 오래 남아 있으나 그렇지 않은 경우는 곧 지워져버린다.

또한 기억 속에 남아 있는 물리적 환경요소들의 공간적 상관관계는 실제 환경의 공간적 상관관계와 반드시 일치하는 것은 아니다. 오히려 사람마다 다소 변형된 상관관계를 인지하고 있는 것이 보통이다.

그렇다면 인간은 물리적 환경에서 어떤 요소들을 더욱 강하게 인지하며, 요소 상호간의 공간적 관련성을 어떻게 인지하는가? 이와 같은 공간인지의 문제를 연구하기 위하여 제안된 방법이 '인지도(cognitive mapping)' 이다. 이 방법은 인지된 물리적 환경이 머리 속에 어떠한 형태로 존재하는가를 '인지도' 를 통하여 미루어 짐작하고자 하는 것이다(그림 2.15).

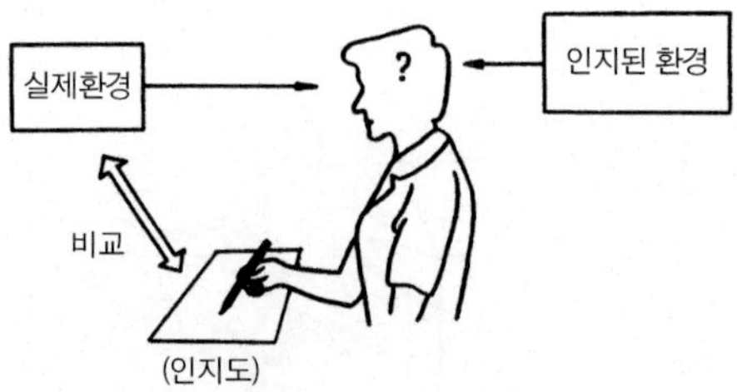

그림 2.15 **인지된 환경의 표현(인지도). 인지도를 통하여 머리 속에 기록된 환경구조를 알아내며, 인지도와 실제환경을 비교하여 환경과 인지의 관계성을 파악한다.**

이 방법은 인지도를 보고 실제 환경이 어떠한 형태로 인지되었는가를 연구하는 것이므로 인지도가 과연 인지된 내용을 그대로 표현하고 있는가의 타당성 문제가 제기될 수 있으며, 또한 개인별 표현(도면화) 능력에 따른 차이가 문제점으로 제기될 수도 있다.

그러나 이 경우 타당성의 문제는 사실상 증명하기가 거의 불가능하다. 역설적으로 표현하면 머리 속에 들어있는 환경인지의 내용을 알 수 있다면 구태여 인지도가 필요하지 않을 것이기 때문이다. 다만 여러 사람의 인지도가 공통된 패턴을 보인다면 이 패턴을 근거로 일반화된 설명을 시도할 수는 있다고 보여진다.

이상과 같은 문제점이 있음에도 불구하고 린치(Lynch, 1960)는 인지도를 통하여 도시환경의 인지에서의 주된 요소를 추출하여 도시설계 분야에 획기적인 공헌을 하였다. 이어서 스타이니츠(Steinitz)는 도시환경의 물리적 형태의 인식에서 한 걸음 나아가 물리적 형태가 도시인에게 주는 행위적 의미의 중요성을 주장하였다. 즉, 물리적 형태의 인지와 동시에 물리적 형태가 지닌 의미까지도 인지한다는 것이다.

1 이미지

린치(Lynch, 1960)는 도시의 이미지를 연구함으로써 도시설계의 새로운 측면을 개척하였다.

'이미지' 는 인간환경의 전체적인 패턴에 대한 이해 및 식별성을 높이는데 관계되는 개념이다. 린치는 이미지성(imageability)을 다음과 같이 정의하고 있다.

"관찰자에게 강한 이미지를 줄 수 있는 물리적 사물이 지닌 성질이다. ……식별성(legibility)이라고 불러도 좋을 것이며, 또 다른 측면에서 가시성(visibility)이라고 부를 수도 있을 것이다(Lynch, 1979, p.9)."

린치는 도시의 이미지 형성에 기여하는 물리적 요소로서 통로(paths), 모서리(edges), 지역(districts), 결절점(nodes) 및 랜드마크(landmarks)의 다섯 가지를 제시하였다. 이는 세 개의 도시에 대한 사례연구를 통하여 얻어진 결론으로서 그림 2.16은 로스앤젤레스(Los Angeles)시의 예를 보여준다.

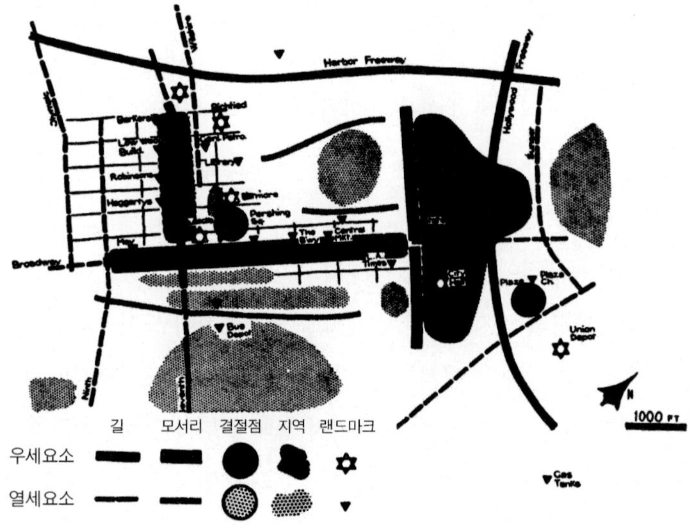

그림 2.16 **현장에서 관찰된 로스앤젤레스의 시각적 형태(자료 : Lynch, 1960, p.33)**

일정한 물리적 환경은 관찰자의 입장에 따라 상이한 요소로 해석될 수 있다. 즉, 고속도로는 운전자에게 '통로'로 보일 것이나, 보행자에게는 '모서리'로 보여질 것이다. 또한 중심 지구는 지역적 규모를 고려할 때는 '결절점'으로 이해될 수도 있다. 따라서 앞서 언급된 다섯 가지 요소는 일정한 관찰자의 관점에서 그 의미를 갖는다.

린치는 도시의 이미지 분석방법으로서 두 가지 방법에 의한 조사와 두 조사결과의 종합을 제시하였다(Lynch, 1960, pp.155~156). 첫째의 방법은 훈련된 조사자가 현장관찰을 통하여 도시의 강한 이미지 혹은 약한 이미지를 지닌 곳, 일반적 패턴, 부분적 특징 등을 표현하는 지도 및 간단한 보고서를 작성하는 것이다. 둘째의 방법은 도시인 가운데에서 표본을 추출하고 도면, 스케치, 설문 등을 통하여 언급된 물리적 요소들의 빈도수, 강한 요소들, 도시구조에 대한 느낌, 종합적 이미지 등을 조사하는 것이다.

이들 두 조사결과의 상호비교 및 더욱 세부적인 조사를 통하여 일반대중의 이미지, 시각적 문제점 및 강점, 중요한 요소 및 요소 상호간의 관계성, 각 부분의 질, 개선 가능성 등을 나타내는 여러 도면 및 보고서를 작성한다. 이러한 분석들은 도시의 미래에 대한 시각적 형태를 설계하는 데 있어서 기초가 된다.

린치의 연구는 표본수가 적어서 그 개념의 일반화에 어려움이 있었으나, 후속된 연구들(De Jonge, 1962 ; Evans, et al., 1981 ; Gulick, 1963)은 모두 린치의 연구결과를 뒷받침하고 있다.

2 형태와 행위적 의미의 일치성

스타이니츠(Steinitz, 1968)는 린치의 '이미지' 개념을 더욱 발전시켜 컴퓨터 그래픽 및 상관계수 분석을 통하여, 도시환경에서의 '형태(form)와 행위(activity)의 일치'를 연구하였다. 린치의 연구는 물리적 형태의 시각적 이미지에 주안점을 두었으나 스타이니츠는 물리적 형태와 그 형태가 지닌 행위적 의미(meaning)의 상호 관련성을 주안점으로 하였다.

그는 "행위의 의미를 수반하지 않는 물리적 형태에 대한 지식은 무용한 것"이라고 주장하였으며, "형태에 대한 지식은 그와 연관된 행위를 인지하는 데 도움이 되어야 한다."고 하였다.

스타이니츠는 그의 연구에서 형태와 행위 사이의 일치성(congruence)을 세 가지 유형으로 구분하였다. 타입(type), 밀도(intensity), 영향(significance)의 일치성이 그것이다. 타입의 일치성은 주어진 형태(건물 타입 및 투과성)와 행위의 종류(행위 빈도수)가 함께 나타나는 것을 말하며(그림 2.17), 밀도의 일치성은 형태 밀도(공간 및 정보의 밀도)와 행위 밀도(혼잡성)의 일치를 의미하며, 영향의 일치성은 노출된 형태(자동차, 지하철, 보행로에 노출된 정도)와 주요 행위(노출된 형태에 의해 영향을 받는 사람의 상대적 숫자와 그 영향의 정도)가 함께 나타나는 것을 말한다.

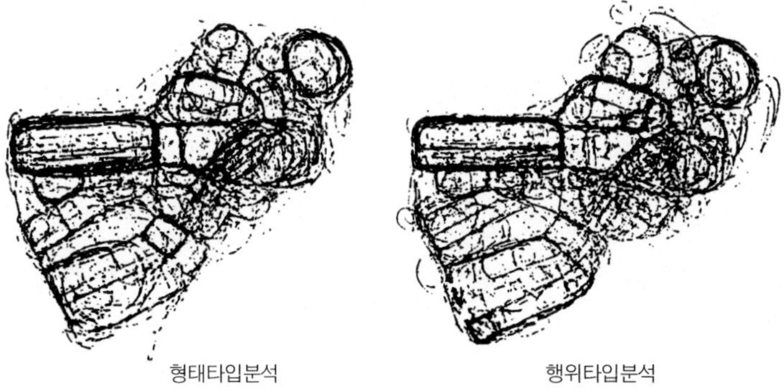

형태타입분석 행위타입분석

그림 2.17 형태타입(좌측)과 행위타입(우측)의 분석(자료 : Steinitz, 1968, p.244)

스타이니츠의 연구는 환경설계에 있어서 공간, 형태, 움직임의 중요성 뿐 아니라 형태가 지닌 행위적 의미의 중요성을 보여 주고 있다. 단순한 물리적 구성의 차원을 넘어서 행위적 의미를 전달해 줄 수 있어야 바람직한 도시환경이 될 수 있는 것이다.

린치와 스타이니츠의 연구는 시각적 환경의 인지 및 의미를 도시설계에 응용하는데 크게 기여하였다. 이들은 실제 설계를 위한 기초적 분석 자료의 제공에 기여하며, 더 나아가 인간-환경의 관계를 설명하고 이해하는데 크게 기여하였다.

3 자연환경에서의 인지도

인지도에 관한 연구는 주로 도시환경을 대상으로 이루어져 왔으므로 자연환경에서의 인지도에 관하여는 알려진 것이 적은 실정이다.

국립공원 등과 같은 자연환경에서도 린치가 제시한 통로(paths), 모서리(edges), 지역(districts), 결절점(nodes) 및 랜드마크(landmark)의 다섯 요소가 동일하게 적용될 수 있을까?

이 질문에 대하여 보다 체계적인 연구가 이루어져야 할 것이나 자연환경의 특성을 고려해 볼 때 어느 정도까지는 미루어 짐작할 수 있겠다.

예를 들어 국립공원을 돌아보고 나서 혹은 등산을 하고 나서 인지도를 그린다면 가장 지배적인 요소는 통로, 랜드마크 그리고 지역일 것이다. 우선 자신이 지나온 통로(도로, 등산로)를 중심으로 공간구조를 파악할 것이며, 통로주변의 기암절벽, 봉우리 등의 독특한 지형이 랜드마크의 역할을 할 것이며, 식생군(소나무 숲, 조치 등) 혹은 넓은 수면(호수) 등이 지역으로서 인지될 것이다. 이에 비하여 특별한 경우를 제외하고는 모서리 및 결절점은 중요성이 덜할 것으로 추정된다. 경관단위가 뚜렷이 구별되는 경우(호수와 산, 초지와 성림 등)에는 모서리가 인식될 수 있으며, 이용자들이 모이는 비교적 큰 규모의 광장 혹은 전망대 등이 있다면 이는 결절점으로 인식될 수 있을 것이나 도시환경과 같이 뚜렷하게 나타나지는 않을 것으로 추정된다.

실제로 대학생들이 자연공원을 둘러본 후 그린 인지도에서는 '통로' 로 연결된 '랜드마크들' 그리고 식생과 지형에 따른 여러 개의 '지역' 이 두드러지게 나타나고 있다(Kaplan, 1976). 도시환경에서도 통로 및 랜드마크는 지배적인 요소로 작용하며, 광장 등 교차로가 발달되어 있는 경우에는 결절점이 중요한 요소로 등장할 것이다.

이상에서 살펴본 바와 같이 자연환경에서의 인지도는 도시환경에서의 인지도와 거의 유사한 구성요소(통로, 랜드마크 등)를 지닌다고 볼 수 있으나 각 요소의 중요성에는 다소 차이가 있을 수 있다.

4 인공물과 자연물

인공물과 자연물이 환경에 함께 존재할 때 인지도에는 자연물보다 인공물이 두드러지게 나타난다(Feimer, 1981).

이는 인공물이 대부분의 경우 인간 활동과 결부된 의미를 지님으로 인해 주의를 끌기 때문이다. 또한 인공물의 형태가 자연물에 비하여 불투시성의 면들로 구성되어 있으며 경계(모서리)가 뚜렷한 기하학적 형태를 지니고 있어서 지각 강도가 높기 때문으로 생각된다(그림 2.18).

그러나 이는 일반적인 경우의 이야기이며 극단적인 경우에 대해 생각해 볼 필요가 있다. 다시 말해서, 자연경관에 위치한 인공물은 당연히 두드러지게 보일 것이나, 인공환경에 위치한 자연물의 경우는 어떠할까?

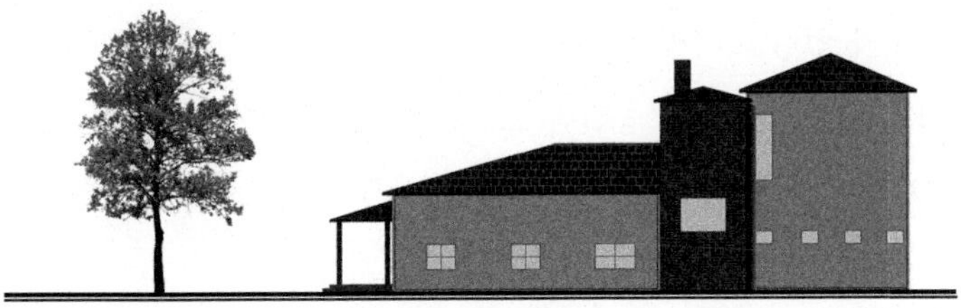

그림 2.18 인공물은 인간행위적 의미를 함축하고 있으며, 경계가 뚜렷하여 자연물에 비하여 지각 강도가 높다.

우리는 도로확장공사를 하면서 도로 한 복판에 고립되어 있는 고목에 대한 기억이 주변의 건물에 대한 기억보다 생생하게 떠오르는 경험을 지니고 있다(사진 2.1). 이는 주변 환경(주로 인공적)에 비하여 고목(자연물)이 두드러지게 지각됨에 기인한다. 고목이 인간행위와 관련된 의미를 지니지 않음에도 불구하고 단지 시각적 두드러짐에(랜드마크적 성격을 지님으로 인해) 의하여 기억 속에 강하게 남아 있는 것이다.

사진 2.1 노거수(서울시 강남구)

이러한 관점에서 볼 때 인공물이든 자연물이든 주변 환경(배경)에 비하여 의미의 측면에서 혹은 시각적 측면에서 강한 대비효과를 지니는 요소가 인지도에 두드러지게 나타난다고 볼 수 있다.

3. 도시이미지 유형

린치의 연구는 도시이미지를 구성하는 주된 공간적 요소를 도출하였다는데 의미가 있다. 그런데 도시이미지의 내용이 무엇인가에 관하여는 언급을 하고 있지 않다. 즉, 공간적 요소들이 결합하여 어떠한 이미지를 형성하는지에 관하여는 다루고 있지 않다. 여기에서 도시이미지 유형과 도시 내 구역별 이미지 분석에 관하여 알아보고자 한다.

1 도시이미지 유형분석

도시이미지는 공간적 요소뿐만 아니라 비공간적 요소에 의하여 형성된다고 볼 수 있다. 즉, 랜드마크, 도로 등 물리적 요소는 물론이고 도시의 경제 · 사회적(산업유형, 특산품, 주민 특성 등), 환경적(기후, 환경오염 등), 역사 · 문화적(문화재, 스포츠, 축제 등) 제반 요인에 의하여 도시의 이미지가 형성된다. 따라서 도시의 이미지는 매우 다양하여 긍정적 혹은 부정적 이미지를 가질 수도 있고, 강하거나 혹은 약한 이미지를 지닐 수도 있다.

최근 한 연구에서는 우리나라 40개 도시의 이미지를 조사하여 4개 유형으로 분류한 바 있다(변재상 등, 2006). 이 연구에서는 도시이미지를 나타내는 10개의 형용사를 선정하여 각 도시별로 평가하고 그 결과를 요인분석하여 선호성(선호-비선호)과 활동성(동적인-정적인)으로 대표되는 두 개의 요인을 도출하였다. 이후 다차원분석기법((MDS)을 이용하여 이차원 평면상에 40개의 도시를 맵핑함으로써 도시간의 이미지 유사성을 판단할 수 있게 하였다(그림2.19).

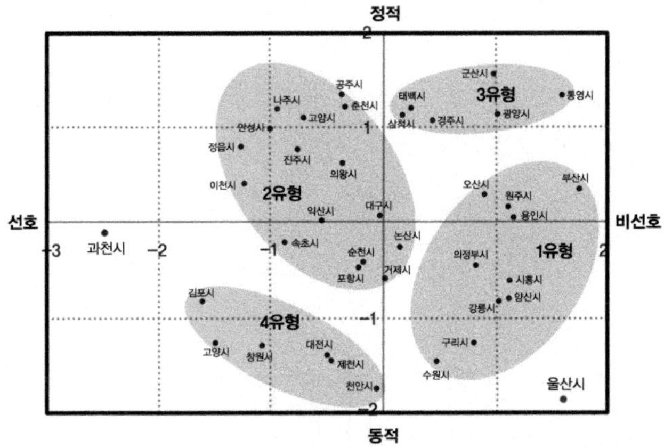

그림 2.19 **이미지에 근거한 도시유형분류 삽입(자료 : 변재상 외, 2006, p.15)**

이 연구는 도시이미지 유형을 체계적으로 도출한 최초의 연구로서 의미가 있으며 앞으로 도시정체성 확립을 위한 연구에 시사하는 바가 크다고 할 수 있다. 즉, 현재 도시가 처하고 있는 이미지의 포지셔닝(positioning)이 가능하고 이에 기초하여 바람직한 이미지 형성을 위한 방향을 정립하는데 기여할 수 있다.

2 도시의 구역별 이미지 분석

도시 전체의 이미지가 정립되어 있다하더라도 도시가 큰 경우에는 도시 내 구역별 이미지가 도시 전체 이미지와 상이할 수 있다. 도시 내 구역별 이미지를 파악하고 도시 전체 이미지와의 관계성을 파악하는 작업은 지구단위계획 등 도시설계 차원에서 매우 유익한 자료가 될 것이다.

앞서 도시이미지 유형과 도시 구역별 이미지 분석은 도시이미지 연구에서 다차원분석법의 활용 가능성과 새로운 연구방향을 제시함으로써 린치의 이미지 연구가 새로운 차원으로 진화하는 계기가 될 것이라고 전망할 수 있다.

4. 환경설계와 환경인지

통행로 체계는 환경의 식별성과 매우 관련이 깊다. 간결한 그리고 규칙적인 통행로 체계는 환경의 공간구조에 대한 이해를 쉽게 해준다(de Jonge, 1962). 이러한 관점에서 격자형 혹은 동심 방사형의 패턴(그림 2.20)은 환경의 식별성 측면에서 바람직하다고 하겠다(Feimer, 1981). 그러나 이러한 단조로운 패턴이 모든 측면에서 바람직할 것인가?

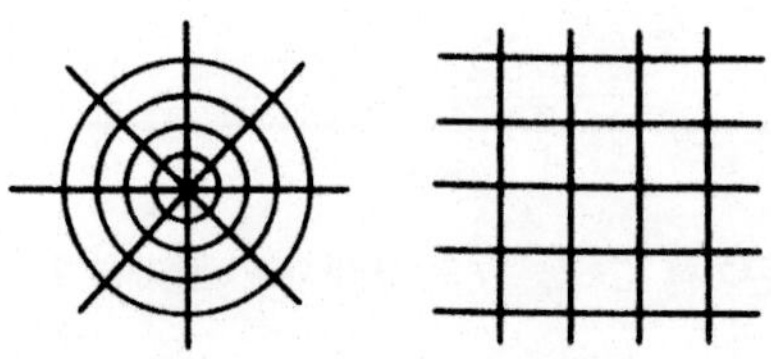

그림 2.20 **규칙적인 도로망 체계 : 단조로운 도로망 체계는 도시 전체의 식별성을 높여주나 부분적 장소의 식별성(다양성)이 낮아질 우려가 있다.**

가령 하나의 도시가 격자형 패턴의 도로망을 가졌다고 할 때 이 도시에 처음 방문하는 사람에게는 쉽게 도시구조를 파악할 수 있으므로 바람직할 것이다. 그러나 이 도시에서 수십 년을 거주하는 주민은 어떻게 생각할까? 이 도시 주민들은 도시 내에서 길을 찾는 데에는 별 문제가 없을 것이며, 따라서 좀 다른 측면에서 도시를 생각할 것이다. 즉, 좀 더 다양한 공간적 경험을 갖기를 원할 것이다. 격자형으로 된 미국 필라델피아 도시에서 수년을 살아본 필자는 도심지 어디를 가나 유사한 건물과 단조로운 공간패턴으로 인하여 도시에 대한 매력이 적어짐을 경험하였다. 처음에는 백화점, 상점 등을 찾기에 어려움이 적었던 것은 사실이나, 공간구조에 익숙해지면서 도시 자체가 단조롭고 지루하게 느껴지게 되었다.

이러한 사실은 환경의 식별성이 중요한 것은 자명하지만 동시에 다양성을 지녀야 함을 말해 주고 있다.

이상의 관점에서 볼 때 공간의 식별성과 다양성은 반비례 관계에 있다는 가설을 세워볼 수 있다(그림 2.21). 식별성이 높은 환경은 단조롭고 따라서 공간의 다양성이 낮을 것이다. 식별성이 점점 낮아짐에 따라 공간이 복잡해지며 따라서 다양성이 높아진다고 볼 수 있다.

앞서의 가설을 좀 더 구체적으로 고찰해보면 식별성을 두 측면에서 볼 수 있다. 도시환경을 예로 들어보자. 우리가 A라는 장소에서 멀리 떨어진 B라는 장소로 간다고 할 때 B로 가기위한 길을 선택함에 있어서 규칙적 가로 패턴인 경우에는 쉽게 방향을 잡을 수 있으며 길의 선택도 매우 용이하게 결정할 수 있다. 이러한 용이성은 가로 패턴의 단순함에 의하여 도시 공간 구조가 쉽게 인지됨에 기인한다. 이와 같이 환경의 전체적 구조의 인지에 관련된 식별성을 전체적 식별성이라고 부르기로 한다.

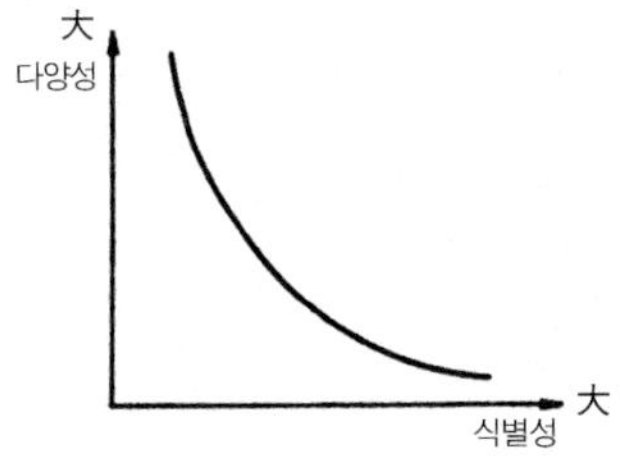

그림 2.21 **식별성과 다양성의 관계**

한편 B라는 장소로 가기위한 대체적인 방향감각이 세워져 B의 장소 근처까지 가서 B를 쉽게 확인할 수 있느냐 혹은 없느냐의 측면이 있다. 필자의 필라델피아에서의 경험을 소개하면 격자형으로 된 필라델피아의 사거리는 많은 경우 유사하게 구성되어 있어서 사거리마다 붙어있는 가로 번호를 보지 않으면 목적지에 왔는지 확인하기가 어렵다. 이러한 경우는 단조로운 가로 패턴으로 단조로운 도시공간이 형성되어 개별적 장소의 식별성이 낮아졌다고 보겠다. 이와 같이 부분적, 개별적 공간의 인식에 관련된 식별성을 부분적 식별성이라고 부르기로 한다.

린치가 주장한 바 있는 도시의 식별성은 '전체적 식별성' 을 의미하는 것이며, 앞서 언급된 것과 마찬가지로 다양성이 높을수록 부분적 식별성은 높아질 수 있다는 것을 의미한다.

그러면 하나의 도시가 전체적 식별성과 부분적 식별성(혹은 다양성)을 동시에 갖추도록 할 수는 없을까? 이는 도시설계가 지닌 중요한 과제 중의 하나이다. 이에 대한 한 가지 방안은 전체적 도시 패턴은 비교적 규칙적이며 단순하게 조성하되 각 블럭마다 개성을 부여하여 상호 식별성이 높도록 하는 방안이다. 즉, 전체적으로는 규칙적인 공간구조를 갖되 부분적으로는 다양성을 부여하는 방법이다. 다양성을 부여함에 있어서 앞서 언급된 행위적 의미가 장소별로 적절하게 스며들도록 한다면 더욱 바람직할 것이다.

2.4 환경에 대한 태도

태도(attitude)에 관한 연구는 사회심리학에서의 주요 연구대상 중의 하나이다. 태도를 정의내리는 데 있어서 모든 사회심리학자들이 완전히 일치하고 있지는 않으나 '일정 사물(object) 혹은 사건(issue)에 대한 사람의 느낌(feeling)' 을 포함한다는 데에는 이론(異論)이 없다. 일부 사회심리학자들은 일정 사물 혹은 사건에 대한 '견해(opinion) 및 행위(behavior)' 를 포함시켜야 한다고 주장한다(Holahan, 1982).

버코위츠(Berkowitz)의 주장을 따른다면 '태도는 일정 사물 혹은 사건에 대한 호의적(favorableness)인 혹은 비호의적(unfavorableness)인 느낌' 이라고 정의내릴 수 있다(Holahan, 1982, p.91). 즉, 태도라 함은 얼마나 좋아하느냐 혹은 싫어하느냐에 관한 것이라고 볼 수 있다. 가령 대통령의 인기도를 묻는 설문이 있다면 이는 국민들의 대통령에 대한 태도, 즉 좋아하고 싫어하는 정도를 묻는 것이 될 것이다.

이러한 관점에서 본다면 태도는 만족도(satisfaction) 혹은 선호도(preference)와 밀접한 관련이 있음을 알 수 있다. 특히 최근의 환경설계 및 계획 분야에서는 이용자들의 만족도 혹은 선호도를 높이는 데 많은 노력을 기울이고 있으므로 태도에 관한 연구는 환경설계 및 계획에 기여하는 바가 크다고 하겠다. 더 나아가서 환경보존, 에너지보존 등에 관한 일반인의 태도를 바람직한 방향으로 유도함에 있어서 기초적 자료를 제공해 준다.

1. 태도의 형성

인간이 특정 사물 혹은 사건에 대하여 지니는 태도는 학습(learning)의 결과이며 시간의 흐름에 따라 변화된다.

1 고전적 조건모델(classical conditioning)

고전적 조건모델에서는 처음에 아무런 느낌을 주지 못하던 사물, 사건 혹은 사람이 이들과 관련된 특정 느낌을 반복적으로 경험하게 되면 이들에 대하여 특정 느낌을 지니도록 학습된다고 설명한다(Holahan, 1982).

예를 들어 까치를 보는 날은 반드시 좋은 소식을 듣게 된다면 까치에 대해서 처음에는 아무런 느낌이 없었을 것이나 까치와 좋은 소식이 연결된 상황을 반복적으로 경험함으로써 까치에 대하여 호감을 지니게 된다.

이때 처음에 아무런 느낌을 수반하지 않는 자극(까치)을 '조건 자극(conditioned stimulus)' 이라 하며 처음부터 어떤 느낌(호감)을 수반하는 자극(좋은 소식)을 '무조건 자극(unconditioned stimulus)' 이라 부른다. 무조건 자극(좋은 소식)에 의하여 자동적으로 발생되는 반응(호감)을 '무조건 반응(unconditioned response)' 이라 부른다. 또한 무조건 자극이 조건 자극과 동시에 나타나거나 혹은 바로 다음에 반복해서 나타날 경우에는 조건 자극은 무조건 자극과 유사한 반응(호감)을 초래하게 된다. 이러한 경우의 반응을 '조건 반응(conditioned response)' 이라 부른다(그림 2.22).

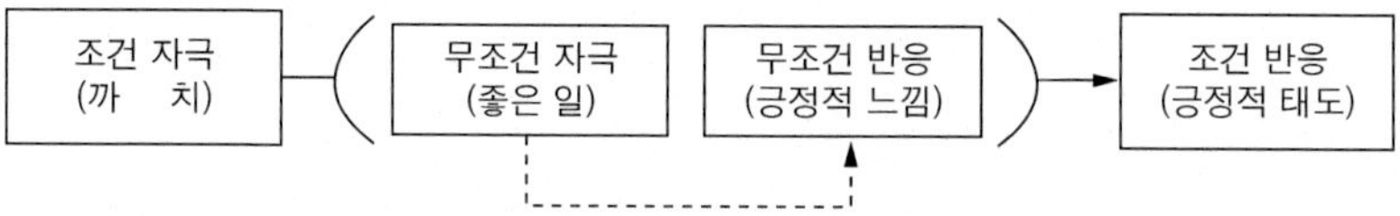

그림 2.22 **고전적 조건모델(태도의 형성)**

2 실용적 조건모델(instrumental conditioning)

실용적 조건모델에서는 '보상을 받는 반응은 더욱 강해지고 그렇지 못한 반응은 약해지고 점차 사라지게 된다.' 고 설명한다(Holahna, 1982). 즉, 바람직한 결과를 초래하는 행위는 반복되어 나타나는 경향이 많으며, 바람직하지 못한 결과를 초래하는 행위는 반복되어 나타나지 않는 경향이 많다.

앞서의 행위가 다시 일어날 확률을 높여주는 사건을 '긍정적 보강(positive reinforcer)' 이라 하며 다시 일어날 확률을 낮추는 사건을 '부정적 보강(negative reinforcer)' 이라 부른다.

예를 들어 국민 건강을 위한 홍보를 듣고 아침에 일찍 일어나 운동을 했더니 하루 종일 일의 능률이 올랐다고 한다면 능률이 오른다는 '긍정적 보강' 에 의하여 앞으로도 아침에 일찍 일어나 운동을 할 확률이 높아진다.

이와 같이 일정 자극(국민 건강을 위한 홍보)이 태도를 변화시키기 위한 세 가지 전제조건이 뒤따른다. 첫째로 자극이 알려져야 한다. 즉, 국민건강을 위한 홍보를 라디오 혹은 유인물을 통하여 그 내용을 접할 수 있는 기회가 마련되어야 한다. 둘째로 자극의 내용이 이해(comprehend)되어야 한다. 즉, 아침운동이 일의 능률을 높이고 건강을 향상시킨다는 내용이 이해되어져야 하는 것이다. 셋째로 홍보내용이 개인에게 받아 들여(accept)져야 한다. 즉, 아침운동이 정말로 유익하다는 것을 수긍하여야 한다.

한편 이와 같은 홍보내용의 수긍은 그 내용의 유인성(incentives) 혹은 보상의 정도에 달려 있다. 즉, 새로운 태도의 형성은 이전의 태도에 비하여 많은 보상이 돌아온다는 사실을 지각함으로써 가능해진다.

2. 태도와 행동

앞서 언급된 태도의 형성을 설명함에 있어서는 태도가 행동에 영향을 미친다는 것을 가정하고 있다. 그러나 한 사람의 특정 대상에 대한 태도와 그 사람의 구체적인 실제 행동이 반드시 일치하는 것은 아니라는 사실을 우리는 잘 알고 있다.

1 태도일치 이론

따라서 태도와 행동의 관계성을 살펴볼 필요가 있으며 이는 '태도일치 이론(attitude consistency theory)'에 의해서 설명되고 있다(Holahan, 1982). 즉, 한 사람의 태도 상호간의 불일치 혹은 태도와 행동의 불일치는 불편함과 긴장을 초래하므로 그 사람은 자신의 태도 혹은 행동을 변화시킴으로써 불편함과 긴장감을 해소한다는 것이다(그림 2.23).

예를 들면, 어떤 사람이 깨끗한 환경에 대하여 긍정적인 태도를 지니고 있지만 쓰레기를 함부로 버리는 행동을 해왔다면 그 사람은 환경에 대한 태도를 바꾸거나(예 : 쓰레기를 버리는 것은 심각한 환경문제를 초래하지 않는다고 생각을 바꿈), 행동을 바꿈으로써(예 : 쓰레기를 휴지통에 버리지 않기로 함), 태도와 행동의 불일치를 일치의 방향으로 전환시킨다는 것이다.

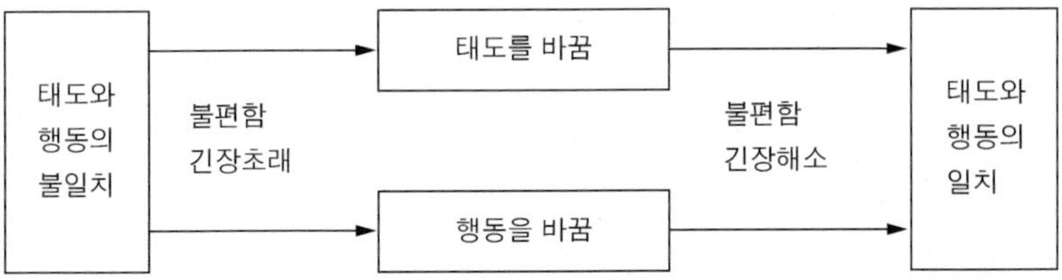

그림 2.23 **태도－행동일치 이론**

2 동일한 정도의 일반성 혹은 구체성

많은 사회심리학자들의 연구결과를 살펴보면 태도와 행동의 일반적 관계성은 매우 높으나 개인의 태도와 구체적 행동 사이에는 높은 관계성을 보여 주지 못하고 있다. 즉, 최근의 연구결과는 태도와 행동이 동일한 정도의 일반성 혹은 구체성을 갖고 조사되었을 때 높은 관계성을 지니는 것을 보여 주고 있다(Holahan, 1982). 따라서 일반적인 태도에 관한 정보로는 행동의 일반적 경향만을 예측할 수 있으며 구체적인 개개의 행동을 예측하기는 어렵다.

3 개인차

태도와 행동의 관계성은 개인차에 의해서도 영향을 받는 것으로 알려져 있다. 즉 행동에 있어서 일관성이 있는 사람의 태도-행동의 관계성은 매우 높다는 것이다. 예를 들면 과거의 종교적 행위에 있어서 일관성이 높은 사람은 그렇지 않은 사람에 비하여 종교적 태도와 종교적 행동사이의 관계성이 높은 것으로 알려졌다(Holahan, 1982).

3. 환경설계와 태도

환경설계에 있어서 태도의 중요성은 최근에 오면서 더욱 강조되고 있다. 이러한 경향은 공공성을 지닌 대형 프로젝트가 많아지고, 설계자의 가치보다는 이용자들의 가치, 즉 만족도 혹은 선호도에 관한 관심이 높아지고 있는데 기인한다.

1 만족도(satisfaction)

아파트 단지를 포함한 주거단지 혹은 도심지 소공원 등에서 이용자들이 만족을 느끼는 주요 인자가 무엇인가를 찾아내어 설계에 반영하고자 하는 노력은 우리나라에서도 증대되어 왔다(예 : 김, 1984a, 1984b ; 대한주택공사, 1985).

이러한 노력은 이용후평가(post occupancy evaluation)에 대한 관심이 높아지면서 더욱 증대되었다. 이용후평가라 함은 시공 후 얼마 동안의 이용기간이 지난 후에 이용자들이 느끼는 바를 조사하여 다음의 유사한 프로젝트에 반영시키고자 하는 것이므로 결국은 이용자들의 만족도에 귀착된다.

이에 관련된 연구를 위하여 인간의 태도 혹은 의식조사를 위한 사회과학적 연구방법이 많이 이용되는 데 이에 관한 사례는 8장에서 찾아볼 수 있다.

2 선호도(preference)

만족도와 선호도는 일정 대상에 대한 긍정적인 혹은 부정적인 견해의 정도를 뜻하는 것으로서 동일한 개념으로 사용될 수도 있으나 약간의 개념상의 차이를 나타낸다. 즉, 만족도는 일정 대상에 대한 종합적인(포괄적인) 긍정 혹은 부정의 견해를 뜻하나, 선호도는 일정 대상의 특정 성질에 대한 긍정 혹은 부정의 견해를 뜻하는 경우가 많다.

예를 들면, 일정 주거단지에 대한 주민의 견해를 이야기할 때는 종합적인 '선호도' 라고 하기보다는 종합적인 '만족도' 라고 표현함이 타당하다. 또한 일정 주거단지의 공간형태에 관한 주민의 견해를 이야기할 때는 '시각적 만족도' 라고 하기보다는 '시각적 선호도' 라고 표현함이 타당할 것이다.

환경설계와 관련된 선호도에 관한 연구는 주로 시각적 환경에 관련된 연구가 이루어지고 있다(예 : 황과 이, 1985 ; 임, 1983, 1984a ; Im, 1984).

시각적 선호도에 관하여는 3.6에서 보다 자세히 언급하였으며, 구체적인 사례는 8.2에서 다루었다.

3 태도형성의 유도

일반대중의 만족도 혹은 선호도에 부응하는 환경을 조성해야 한다는 측면에 더하여 일반대중의 태도를 바람직한 방향으로 유도하려는 노력도 나타나고 있다.

이러한 노력은 주로 환경심리학 분야에서 이루어지고 있으며 환경보호에 대한 태도의 변화 혹은 강화를 통하여 에너지 절약 혹은 쓰레기 함부로 버리지 않기를 유도하려는 방향에서 이루어지고 있다.

또한 지진, 화산 등의 자연재해에 대한 경각심을 높여서 이에 대한 피해를 줄이고자 하는 연구도 이루어지고 있다. 이러한 태도형성의 유도는 환경설계가의 측면에서도 생각해볼 수 있다.

전통적인 설계가들은 환경심리 · 행태의 연구가 기본적으로 과학적 접근을 하고 있으며 따라서 기존의 환경에 대한 평가에는 도움이 되나, 창조적인 새로운 환경을 조성하는 데에는 큰 도움을 주지 못하고 있음을 지적하고 있으며 이는 타당성 있는 지적으로 보여진다.

설계가들은 일반대중의 가치에 부응하는 설계안을 만든다는 1차적 목표에 더하여 새로운 환경창조를 통한 새로운 가치의 형성에도 목표를 두고 있음은 사실이다(그림 2.24).

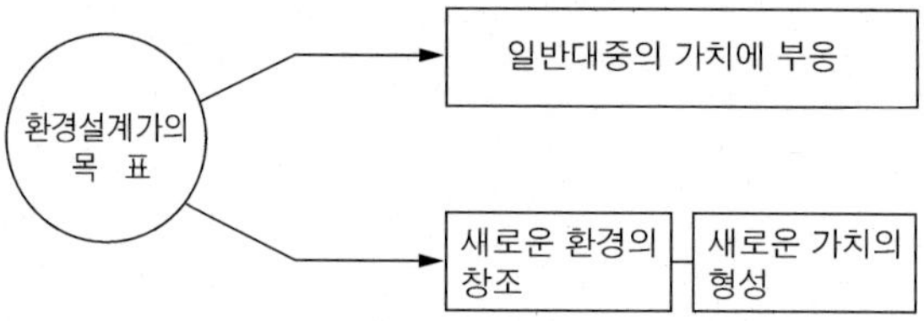

그림 2.24 **환경설계가의 이중적 목표**

따라서 설계가들이 새로운 환경 혹은 형태를 창조할 경우 이용자들의 거부감을 줄이기 위하여 즉, 만족감을 높이기 위하여 새로운 환경 혹은 형태에 대한 이용자들의 태도를 바람직한 방향으로 유도할 필요가 있다.

설계가들은 우월성에 젖어 스스로만 만족하지 말고 새로운 환경의 필요성 혹은 장점을 널리 홍보하거나 직접적인 설득을 통하여 일반대중 혹은 이용자의 태도를 점진적으로 유도함이 바람직하다.

4 프로젝트의 특성에 따른 중요성

본장에서 환경지각, 인지, 태도의 각 단계에 관한 기초이론의 소개 및 환경설계와의 관련성을 각각 설명하였다. 이들을 종합하여 보면 환경설계의 여러 측면들은 지각, 인지, 태도의 어느 한 단계와 보다 밀접한 관련이 있음을 알 수 있다(그림 2.25).

공간 및 형태의 물리적 구성 원리들은 환경지각과 관련이 깊으며 구체적으로는 조화, 대칭 등 조형의 원리, 복잡성, 다양성 등의 추상적 내용을 포함한다. 비교적 큰 규모의 환경과 관련된 이미지, 의미 등은 환경인지와 관련이 깊으며 구체적으로는 도시의 인지도, 기호학(semiotics) 등이 이에 속한다.

환경에 대한 만족도, 선호도 등은 환경에 대한 태도와 관련이 깊으며, 구체적으로는 이용후평가, 시각적 선호 등이 이에 속한다.

이상을 살펴볼 때 하나의 설계프로젝트는 환경지각, 인지, 태도의 각 단계와 모두 관련이 있다고 보겠으나, 프로젝트의 특성(예 : 장소, 규모, 이용자 등)에 따라서 혹은 설계과정(프로그램, 세부설계 등)에 따라서 세 단계 중 어느 하나에 보다 관련이 깊은 것을 알 수 있다.

따라서 설계가는 프로젝트의 특성 및 설계과정별로 어떤 문제가 중요한가를 파악하고, 적절한 연구 및 자료수집의 방법을 택하여야 할 것이다.

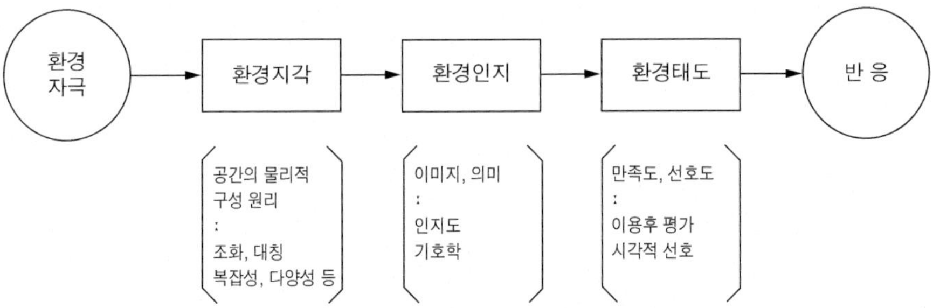

그림 2.25 **자극-반응 과정과 설계의 관련성**

Chapter 3

미적 지각 · 반응

환경지각의 여러 측면 중에서 미적 지각은 환경설계와 가장 관련이 깊다고 볼 수 있다. 형태 및 공간의 지각, 시간 및 의미의 지각에 관한 연구는 환경창조를 위한 물리적 공간의 구성에 직접적으로 응용될 수 있는 이론적 · 실험적 토대를 제공해준다.

3.1 환경미학

1. 환경미학이란?

환경미학은 예술적 경험 혹은 반응을 이해하고 설명하고자 하는 전통적 미학에 바탕을 두면서 보다 응용적이며 문제중심적 접근을 추구하는 미학의 한 분야이다.

미학과 환경미학의 관계는 예술가와 환경설계가의 관계로서 설명되어질 수 있다. 미학은 예술작품 및 이에 대한 경험 및 반응을 연구한다고 한다면 환경미학은 인간환경 전반에 관한 미적 경험 및 반응을 연구한다고 볼 수 있다(그림 3.1).

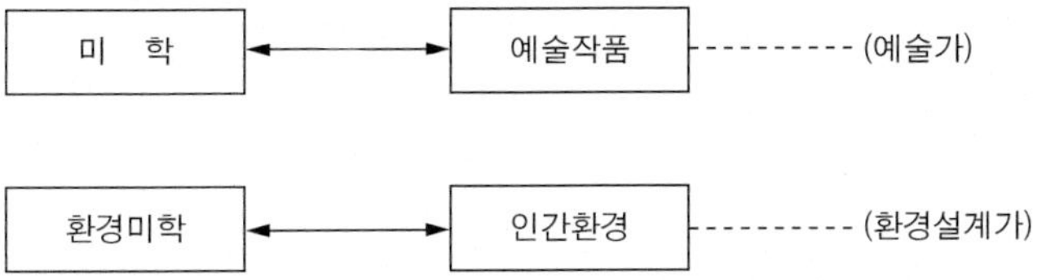

그림 3.1 **미학과 환경미학**

환경미학이 전통적 미학으로부터 발생되는 배경은 환경심리학이 전통적 심리학으로부터 발생되는 배경과 유사하다 하겠다. 환경심리학이 전통적 심리학에 비하여 인간/환경의 구성인자보다는 종합적 관계에, 이론적 기초보다는 현실문제 해결에 보다 중점을 두는 것과 마찬가지로 환경미학에서도 보다 종합적인 미적 경험 및 반응에 관심을 두며 현실적 환경문제 해결을 지향한다.

환경미학과 환경심리학은 환경지각 및 인지를 기초로 하고 있다는 점에서 공통점이 있다.

환경심리학 분야에서는 일반적인 환경지각 및 인지, 그리고 환경적 반응을 종합적으로 연구한다고 한다면 환경미학에서는 이 가운데에서 미적인 지각, 인지 및 반응에 관계되는 이론 및 그의 응용을 종합적으로 연구한다고 볼 수 있다(그림 3.2).

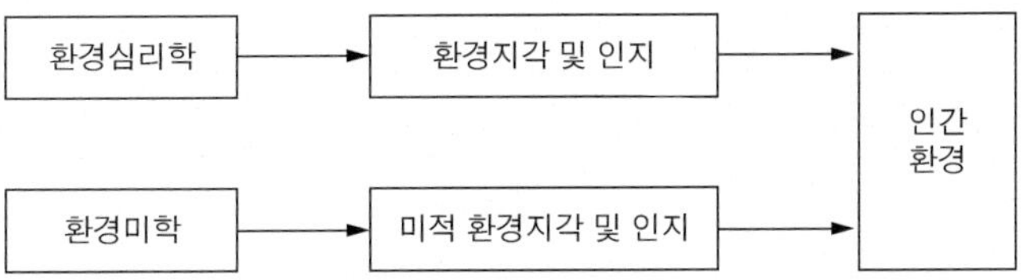

그림 3.2 **환경심리학과 환경미학**

환경미학이 현재로서는 하나의 완벽한 체계를 갖춘 학문이 되기에는 아직 미약하다고 할 수 있다. 전통적 미학에 기초를 둔다고는 하나 환경미학적 측면에서의 새로운 해석 및 연구가 아직은 미천한 실정이다. 그러나 환경미학은 환경의 시각적 혹은 미적 질을 높이는데 있어서 과학적 · 합리적으로 접근하기 위한 이론적 · 방법론적인 토대를 제공할 수 있는 잠재력을 지니고 있다. 앞으로 이 분야의 연구가 발전되고 축적되어 환경디자인에 응용될 수 있도록 함이 바람직할 것이다.

2. 미적 반응(aesthetic response)과정

사람들은 감각기관을 통하여 환경적 자극(environmental stimuli)을 받아들이고, 이에 대하여 근육의 움직임, 생리적 작용, 감정의 변화, 생각의 수정 등의 형태로 반응을 한다.

미적 반응이라 함은 환경적 자극에 대한 일상적 반응의 한 측면에 불과하다. 모든 환경적 사물은 기능적 측면과 미적 측면을 내포하고 있다. 기능적 측면은 개인적 필요 혹은 욕구를 지원해주는 환경적 사물의 역할을 말하며, 미적 측면은 환경적 사물의 예술적 속성에 관계된다. 예를 들면 하나의 건축은 사람에게 은신처를 제공해준다는 기능적 측면이 있음과 동시에 예술 감상의 대상이 되는 미적 속성을 지니고 있다. 모든 환경적 사물이 순수예술작품이든 아니든 어느 정도의 미적 속성을 지니고 있음은 분명하다. 이와 같은 환경적 사물의 미적 속성에 대한 반응을 우리는 미적 반응이라고 부른다.

인간의 미적 반응과정은 네 단계로 나누어 설명될 수 있다. 호기심 혹은 지루함 등의 다양한 동기에 의하여 자극을 찾게 되는 자극탐구(stimuli seeking), 일정 환경적 자극이 전개될 때 특정한 자극을 선택하는 자극선택(stimuli selection), 선택된 자극을 지각하여 인지하게 되는 자극해석(stimuli processing), 그리고 최종적으로 육체적 혹은 심리적 형태로 나타나는 자극에 대한 반응의 순서로 구분되어질 수 있다(그림 3.3).

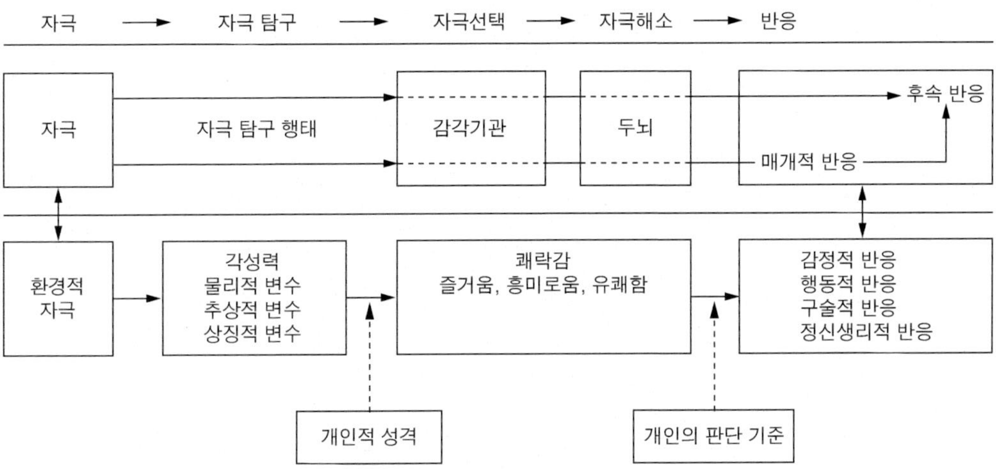

그림 3.3 미적 반응과정

1 자극탐구(stimuli seeking)

자극탐구 행위는 여러 가지 동기에 의해서 이루어지는데 크게 두 가지로 나누어진다. 먹이 혹은 짝을 찾는 것과 같이 생물적 본능과 관계있는 행위와, 음악 혹은 영화감상과 같이 생물적 본능과 관계없는 행위로 구분되어질 수 있다(Berlyne, 1971). 이들 가운데서 미적 행위는 후자와 관계가 깊다고 하겠다.

벌라인(Berlyne, 1971, p.99)은 미적 행위를 설명함에 있어 다음과 같은 질문을 던지고 있다.

"생물적 본능과는 무관한, 즉 이롭거나 해롭지 않으며 또한 이롭거나 해로운 사건과 관계가 없는 자극(stimuli)이 왜 그렇게 정열적으로 추구되고 환영받는가?"

이 질문을 다른 말로 바꾸어 표현하면 "인간은 생존과는 무관한 '아름다움' 을 왜 그토록 열렬히 오랫동안 추구해 왔는가?" 라는 질문이 되겠다.

한편 벌라인은 탐구 행위(exploratory behavior)의 두 가지 기능적 측면을 구별함으로써 위에서 제시된 질문에 대한 해답을 얻으려 하였다. 그는 구체적 탐구(specific exploration)와 다양성 탐구(diversive exploration)를 구별하고 미적 행위는 다양성 탐구와 보다 관계가 깊다고 하였다(Berlyne, 1971, p.100).

"불확실함(uncertainty)은 호기심(curiosity)을 불러일으키며 호기심은 행위의 동기가 될 수 있다. 불확실함이 물리적(nonsymbolic) 자극에 의하여 생겼을 경우에는 '지각적 호기심(perceptual curiosity)', 그리고 상징적(symbolic) 자극에 의하여 생겼을 경우에는 '인식적 호기심(epistemic curiosity)'이라 부른다. 이러한 호기심들은 불확실함을 줄일 수 있는 정보를 얻기 위한 더 많은 자극을 얻는 행위가 일어나도록 하며 이러한 행위를 '구체적 탐구(specific exploration)'라 부른다. 반면에 사람들은 매력적인 '양극적 특성(collative properties)'을 지닌 자극을 그 내용에 관계없이 추구하기도 한다. 이러한 탐구 행위는 호기심과는 무관하며 지루함(boredom)에 의한 행위이다. 이러한 행위를 '다양성 탐구(diversive exploration)'라 부른다."

양극적 특성이라 함은 환경적 사물이 지닌 추상적 혹은 상징적 특성으로서 새로움-익숙함(novelty-familiarity), 의외성-기대성(surprisingness-expectedness), 복잡성-단순성(complexity-simplicity) 등으로 표현되어진다. 벌라인(Berlyne, 1973)은 환경적 사물이 지닌 이들 특성이 개인의 미적 반응과 직접적 관계가 있다고 보고 있다.

구체적 탐구는 과학적, 철학적, 사상적 행위와 밀접한 관계가 있으며, 다양성 탐구는 오락, 연극, 미적 행위, 예술적 사고와 밀접한 관계가 있다고 보여진다(Berlyne and Peckham, 1966).

이상에서 살펴 본 바와 같이 미적 탐구 행위는 인간의 생물적 본능과는 무관하며 호기심에 의하여 일어난다기보다는 다양성 추구의 동기로부터 우러나온다고 보겠다.

2 자극선택(stimuli selection)

사람들은 일상생활에서 다양한 종류의 자극을 보고, 듣고, 냄새 맡으며, 맛을 보며, 촉감을 느낀다. 그러나 모든 자극에 대하여 동시에 반응할 수는 없다. 인간의 감각기관은 다양한 자극을 받게 되나 사람들은 그 중에서 특정한 자극만을 선택하여 이에 관한 정보를 받아들이고 그에 대하여 반응한다. 이와 같은 자극의 선택은 '선택적 주의집중(selective attention)' 에 의하여 이루어진다. 즉, 음악 감상 혹은 영화 관람 등의 선택에 의하여 특정한 자극에 주의집중을 하게 된다.

한편 자극의 특성이 주의집중을 좌우하기도 한다. 즉, 빨간색은 파란색보다 사람들의 주의력의 집중도가 높은 것과 같이 자극특성에 따라 선택이 영향을 받기도 한다(Berlyne, 1971).

선택적 주의집중은 인간의 의도에 관계되며, 자극의 특성은 환경적 사물이 지닌 고유한 성질에 관계된다고 하겠다. 실제 자극의 선택에 있어서는 이러한 두 가지 측면이 별개로 작용한다기보다는 동시에 작용한다고 하겠다. 즉, 그림을 감상하기로 선택하였다면(선택적 주의집중) 특정 그림 내의 빨간색(자극의 특성)이 먼저 눈에 띄게 될 것이다.

3 자극해석(stimuli processing)

인간은 자극을 받아들임에 있어서 자극요소 각각보다는 자극의 패턴을 받아들인다. 즉, 인간은 자극요소 상호간의 관계성을 지각하게 되는 것이다.

게쉬탈트(Gestalt) 심리학자들은 자극요소의 다양한 패턴 혹은 구성이 시지각에 현저한 영향을 미치는 예를 많이 제시하고 있다(Arnheim, 1974 ; Koffka, 1935). 아래의 그림에서 보는 바와 같이 자극요소를 개별적인 점으로 이해하기보다는 전체적 패턴(알파벳)으로서 이해한다(그림 3.4).

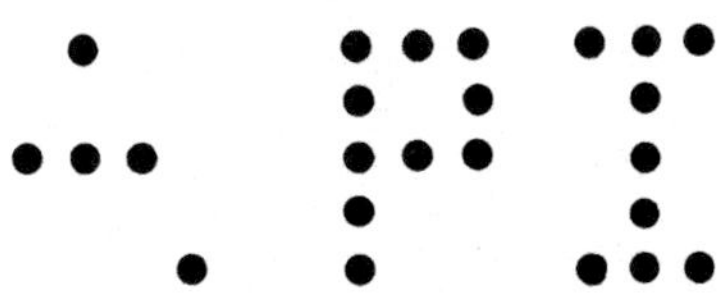

그림 3.4 패턴의 지각

한편 벌라인(Berlyne, 1971)은 자극요소간의 비교를 통하여, 혹은 과거에 경험된 자극과 현재 자극과의 비교를 통하여 양극적 특성을 지각하게 되며 이러한 특성이 미적 반응을 불러일으킨다고 주장한다. 자극요소간의 상이성 비교를 통하여 복잡성(complexity)의 정도가 결정되며, 또한 과거에 경험된 자극과 현재 자극의 상이성 비교를 통하여 새로움-익숙함과 의외성-기대성의 정도가 결정된다.

즉 과거와 현재 경험의 상이성이 클 경우에는 높은 정도의 새로움(novelty)이 초래될 것이며, 상이성이 적을 경우에는 낮은 정도의 새로움이 초래될 것이다. 또한 기대했던 바와 차이가 많은 경우에는 의외성(surprisingness)이 높아질 것이며 그렇지 않을 경우에는 낮아질 것이다.

이상에서 살펴본 바와 같이 인간은 환경적 사물을 받아들임에 있어서 그 요소보다는 패턴을 인지하게 되며, 요소간의 비교 혹은 과거와 현재 경험간의 비교를 통하여 환경적 자극에 반응하게 된다.

위에서 언급된 '패턴'과 '비교'는 '관계성'이라는 표현으로 보다 일반화시킬 수 있다. '패턴'은 자극요소 상호간의 관계성에 의하여 형성되며, '복잡성' 역시 구성요소 상호간에 동질적 혹은 이질적 관계성이 얼마나 있느냐에 좌우된다. '새로움' 및 '의외성' 역시 과거와 현재 경험된 자극의 관계성의 정도에 따라 새로움 혹은 의외성의 정도가 결정된다고 볼 수 있다.

따라서 인간이 환경적 자극을 인지하고 반응함에 있어서 자극요소 상호간의 관계성 파악이 중요한 역할을 한다.

4 반응(response to stimuli)

앞에서 언급된 바와 같이 미적 반응이 기능적 반응과 구별되어진다고는 하나 일상생활에서의 행태가 어느 것이 미적 반응에 속하고 어느 것이 그렇지 않은 것인지를 구별하기는 힘들다. 미적 반응은 인간의 일상생활에서의 반응과 유사한 형태로 나타나게 된다.

하나의 자극에 대한 개인의 반응은 하나만 일어나는 것이 아니고 보통 여러 형태의 반응이 연속적으로 일어나게 된다. 후에 일어나는 반응은 자극으로부터 직접적인 영향을 받을 뿐 아니라 앞서의 반응에 의하여서도 영향을 받는다. 이런 경우 앞서의 반응을 '매개적 반응(mediating responses)'이라 부른다(Berlyne, 1971). 앞서의 반응은 외부적으로 나타나지 않고, 후에 일어나는 반응은 근육반응과 같이 외부적으로 표출되는 것이 보통이지만 전자나 후자 모두 공통된 반응의 유형을 지닐 수 있다. 반응의 유형으로서는 감정적(emotional 또는 pathetic), 행동적(motor), 구술적(verbal) 그리고 정신생리적(psychophysiological) 반응이 있다.

감정적 반응은 슬픔, 즐거움, 두려움 등의 다양한 마음의 상태를 포함한다. 감정적 반응은 흥분되거나 휴식감을 주는 자극에 의하여 초래되며, 이러한 감정은 연속되어 일어나는 다음의 반응에 영향을 미친다. 감정적 반응은 과거에 감정적 영향을 미쳤던 환경적 자극과 유사한 자극에 의하여 초래되는 것이 보통이다. 미적 감상에 있어서는 다양한 감정 상태로의 몰입이 매우 중요하다.

행동적 반응은 눈, 머리 혹은 손의 움직임 등과 같은 근육운동을 포함한다. 특정한 자극요소로 머리를 돌린다든가, 음악을 들으며 손으로 감정을 표현하는 행위들이 이에 속한다. 구술적 반응은 구두로 느낌이나 감정을 표현하거나 평가하는 것을 포함한다. 감탄사를 발한다든가, 좋고 싫음을 판단하여 이야기하는 것 등이 이에 속한다. 이러한 구술적 반응은 개인의 가치관 혹은 선호도를 조사하는 데 많이 이용된다.

정신생리적 반응은 손에 땀이 흐른다든가 맥박이 빨라진다든가 하는 생리적 작용의 변화를 말한다.

이상에서 언급된 것은 환경적 자극에 대한 일반적 반응의 유형들이며 미적 반응은 이들 모든 유형을 포함하고 있다.

이상에서 미적 반응과정을 편의상 네 단계로 나누어 살펴보았으나 실제에 있어서는 이들 단계들이 거의 동시에 일어난다고 보는 것이 타당할 것이다. 탐구, 선택, 해석, 반응의 각 단계 사이의 시간적 경계를 명확히 긋는다는 것은 거의 불가능하며, 더구나 이들 일련의 과정은 반복적, 복합적으로 일어나게 된다.

3. 미적 반응과 쾌락감(hedonic value)

환경적 자극의 미적 성질은 그 특성에 따라 개인에게 일정한 정도의 유쾌함 혹은 즐거움을 준다. 이러한 유쾌함 혹은 즐거움을 쾌락감(hedonic value)이라 부르며, 쾌락감은 개인이 느끼는 각성(arousal)의 함수로써 나타내어질 수 있다(Berlyne, 1971 ; Eysenck, 1973).

환경적 자극은 각성력(arousal potential)을 지니고 있으며, 각성력은 "신경계통을 자극하고, 주의를 환기시키며 개인의 행태에 영향을 미칠 수 있는 힘"을 의미한다(Berlyne, 1973, p.14). 쾌락감과 각성력의 관계는 개인의 성격에 의하여 영향을 받으며, 개인이 느끼는 쾌락감의 표현 역시 개인별 미적 판단에 영향을 받는다.

1 쾌락감과 각성력의 관계

예술작품 혹은 환경적 자극의 아름다움, 흥미로움 등은 보다 일반화된 개념인 각성력으로 대변될 수 있으며, 다양한 형태의 미적 반응은 보다 일반화된 개념 즉 쾌락감으로 대변되어질 수 있다. 예술작품 혹은 환경적 자극의 아름다움, 흥미로움 등의 성질은 일정한 정도의 각성력을 지니고 있으며 각성력의 정도에 따라서 다양한 정도의 쾌락감이 초래된다.

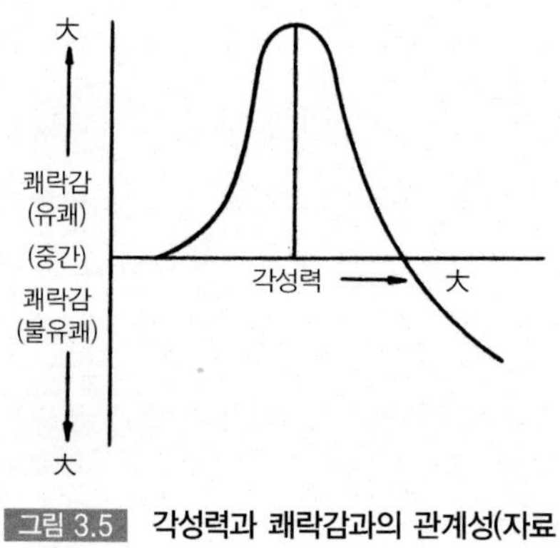

그림 3.5 각성력과 쾌락감과의 관계성(자료 : Berlyne, 1973, p.19)

이러한 각성력과 쾌락감의 관계는 '역U자'의 관계성을 갖는다(그림 3.5). 각성력이 낮을 경우에는 유쾌, 불유쾌 어느 것도 아니며, 중간 정도의 각성력에서는 최고의 쾌락감을 가지며, 아주 높은 정도의 각성력일 경우에는 불유쾌의 기분을 느끼게 된다(Berlyne, 1973 ; Pfaffmann, 1960).

아이젱크(Eysenck, 1973)는 각성력(arousal potential) 대신에 자극정도(level of stimulation)라는 표현을 사용하였으며, '역U자' 의 관계를 다소 수정할 것을 제안하였다. 즉, 극도로 낮은 정도의 자극에서는 유쾌, 불유쾌의 중간적인 쾌락감을 갖는 것이 아니고 불유쾌한 감을 갖는다는 것을 주장하였다. 실제로 아무 장식이 없는 방에서 지낸다면 즉 환경적 자극이 극도로 제한된다면 불유쾌하게 느끼게 될 것이다(Darley, et al., 1981). 그러나 이러한 사실을 감안한다 하더라도 쾌락감과 자극 정도와의 사이에 '역U자' 관계는 여전히 성립된다.

2 개인의 성격

쾌락감과 각성력의 관계는 개인의 성격 차에 따라 영향을 받는다. 일반적으로 내성적인 사람은 외향적인 사람보다 낮은 정도의 각성력을 선호하며 외향적인 사람은 보다 높은 각성력을 선호하는 경향이 있다(Eysenck, 1973). 따라서 외향적인 사람의 '역U자' 곡선은 내성적인 사람의 곡선에 비하여 오른쪽으로 이동하게 된다(그림 3.6). 따라서 그림 3.5에서 Ⓐ와 같이 자극 정도가 낮을 경우에는 내성적인 사람이, Ⓑ와 같이 자극 정도가 높을 경우에는 외향적인 사람이 보다 높은 쾌락감을 느끼게 된다.

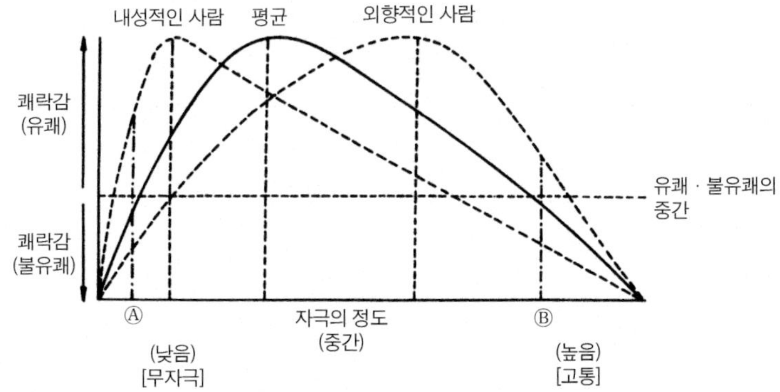

그림 3.6 외향적인 사람과 내향적인 사람의 곡선(자료 : Eysenck, 1973, p.149)

3 개인의 판단기준(judgemental criteria)

같은 정도의 쾌락감을 느꼈다 하더라도 개인 각각의 판단기준에 따라서 그 느낌의 표현이 다르게 된다.

미적 판단(aesthetic judgement)은 두 가지의 요소, 즉 환경적 자극의 지각 그리고 개인의 판단기준으로 구성된다(Daniel, et al., 1973). 환경적 자극은 개인에게 쾌락감을 불러일으키며 그 쾌락감의 정도를 표현하는 데에는 개인적 판단기준이 영향을 미친다.

몇 장의 사진을 놓고 여러 사람이 각각의 사진에 대하여 개인적 선호도를 일정 척도 내에서(예 : 최저 1부터 최고 10까지의 사이) 기록할 경우 어떤 사람은 계속 높은 숫자(예 : 7,9,10)를 기록하고 다른 사람은 주로 낮은 숫자(예 : 3,5,6)를 이용함을 볼 수 있다(표 3.1). 이런 경우 두 사람의 점수에 있어서 차이는 환경적 자극(여기서는 사진)의 지각에 차이가 있는 것이 아니고 다만 표현(혹은 평가)기준이 틀릴 뿐이라고 말할 수 있다.

표 3.1 관찰자의 평가

	Ⓐ		Ⓑ		Ⓒ
관찰자 1	7		9		10
(차이)		2		1	
관찰자 2	3		5		6
(차이)		2		1	

이러한 개인적 판단기준에 관한 설명은 신호탐지이론(theory of signal detectability)에 근거한 것으로서 개인적으로 느끼는 상대적 중요성, 과거의 경험 등으로부터 초래되며 환경적 자극의 지각과는 무관한 것이다(Daniel, et al., 1973).

3.2 형태의 지각

1. 도형과 배경

일정한 시계 내에서는 특정한 형태 혹은 사물이 돋보이며, 그 밖의 것들은 주의를 끌지 못한다. 이 때 돋보이는 형태를 '도형(figure)' 이라 부르고 그 밖의 것들은 '배경(ground)' 이라 부른다.

1 도형과 배경의 구분

도형과 배경의 구분은 1915년 덴마크의 심리학자 루빈(E. Rubin)에 의해서 시작되었다. 루빈은 도형과 배경의 차이점을 다음과 같이 설명하고 있다(Schiffman, 1976).

① 도형은 '물건(thing)' 과 같은 성질을 지니며 도형의 외곽 부분에는 뚜렷한 윤곽이 있어서 일정한 형태를 지닌다. 이에 비하여 배경은 '물질(substance)' 과 같은 성질을 지니며 형태가 없는 것처럼 보인다.

② 도형은 관찰자에게 보다 가깝게 느껴지며 배경보다 앞에 있는 것처럼 느껴진다. 이에 비하여 배경은 도형의 뒤에서 연속적으로 펼쳐져 있는 것으로 느껴진다.

③ 도형은 배경에 비하여 더욱 인상적이며, 지배적이고, 잘 기억된다. 또한 도형은 배경에 비하여 더욱 의미있는 형태로 연상된다.

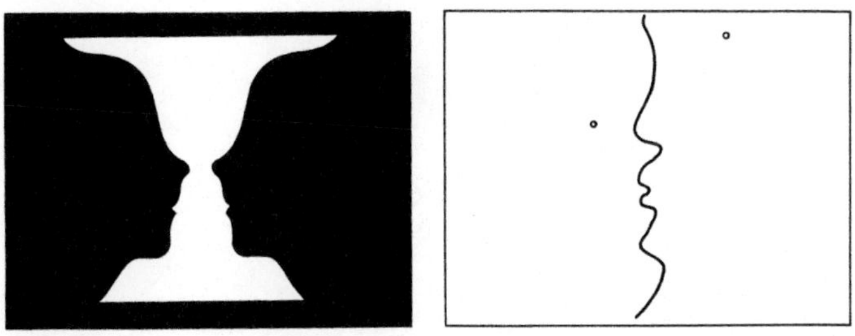

그림 3.7 도형과 배경(자료 : Schiffman, 1976, pp.236, 238)

그림 3.7에서와 같이 흰 부분이 도형으로 보일 때는 '술잔'의 의미를 지니며, 검은 부분이 도형으로 보일 때는 사람 '얼굴'의 의미를 지님을 알 수 있다.

도형과 배경의 구분은 형태지각에 있어서 기초적 과정이며, 도형은 배경으로부터 튀어나와서, 완전한 하나의 단위(unit)로 지각된다. 이러한 완전한 단위의 지각은 의미를 지닌 형태로 인지하기 이전에 독립적으로 이루어진다. 즉, 우선적으로 '원형(原型) 혹은 윤곽(primitive unity)'을 지각하며, 이에 기초하여 '의미를 지닌 형태(figural identity)'로 인지한다 (Schiffman, 1976). 사람은 우선적으로 윤곽선(contour)이 어느 쪽에 속하는가를 판단하여 도형과 배경을 구분하며, 그 도형이 어떤 형태를 지녔는가를 인지하는 것으로 볼 수 있다. 따라서 형태의 지각에 있어서 윤곽이 중요한 역할을 하고 있음을 알 수 있다.

2 도형과 배경의 역전

일정 시계(視界) 내에서는 도형과 배경이 확연히 구별되는 경우가 보통이나 불분명한 경우도 많이 있다. 그림 3.8과 같이 도형과 배경이 불분명한 경우에는 보는 사람이 주의를 어디에 집중하느냐에 따라 도형과 배경이 결정된다. 즉, 방사선에 주의집중을 하게 되면 방사선이 도형이 되며 동심원으로 구성된 부분이 배경이 된다. 그러나 동심원에 주의를 기울이면 이 부분이 도형이 되며 방사선 부분은 배경이 된다.

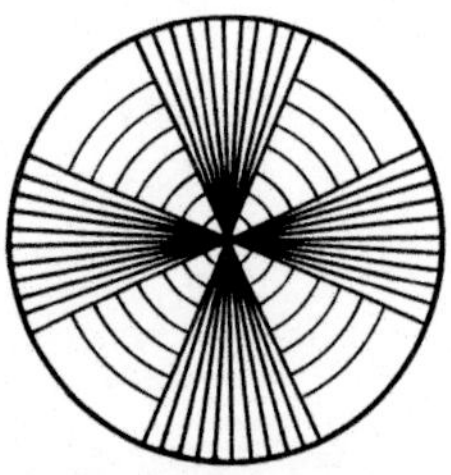

그림 3.8 도형과 배경의 역전 (자료 : Schiffman, 1976, p.235)

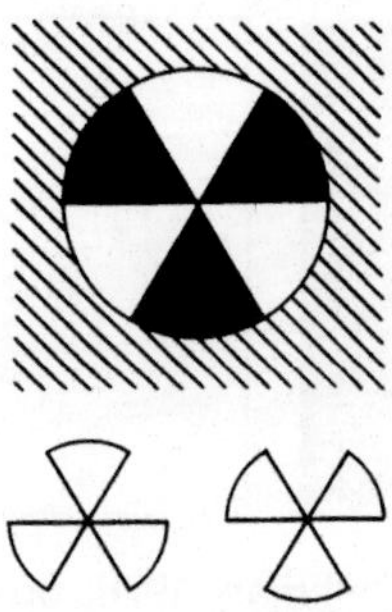

그림 3.9 내각의 변화에 따른 도형의 지각(자료 : Schiffman, 1976, p.235)

한편 그림 3.9와 같은 경우에 흰 부분과 검은 부분의 내각(內角)이 동일하므로 관찰자의 주의집중에 따라 흰 부분이 혹은 검은 부분이 도형이 될 수 있다. 그러나 내각을 조금씩 변형하면서 관찰자의 반응을 조사해 보면 희거나 검거나에 관계없이 내각이 적을수록 도형으로 지각됨을 알 수 있다(Schiffman, 1976).

이상과 같이 주의집중 여부 및 크기변화에 따라 도형과 배경이 역전될 가능성이 있음을 알 수 있다.

3 도형과 배경의 전이

앞에서는 관찰자가 일정 지점에 머물렀을 때의 도형과 배경의 관계를 설명하고 있다. 그러나 실제 환경 내에서 인간은 끊임없이 움직이며 움직임에 따라서 도형과 배경의 관계는 변하게 된다.

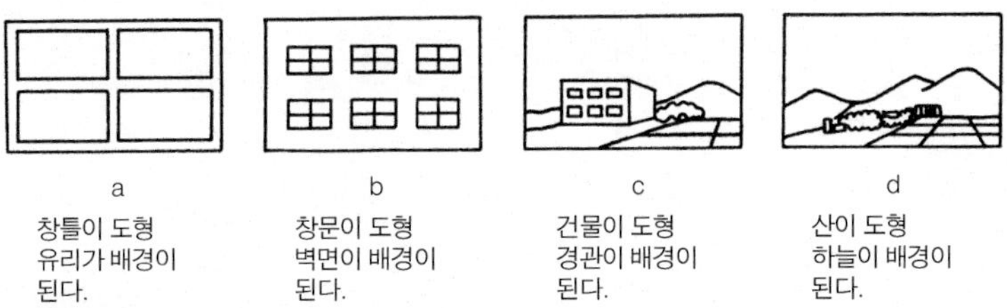

그림 3.10 **도형과 배경의 전이**

예를 들어 하나의 건물이 있을 때 건물의 유리창을 가까이서 보게 되면 유리창의 틀이 도형으로, 유리는 배경으로 보인다(그림 3.10a). 조금 멀리 떨어져 건물전체를 볼 정도가 되면 창문전체가 도형으로, 건물벽면이 배경으로 보인다(그림 3.10b). 조금 더 떨어져서 건물과 주변경관을 함께 볼 수 있게 되면 건물전체가 도형으로, 주변경관이 배경으로 등장한다(그림 3.10c). 건물로부터 더욱 더 멀어져 주변의 산과 하늘이 보이게 되면 산이 도형으로 하늘이 배경으로 등장하게 된다(그림 3.10d).

이상과 같은 도형과 배경의 전이현상은 선적인 공간의 설계에서 혹은 다양한 공간의 연결을 위하여 이용되고 있음을 볼 수 있다.

즉 우리나라의 사찰을 보면 진입로에 일주문, 사천왕문 등이 있음을 볼 수 있는데, 멀리서 보면 이들 문은 하나의 도형으로 지각되지만 가까이에 서면 사진틀과 같은 구성을 갖게 되어 문 너머의 공간이 도형(그림)으로, 문이 배경(사진틀)으로 지각된다. 대웅전에 이르기까지 이와 같은 문을 여러 개 지나면서 도형-배경의 전이를 반복해서 경험하게 된다(사진 3.1). 이들 도형은 사람의 주의를 끌며, 새로운 도형의 연속적 출현으로 인하여 사람의 진행을 유도해주며 동시에 공간적 흥미를 유발시킨다.

사진 3.1 진행에 따라 새로운 도형이 연출된다(통도사)

2. 도형조직의 원리

시계 내에서 도형과 배경이 구분됨은 시각요소의 배열 및 상관관계에 의존한다.

도형으로 지각되는 시각요소의 조직 원리에 관하여는 독일의 형태심리학자(gestalt psychologist)들에 의해서 연구되었다. 이들 가운데는 베르타이머(Wertheimer), 코프카(Koffka), 쾰러(Köhler) 등이 있는데 베르타이머에 의한 조직의 원리를 살펴보면 다음과 같다(Schiffman, 1976).

1 근접성(nearness or proximity)

시각요소간의 거리에 따라 시각요소 그룹이 결정된다. 즉, 가까이 있는 요소들은 하나의 그룹으로 느껴지며 멀리 떨어진 요소는 별개의 그룹으로 느껴진다. 그림 3.11에서 볼 수 있는 바와 같이 인접한 두 개의 점들이 하나의 그룹을 형성한다.

그림 3.11 근접성의 원리(자료 : Schiffman, 1976, p.238)

2 유사성(similarity)

시각요소간의 거리가 동일한 경우에는 유사한 물리적 특성을 지닌 요소들끼리 하나의 그룹으로 느껴진다. 그림 3.12에서 볼 수 있는 바와 같이 검은 점과 작은 원들은 서로 별개의 그룹으로 보인다.

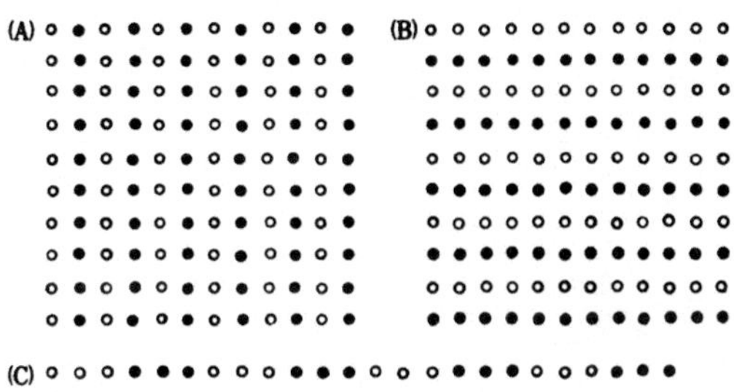

그림 3.12 유사성의 원리(자료 : Schiffman, 1976, p.239)

3 연속성(continuation)

직선 혹은 단순한 곡선을 따라 같은 방향으로 연결된 것처럼 보이는 요소들은 동일한 그룹으로 느껴진다. 그림 3.13에서 볼 수 있는 바와 같이 곡선과 凹凸을 이루는 직선은 각각 별개의 두 그룹을 형성한다.

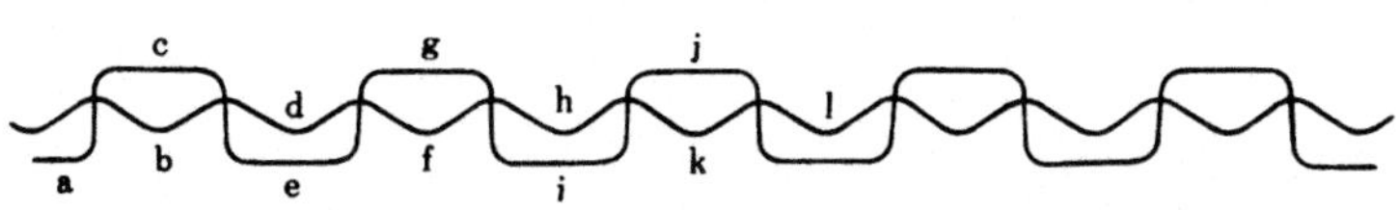

그림 3.13 연속성의 원리(자료 : Schiffman, 1976, p.239)

4 방향성(common fate)

동일한 방향으로 움직이는 요소들은 동일한 그룹으로 보인다. 이 원리는 유사성의 원리에 기초한다고 볼 수 있으며, 움직이는 요소에 적용되는 것이 다를 뿐이다. 따라서 움직이는 요소가 많이 있을 때 평행한 방향으로 움직이는 요소들은 동일한 그룹으로 보인다.

5 완결성(closure)

시각요소를 지각함에 있어서 더욱 위요된 혹은 더욱 완전한 도형을 선호하는 방향으로 그룹을 형성한다. 그림 3.14(a)에서는 세 개의 위요된 도형으로 구성되어 있으나 더욱 완전한 도형인 타원과 직사각형의 두 도형이 겹쳐 있는 것처럼 보인다. 그림 3.14(b)에서는] [로 보이지 않고 직사각형으로 보인다. 이 경우에는 완결성의 원리가 근접성의 원리보다 우선한다.

그림 3.14(c)에서는 부분적인 요소들이 연결되어 보다 완전한 도형, 즉 말 탄 사람의 형태로 보인다.

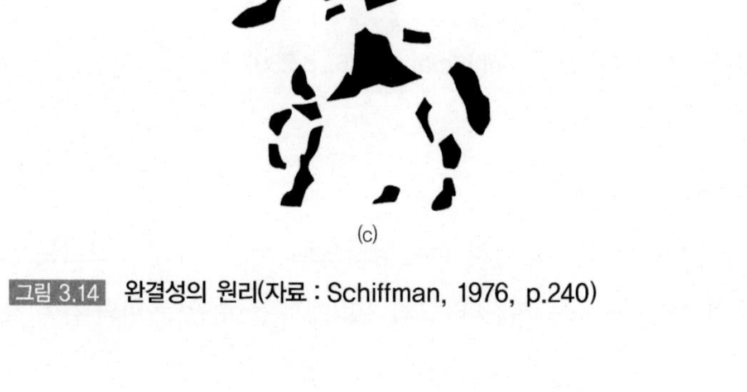

(a) (b) (c)

그림 3.14 완결성의 원리(자료 : Schiffman, 1976, p.240)

그림 3.15 연속성과 완결성의 동시적용 (자료 : Schiffman, 1976, p.240)

또한 그림 3.15에서는 평면적으로 볼 때 하나의 수직적인 시각적 그룹과 수직그룹의 좌우에 각각 하나씩 두 개의 수평적 그룹이 있어 모두 세 개의 그룹으로 구성되어 있으나, 두 개의 수평그룹은 연결된 것으로 느껴지므로 수평과 수직 두 개의 블록으로 보인다. 이 경우에는 연속성과 완결성의 두 원리가 동시에 적용되고 있음을 알 수 있다.

6 대칭성(symmetry)

시각요소들은 비대칭적인 것보다는 자연스럽고, 균형이 있으며, 대칭적 구성을 이루는 방향으로 그룹을 형성한다. 그림 3.16에서 보는 바와 같이 좌측에서는 하얀 기둥을 우측에서는 검은 기둥을 지각하게 된다.

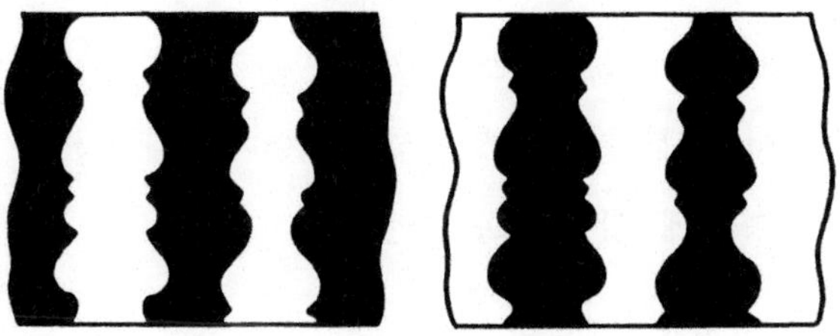

그림 3.16 **대칭성의 원리(자료 : Schiffman, 1976, p.241)**

이상에 언급된 원리들을 다른 측면에서 볼 수도 있다. 다시 말해서, 사람은 여러 가능성 중에서 가장 간단하고 가장 안정된 도형으로 지각하는 경향이 있다고 볼 수 있다.

즉 시각요소들이 그룹을 형성할 수 있는 여러 가능성 중에서 가장 간단하고 가장 안정된 도형(good figure)이 지각되는 경향이 있다. 바꾸어 말하면 하나의 도형을 구성하는 정보가 적을수록 도형으로서 지각될 가능성이 높다고 볼 수 있다. 이것을 '최소의 원리(minimum principle)' 라고 부르기도 한다(Schiffman, 1976).

3.3 공간의 지각

공간의 지각은 기본적으로 깊이(depth)와 거리(distance)의 지각에 기초한다. 깊이와 거리의 지각은 한 눈만을 이용해도 가능한 경우가 대부분이나, 두 눈을 모두 이용해야 하는 경우도 있다. 한 눈만을 이용해도 되는 단안단서(monocular cue), 두 눈을 모두 이용해야 되는 양안단서(binocular cue)로 나누어 살펴보기로 한다(Schiffman, 1976).

1. 단안단서

1 중복배치(interposition)

두 개의 물체가 상호간에 부분적으로 중복되거나 가려져서 보일 때, 완전하게 보이는 물체는 가려진 물체보다 가까이 있는 것으로 보인다.

그림 3.17(a)에서는 삼각형이 가장 가깝게 보이며 직사각형이 삼각형 뒤에, 원이 직사각형 뒤에 있는 것으로 보인다.

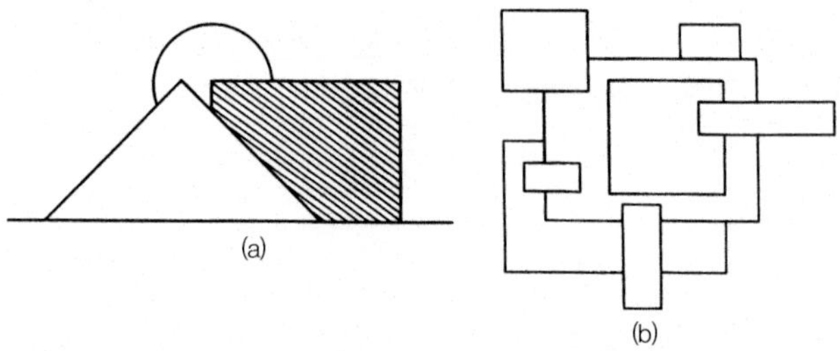

그림 3.17 **중복배치에 의한 거리지각(자료 : Schiffman, 1976, p.273)**

2 명료성(clearness)

명료하게 보이는 물체는 가까이 느껴지며 희미하게 보이는 물체는 멀리 느껴진다. 따라서 맑은 날에는 멀리 있는 산 혹은 건물이 가깝게 느껴지며 안개 낀 날이나 흐린 날은 더욱 멀리 느껴진다.

3 빛과 그림자(lighting and shading)

일반적으로 물체의 표면은 광원에 가까울수록 밝게 보인다. 또한 사람은 햇빛, 전등 등과 같이 광원이 위에 있는데 익숙해져 있다. 따라서 그림 3.18(a)를 보면 작은 원들은 튀어 나온 것처럼, 그리고 큰 원들은 파인 것처럼 보인다. 그러나 이 그림을 180도 회전하여 거꾸로 보게 되면 작은 원들이 파인 것처럼, 큰 원은 튀어나온 것처럼 보이게 된다.

이와 같이 빛의 밝기와 방향은 형태의 지각에 기여한다(그림 3.18b).

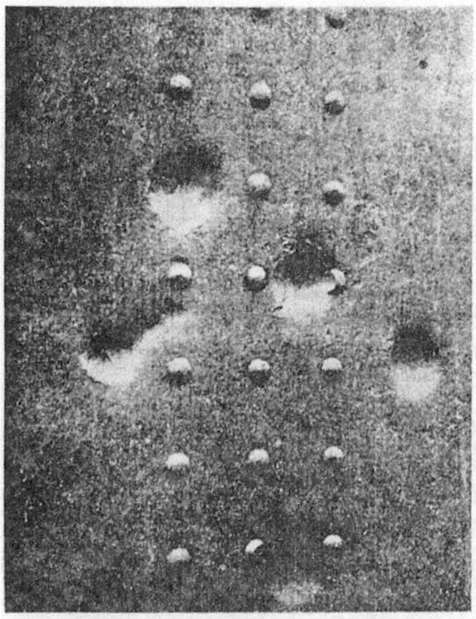

(a)

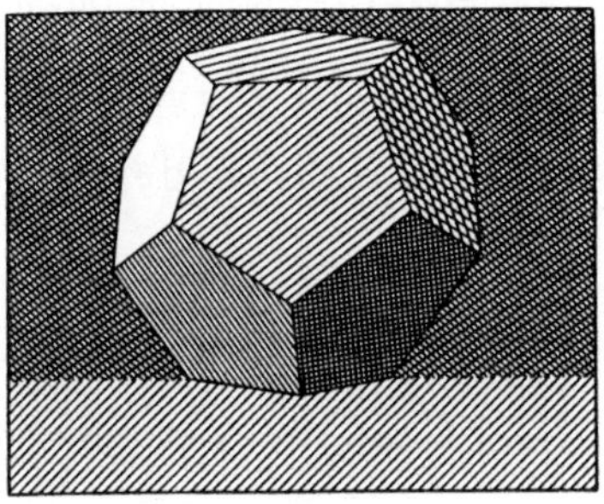

(b)

그림 3.18 음영은 형태지각에서 일익을 담당한다(자료 : Schiffman, 1976, pp.274, 275).

4 높이(elevation)

일반적으로 시계에서 높이 있는 것이 낮게 있는 것보다 멀리 보인다. 이는 사람이 서 있을 때 가까운 지면은 시계의 아래쪽에 위치하며, 먼 수평선 혹은 지평선은 이 보다 위쪽에 위치함에 익숙해져 있기 때문이다.

5 선형투시(linear perspective)

평면에서 깊이를 느끼게 하기 위하여 선형투시의 기법이 많이 이용된다. 평행선은 소실점(vanishing point)에서 만나게 되므로 멀어질수록 폭이 좁아진다. 따라서 그림 3.19에서와 같이 일정 폭을 지닌 판자의 폭이 점점 좁아짐으로써 점차로 멀어지고 있음을 나타낸다.

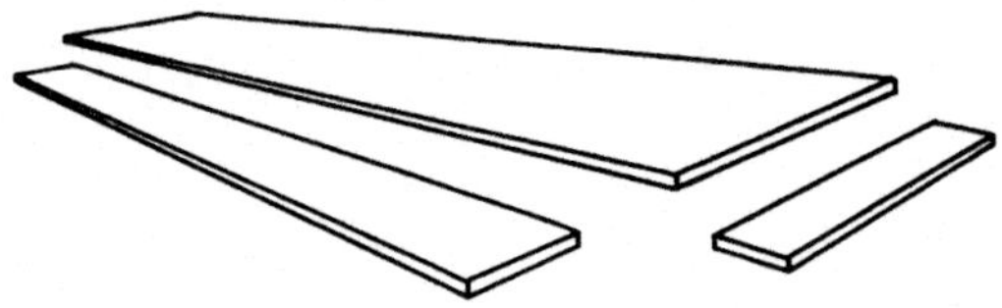

그림 3.19 선형투시(자료 : Schiffman, 1976, p.277)

6 질감의 변화(texture gradients)

사람은 표면의 질감을 통하여 물체를 지각한다. 일반적으로 질감의 밀도가 높으면 높을수록 멀리 있는 것으로 보여진다.

그림 3.20에서와 같이 질감의 밀도가 높아질수록 멀리 있는 것으로 느껴진다. 또한 그림 3.21에서와 같이 질감의 불연속 혹은 불규칙성은 물체 표면의 불연속 혹은 불규칙성을 나타낸다.

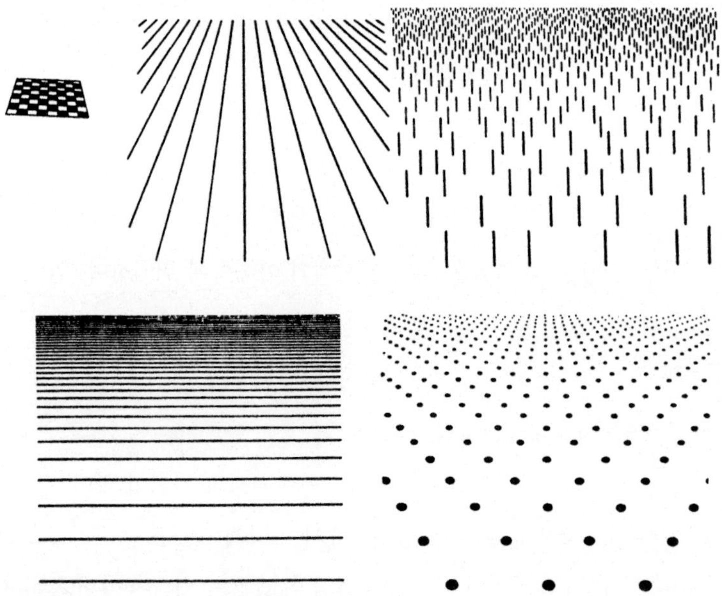

그림 3.20 질감의 변화를 통한 거리의 지각(자료 : Schiffman, 1976, p.278)

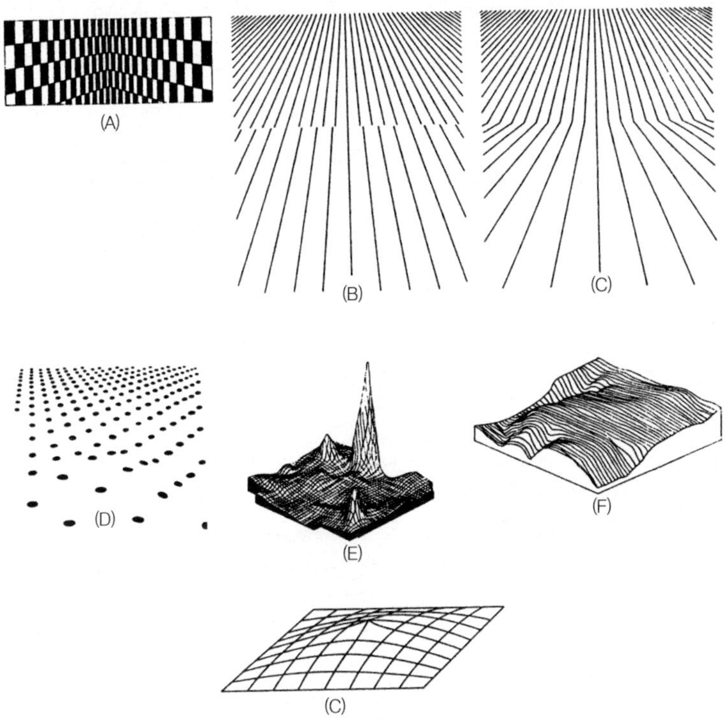

그림 3.21 **질감의 불연속(자료 : Schiffman, 1976, p.280)**

7 움직임에 따른 변위(motion parallax)

관찰자가 머리를 돌리거나 움직이면, 관찰되는 물체의 상대적 위치도 변하게 되며, 이러한 변화가 거리의 지각에 기여한다.

일반적으로 관찰자가 움직이면 가까이 있는 물체는 빨리 움직이며 멀리 있는 물체는 상대적으로 천천히 움직이는 것처럼 보인다. 또한 물체가 움직이는 방향과 속도는 관찰자가 어디에 시선을 고정하였느냐에 달려있다.

이를 설명하기 위하여 그림 3.22와 같은 경우를 가정해 보자. 즉, 자동차나 기차를 타고 그림의 좌측으로 진행하면서 옆 창을 통하여 경관을 볼 경우 시선을 F에 고정한다면 F보다 멀리 있는 물체는 진행방향과 같은 방향으로 움직일 것이며 그 속도는 F보다 멀리 있는 물체일수록 빠르게 움직인다. 또한 F보다 가까이 있는 물체들은 진행방향과 반대로 움직일 것이며 그 속도는 F로부터 멀어질수록 빠르게 움직인다.

이와 같은 현상은 실내에서도 쉽게 실험해 볼 수 있다. 한 눈을 감고 두 손가락을 세워서 약 25cm가량 떨어지게 한 다음 시선방향과 일직선상에 위치시키고 머리를 옆으로 움직여보라. 가까이 있는 손가락에 시선을 고정시키면 멀리 있는 손가락은 머리 움직이는 방향으로 움직일 것이며, 멀리 있는 손가락에 시선을 고정시키면 가까이 있는 손가락이 머리 방향과 반대로 움직일 것이다.

이와 같이 관찰자의 움직임에 따른 물체의 위치변화와 변화의 속도는 공간적 거리의 지각에 기여함을 알 수 있다.

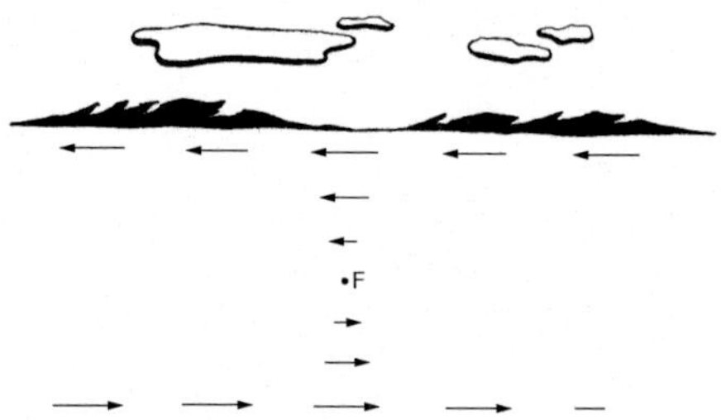

그림 3.22 이동에 따른 거리지각(자료 : Schiffman, 1976, p.282)

8 친근감(familiarity)

잘 알고 있는 물체의 크기를 지각할 때에는 '친근감'이 크기의 지각에 기여할 수 있다. 그러나 시계에 내재한 시각적 정보가 우선적으로 지배적인 역할을 하며, 시각적 정보가 확실하지 않을 때에는 이미 알고 있는 기억(친근감)에 따라서 크기를 지각하게 된다.

9 상대적 크기(relative size)

크기가 다른 유사한 형태의 물체가 있을 경우에 큰 물체가 가까이 있는 것으로 느껴지며 작은 물체는 멀리 있는 것으로 느껴진다(그림 3.23).

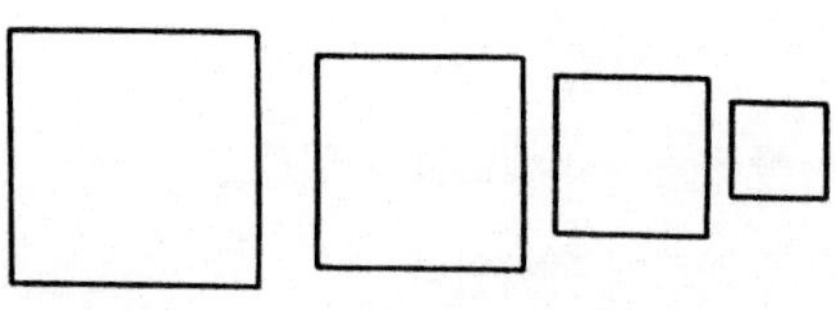

그림 3.23 큰 물체는 가까이 있는 것으로 느껴진다(자료 : Schiffman, 1976, p.283).

또한 크기가 익숙한 물체가 다른 물체와 함께 비슷한 거리에 있을 때에는 익숙한 물체와의 비교에 의하여 다른 물체의 크기를 짐작할 수 있다.

이러한 것은 건축 혹은 조경의 투시도에서 자주 이용되는 기법으로서 익숙한 크기인 사람 혹은 자동차를 그려서 다른 건물 혹은 수목의 크기를 상대적으로 짐작할 수 있게 한다.

2. 양안단서(binocular cues)

단안단서들은 공간지각에 충분한 대부분의 정보를 제공해주고 있으나, 양안단서가 필요한 경우도 있다.

1 수렴(convergence)

사람은 두 눈을 적절히 움직여 일정 물체에 초점을 맞춘다(그림 3.24). 즉, 두 눈은 일정 지점에서 좌우의 시선이 만나도록 움직인다. 이 때 멀리 있는 물체와 가까이 있는 물체에 따라서 안구근육의 움직임이 다르게 되며 이러한 움직임 즉 근육의 상태가 거리의 판단에 기여할 수 있다. 그러나 이러한 안구근육의 역할을 증명하기에는 어려운 점이 있다.

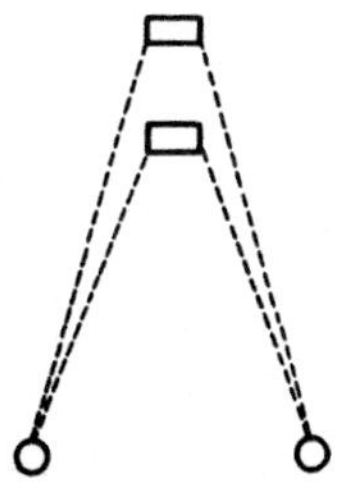

그림 3.24 왼쪽 눈과 오른쪽 눈의 수렴

2 양안변위(binocular parallax)

사람의 두 눈은 3차원적인 물체를 지각함에 있어서 약간씩 다른 상을 받아들인다. 두 눈의 망막에 생기는 상의 차이를 양안변위 혹은 양안부동(binocular disparity)이라 부른다. 이와 같이 망막에 생기는 상의 차이를 통하여 깊이(depth)를 지각하게 된다(그림 3.25).

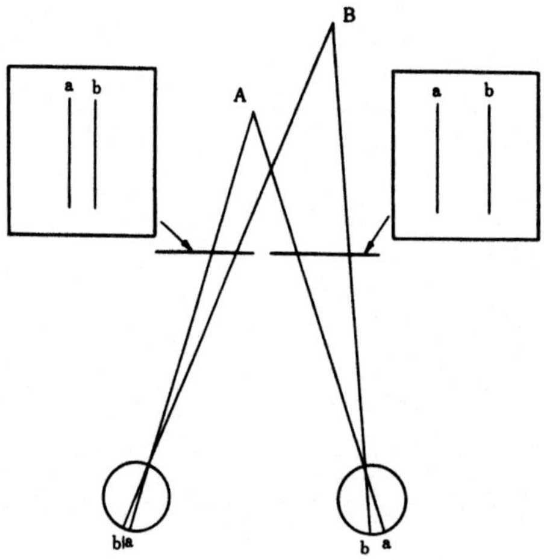

그림 3.25 양안변위를 통한 깊이의 지각(자료 : Schiffman, 1976, p.284)

3.4 시간의 지각

시간은 구체적인 물체가 아니며 하나의 개념이다. 시간의 흐름을 감지할 수 있는 구체적인 감각기관을 인간은 지니고 있지 않다. 다만 환경적 자극 혹은 인체의 생리적 순환에 기초하여 종합적으로 판단에 이르게 된다.

1. 시간지각의 측면

시간의 흐름에 대한 지각은 생물학적 측면과 인지적 측면에서 생각해 볼 수 있다(Schiffman, 1976).

1 생물학적 측면

인체기능의 순환적 특성은 잘 알려져 있는 사실이다. 하루 중의 시간은 식사, 취침 등 인간의 행동에 영향을 미친다. 또한 낮의 체온은 밤의 체온에 비하여 화씨 1.8도 정도 높다고 한다.

이와 같은 인체의 생물학적 순환을 린치(Lynch, 1976)는 '생물학적 시계(biological clock)' 라고 부른 바 있다. 그러나 이 생물학적 시계는 정확하지 못하고 경우에 따라서 변화하며 구체적 시간을 읽기가 어렵다.

인체의 생리적 상태에 따라 시간의 지각이 달라지는 경우를 볼 수 있다. 예를 들면 열이 있는 환자는 체온의 변화에 따라 시간의 흐름을 판단하는데 영향을 받는다. 즉, 체온이 높을수록 느끼는 시간의 경과는 실제 시간의 경과보다 빠르게 느낀다(그림 3.26).

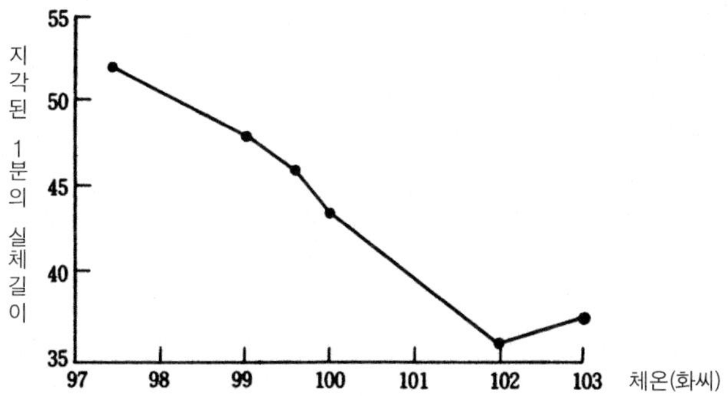

그림 3.26 체온의 변화에 따른 시간의 지각

2 인지적 측면

오른스타인(Ornstein)은 생물학적인 측면보다는 인지적 측면을 강조하였다. 즉, 시간의 경과를 '경험의 차원' 에서 보고자 하였으며 따라서 의식 혹은 기억 속에 저장된 정보의 양이 시간 경과의 정도를 결정한다고 주장하였다(Schiffman, 1976).

오른스타인은 9분 20초짜리의 녹음테이프 세 개로써 실험을 하였다. 각 테이프는 500Hz 소리를 녹음하고 있으나 1분에 각각 40, 80, 120번을 녹음하였다. 이 소리를 들은 피실험자들은 40번 녹음된 테이프가 가장 짧았고 120번 녹음된 테이프가 가장 길었다고 응답하였다. 이는 오른스타인의 주장을 뒷받침해 주는 결과이다.

시각적 자극에 대한 실험에서도 유사한 결과가 도출되었다. 즉, 복잡성의 정도가 상이한 불규칙한 선으로 구성된 도형을 각각 30초씩 보여 주고 경과시간을 기록하게 하였다(그림 3.27). 이 때 표준도형을 항상 먼저 보고 응답이 끝난 후 다른 도형을 보고 응답하게 하여 표준도형과의 상대적 시간경과비율을 계산하였다. 이 결과 가장 단순한 도형을 보여 주었을 때가 상대적 시간경과비율이 가장 낮은 것으로 나타났다.

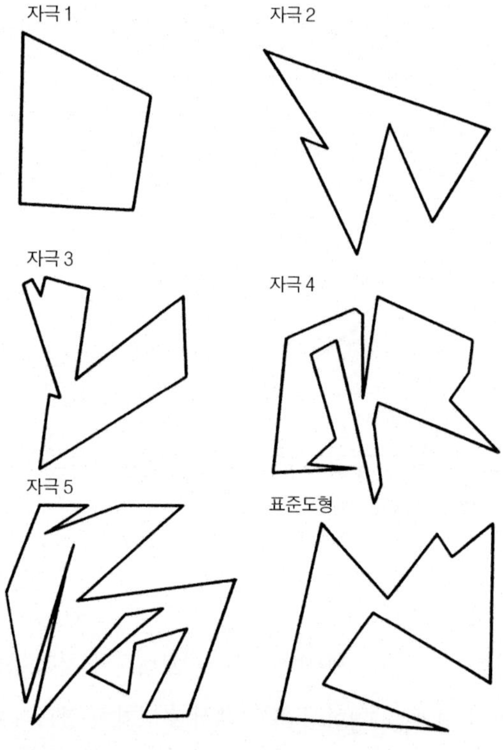

그림 3.27 **도형의 복잡성과 시간경과의 판단(자료 : Schiffman, 1976, p.358)**

한편 이상의 두 가지 실험과 다소 다른 경우를 생각해 볼 수 있다. 앞서 두 가지 실험은 피실험자가 시간과 일정 자극(자극 간에 흥미성이나 선호도 차이가 거의 없음)에 주의집중을 동시에 하는 경우이다. 그러나 우리들은 바쁜 일을 하고 난 후 혹은 재미있는 영화나 스포츠를 관람한 후에 시간이 보통보다 빨리 흘렀음을 느낀다. 즉, 많은 자극을 받았음에도 불구하고 실제 경과시간보다 짧은 시간이 흘렀다고 느낀다. 이는 흥미있는 자극인 경우 시간의 흐름에 주의집중을 하지 않음으로 인한 결과로 볼 수 있다(Lynch, 1976).

또한 반대의 경우도 우리는 많이 경험한다. 약속시간이 지나서까지 약속한 사람이 나타나지 않을 때 시간이 평소보다 늦게 가는 것처럼 느낄 것이다. 이는 주로 시간에만 주의집중을 함으로써 실제 경과시간보다 더 늦게 시간이 가는 것처럼 느끼는 것이다.

따라서 오른스타인의 실험에서 볼 수 있는 바와 같이 흥미성 및 선호도가 비슷한 자극일 경우에는 정보의 양이 적을수록 시간경과가 짧게 느껴진다고 할 수 있으나, 정보의 양이 비슷하고 흥미성 및 선호도가 상이한 자극일 경우에는 자극의 흥미성 및 선호도가 높을수록 시간에의 주의집중이 낮아지고 시간경과가 짧게 느껴진다고 할 수 있다.

표 3.2 정보량과 흥미성에 따른 시간경과의 지각

	흥미성 낮음	흥미성 높음
정보량 많음	길게 느낀다 (예: 혼잡한(만원) 지하도로)	짧게 느낀다 (예: 야구, 축구경기 몰입)
정보량 적음	매우 길게 느낀다 (예: 사람 기다리기)	매우 짧게 느낀다 (예: 컴퓨터게임, 영화 몰입)

2. 시간지각과 거리지각의 상호 영향

시간경과가 거리지각에 영향을 미칠 수 있으며 거리가 시간지각에 영향을 미칠 수 있다.

1 타우효과(tau-effect)

헬슨과 킹(Helson and King)은 두 점간의 거리지각이 시간경과에 영향을 미칠 수 있음을 보여 주었다. 팔에 등간격으로 A, B, C의 세 점을 표시하고, A와 B를 자극하는 시간간격이 A와 C를 자극하는 시간간격보다 길 경우에 AB의 거리가 AC의 거리보다 길다고 느낀다고 보고하였다(그림 3.28). 이러한 시간경과와 거리지각의 관계성을 '타우효과'라고 부른다(Schiffman, 1976).

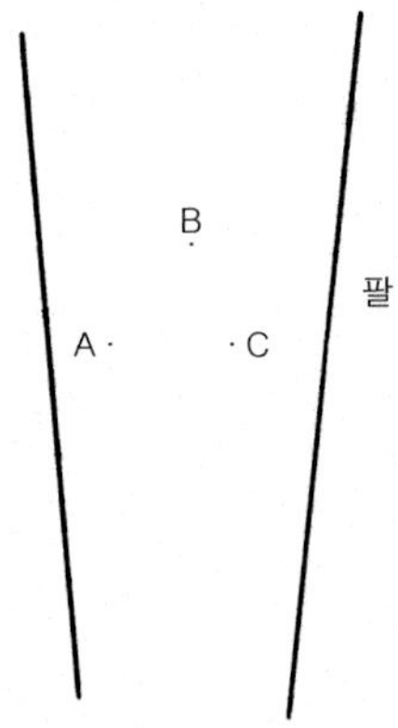

그림 3.28 시간경과에 따른 거리지각(자료 : Schiffman, 1976, p.360)

2 카파효과(kappa-effect)

타우효과와 역의 관계도 성립한다. 즉, 거리가 시간경과의 판단에 영향을 미친다. 그림 3.29와 같이 A, B간의 거리가 B, C간의 거리보다 멀리 떨어져 있을 때 A, B, C 순서로 같은 시간간격을 두고 불이 켜졌다 꺼질 경우 A와 B가 켜지는 시간간격이 B와 C가 켜지는 시간간격보다 길게 느껴진다. 이와 같이 거리가 시간경과의 지각에 영향을 미치는 것을 '카파효과' 라고 부른다.

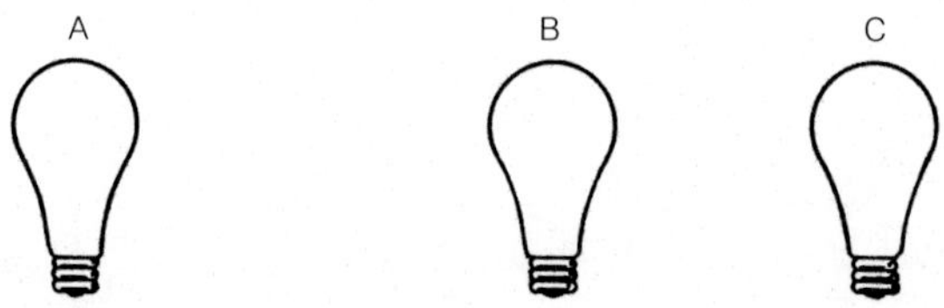

그림 3.29 거리에 따른 시간지각(자료 : Schiffman, 1976, p.361)

3. 도시환경의 시간성

인간환경에서 공간과 시간의 지각은 별개의 과정으로 볼 수 있으나 이 둘은 상호 관련성이 깊다. 공간과 시간이 자연스럽게 조화를 이룸은 바람직한 인간환경 조성을 위한 필요조건이다(Lynch, 1976).

1 시간지각의 단서

인간을 포함한 모든 환경은 시간성을 지닌다. 인간은 과거의 추억과 미래에 대한 기대를 지니면서 현재를 살아간다. 인간은 도시 내에서 시간의 흐름을 지각하고 시간의 지각은 적절한 행동수행을 위한 바탕을 마련한다. 취침, 식사, 출산 등 인체의 생리적 기능이 주기적으로 순환함과 마찬가지로 환경의 변화 역시 낮과 밤, 여름과 겨울, 한 나라의 흥망성쇠처럼 주기적으로 순환한다.

(1) 하루 중의 시간의 흐름 : 도시에서 지금이 몇 시쯤인가를 알 수 있는 단서는 여러 가지가 있다. 직접적으로는 시계를 보면 알 것이고 시계가 아니라도 해와 달의 위치 혹은 밝기 및 그림자에 의해서도 알 수 있다. 또한 출근시간의 사람 및 자동차 혼잡 등을 통해서도 몇 시쯤인가를 파악할 수 있다.

이상과 같은 외적인 단서 외에도 체내의 '생물학적 시계'에 의해서도 파악이 가능하다. 배가 고프다, 졸리다, 피곤하다 등과 같은 생리적 현상을 통하여 시간을 간접적으로 파악하기도 한다.

이상의 간접적인 단서들이 동시에 복합적으로 작용하여 시간의 지각에 기여하게 된다.

(2) 년 중의 계절변화 : 도시에서 계절의 지각을 위한 단서 역시 다양하다. 온도, 눈, 비, 구름 등과 기상학적 단서 이외에 수목, 꽃 등을 통해서도 계절을 느낀다. 이 밖에 사람의 의복, 철새 등이 단서가 될 수도 있다.

(3) 역사의 흐름 : 도시에서 역사성의 지각은 주로 지나간 시대의 흔적과 현재의 환경을 비교함으로써 이루어진다. 지난 시대의 흔적은 주로 문화재로서 고궁, 비각, 성문 등이 이에 속한다. 이들 문화유적들이 현대식 건물과 병존함으로써 역사의 흐름을 지각하게 된다(사진 3.2). 또한 변화된 도시환경을 보고 변화되기 전의 환경을 회상하면서 시간의 흐름을 느낀다. 즉, 논·밭이었던 곳에 아파트가 들어섰다면 논·밭을 기억하고 있는 사람은 아파트를 보면서 세월의 흐름을 느낄 것이다.

이와 같이 인간은 환경 속에서 의식적 혹은 무의식적으로 시간을 느끼며 시간의 지각은 인간생활을 위한 필수적 요건의 하나가 된다.

사진 3.2 역사성의 지각(수원시 팔달문)

2 환경설계와 시간성

인간과 환경은 숙명적으로 시간성을 지닌다. 시간의 흐름에 따라 인간은 끊임없이 움직이며, 환경 또한 끊임없이 변화해간다.

끊임없이 변화하는 환경 속에서 인간이 과거-현재-미래의 시간적 상황을 명료하게 파악할 수 있으며, 동시에 시간의 흐름에 따른 인간의 연속적 행동이 보다 원만히 이루어질 수 있도록 함이 환경설계에서 추구하는 바라 하겠다.

이러한 관점에서 린치(Lynch, 1976)는 시간성을 고려한 환경설계의 측면을 다음과 같이 열거하고 있다.

(1) 시간성의 구성(temporal collage) : 도시의 성장, 발전 혹은 침체로 인하여 도시에는 시대적 유산이 계속적으로 축적되어진다. 이러한 결과로 도시의 각 부분은 서로 상이한 시간(혹은 시대)을 대표하는 것이 보통이다. 이러한 상황에서 도시에 가해지는 변화(도시설계, 재개발, 문화재 복원 등)를 계획할 때 시간성의 고려는 필수적이다.

이 경우 시간성의 점진적 변화 혹은 극단적인 대비를 추구할 수 있다. 점진적인 변화는 오래된 건물 혹은 공간과 현대식 건물 혹은 공간 사이에 완충적인 건물 혹은 공간을 설정하는 것이다(사진 3.3).

대비효과를 추구할 경우에는 오래된 것과 현대적인 것을 인접하여 위치시킨다. 이 때 오래된 것과 새로운 것을 단순히 섞어 놓는 것이 아니고, 각각이 보다 풍부한 의미를 지니며 동시에 전체적으로 짜임새 있는 하나가 될 수 있도록 되어야 할 것이다(사진 3.3).

사진 3.3 **역사적 건물과의 조화(좌, 프라하)와 대비(우, 보스턴)의 추구**

(2) 주기적 변화의 추구(episodic contrast) : '시간성의 구성' 은 인접한 환경의 서로 다른 시대적 배경 혹은 역사성을 상호 연결시키는 것을 말한다면, '변화의 추구' 는 일정한 환경을 시간 혹은 계절의 주기적 변화에 따라 리듬있게 변화시킴을 말한다. 이러한 경우의 대표적인 예는 낙엽수에서 찾아 볼 수 있다. 낙엽수는 겨울과 여름에 상이한 모습을 보여 주지만, 각각은 논리적으로, 시각적으로 상호 연결되어 있다. 각각의 형태는 모든 사람들에게 익숙하며 나름대로의 의미를 함축하고 있다.

조경가들은 수목 혹은 화훼를 배식함에 있어서 꽃의 색깔, 수형, 열매 등의 계절적인 변화를 고려한다. 실내에서는 집안의 행사에 맞추어 혹은 계절에 따라 커튼 색깔을 바꾸기도 하며 가구 배치를 달리하기도 한다. 건물 외관은 형태자체를 변화시키기는 어려우나 페인트칠 혹은 조명 등을 통하여 계절감을 줄 수도 있다. 백화점 혹은 광장 등에서 크리스마스 때 전등 혹은 만국기 등을 통하여 장식함도 이 범주에 속한다고 보겠다(사진 3.4).

사진 3.4 **주기적 변화의 추구-크리스마스 때의 전등장식(뉴욕)**

이러한 주기적 변화는 의도적으로 조성할 수도 있으나 사람의 생활을 통해 자연스럽게 이루어지기도 한다. 즉, 도시의

사진 3.5 시간성의 강조(서울 명동)

가로에서는 하루 중, 연중 사람의 혼잡도, 옷차림 등이 주기적으로 변화하며 이를 통하여 도시의 생동감을 느끼게 된다. 나무가 옷을 갈아입듯이 도시의 거리도 자연스럽게 변화 · 생성되어가야 할 것이다.

(3) 시간성의 강조(direct display of change) : 앞서의 두 경우와 모두 관련이 있으나 조금 다른 측면에서 도시의 시간성을 파악할 수 있는 단서들을 부각시킬 수 있다. 조경가들은 폭포의 흐름을 강조하기 위하여 시선을 적절히 유도하며 물소리를 이용한다. 마찬가지로 건물의 유리벽은 구름의 흐름을 보여 주며 저녁 노을을 반사시켜 시간성을 강조한다(사진 3.5). 이러한 시간성의 부각은 도시를 자연과 더욱 가깝게 하여 주며 풍부한 의미를 전달해주고 궁극적으로 인간행동의 바탕을 형성한다.

(4) 움직임의 고려(design for motion) : 사람은 통로를 따라 움직이면서 환경을 경험한다. 이러한 연속적인 공간경험이 축적되어 장소에 대한 이미지가 형성된다. 할프린(Halprin, 1965), 틸(Thiel, 1961) 등은 공간을 부호화하고 이를 이용하여 연속적 경험을 유도할 수 있는 방법을 제시한 바 있다(임, 1984b). 도시가로, 공원보행로 혹은 기념적 공간의 선형적 구성에서 리듬과 통일성 그리고 변화를 줄 수 있는 방안을 환경설계가들은 오래 전부터 추구해 온 것이 사실이다(그림 3.30).

이와 같은 움직임에 대한 고려는 환경설계를 위한 시간성의 고려에서 빼놓을 수 없는 요소이다.

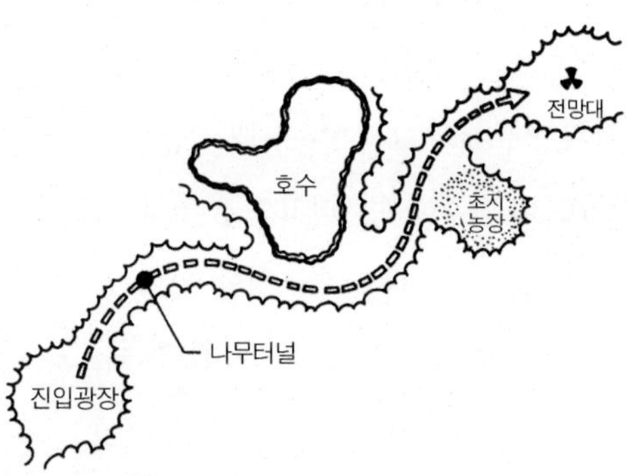

그림 3.30 움직임을 고려한 연속적 공간의 구성

3.5 의미의 지각

인간이 환경을 지각하고 반응함에 있어서 환경이 지닌 의미의 파악은 매우 중요한 역할을 한다. 2.2에서 언급된 깁슨(Gibson)의 지원성(affordance)의 개념은 인간이 환경을 지각함에 있어서 앉을 수 있다, 혹은 비를 피할 수 있다와 같은 환경 혹은 대상물의 '기능적 특성'을 지각한다는 것이었다. 이를 좀 더 확대 해석한다면 기능적 '의미'를 지각한다고 볼 수도 있다. 또한 2.3에서는 스타이니츠가 주장한 '형태'와 형태가 지닌 '행위적 의미'의 일치성의 중요성을 언급한 바 있다.

본 절에서는 이와 같은 환경이 지닌 기능적 혹은 행위적 의미의 전달, 의미연구의 접근 측면 그리고 환경설계와의 관련성에 대해 살펴보기로 한다.

1. 환경적 의미의 전달

인간은 환경을 세부적으로 분석, 평가하기 전에 총체적, 감정적으로 대응하며, 이러한 총체적, 감정적 반응은 인간 자신에게 전달되는 행위적 의미에 기초를 둔다(Rapoport, 1982). 여기서 환경의 의미는 깁슨이 주장한 '기능적 특성(지원성)'의 개념으로 볼 수도 있으며 의미 전달과정에서 개인의 역할을 강조하게 되면 브룬스윅의 렌즈모델과 근접하게 된다(제2장 참조).

1 의미와 기능

의미는 기능과 밀접한 관계가 있다. 일반적으로 의미는 기능의 내용을 포함하는 것이 보통이다. 예를 들어 하나의 승용차가 있을 때 이 승용차는 사람을 태우고 목적지에 도달한다는 기본적인 기능을 지니고 있다.

이 경우에 한 사람이 승용차를 보고 느끼는 의미는 '타고 어디론가 갈 수 있다'라는 승용차의 기능과 관련된 행위적 의미가 기본적인 사항이 된다. 한 걸음 더 나아가서 일정 환경 혹은 사물의 의미나 기능은 대개의 경우 단 한 가지가 아니고 복합적인 의미나 기능을 지니는 것이 보통이다(Rapoport, 1982).

2 표면적 기능과 잠재적 기능

기능적인 측면에서 보면 '표면적 기능(manifest function)' 과 '잠재적 기능(latent function)' 을 나누어 볼 수 있다. 표면적 기능은 눈에 보이는 확실한 기능을 말하며 앞서 승용차의 경우를 예로 들면 '사람을 수송한다.' 라는 기능이 이에 속할 것이다. 이때 승용차는 수송의 기능 외에 소유주의 사회적 혹은 경제적 지위를 나타낸다는 부수적 기능이 있으며 이를 잠재적 기능이라 부른다.

3 지각적 의미와 연상적 의미

한편 의미의 측면에서 보면 '지각적 의미(perceptual meaning)' 와 '연상적 의미(associational meaning)' 를 구분할 수 있다. 지각적 의미는 환경 혹은 대상물에 대한 지각을 통하여 받아들이는 1차적인 의미를 뜻한다. 이는 표면적 기능과 관련성이 많으며 따라서 승용차를 예로 들 때 1차적으로 느끼는 '수송' 의 의미가 이에 해당된다고 볼 수 있다.

연상적 의미는 지각적 의미에서 한 단계 더 들어가 환경 혹은 대상물이 함축하는 바를 말한다. 따라서 잠재적 기능과 관련성이 많으며 승용차가 함축하고 있는 소유주의 사회적 혹은 경제적 지위가 이에 해당된다고 볼 수 있다(그림 3.31).

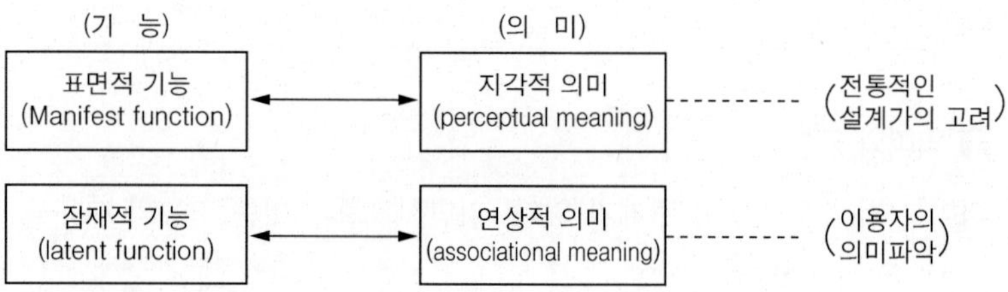

그림 3.31 **기능과 의미의 관계**

4 무언의 의미전달(nonverbal communication)

환경과 인간 사이에는 무언의 의미전달이 이루어지고 있다. 즉, 인간은 환경 내에서 환경의 기능 및 의미를 파악함에 있어서 말을 사용하지 않고 오관을 이용하게 되는데 오관 중에서도 주로 시각에 의존하게 된다.

전통적으로 설계가들은 1차적이며 직접적으로 파악되는 지각적 의미에 주로 관심을 가져왔다. 그러나 이용자 혹은 일반 대중이 환경으로부터 의미를 전달받고 행동함에 있어서는 직접적인 지각적 의미뿐만 아니라 연상적 의미도 중요한 역할을 한다. 따라서 환경설계가들은 환경과 인간행동 사이에 발생하는 무언의 의미전달과정에서의 '연상적 의미'에도 관심을 기울여야 할 것이다(그림 3.31).

2. 의미의 접근 측면

최근 환경설계와 관련하여 의미의 연구에 대한 관심이 여러 분야에서 증대되고 있다. 인류학, 지리학, 심리학 등에서 이에 대한 관심이 높아지고 있으며 이들 연구는 네 가지 측면에서 이루어지고 있다(Rapoport, 1982, p.36).

① 언어학적 모델을 이용한 '기호학(semiotics)'적 접근방법.

② '상징'에 관한 연구로서 전통적인 접근방법.

③ 장소성에 관심을 갖는 '현상학'적 접근방법.

④ 인류학, 심리학, 인성학(ethology)에서 유래한 '무언의 의미전달(nonverbal communication)'에 기초한 접근방법.

1 기호학적 접근

환경은 의미를 전달하는 기호의 장이라고 볼 수 있다. 인간은 환경 속의 기호를 풀어 의미를 파악하면서 행동하고, 능동적으로 기호를 만들기도 한다.

(1) 기호학이란? : 기호학(semiology 혹은 semiotics)은 기호(sign)를 연구하는 학문이며 더욱 구체적으로 말한다면 기호체계-언어, 약호(code), 신호(signal) 등-를 연구하는 학문이다.

기호학은 언어학자인 소쉬르(F. de Saussure)와 철학자인 퍼스(C. S. Peirce)가 주창한 것으로 언어학에 기초를 두고 있다. 기호의 연구는 기본적으로 다음과 같은 세 가지 요소를 포함한다(Rapoport, 1982) (그림 3.32).

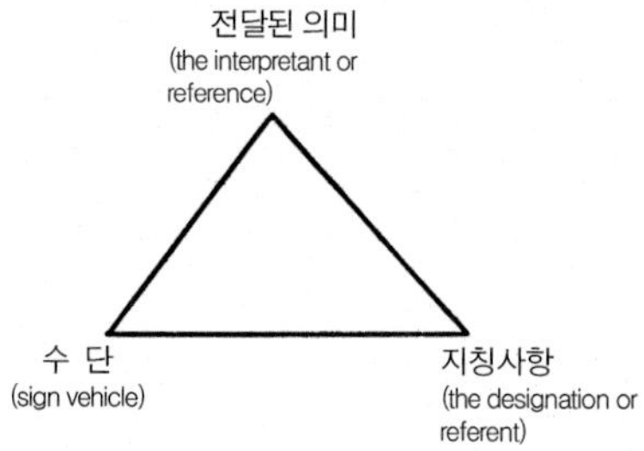

그림 3.32 **기호연구의 세 요소**

Ⓐ 기호의 역할을 담당하는 것 혹은 기호의 수단(the sign vehicle)

Ⓑ 기호가 지칭하는 사항(the designation)

Ⓒ 기호를 해득하는 사람에 미치는 영향 혹은 전달된 의미(the interpretant)

그림 3.33 **기호의 수단**

예를 들면 그림 3.33은 기호(sign)의 수단이며, 기호가 지칭하는 내용은 전화이고, 이것을 보는 사람은 공중전화박스가 있다는 것을 파악할 수 있다.

기호학은 기호체계의 구조연구에 중점을 두어 왔으며 상대적으로 의미 자체는 덜 중요시해 왔다. 따라서 기호학적 접근은 기호의 구조 자체를 이해하는 데는 유용하나 기호가 지칭하는 사상(事象)과의 관계 및 환경적 상황(사회적, 문화적 상황 등)에 따라 달라질 수 있는 의미의 전달내용 파악에는 어려움이 따른다. 또한 이상과 같은 특성으로 인하여 일정 환경과 이용자의 관계성을 총체적으로 다루어야 하는 환경설계에의 응용에는 한계가 있다고 볼 수 있다.

(2) 건축과 기호학 : 환경설계 관련 분야에서는 주로 건축에서 기호학적 접근이 시도되었다. 건축에 있어서 기호학적 접근은 건축물을 일정 법칙에 따라 구성된 '의미있는 기호의 복합체(a complex of meaningful signs)' 로 보는 데서부터 출발한다.

예를 들면 건축물을 다음과 같은 구성단위로 나누기도 한다(Krampen, 1974).

ⓐ 바닥-지표면과 같거나 지표면보다 높거나 낮을 수 있다.

ⓑ 경사로 혹은 계단-바닥과 바닥을 연결하는 것

ⓒ 벽–고정되거나 이동식 간막이

ⓓ 문 혹은 창문–내부간 혹은 내외부를 연결

ⓔ 지붕–지탱되어짐

ⓕ 기둥 및 보–바닥, 벽, 지붕을 버팀

ⓖ 가구 혹은 장식물–공간의 의미를 강조

이상과 같은 구분은 건축물을 언어와 유사하게 보는 관점이며 따라서 각각의 부분들이 어떤 의미를 지니며 이들이 어떻게 전체적으로 조직되는가를 연구하는 것이다.

주초(base), 주신(shaft), 주두(capital)로 구성된 그리스나 로마신전의 기둥을 예로 들면 주초는 '바닥에의 고정' 을 의미하며 주신은 '버틴다' 는 의미를 지니며 주두는 '받쳐든다' 라는 1차적인 의미를 지닌다(그림 3.34). 그리고 이들은 하나로 조직되어 기둥을 구성하고 이 기둥은 나무줄기라는 의미를 지니기도 하며, 신전 입면의 통일성 및 기념성의 강조, 신전 건물 전체와의 조화 등의 건축적 의미도 지닌다.

동시에 과거의 영화, 번영 등을 회상케 하는 역사적 의미를 지니며 신성함, 거대함 등의 심미적 의미도 지닌다(ECO, 1980).

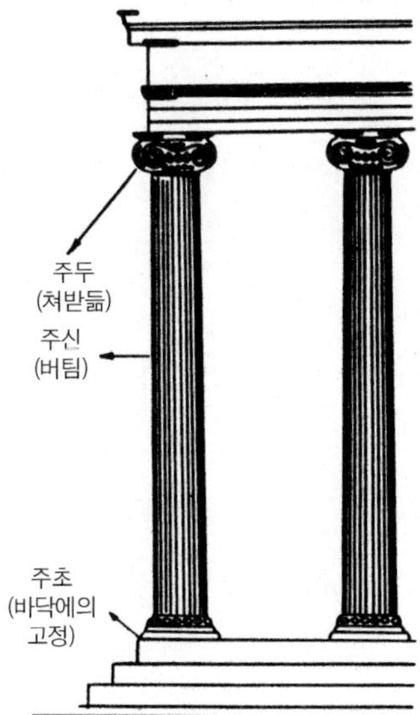

그림 3.34 로마 신전기둥의 기호학적 해석

한편 건축을 통한 의미전달과정은 다음과 같이 설명될 수 있다 (Krampen, 1974).

ⓐ 발신인-건축가 혹은 건축가 그룹

ⓑ 신호법(code)-건물이 설계되는 기능적, 법적, 구조적, 경제적 규칙

ⓒ 신호(signal)-건물설계의 도면, 모델, 시방서 등의 종합

ⓓ 전달 통로(channel)-시공장소

ⓔ 물리적 신호-설계 신호에 따라 시공된 건물

ⓕ 잡음(noise)-기호의 복합체(건물)가 지닌 물리적 불일치성 및 지각에 있어서의 환경적 방해

ⓖ 수신인-인간, 인간의 감각기관

ⓗ 전달된 사항(significant aspect of the message)-가구 및 장식물을 포함한 건축적 공간

ⓘ 수신인의 기호법(code)-기능적, 법적, 구조적, 경제적 기대

ⓙ 의미상의 잡음(semantic noise)-수신인의 편견

ⓚ 전달된 사항의 의미(significant aspect of the message)-건축이 지니는 본래의 기능과 잠재적인 2차적 기능

이와 같은 기호학적 접근은 의미를 나타내는 구성단위(constitutive units)들을 개발하는데 초점이 모아지는데 이는 결코 쉬운 일이 아니다.

이들 구성단위에서는 내용의 수준(level of content)과 표현의 수준(level of expression)을 고려해야 한다. 즉, 의미의 단위(semantic unit)가 지닌 내용에 부합되는 형태적 표현을 고려하여야 한다.

(3) 도시의 기호학(urban semiology) : 도시의 구성요소에 관하여 린치(Lynch, 1960)는 통로, 모서리, 지역, 결절점, 랜드마크를 제시한 바 있다.

또한 린치는 도시가 다양한 가치와 의미를 체험하는 환경이라고 하였다. 이러한 측면에서 린치는 기호학과 도시를 직접적으로 관련시켜 언급하지는 않았으나 도시기호학에서 추구하는 바와 동일한 사고를 하고 있음을 알 수 있다.

한편 Choay는 도시를 기호학적 체계로 보고 역사적 도시의 특성을 비교한 바 있다(Krampen, 1974).

ⓐ 중세의 도시는 '총체적 기호체계(global semiological system)' 라 볼 수 있다. 이는 중세도시가 폐쇄적이며 따라서 공간은 사람의 접촉이 가능하다는 의미를 지니기 때문이다. 즉, 공간이 총체적인 인간 행위를 지배하기 때문이다.

ⓑ 르네상스의 도시는 '형상적 기호체계(iconic semiological system)' 라 볼 수 있다. 이는 르네상스의 도시가 미적 구성에 치중하였으며, 따라서 공간은 지각적 질의 대상이라는 의미로 받아들여졌기 때문이다.

ⓒ 근대의 도시는 '일의적 기호체계(monosemic system)' 로 볼 수 있다. 이는 근대도시가 기술의 발달로 인하여 기능적 측면을 너무 강조하여 단지 기능적으로만 이해되는데 기인한다.

현대도시는 물리적으로 볼 때는 매우 복잡하며 거대하나, 도시인에게 주는 의미는 매우 단조로우며 다양한 의미를 제공하고 있지 못하다. 따라서 현대도시는 도시인에게 보다 풍부한 의미를 제공할 수 있어야 하며 이러한 도시구성은 '다의적 기호체계(polysemic system)' 라고 부를 수 있겠다. 모더니즘을 극복하기 위한 포스트모더니즘의 도시에서는 기능성보다는 친근감(혹은 인간성), 단순성보다는 다양성을 추구하는 새로운 경향을 보여주고 있다. 다른 측면에서 현대도시는 혼란에 빠져있는 기호학적 체계라고 볼 수 있다.

현대도시는 매우 복잡한 구성요소를 지니고 있으며, 이질적인 그룹들이 살고 있다. 따라서 모든 도시인이 공감할 수 있는 의미전달 체계를 구성하기가 매우 어렵다. 도시기호학은 이러한 어려운 문제들을 해결하려는 노력의 일환으로 볼 수 있다.

2 상징적 접근

(1) 상징과 문화 : 기호학에서는 모든 환경적 사상(事象)을 기호(sign)

로 본다. 마찬가지로 상징적 접근에서는 모든 환경적 사상을 상징(symbol)으로 본다.

기호와 상징은 매우 유사한 개념이나 일반적인 차이점을 찾아볼 수는 있다. 기호는 직접적인 지칭대상이 있으며 1 : 1의 대응관계를 지니므로, 하나의 의미만을 지칭하는 것이 보통이다. 그러나 상징은 여러 가지 의미를 함축할 수 있으며, 대응관계는 기호처럼 단일하지 않고 다양하며, 경우에 따라서는 작은 부분이 전체를 대표할 수도 있다. 한 걸음 더 나아가서 상징은 기호도 아니고 어떤 다른 것을 지칭하는 것도 아니며, 그 자체가 일종의 의사소통 수단으로 볼 수도 있다(Rapoport, 1982).

일정한 상징적 표현(상징물)은 일정 사회 내에서는 일반대중 사이에 같은 의미로 받아들여진다. 즉, 동일 문화권 내에서는 동일한 상징적 표현을 사용하는 것을 통해 이해할 수 있다. 상징과 의미는 인간의 사회적 행위를 위한 주요 결정인자 역할을 하며 이러한 측면에서 문화는 곧 '상징과 의미의 체계'라고 할 수 있다.

(2) 환경설계와 상징 : 건축가가 건축물을 통하여 일반대중에게 특정한 상징성을 전달하기 위하여 일반대중이 상징성을 공감하여야 한다. 따라서 비교적 단순한 문화구조를 지닌 과거에는 이러한 작업이 어렵지 않았다고 볼 수 있으나, 현대와 같이 복잡하고, 이질적인 문화구조를 지닌 상황에서는 매우 어려운 작업이다.

건축 혹은 조경에서 하나의 양식(style)은 일정 문화 및 시대적 상황 하에서 응결되며, 일반대중에게 동일한 상징성과 의미를 전달한다. 따라서 전통적 건축 혹은 조경에 대한 상징적 접근이 상대적으로 용이하며 르네상스 시대의 교회, 전통주거 양식 등에 관한 상징적 접근의 예를 많이 볼 수 있다(Rapoport, 1982). 아그레스트(Agrest, 1977)는 마천루의 상징성을 논한 바 있다. 전통적으로 마천루는 힘(부 또는 기계문명)의 상징이었으며, '구름에의 도달(touching the clouds)'이라고 은유적으로 표현되어 왔다. 그러나 인공위성, 우주선 등을 통하여 구름에의 도달이 가능한 현대에 와서는 그 의미가 바뀌어가고 있다고 주장한다.

즉, 지금은 없어진 뉴욕의 세계무역센타 건물(쌍둥이 건물)은 '외계로의 경쟁'을 상징한다고 말한 바 있다(사진 3.6). 구름에의 도달을 목표로 위로만 지향하던 마천루가 건물사이의 공간을 통한 우주로의 경쟁을 지향한다는 것이다. 따라서 마천루는 이제 우주로 통하는 문이며, 동시에 도시로 통하는 문이라는 것이다.

사진 3.6 **9.11 테러 이전의 뉴욕의 세계무역센타 건물－두 개의 수직적 건물사이의 공간은 '외계로의 경쟁'을 상징한다.**

이와 같이 환경은 문화와 시대적 상황에 따라서 고유한 상징성, 의미를 지니며 하나의 양식으로 정착되어간다.

3 현상학적 접근

현상학적 접근은 철학적 접근이라 할 수 있는데, 환경의 물리적 자극은 물론이고 환경의 역사, 의미, 느낌 등이 모두 어우러진 환경의 고유한 특성에 관심을 갖는다. 현상학에서 다루는 현상은 물리적 현상을 말하는 것이 아니고 경험적 현상을 뜻한다(임, 1991).

현상학은 인간과 환경을 2분법적으로 보는 것을 부정한다. 인간과 환경을 분리될 수 없는 하나의 통일체로 보고 있다. 즉 현상학에서는 인간과 환경의 관계성을 보기보다는 인간과 환경이 어우러진 상황의 여러 경험적 측면을 보고자 한다. 따라서 장소성-비장소성, 내부성-외부성, 장소애

착-장소혐오, 거주-여행 등과 같은 경험적 차원에서의 새로운 이분법에 관심을 갖는다.

현상학적 접근이 환경설계와 관련하여 발전시킨 중요한 개념 중의 하나가 장소성(sense of place)이라 할 수 있다. 장소성은 일정 장소에의 소속감, 장소와의 일체감, 그리고 장소에 대한 애착심을 뜻한다(Relph, 1976). 고도의 과학기술에 의한 기능 위주의 고층빌딩, 가족의 개성을 읽을 수 없는 아파트 등에서 친근감, 소속감을 느끼지 못하고 오히려 소외감을 느끼는 현실에서, 현상학적 접근은 환경설계시 장소적 의미의 부여를 추구한다.

4 대화 중심적 접근

앞서의 세 가지 접근 측면이 모두 환경의 의미전달에 관심을 두고 있는 것은 사실이다. 기호학적 접근은 환경이 지니는 의미의 '구성체계' 에 초점을 맞추고 있으며, 상징적 접근과 현상학적 접근은 환경이 지니는 의미의 내용에 초점을 맞추고 있다. 그러나 이들 의미의 구성체계 혹은 내용은 문화적, 사회적 상황에 따라서 달라질 수 있다. 이와 같은 문화적, 사회적 상황을 고려하여 환경과 인간의 대화(의미의 전달)에 초점을 맞추고 있는 것이 '대화 중심적 접근' 이라 할 수 있다.

특히, 환경과 인간의 대화는 말이나 글로써 이루어지는 것이 아니고 대부분 시각적 수단에 의하여 이루어지므로 이를 '무언의 의미전달(non-verbal communication)' 이라고 부를 수 있다(Rapoport, 1982).

대화 중심적 접근에서는 물리적 환경뿐만 아니라 사람의 '무언의 행태(non-verbal behavior)' 까지도 포함하는 포괄적인 접근을 시도한다.

환경을 변화성의 측면에서 보아 세 가지 요소로 크게 나누어 볼 수 있다. 즉, 고정적 요소(fixed-feature elements), 반고정적 요소(semi-fixed-feature elements), 비고정적 요소(nonfixed-feature elements)로 나누어 볼 수 있다(Rapoport, 1982, pp.89-101) (그림 3.35).

그림 3.35 **환경적 의미의 파악을 위한 세 가지 요소**

ⓐ 고정적 요소는 말 그대로 거의 변하지 않거나 매우 천천히 변하는 환경요소를 말한다. 건축물의 벽, 천장, 바닥이 이에 속하며 도시의 가로, 건물들이 이에 포함되며, 더 크게는 정주패턴 등도 이에 속한다고 볼 수 있다. 이들 요소의 공간적 구성, 규모, 위치, 연속성 등은 의미전달에서 중요한 역할을 한다. 그러나 이들은 독자적이라기 보다는 환경 내의 보다 가변성이 큰 다른 요소들과 상호 보완적으로 의미전달에 기여한다.

ⓑ 반고정적 요소는 고정적 요소보다 가변성이 큰 요소로서 가구, 화분, 가로 시설물, 광고판, 상점 장식물, 수목 등을 포함한다.

현대는 아파트 혹은 연립주택과 같이 균일하고 기성품화된 공간이 많다는 특징을 지니고 있는데 이러한 공간 내에서는 반고정적 요소가 의미전달에 있어서 중요한 역할을 한다. 즉, 10여개의 똑같은 모양의 아파트 건물이 있을 때 각 동의 개성을 부여하고 자기 집을 찾아가는 데 도움을 주는 것은 건물 주변에 심어진 꽃 혹은 나무, 벤치, 퍼골라 등의 가로 시설물, 광고탑 등과 같은 반고정적 요소들이다. 이 요소들은 꽃, 나무, 광고탑 고유의 '1차적 의미' 에 더하여 이들 요소의 동측 혹은 서측에는 우리집이 있다는 '2차적 의미' 를 전달한다.

또한 동일한 공간구성을 지닌 아파트 실내에서 가구 혹은 장식물의 구성을 통하여 주인의 성품, 가족의 분위기 등을 미루어 짐작할 수 있으며 이러한 의미 파악은 방문자가 어떻게 행동할 것인가에 직접적으로 연결되는 것이다.

전통적으로 설계가들은 고정적 요소의 구성에 더욱 비중을 두고 있음에 비하여 이용자들은 가구배치 등과 같은 반고정적 요소의 구성에 보다 관심을 두고 있다.

실제로 현대에는 앞서 언급된 바와 같이 반고정적 요소가 이용자의 행위결정에 많은 영향을 미치고 있음을 볼 수 있다. 따라서 설계가들은 고정적 요소뿐만 아니라 반고정적 요소에도 많은 관심을 기울여야 할 것이다.

ⓒ 비고정적 요소는 환경의 이용자 혹은 거주자를 말하며, 이용자 상호간의 공간적 거리, 자세 및 신체 움직임, 얼굴 표정, 시선 접촉 등과 같이 주로 무언의 행동을 포함한다. 이밖에 의복, 안경 등과 같은 요소들도 포함된다.

일정 환경의 의미를 파악함에 있어서는 고정적 요소와 반고정적 요소뿐 아니라 비고정적 요소 즉 환경의 이용자도 중요한 역할을 한다. 예를 들어 명동골목을 걸을 때 보행자들의 표정, 옷차림새는 명동의 의미를 파악하는데 중요한 역할을 한다.

이상에서 살펴본 바와 같이 대화 중심적 접근은 환경적 의미전달에 있어서 문화적, 사회적, 개인적 상황을 종합적으로 고려하고자 시도한다. 따라서 이는 생태심리학에서 중요시 여기는 '행태적 장(behavior setting)'의 개념(1.3 참조)과 접근한다고 볼 수 있으며 환경지각이론 중 깁슨이 주장한 개인적, 물리적, 사회적 환경 상호간의 적응을 뜻하는 '생태적 특성(ecological properties)' 의 개념(2.2 참조)과도 접근한다고 볼 수 있다.

3. 환경정보모델

1 의미전달의 문제점

인조환경은 환경적 정보를 기호화하여 표현하고 있으며 이용자들은 이를 기호로 풀어서 환경적 의미를 해득하고 이를 행동 결정의 바탕으로 삼는다. 여기서 환경적 정보를 기호화하는 작업이 환경설계가들의 역할이 된다.

환경적 의미를 기호화하고 해득하는데 있어서는 인간이 지닌 선험적 도식(schemata)이 중요한 역할을 한다. 인간은 선험적 도식에 의하여 현재의 행동을 결정하며, 새로운 환경에서의 자신의 미래 행동을 준비한다(Perin, 1970, p.70).

환경설계가들은 자신들의 선험적 도식(schemata)에 의거하여 환경적 정보(의미)를 기호화하고 공간적으로 표현하며 인공환경을 조성한다. 이용자들은 자신들의 선험적 도식에 의거하여 인공환경(즉, 기호)을 풀어서 환경적 정보를 받아들이고 이를 기초로 하여 행동을 취한다(그림 3.36).

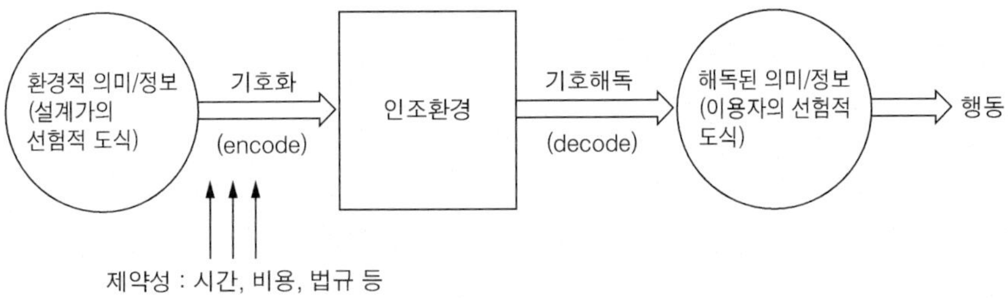

그림 3.36 **환경정보모델(자료 : Rapoport, 1982, p.82)**

이 과정에서 세 가지 문제점이 따르게 된다.

① 첫째로 설계가들이 기호화하는 과정에서 전달하고자 하는 의미의 표현이 여러 가지 제약으로 인하여 완벽하게 이루어지지 않는다는 점이다. 즉, 설계시에는 시간과 비용이 제한되는 것이 보통이며 이밖에도 법규, 주변여건, 의사결정과정 등으로부터 오는 수많은 제약이 따르게 되므로 설계가의 의도가 완벽하게 표현되기란 거의 불가능하다.

② 둘째로 설계가와 이용자의 선험적 도식의 차이로 인하여 설계가의 의도가 이용자에게 올바르게 전달되지 못할 수 있다. 기호의 해득능력은 대개의 경우 반복된 학습을 통하여 이루어진다. 따라서 유사한 기호를 과거에 많이 경험하였을 때 기호의 해득은 쉽게 이루어진다. 그러나 설계가들은 항상 새로운 공간 즉 새로운 기호를 창출하는데 관심을 가지므로 경우에 따라서는 일반대중이 해득하기에 어려울 때가 있게 된다.

③ 셋째로 현대는 과거와 달리 이질적인 이용자 그룹들이 일정 환경을 동시에 이용하고 있다. 이용자 그룹 상호간에 선험적 도식에서 차이가 있다면 설계가들은 기호화(공간적 표현) 과정에서 어느 그룹을 기준으로 하여야 할 것인가가 문제가 된다.

이상과 같은 세 가지 측면의 문제로 인하여 현대의 환경과 이의 이용자들 상호간에는 만족할 만한 대화 즉 의미전달이 이루어지고 있지 못한 실정이다.

2 환경적 단서(cue)의 상대적 중요성

환경설계를 위하여 의미의 측면뿐 아니라 미, 구조, 기능 등과 같은 여러 측면을 동시에 고려하여야 한다. 그리고 이들 여러 측면은 환경적 상황에 따라서 각각의 상대적 중요성에 차이가 있게 된다. 이러한 관점에서 의미에 대한 고려는 어느 경우에 더욱 중요한지를 살펴볼 필요가 있다(Rapoport, 1982).

첫째로, 누구나 쉽게 파악할 수 있는 소규모 환경보다는 대규모의 환경에서 의미에 대한 고려가 중요하다고 볼 수 있다(그림 3.37). 의미의 파악이라는 것은 실용적 측면에서 보아 행동을 취하기 위한 바탕이라고 볼 때 소규모 장소에서는 행동을 위한 특별한 단서가 없어도 그 안에서 행동하는데 별 지장이 없을 것이다. 그러나 대도시와 같은 큰 규모의 환경에서는 도시 내에서 활동하기 위한 환경적 단서가 필수적이라 할 수 있다.

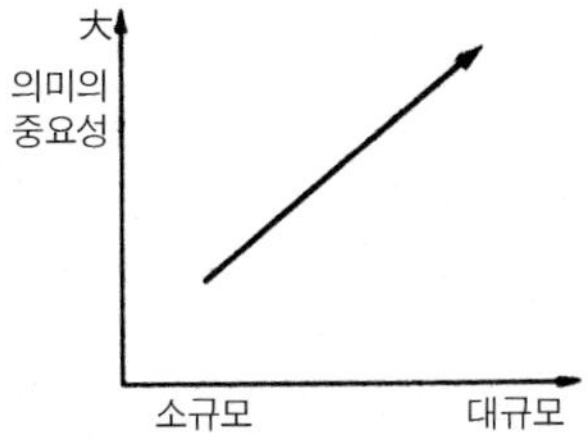

그림 3.37 **환경의 규모와 환경적 지표의 중요성**

둘째로, 환경적 단서(environmental cue)는 사회적 위계가 명백하며 모든 사람이 이를 준수할 때는 그렇지 않을 때보다 필요성이 적어진다. 사회적 위계가 명백할 경우에는 모든 사람이 특정한 단서 없이도 행동할 수 있는 규범이 존재하기 때문이다.

예를 들면 학교나 직장의 통근버스의 경우 앞에서부터 뒤에까지 연장자 순으로 앉는 경우를 흔히 볼 수 있다. 좌석에는 아무 표시도 없는데 자연스럽게 연장자 순으로 앉게 되는 것은 학교나 직장 내의 사회적 위계가 분명함에 기인한다고 볼 수 있다. 그러나 일반버스의 경우 앞에 노약자 보호석이라고 써야만 되는 것은 이질적인 많은 사람들이 이용하게 되므로 이용자간의 위계가 불분명한 데서 기인한다고 볼 수 있다.

3.6 시각적 선호

시각적 선호(visual preference)는 시각적 환경에 대한 개인의 혹은 일정 집단의 호-불호(like-dislike)라고 정의할 수 있다.

환경적 자극과 시각적 선호의 관계성에 관한 연구는 환경의 미적 질을 높이는 문제와 직접적으로 연결된다. 즉, 아름다운 환경이라 함은 시각적 선호가 높은 환경이라고 말할 수 있는 것이다.

1. 시각적 선호와 미적 질

3.2에서 언급된 바와 마찬가지로 환경적 자극(environmental stimuli)은 각성력(arousal potential)이 있으며 이러한 각성력에 따라서 쾌락감(hedonic value)이 초래된다. 쾌락감은 즐거움, 유쾌함 혹은 선호도를 포함하는 보다 일반화된 개념이며 인체의 오관(眼, 耳, 鼻, 舌, 身)을 통하여 들어오는 정보가 종합되어 나타난다(그림 3.38).

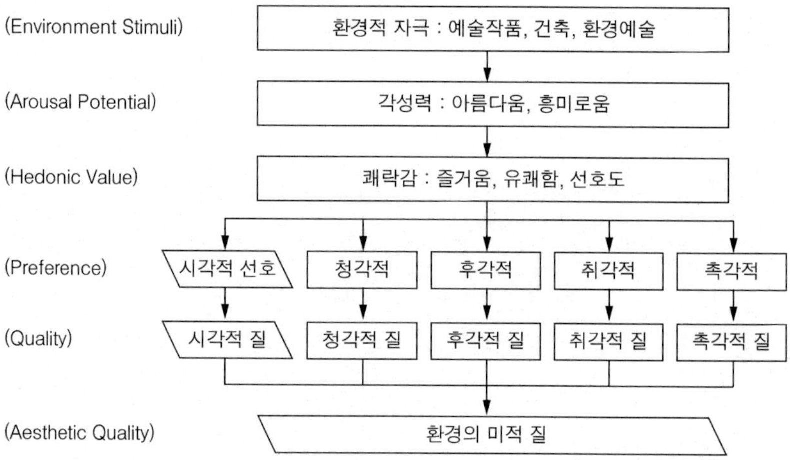

그림 3.38 **시각적 선호와 미적 질**

오관 중에서는 시각적 전달이 대개의 경우 가장 주요한 역할을 하게 된다. 인간의 환경지각 중 87%가 시각에 의존하는 것으로 알려져 있다(Correy, 1983). 소리(예 : 도심지의 소음, 새소리, 물소리), 냄새(예 : 꽃향기, 음식냄새) 등이 환경의 미적 질을 좌우하는 특별한 경우를 생각할 수도 있겠으나, 일반적으로는 시각적 전달이 환경의 미적 질을 좌우하는 주요인자가 된다.

시각적 선호라 함은 쾌락감(hedonic value)의 일종으로서 시각적 환경에 대한 호-불호(like-dislike)를 말하는 것이다. 일정 환경에서 시각적 질은 이용자들의 그 환경에 대한 시각적 선호에 달려 있다고 할 수 있다.

많은 디자이너들은 자신의 미적 감각이 일반대중보다 우월하다고 생각하여 디자이너 자신의 미적 가치(aesthetic value)를 환경설계에 반영시키고 있다. 따라서 실제 이용자들의 미적 가치가 설계에 반영되지 못하는 경우가 종종 있어 왔다. 그러나 환경설계 프로젝트의 규모가 점점 대형화하고, 대중을 위한 프로젝트가 증대하고 있는 현대 사회에서 일반대중의 미적 가치를 설계에 반영시켜야 한다는 것은 당연한 일이라 하겠다.

한편 환경설계가들은 일반대중의 미적 가치에 부응하는 환경을 조성하여야 하는 역할 이외에도, 보다 이상적인 미적 환경을 창조하여 대중의 미적 수준을 고양시켜야 하는 역할도 지니고 있다. 그러나 이상적 환경을 창조함에 있어서도 설계가의 독단에 의하지 않고, 몇 개의 대안을 제시하여 이용자로 하여금 선택할 수 있도록 함이 바람직하다.

2. 시각적 선호를 결정짓는 변수

시각적 선호는 환경에 대한 미적 반응(aesthetic response)의 일종이며, 이에 관련되는 변수로는 물리적(physical), 추상적(abstract), 상징적(symbolic), 개인적(individual) 변수의 넷으로 크게 나누어 볼 수 있다(그림 3.39).

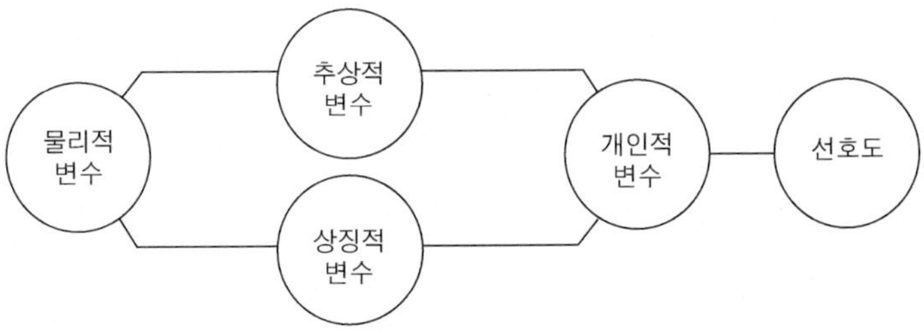

그림 3.39 **시각적 선호의 변수**

1 물리적 변수(physical variables)

일정 환경에서 물리적 구성요소들이 시각적 선호에 영향을 미친다는 것은 자명한 사실이다. 이들 물리적 변수로서는 식생, 물, 지형 등을 들 수 있다. 예를 들면 자연경관에서 식생, 물 혹은 지형의 다양성이 증가하면 시각적 선호도도 따라서 증가한다. 그러나 이들 양자의 관계는 직선적이 아닌 비직선적(non-linear)인 관계가 있음이 밝혀지고 있다(Briggs and France, 1980 ; Buhyoff and Wellman, 1980 ; Carls, 1974 ; Shafer, et al., 1969).

이 밖에도 색채, 질감, 형태 등을 들 수 있다. 디자이너들은 이들에 대하여 지대한 관심을 가지고 실무경험을 토대로 한 연구를 하였으나, 이들은 거의 모두가 경험이나 직관에 의지한 것이므로 과학적이고 합리적인 토대가 약하다고 할 수 있다.

환경설계가들은 이들 물리적 변수들의 적절한 결합을 통하여 시각적으로 높은 질의 환경을 추구하므로 이들 물리적 변수와 시각적 선호의 관계를 파악함은 매우 중요하다.

2 추상적 변수(abstract variables)

추상적 변수는 매개적인 변수(mediating variable)라 할 수 있다. 즉, 물리적 환경이 개인에게 지각되는 과정에서 물리적 구성이 추상적 특성의 일정 수준(level)을 갖게 되고, 이들 추상적 특성의 정도가 개인의 시각적 선호를 결정짓는다고 볼 수 있다. 따라서 일정 환경의 추상적 특성의 정도를 측정할 수 있고 이들 특성과 시각적 선호의 관계를 알 수 있다면, 일정 환경에 대한 시각적 선호도를 파악할 수 있을 것이다. 추상적 변수로서는 복잡성(complexity), 조화성(congruity), 새로움(novelty) 등을 들 수 있으며 이 중에서 복잡성에 대한 연구가 많이 이루어졌다. 복잡성과 시각적 선호의 사이에는 '거꾸로 된 U자(inverted U-shape)' 의 관계성(그림)을 보여 주고 있다(Kaplan, et al., 1972 ; Vitz, 1966 ; Wohlwill, 1968 ; 양, 1987).

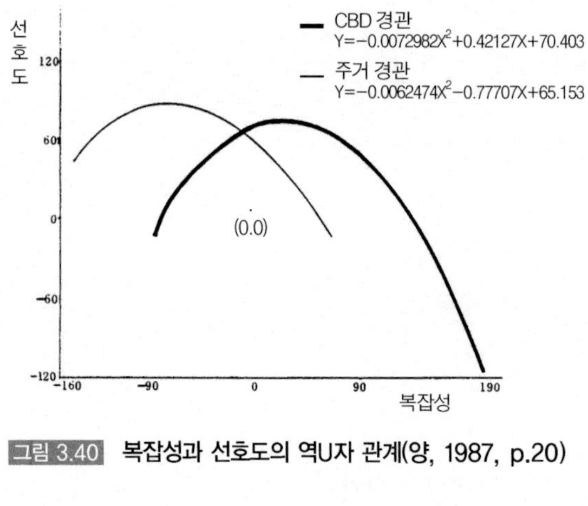

그림 3.40 복잡성과 선호도의 역U자 관계(양, 1987, p.20)

3 상징적 변수(symbolic variables)

일정 환경에 함축된 상징적 의미 역시 시각적 선호도에 영향을 미치고 있다(Heath, 1968, p.24).

상징적 변수에 관한 연구는 시각자원관리 분야에서 많이 이루어졌다. 호즈슨과 테이어(Hodgson and Thayer, 1980)는 수경관을 보여주는 동일한 슬라이드에 호수(lake), 저수지(reservoir)로 각각 이름을 붙여 그 선호도를 비교한 결과 호수라고 한 경우에 시각적 선호도가 더 높은 것을 발견하였다. 이와 유사한 방법으로 자연림(natural forest)과 수목농장(tree farm)으로 명명하여 비교한 결과 자연림이 더 높은 선호도를 나타냈으며(Anderson, 1981), 일반림(forest)과 곤충피해림(damaged forest)으로 명명하여 비교한 결과(Buhyoff and Leuschner, 1978) 일반림이 더 높은 선호도를 나타내었다. 이상에서 살펴본 바와 같이 동일 경관이라 할지라도 그 경관이 보다 자연에 가까운 의미를 내포할 때에 높은 선호도를 나타냄을 알 수 있다.

디자이너 역시 물리적 환경의 상징적 의미에 관하여 많은 연구를 하였다(Agrest, 1977 ; Jencks, 1972 ; Stephens, 1979). 디자인에서 상징적 의미의 고려는 종교적인 혹은 기념적인 건축, 광장 등의 설계와 직접적인 관련이 있다. 이들은 보통 전쟁, 평화, 번영 등의 상징적인 의미를 함축하게 된다.

상징적 변수 역시 추상적 변수와 마찬가지로 매개적인 변수라 볼 수 있다. 즉, 물리적 환경은 개인에게 일정한 상징적 의미로 지각되며, 이러한 상징적 의미가 결과적으로 시각적 선호에 영향을 미치게 된다. 따라서 일정 장소나 건물의 설계시 그 장소나 건물이 내포하여야 하는 상징적 의미를 밝혀내고, 물리적 변수의 적절한 구성을 통하여 그 상징적 의미를 표현함이 중요하다 하겠다. 더 나아가서 일정한 상징적 의미를 내포하는 장소 혹은 건물이 높은 시각적 선호도를 갖기 위한 물리적 요소의 구성은 다른 상징적 의미를 갖기 위한 구성과는 차이가 있다. 예를 들면 교회와 박물관이 시각적 선호가 높은 디자인이 되기 위해서 각각 상이한 물리적 구성이 이루어져야 할 것이다.

4 개인적 변수(individual variables)

개인적 변수는 개인의 연령, 성, 학력, 성격, 순간적인 심리상태 등에 관계된다. 시각적 선호는 개인이 느끼는(혹은 판단하는) 호-불호의 감정이며, 이는 개인마다 차이가 있을 수 있으므로, 시각적 선호를 연구함에 있어서 가장 어렵고도 중요한 변수라고 할 수 있다.

개개인의 시각적 선호를 다루는 데에는 어려움이 많으므로 일정 집단 상호간의 시각적 선호에 대한 연구가 많이 이루어졌다.

디자이너(건축가, 조경가)들은 일반대중에 비하여 시각적 환경을 낮게 평가하는 경향이 있으며(Arthur, 1977), 디자이너들의 개인적 기호는 일반대중과 일치할 수도 혹은 일치하지 않을 수도 있다(Buhyoff, et al., 1978). 따라서 디자이너들은 디자이너 자신의 선호에만 의지해서 판단해서는 바람직하지 않으며 이용자들의 선호를 파악하여 설계에 반영시켜야 한다.

한편 모든 일반대중에게 공통되는 미적 가치를 찾아낸다는 것은 매우 어려운 일이지만, 일정 집단 내에서는 많은 유사성을 보여 주고 있다. 일정 사회적 집단 내(Buhyoff, et al., 1978 ; Daniel and Boster, 1976 ; Zube, 1973)에서 그리고 일정 문화적 집단 내(Berlyne, 1974 ; Lawlor, 1955 ; McElory, 1952 ; Shafer and Tooby, 1973)에서 집단 구성원간의 높은 유사성이 발견되고 있다. 따라서 모든 대중에게 공통되는 미적 가치는 찾기 힘들다 할지라도 일정 이용자집단을 대상으로 이들의 공통적인 미적 가치를 찾아내어 설계에 반영시키는 것은 가능하다고 하겠다.

3. 시각적 선호의 측정

시각적 선호가 환경설계에 본격적으로 응용된 예는 거의 없으나, 시각자원관리 분야에서는 많은 연구가 행해졌다(예 : Buhyoff and Leuschner, 1978 ; Buhyoff and Wellman, 1980 ; Carls, 1974 ; Dearinger, 1979 ; Shafer, et al., 1969). 이들 연구는 주로 물리적인 구성요소, 즉, 식생 혹은 물의 유무 및 다소가 경관의 시각적 선호에 미치는 영향에 관한 것이었다.

비록 이들 연구가 환경설계를 목표로 하지는 않았다 하더라도 이들 연구에서 이용된 분석기법은 환경설계를 위한 시각적 선호의 연구에 응용될 가능성이 매우 높다. 즉, 시각적 선호에 영향을 미치는 주요변수의 추출, 각 변수 상호간의 상대적 중요성의 파악, 선호도 예측모델의 개발에 적용되어질 수 있다.

예측모델의 가장 중요한 용도는 설계안의 시행 전에 각 안의 시각적 질을 예측할 수 있다는 점이다. 즉, 변수 몇 개만 대입시키면 간단하게 시각적 질을 알아낼 수 있다. 물론 예측모델을 만들기 위하여 적절한 표본의 추출, 시뮬레이션(simulation) 기법의 선택, 독립변수의 추출 및 산정 등 어려운 과정을 거쳐야 하나, 계속적인 연구를 통하여 이러한 어려움을 극복해 나갈 수 있을 것이다.

시각적 질에 대한 보다 과학적이고 합리적인 접근을 위해서 주관적 가치라 할 수 있는 시각적 질을 객관적으로 측정하는 것이 필요하다. 일정 환경의 시각적 질을 시각적 선호로 대치할 수 있다고 보면 시각적 질의 측정문제는 시각적 선호의 측정문제로 귀결된다. 다시 말하면, 시각적 선호의 높고 낮음은 시각적 질의 높고 낮음을 대변한다고 하겠다.

앞에서 언급된 네 가지 변수(물리적, 추상적, 상징적, 개인적)들을 독립변수로 본다면 이들 독립변수에 영향을 받는 시각적 선호는 종속변수라 할 수 있다. 실험미학에서 사용되는 종속변수의 측정방법을 참고로 하여 시각적 선호도의 측정방법을 행태측정, 정신생리측정, 구두측정의 셋으로 크게 구분할 수 있다(Berlyne, 1974 ; Feimer, 1981).

1 행태측정(behavioral measures)

행태측정이란 외부로 나타난 인간행위를 중심으로 측정하는 것이며, 두 종류의 행태측정이 두드러지고 있다.

첫째의 방법은 이용자의 관찰시간(exploration time)을 재는 것이다. 이 방법은 일련의 대상물(stimuli)을 이용자들이 연속적으로 관찰하는 가운데 각각의 대상물에 머무르는 시간을 재는 것이다. 관찰시간은 '주의집중의 밀도(intensity of attention)' 혹은 '시각적 흥미'를 나타내는 척도라고 볼 수 있다(Berlyne, 1974).

둘째의 방법은 이용자의 선택(exploratory choice)을 관찰하는 것이다. 두 개의 대상물(stimuli)을 동시에 전시하여 관찰자가 어느 쪽으로 가는가 하는 것을 기록하는 방법이다. 이러한 관찰자의 선택은 '유인성(incentive value)' 혹은 '유용성(utility)'으로 해석되어진다.

2 정신생리측정(psychophysiological measures)

이 방법은 심리적 상태에 따라 나타나는 생리적 현상을 측정하는 것이다. 이 방법으로서는 GSR 혹은 EEG 등이 있다. GSR(Galvanic Skin Reflex)은 피부전기반사를 측정하는 것이며, EEG(Electronen cephalogram)는 뇌파를 측정하는 것이다. 이들은 '각성(arousal)'의 정도를 나타내는 지표로 이해되어진다. 각성의 정도는 '쾌락감(hedonic value)'의 정도와 '거꾸로 된 U자'의 함수관계를 가지며, 쾌락감의 정도는 시각적 선호와 밀접한 관련이 있다(Berlyne, 1974). 즉, 중간 정도의 각성이 가장 높은 쾌락감 혹은 시각적 선호를 나타내며, 아주 낮거나 높은 정도의 각성은 낮은 쾌락감 혹은 시각적 선호를 나타내게 된다.

3 구두측정(verbal measures)

이 방법은 관찰자(subject)의 얼마나 아름다운가(beautiful), 즐거운가(pleasing), 좋아하는가(like) 하는 직접적인 표현을 토대로 하여 측정하는 것이다. 이들 직접적인 표현은 순서의 열거(rank-ordering), 또는 점수평가(rating) 등을 통하여 기록된다. 점수평가 방법으로는 오스굳 등(Osgood, et al., 1957)이 7단계의 어의구별척도(semantic differential scale)를 제안한 이후 많이 사용되고 있으나, 이에 국한되지 않고 5단계 혹은 10단계 등의 척도가 광범위하게 사용되고 있다(10장 참조).

그밖에 '쌍체 비교(paired comparison)'의 방법이 있다. 이 방법은 여러 대상물(stimuli)을 두 개씩 맞추어, 만들어질 수 있는 모든 짝을 비교하여 일정 기준에 따라 더 높은 정도의 것을 선택하도록 하는 것이다. 예를 들면 A, B, C 세 개의 대상물이 있는 경우 모든 가능한 짝 AB, BC, CA를 비교하는 것이다. 이 선택의 결과를 토대로 하여 비교판단의 법칙(law of comparative judgement)을 적용하면 A, B, C 상호간의 상대적 중요성을 계량적(relative scale)으로 나타낼 수 있다(Guilford, 1954).

이상에서 언급된 세 가지 측정방법 중에서 구두기술에 의한 측정이 시각적 선호의 측정에 가장 많이 사용되고 있다.

쉐이퍼(Shafer, et al., 1969)는 여러 관찰자(subjects)들이 판단한 순서수(rank-order)의 합으로써 자연경관의 시각적 선호도를 계량화하였다. 또한 피터슨(Peterson, 1967)은 28매의 주거지역 슬라이드를 140명의 주민들로 하여금 점수평가(rating)하도록 하였다. 그는 이 점수평가의 결과를 "카테고리 판단의 법칙(law of categorical judgement)"에 기초하여 각 슬라이드의 시각적 선호도를 계량화하였다(Torgerson, 1958).

한편 다니얼과 보스터(Daniel and Boster, 1976)는 "신호탐지 이론(theory of signal detectability)"을 기초로 하여 점수평가의 결과를 계량화하는 "경관미 측정법(scenic beauty estimation)"을 개발하였다(Green and Swetts, 1966). SBE라고 불리는 이 방법에서는 미적 판단(점수평가)은 대상물(environmental display)의 지각적 효과와 지각자의 미적 기준의 두 가지 인자에 의하여 결정된다고 본다. 즉, 한 대상물에 대하여 두 사람이 똑같은 정도의 선호도를 가졌다 하더라도 각자의 미적 기준에 따라 높은 기준을 가진 사람은 낮게(가령 3), 낮은 기준을 가진 사람은 높게(가령 8) 점수평가를 할 것이다. SBE 방법은 이러한 개인별 미적 기준에 영향을 받지 않고 대상물의 지각효과(시각적 선호)를 계량화시킬 수 있는 방안이다. 그러나 이 방법에 의하여 얻어지는 시각적 선호도는 절대적인 선호도가 아니고 상대적인 선호도를 나타내게 된다. 자연환경에서 이 방법의 신뢰도(reliability : 반복적 사용시의 일관성) 및 타당성(validity : 이 방법이 과연 시각적 선호를 측정하는가의 여부)이 후속적 연구(Arthur, 1977 ; Daniel et al., 1977 ; Schroeder and Daniel, 1981)에서 뒷받침되고 있으며, 도시환경에서도 SBE 방법의 신뢰도 및 타당성이 뒷받침되고 있다(Im, 1983).

이상에서 언급된 쌍체 비교, 순서 열거 및 점수평가에 근거한 시각적 선호의 계량화 방법들은 시각적 질에 대한 과학적이며 합리적 접근을 위한 토대가 된다. '신뢰도'와 '타당성' 높은 계량화 방법의 확립은 이제까지 경험과 직관에 주로 의지되어 온 시각적 질의 향상에 보다 과학적이고 체계적인 수단을 제공하게 된다.

4. 환경설계에의 응용

시각적 질의 절대적 측정은 거의 불가능하며 다만 상대적 측정은 가능하다. 시각적 질은 주관적 가치이므로 어느 것이 절대적으로 아름답다 혹은 추하다고 이야기하기는 힘들다. 그러나 일정 집단이 어떤 대상을 더 좋아하거나 싫어한다고 이야기할 수는 있을 것이다. 앞에서 언급된 시각적 선호의 측정방법들은 모두 상대적 선호도를 측정하는 것이다. 따라서 이들을 설계에 직접 응용하는 데에는 많은 제약이 따르게 되나, 이들 제약을 충분히 고려하여 설계에 응용한다면 여러 측면에서 시각의 질에 대한 합리적 접근이 이루어질 수 있다.

1 경관미의 도면화

넓은 지역의 조경설계 혹은 계획을 수행함에 있어서 토양, 배수 등의 과학적 자료를 기초로 하는 사항들은 도면화가 가능하나, 경관의 미에 관한 사항은 설계자의 주관적인 판단에 주로 의지하여 왔으며 따라서 체계적이며 합리적인 도면화가 이루어지지 못했다.

그러나 전체의 지역을 일정한 크기로 세분하고, 각 지역의 시각적 선호도를 계량화한다면 선호도의 정도에 따른 도면화가 가능할 것이다(예 : Daniel, et al., 1977 ; Dearden, 1980). 이러한 방법을 이용하여 필요하다면 전국토의 경관미를 나타내는 도면의 작성도 가능하다 하겠다. 이렇게 작성된 도면은 다른 자연과학적 자료와 함께 적지분석 혹은 토지이용선정에 보다 합리적인 근거를 제시할 것이다.

2 대안의 비교

몇 개의 설계안을 놓고 시각적 질의 측면에서 비교할 경우 평가자에 따라 상이한 의견을 가지게 되어 결론을 내리기 어려운 경우가 많이 있다. 이러한 경우 이용자 집단을 통한 시각적 질의 계량화가 앞서의 방법에 의하여 이루어진다면 보다 합리적인 방법으로 대안의 선정이 이루어질 수 있다. 특히 여러 디자이너들이 공동으로 작업을 할 경우에 보다 객관적인 평가가 이루어져야 함은 필수적이다.

3 예측모델의 작성

보다 적극적인 응용방법으로서 시각적 선호를 예측할 수 있는 모델의 작성이 가능하다. 예측모델 작성을 위하여 주로 회귀분석을 하게 되며 독립변수로서는 앞에서 언급된 물리적, 추상적, 상징적, 개인적 변수들이 모두 해당된다. 그러나 실제로는 몇 개의 필요한(주요한) 변수들만 이용하고 나머지 중요성이 적은 변수들은 컨트롤함으로써 실용성 높은 모델을 만들 수 있다(예 : Im, 1983 ; Peterson, 1967 ; Shafer, et al., 1969).

예측모델은 작성을 위한 시간 및 경비가 많이 소요되므로 그 이용범위가 넓거나, 반복적 사용이 가능하거나, 시각적 질의 중요도가 높은 프로젝트일 경우에 사용함이 바람직하다. 예측모델을 통하여 주요한 변수를 파악할 수 있으며 동시에 변수 상호간의 상대적 중요도도 파악할 수 있다. 더 나아가 변수의 상대적 관계를 중심으로 시각적 질을 높일 수 있는 설계지침을 만들 수도 있다.

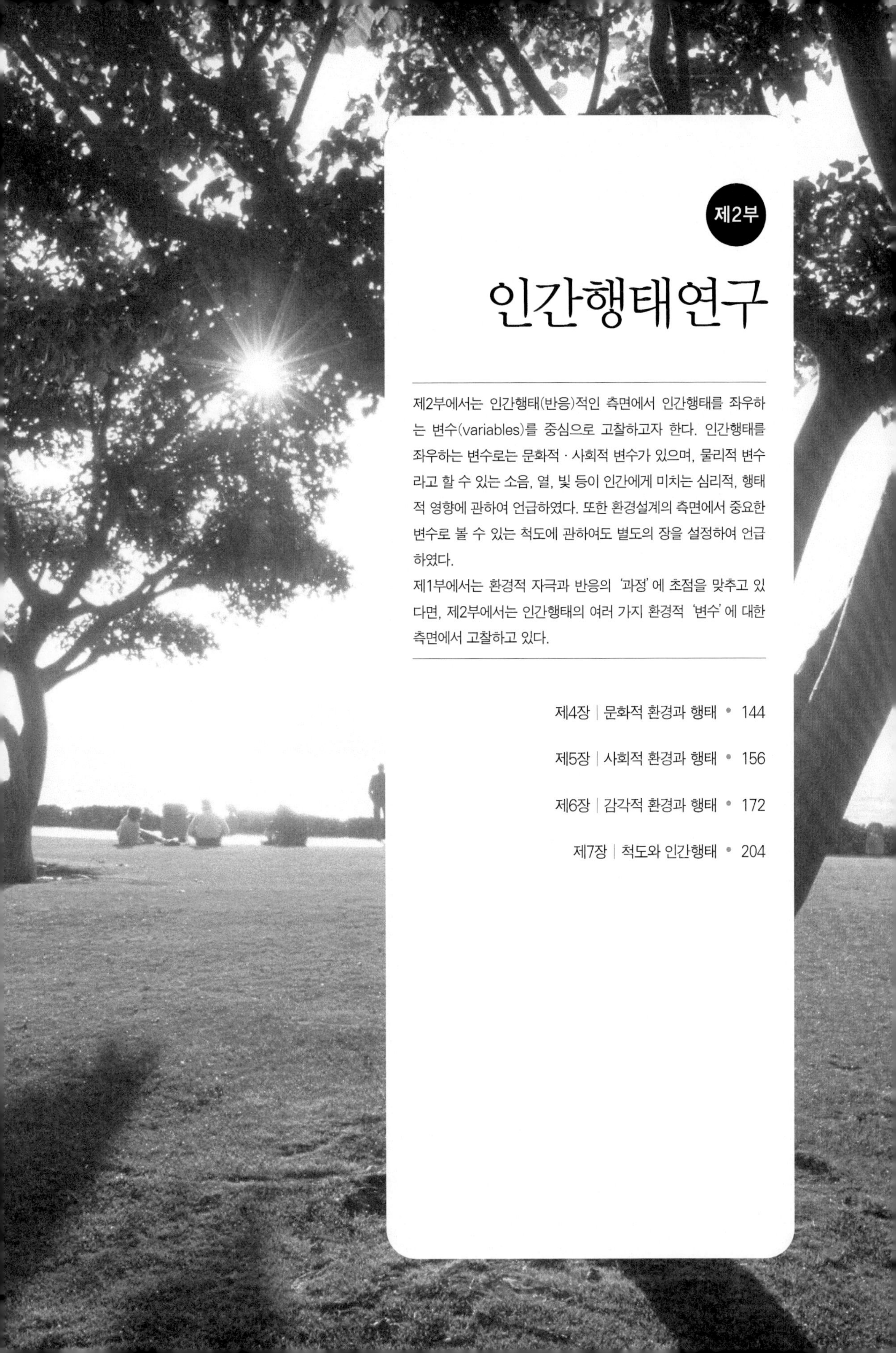

제2부

인간행태연구

제2부에서는 인간행태(반응)적인 측면에서 인간행태를 좌우하는 변수(variables)를 중심으로 고찰하고자 한다. 인간행태를 좌우하는 변수로는 문화적 · 사회적 변수가 있으며, 물리적 변수라고 할 수 있는 소음, 열, 빛 등이 인간에게 미치는 심리적, 행태적 영향에 관하여 언급하였다. 또한 환경설계의 측면에서 중요한 변수로 볼 수 있는 척도에 관하여도 별도의 장을 설정하여 언급하였다.

제1부에서는 환경적 자극과 반응의 '과정'에 초점을 맞추고 있다면, 제2부에서는 인간행태의 여러 가지 환경적 '변수'에 대한 측면에서 고찰하고 있다.

Chapter 4

문화적 환경과 행태

인간행태를 연구함에 있어서 문화적 요인을 고려함은 필수적이다. 문화적 인자는 사회적 혹은 공간적 인자에 비하여 인간행태의 보다 근원적 측면과 관계되며, 장기정 · 점진적으로 인간행태에 영향을 미친다. 문화적 배경의 이해는 인간행태 연구뿐만 아니라 인공환경의 연구에서도 기본적인 사항이 된다.

4.1 문화의 형성

1. 문화란?

문화라는 말은 사회학, 인류학, 사회심리학 등에서 자주 쓰이고 있다. 동양문화, 한국문화, 도시문화 등과 같이 문화라는 단어는 특정 사회그룹과 관련하여 사용되고 있으며, 해당 사회그룹은 매우 포괄적인 그룹일 수도 있으며 소규모일 수도 있다.

문화를 인간행태와 관련시켜 볼 때 네 가지 특성을 찾아볼 수 있다(Altman and Chemers, 1980).

(1) 문화는 일정 그룹 혹은 한 사회의 믿음과 세계관, 가치와 규범, 관습과 행동을 포함한다. 즉, 문화는 세계, 생명 혹은 환경에 대한 사람들의 믿음을 포함하며, 선과 악을 구별하는 가치판단을 포함한다. 또한 행동 혹은

일을 하는 방법에 관련된 규칙과 믿음을 포함한다. 따라서 지각과 인지, 가치와 행동이 문화의 개념에 함축되어 있다.

(2) 문화는 일정 그룹 내의 사람들이 공동의 가치와 행태를 지니고 있음을 함축한다. 하나의 문화가 존재하기 위해서 구성원들간에 일반적인 세계관 및 행동규범에 관하여 동의가 이루어져야 한다. 그러나 모든 일에 있어서 동의할 필요는 없으며 공동의 구심점을 지니면 된다.

이러한 관점에서 '동의(consensus)' 혹은 '의견일치'는 문화의 개념에서 중심적인 위치를 차지한다고 볼 수 있다.

(3) 문화는 공유된 믿음, 가치, 행태 등이 다른 사람, 특히 어린이들에게 전달됨을 함축한다.

어린이, 즉 문화의 새로운 구성원에 대한 교육을 통하여 '동의'가 대대로 후손에게 이어지게 된다. 어린이들은 가족 혹은 사회에 적합한 식사태도, 일, 놀이, 성별에 따른 역할 혹은 금기사항 등을 배움으로써 문화를 계승하며, 경우에 따라서는 약간의 변화를 시도하기도 한다.

(4) 한 사회의 가치, 믿음, 행태 등은 정신적 및 행동적 과정만을 포함하는 것은 아니다. 문화는 사물 및 물리적 환경에도 나타난다. 즉, 주택, 주거단지, 공공건물 등은 해당 문화가 지닌 가치 및 믿음을 반영시키고 있음을 종종 볼 수 있다.

2. 문화의 형성인자

기본적으로 문화는 물리적 환경과 인간의 상호작용으로 형성된다고 볼 수 있다. 환경적인 측면에서는 지형과 기후가 중요한 역할을 한다. 평지, 산지, 바닷가 등과 같은 지형과 열대, 온대, 한대 등과 같은 기후조건이 해당 지역의 문화형성에 결정적인 역할을 하는 인자임은 잘 알려진 사실이다. 또한 유사한 환경 하에서도 인종에 따라서 상이한 문화를 형성함도 우리는 잘 알고 있다. 동시에 문화는 시간성을 지니고 있어서 시간의 흐름에 따라 계승, 발전 혹은 쇠퇴되어 간다(그림 4.1).

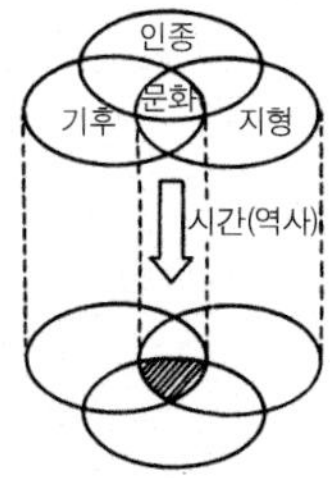

그림 4.1 문화의 형성

따라서 문화는 동시대적인 측면과 역사적 측면에서 비교해 볼 수 있다. 즉, 일정 시점에서 여러 지역의 문화를 비교해 볼 수 있으며, 동시에 일정 문화의 역사적 변천과정을 살펴볼 수도 있다(그림 4.2).

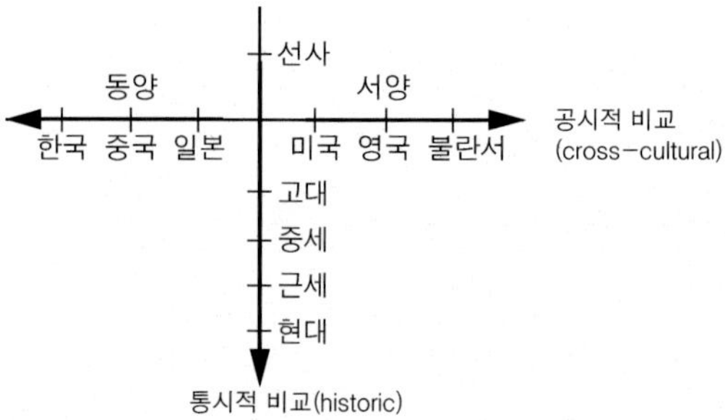

그림 4.2 **문화비교의 측면**

4.2 문화와 인간행태

1. 물리적 환경과 문화적 활동

앞에서 문화는 물리적 환경과 인간의 상호작용의 결과로서 형성됨을 언급한 바 있다. 이를 더욱 구체적으로 살펴보면 문화의 형성에 있어서 물리적 환경의 역할을 강조하는 측면과 물리적 환경과 인간의 상호작용을 강조하는 측면으로 나누어 볼 수 있다(그림 4.3).

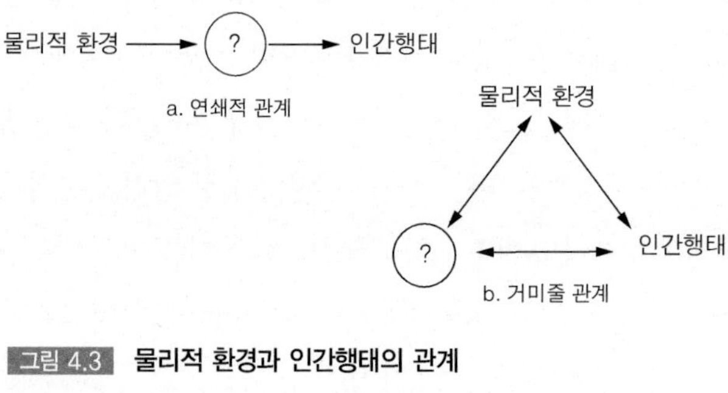

그림 4.3 **물리적 환경과 인간행태의 관계**

1 연쇄적 관계

문화생태학(cultural ecology)에서는 물리적 환경이 문화형성에 있어서 지배적인 역할을 한다고 주장한다. 즉, 환경적 특성이 인간의 행위에 영향을 미치는 인과관계의 연구에 초점을 맞춘다고 할 수 있다. 환경적 여건이 남미의 베네주엘라 야루로(Yaruro) 인디안의 통솔력 형성에 미치는 영향을 예로 들어 보자(Altman and Chemers, 1980). 야루로 인디안은 매우 약한 통솔력을 형성하고 있으며, 통솔자가 나타나더라도 이들 인디안의 생활에 별로 영향을 주지 못하는 미미한 역할만을 지닌다. 이는 이들의 농경방식과 계절적 기후에 기인하는 것으로 보여진다. 이들의 농경방식은 매우 단순하여 나무를 베고 태운 자리에 곡식을 재배하며, 계속해서 새로운 땅으로 옮겨간다. 또한 이들은 야생뿌리, 야생동물, 물고기 혹은 집에서 키운 돼지 등을 먹고 산다. 따라서 이들은 식량을 얻기 위한 공동 작업이 필요 없으며 한 두 사람이 개별적으로 작업해도 충분하다. 이러한 생활이 계속되면서 강한 통솔력이나 사회조직의 형성이 거의 이루어지지 않게 된 것이다. 이와 같이 식량생산에 어려움이 없는 지리적, 기후적 영향으로 인하여 야루로 인디안은 강한 통솔력을 필요로 하지 않게 되었으며, 이는 물리적 환경이 문화의 형성에 결정적인 역할을 하고 있음을 뒷받침해 준다. 즉, 물리적 환경이 연쇄적, 일방향적으로 야루로 인디안의 활동에 영향을 미치고 있음을 말해 준다.

2 거미줄 관계

환경과 인간 활동의 관계는 앞서와 같이 A→B→C로 이어지는 연쇄적 관계라기보다는 A↔B, A↔C, B↔C로 연결되는 거미줄의 관계로 보는 측면도 있다. 즉, 환경과 인간 활동 사이에는 단순한 일방향적인 인과관계로 맺어지는 것이 아니고 더욱 복잡한 거미줄과 같은 인과관계로 설명되어질 수 있다는 것이다.

아프리카 자이레(Zaire)의 숲속에 사는 피그미(Pygmies)족의 예를 들어 보자(Altman and Chemers, 1980). 이들 피그미족은 숲이 우거진 열대우림지역에 사는데, 숲에서 식량을 쉽게 얻으며, 풍부한 야생동물을 사냥하면서 살고 있다. 그런데 이 부족들간에 상이한 사냥방법을 택하고 있음을 볼 수 있다. 어떤 피그미족은 많은 사람이 공동으로 커다란 그물을 사용하여 사냥하는 데 비하여, 다른 피그미족은 소규모 그룹이 화살을 이용하여 사냥하고 있다. 지형, 기후, 식량원이 거의 동일함에도 이와 같은 차이를 보이고 있음은 환경적 인자만으로 인간의 문화적 활동을 설명할 수 없음을 말해 준다. 즉, 이 경우에는 환경적 제약이 적음으로 인하여 상이한 사냥방법의 선택이 가능했다고 말할 수 있다. 이 예는 환경적 요인이 중요한 역할을 하고있으나, 환경적 요인이 일방적으로 문화적 활동을 결정하지는 않음을 말해 주고 있다. 즉, 보다 복잡한 거미줄과 같은 인과관계에 의하여 인간의 문화적 활동이 설명되어야 함을 말해준다.

2. 문화와 행태의 관계성

일정 문화가 어떠한 인과관계에 의하여 형성되었든 간에 동일 문화권 내의 사람들은 유사한 주거양식을 지니며, 따라서 유사한 행태를 보여준다(Rapoport, 1977). 포괄적이며 추상적인 문화의 내용이 구체적인 행태로 나타나는 경로를 찾아보면 다음과 같다(그림 4.4).

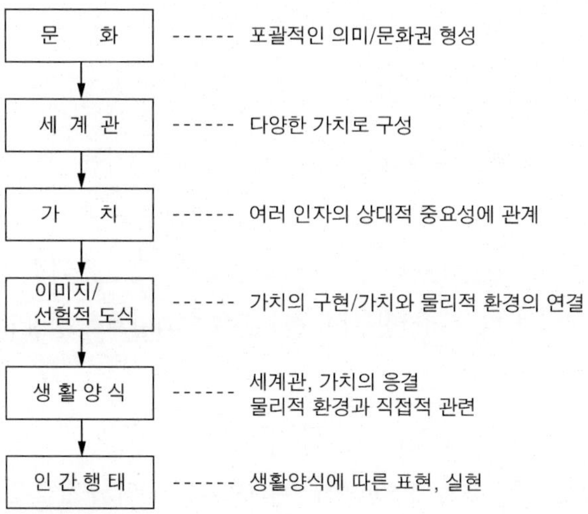

그림 4.4 **문화와 행태의 관계(자료 : Rapoport, 1977, p.20)**

문화라 함은 매우 포괄적인 의미를 지니며, 사회체계, 규범, 관습 등을 형성하는 세계관, 믿음, 가치 등을 공유하는 일정 그룹은 동일 문화권에 속하게 된다. 동일 문화권 내의 사람들은 동일한 세계관(world view)을 지닌다. 세계관은 사람들의 이상을 나타내며 실제 행동에 직접적으로 연결되기에는 거리가 있다. 세계관은 여러 가치들로 구성되어 있으며 가치는 인간 생활을 구성하는 여러 인자들간의 상대적 중요성에 관계된다. 가치는 세계관보다는 구체적이기는 하나 실제 행동과의 직접적 연결은 아직 거리가 있다고 볼 수 있다. 가치는 이미지 혹은 선험적 도식(schema)을 통하여 구현되며, 구체적인 모습으로 드러난다.

이상에서 언급된 세계관, 가치, 선험적 도식은 생활양식(life style)으로 응결되며 생활양식은 물리적 환경과 직접적인 관련을 맺는다. 생활양식에 따라서 구체적인 인간의 행동이 지배를 받으며, 행동의 패턴을 형성한다. 이상에서 살펴본 바와 같이 인간의 행동은 생활양식에 기초를 두고 있으며 생활양식은 더욱 포괄적인 문화의 영향으로 형성된다.

3. 문화에 따른 행태적 차이

서로 다른 문화권에 속한 사람들 사이에 상이한 행태를 보여 주고 있음은 잘 알려진 사실이다.

한 나라에서도 지역에 따라 생활양식에 차이가 있으며, 상이한 행태를 나타낼 수 있다. 예를 들면 우리나라는 단일 민족이면서도 충청, 영남, 호남, 제주 등 지방의 방언이 존재하며 음식 등에 있어서도 차이를 보여준다. 더 높은 문화적 단계, 즉 국가 혹은 대륙 사이에서는 더욱 큰 차이를 발견할 수 있다. 우선적으로 언어가 다르며 의복, 생활양식 등이 판이하다. 외국에 여행을 해본 사람이면 이를 쉽게 알 수 있을 것이다. 필자가 미국대학에서 생활하면서 느낀 한국대학 생활과의 차이점을 소개해 보기로 한다. 미국에서는 연령 혹은 지위에 따른 호칭의 구분이 거의 없으며 조금만 서로 알게 되면 지위에 따른 호칭의 구분이 없이 이름을 부른다. 우리나라는 김과장님, 이부장님 혹은 박교수님 등으로 주로 성과 직책을 호칭으로 사용하는 데 비하여 미국에서는 연령, 직책에 관계없이 거의 이름을 직접 부르고 있다. 따라서 필자는 교수님의 이름을 부를 때 매우 주저되고 어색했던 기억을 지니고 있다. 또한 강의실에서 학생들의 지나칠 정도로 자유스러운 행동에 당황했던 기억도 난다. 강의실에 음료수를 들고 들어오는 경우는 보통이며, 애완동물을 데리고 들어오기도 하며, 앞사람의 의자에 다리를 올려놓기도 한다. 이러한 행동들은 보수적이라 할 수 있는 우리나라에서는 용납되지 않는 규범이나, 형식보다는 실용적인 측면을 중요시여기는 미국 사회에서는 보통의 상황으로 받아들여지고 있다(사진 4.1).

사진 4.1 **미국 공원(좌, 센트럴파크)과 캠퍼스(우, 위스콘신 대학교) : 우리나라와 상이한 이용 행태를 보여준다.**

이와 유사한 예는 수없이 많이 있으며, 이와 같은 차이점은 생활양식의 차이, 더 근본적으로는 문화의 차이에 기인한다고 볼 수 있다. 따라서 인간의 행태를 문화적인 관점에서 고찰함으로써 인간행태에 관련된 여러 측면을 보다 폭넓게 이해할 수 있다.

4.3 문화와 인조환경

문화에 따라서 사람의 행태에 차이가 있으며, 동시에 인조환경에도 차이가 나타난다. 상이한 생활양식에 대한 욕구가 상이한 도시 및 주택의 형태를 필요로 하였기 때문이다.

1. 문화와 도시형태

도시는 문화의 산물이라고 말할 수 있다. 즉, 도시에는 도시인들의 사고방식, 사회적 체계, 더 나아가서는 세계관이 함축되어 있다. 전통적인 회교도의 도시와 미국의 도시를 비교해 보자(Rapoport, 1977).

전통적인 회교도들의 도시는 외부로부터 폐쇄되어 진입이 통제되어 있으며, 중앙의 시장(Bazaar)을 중심으로 한 축을 중심으로 좌우에 근린주구가 모여져 있다(그림 4.5). 이 형태는 도시 내에서 도시의 출입은 물론 주민의 통행이 특정 지역에 국한되도록 제한하고 있으며 이는 종교적, 사회적 영향에 기인하는 것으로 보여진다. 한편 미국의 도시들은 접근성 및 이동성을 최대로 고려하고 있다(그림 4.5). 자동차의 이용이 생활의 중요한 부분을 차지하고 있는 미국에서는 접근성을 높이려는 노력이 많은 고속도로와 개방적인 도시형태로 나타나고 있다. 이와 같이 문화 및 생활양식이 도시형태의 결정에 중요한 역할을 하고 있음을 볼 수 있다.

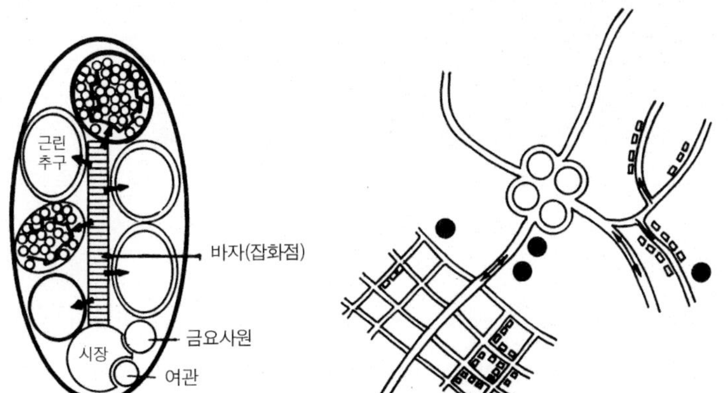

(a) 폐쇄적인 회교도의 도시 (b) 개방적인 미국의 도시

그림 4.5 회교도의 도시와 미국의 도시(자료 : Rapoport, 1977, p.21)

2. 문화와 주거형태

주거형태는 정주패턴과 주택평면구성의 두 가지 측면에서 볼 수 있다. 이들 정주패턴과 주택평면은 기후, 지형, 건축재료, 건축기술, 종교, 사회적 조직, 가족의 구성 등과 같은 문화의 형성인자들에 의하여 영향을 받는다(Rapoport, 1969).

1 정주패턴

우리나라 농촌의 정주패턴을 보면 대개 구릉을 배경으로 한 집촌을 형성하고 있다. 구릉을 배경으로 함으로써 겨울의 찬바람을 막을 수 있으며 산기슭에 위치함으로써 지하수의 이용이 가능하다. 또한 농사일을 서로 도우면서 공동 작업을 하기 위하여 집촌의 형성이 유리하다(사진 4.6). 이에 비하여 미국과 같이 넓은 농경지를 가진 곳에서는 넓은 면적을 관리하기에 편리하도록 자신의 농경지 한 가운데 농가가 위치하게 되므로 산촌을 형성하고 있다. 이와 같이 생활양식 및 물리적 환경에 따라서 정주패턴이 달라진다.

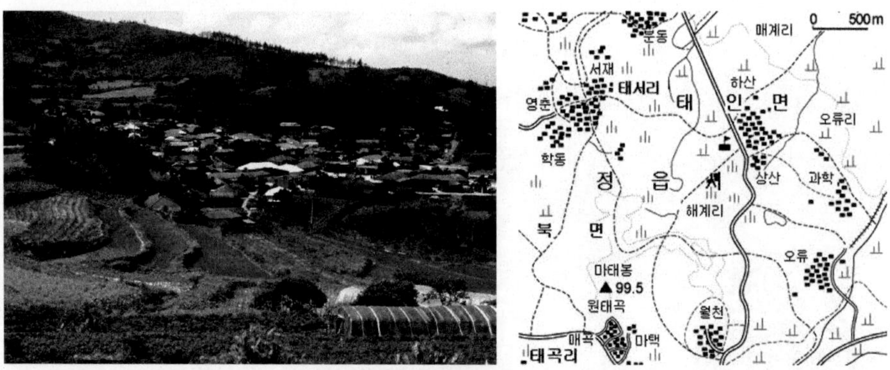

그림 4.6 한국의 농촌은 대부분이 집촌을 형성하고 있다.

2 주택구성

주택의 구성은 가족의 구성, 구성원의 위계, 종교 등에 의하여 영향을 받는다. 아프리카 카메룬의 일부다처제와 일부일처제의 주택을 비교해 보면 가족구성에 따라서 주택평면이 크게 달라짐을 알 수 있다(그림 4.7).

또한 실내공간의 구성에 있어서도 구성원의 위계 및 생활양식을 나타낸다. 유럽농가의 평면을 보면 가장과 아들이 식사 시에 신성한 장소에 보다 가깝게 위치하며 여자들은 보다 멀리 앉도록 되어 있다(그림 4.8).

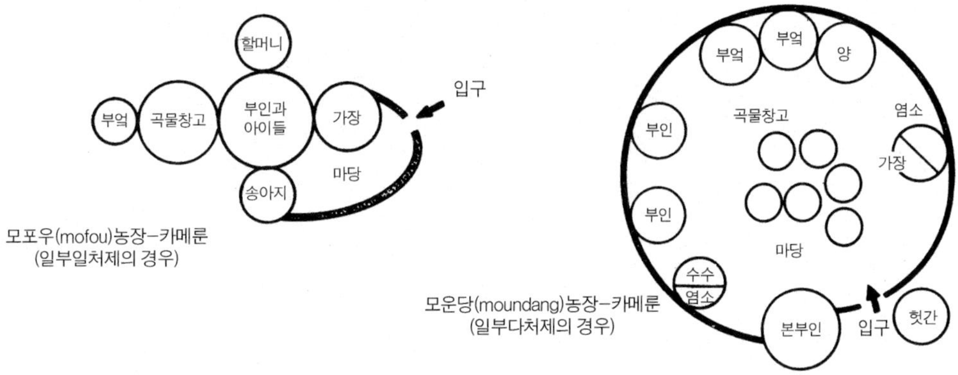

그림 4.7 카메룬의 주택(일부일처제와 일부다처제)(자료 : Rapoport, 1969, p.56)

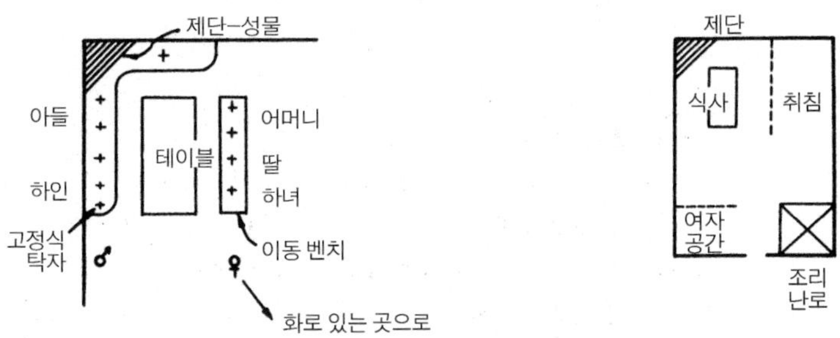

그림 4.8 유럽농가의 주택(중세)(자료 : Rapoport, 1969, p.54)

한편 주택을 중심으로 공간의 영역성에 대한 해석이 문화에 따라 달라짐도 알 수 있다. 즉 한국, 중국, 인도 등에서는 대지경계를 둘러싼 담장 안의 전부를 사유영역으로 생각하나 영국, 미국에서는 이와 상이한 영역성을 지닌다(그림 4.9). 영국에서는 도로와 건물의 중간쯤에 담장이 있으며, 따라서 프라이버시가 있는 사유영역은 담장의 안쪽이 되어 앞서의 경우보다 좁은 사유영역을 지닌다. 미국의 경우는 담장이 없는 경우가 많으며, 따라서 건물 뒤쪽의 대지를 사유영역으로 보게 되므로 가장 좁은 사유영역을 지닌다. 이 경우 도로와 건물사이의 공간은 반공적(semi-public)인 영역이 된다.

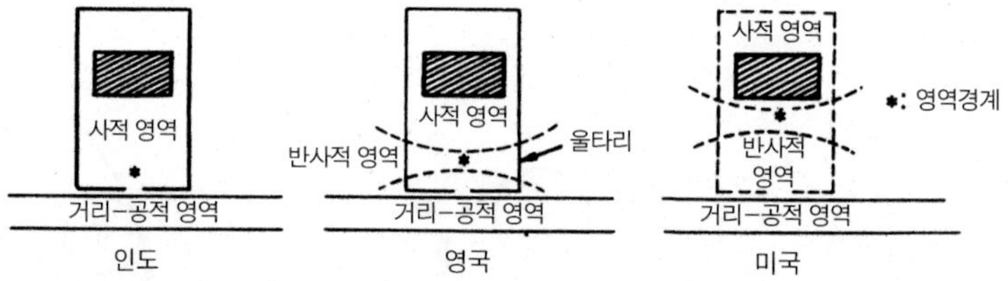

그림 4.9 **주택의 사적 영역의 비교(자료 : Rapoport, 1969, p.80)**

이 사실을 다른 측면에서 내적 프라이버시와 외적 프라이버시로 구분하여 생각해 볼 수 있다. 한국의 경우와 같이 엄격한 담장이 존재하는 주택은 담장 외부에 대하여 강한 외적 프라이버시를 지니나, 담장 내부의 부분적 공간 사이에 유지되는 내적 프라이버시는 상대적으로 약하다고 볼 수 있다(그림 4.10). 반면 미국과 같이 담장이 없는 곳에서는 외적 프라이버시는 약하나, 건물 내부의 각 부분적 공간(예 : 침실) 상호간에는 강한 내적 프라이버시를 지닌다고 볼 수 있다.

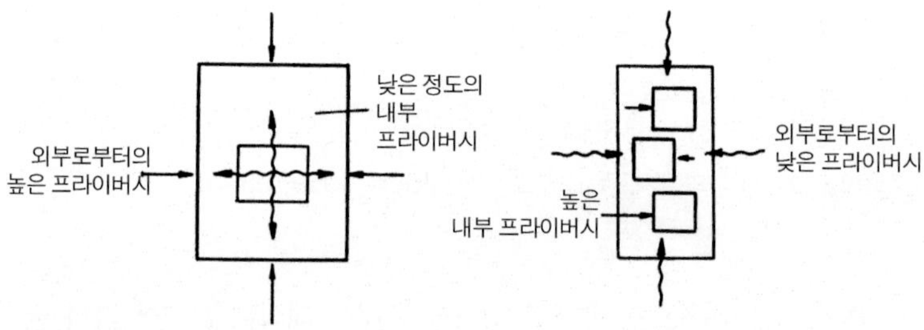

그림 4.10 **외적 프라이버시와 내적 프라이버시(자료 : Rapoport, 1969, p.68)**

3. 선택모델

도시, 주택 등 인조환경을 결정하는 인자는 문화적, 사회적, 경제적 인자 등을 포함하여 무수히 많이 있으며, 이들의 복잡한 상호작용에 의하여 인조환경의 물리적 형태가 형성된다.

레포포트(Rapoport, 1977)는 물리적 환경의 형성은 선택과정을 통하여 이루어진다고 보았으며 이를 '선택모델(choice model of design)' 이라고 불렀다. 즉, 물리적 환경의 형성은 관련 인자들이 복합된 다양한 대안 가운데에서 여러 단계의 선택과정을 거치면서 이루어진다고 보는 것이다. 따라서 도시 및 주거형태는 구성원의 가치, 생활양식에 따른 적절한 선택의 결과로서 이루어진다고 볼 수 있다(그림 4.11). 더 나아가서 도시 및 주택의 양식(style)은 일정 그룹의 문화 및 규범에 근거한 일관성 있는 선택의 결과로서 형성된다고 볼 수 있다.

또한 기후적, 지형적, 사회적 제약이 강한 경우에는 선택의 폭이 좁아지며, 그렇지 않을 경우에는 선택의 폭이 넓어진다. 현대는 과학기술의 발달로 기후적, 지형적 제약을 극복할 수 있으며, 자유로운 사회구조를 지니고 있으므로 과거보다 선택의 폭이 넓다고 볼 수 있다. 선택의 폭이 넓어질수록 선택은 더욱 복잡한 과정을 거치게 되며, 이러한 결과로 보다 다양한 도시 및 주거형태가 출현하고 있다.

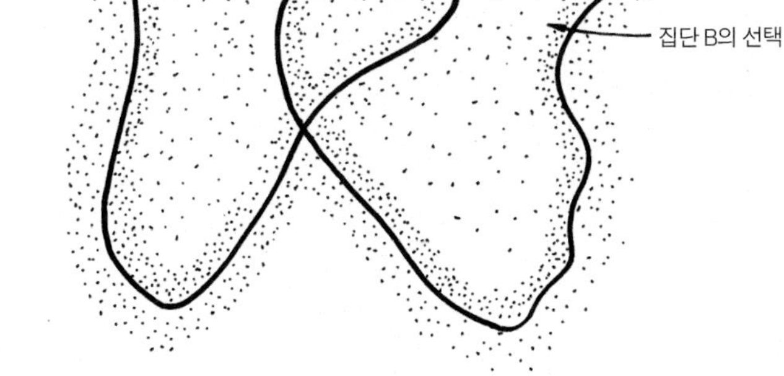

그림 4.11 선택모델 : 선택에 따른 인조환경의 형성(자료 : Rapoport, 1977, p.16)

Chapter 5

사회적 환경과 행태

인간의 사회적 환경은 앞장에서 언급된 문화적 환경과 밀접한 관련이 있다. 일정 사회의 특성은 문화적 배경의 영향을 많이 받는다. 문화는 인간과 자연의 상호작용에 의하여 형성된다고 본다면 사회는 인간과 인간의 상호작용에 의하여 형성된다고 볼 수 있다. 사회적 환경은 여러 측면에서 접근할 수 있겠으나, 본 장에서는 주로 사회 · 공간적 측면과 관련된 행태에 관하여 논하기로 한다.

사회 · 공간적 행태라 함은 개인간 혹은 그룹간에 유지되는 공간규모를 일컫는 것으로서 개인적 공간, 영역성, 혼잡 등이 중요한 개념이다.

5.1 개인적 공간(personal space)

일정 그룹의 동물을 관찰하여 보면 그들은 개체 상호간에 일정한 거리를 유지함을 볼 수 있다. 전깃줄에 앉은 참새 혹은 제비, 물속의 백조나 오리 떼 등은 하나의 커다란 무리를 이루고 있으나 각 개체간에는 일정한 간격을 유지하고 있다. 이러한 현상은 동물에게만 있는 것이 아니고 인간사회에서도 흔히 볼 수 있다. 줄을 서서 기다릴 때, 광장에 많은 사람이 모여 강연, 음악 연주 등을 들을 때, 여럿이 둘러 앉아 게임을 할 때에는 개인 상호간에 일정한 거리를 유지하고 있음을 관찰할 수 있다(사진 5.1).

이러한 사실을 생각해 볼 때 개인이 환경 내에서 점유하는 공간은 개인의 피부가 그 경계가 아니고, 개인 주변의 보이지 않는 공간을 포함한 보다 연장된 경계를 지니고 있음을 알 수 있다. 따라서 이와 같은 보이지 않는 경계를 다른 사람이 침입하면 물러서거나 심한 경우에는 침입자와 다툼이 일어날 수도 있다. 이와 같이 개인과 개인 사이에 유지되는 간격을 개인적 거리(personal distance)라 하며, 개인 주변에 형성되어 개인이 점유하는 공간을 개인적 공간(personal space)이라고 부른다.

사진 5.1 **개인적 공간 : 상호간 일정한 간격을 유지함은 개인적 공간의 존재를 뒷받침해 준다.**

좀머(Sommer, 1969, p.26)는 "개인적 공간은 타인이 침범할 수 없는 인체를 둘러싸고 있는 보이지 않는 경계를 가진 구역이다"라고 정의를 내리고 있으며 "개인적 공간은 구형일 필요도 없으며 사방으로 같은 거리를 유지할 필요도 없다(사람은 전면보다는 측면에서 더 좁은 거리를 유지하는 경향이 있다)"라고 설명하고 있다.

벨 등(Bell, et al., 1978)은 "개인적 공간은 타인이 통과할 수 없는 자신을 둘러싸고 있는 보이지 않는 경계"라고 정의내리고 있다.

이상에서 정의되어진 바와 같이 개인적 공간은 개인 주변에 형성되는 보이지 않는 경계를 지닌 공간이라 할 수 있으며 그 경계는 개인이 이동함에 따라 같이 움직이며, 상황의 변화에 따라서 늘어나거나 줄어들 수 있다. 한편 개인적 공간은 개인 주변에 형성되는 비누방울로 이해되기도 하는데 그 크기는 모든 사람이 다 같지 않고 개인에 따라서 또는 상황에 따라서 변화된다(Bell, et al., 1978)는 것이다.

1. 개인적 공간의 거리 및 기능

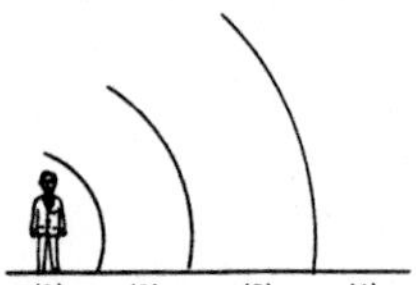

그림 5.1 **대인거리의 구분**

홀(Hall, 1966)은 미국 사람을 대상으로 조사한 결과 네 종류의 대인 간격을 구분하였다(그림 5.1).

(1) 친밀한 거리(intimate distance) – 0~1.5피트의 거리로서, 애기를 안아 준다거나 이성간의 교제 등 아주 가까운 사람들 사이에, 혹은 레슬링, 씨름 등 스포츠 시에 유지되는 거리이다(사진 5.2).

(2) 개인적 거리(personal distance) – 1.5~4피트의 거리로서, 친한 친구 혹은 잘 아는 사람들간의 일상적 대화에서 유지되는 간격이다.

(3) 사회적 거리(social distance) – 4~12피트의 거리로서, 주로 업무상의 대화에서 유지되는 거리이다.

(4) 공적 거리(public distance) – 12피트 이상의 거리로서 배우, 연사 등의 개인과 청중 사이에 유지되는 보다 공적인 모임에서 유지되는 거리이다.

사진 5.2 **친밀한 거리 : 친근한 사람 사이에 유지되는 거리이다.**

이와 같은 구분은 미국 사람을 대상으로 분석한 것이므로 역사적, 문화적 배경이 다른 우리나라 사람들에게도 적용이 될 것인지에 관하여는 따로 연구되어야 할 것이다. 그러나 이상과 같은 네 단계의 구분 자체는 무리가 없는 것으로 보여지며, 다만 각 구분에서의 대인거리는 다소 차이가 있으리라 예상된다.

개인적 공간은 방어(protection)기능 및 정보교환(communication)기능의 두 가지 측면에서 설명되어질 수 있다(Bell, et al., 1978). 개인적 공간은 정신적인 혹은 물리적인 외부의 위협에 대한 완충작용을 하는 방어의 기능이 있다. 위협을 느끼지 않을 때 개인거리는 좁아질 수 있으며 위협 혹은 압박을 많이 느낄수록 먼 거리를 유지하려 한다. 한편, 개인적 공간의 거리는 정보교환수단(눈, 코, 귀, 입, 피부)의 선택과 밀접한 관계를 지니고 있으며 동시에 정보교환의 양이나 질과도 밀접한 관계가 있다. 즉, 거리가 좁을수록 보다 사적인 그리고 많은 양의 정보교환이 이루어질 수 있으며, 거리가 멀어질수록 보다 공적이며 제한된 양의 정보교환이 이루어진다. 또한 가까울수록 냄새 및 접촉을 통한 정보교환이 많이 이루어지며 멀어질수록 소리 및 시각에 의한 정보교환이 많이 이루어진다.

2. 개인적 공간의 상황적 · 개인적 · 물리적 변수

개인적 공간은 개인이 처한 주변 상황, 개인적 차이, 물리적 공간의 형태에 따라서 그 크기에 변화가 있다(Bell, et al., 1978).

상황적 변수로서는 매력도, 유사성, 접촉의 분위기를 들 수 있다. 한 커플의 남녀 거리는 상호간에 느끼는 매력도가 높을수록 좁아지며 연령, 인종, 사회적 지위가 유사한 사람들간의 거리는 유사하지 않은 사람들간의 거리보다 좁게 유지한다는 연구 결과가 보고되고 있다. 또한 유쾌한 접촉은 불유쾌한 접촉보다 좁은 거리가 유지됨을 관찰할 수 있다.

개인적 변수로서는 인종 및 문화의 차이, 나이, 성격, 성의 차이 등을 들 수 있다. 미국, 영국, 스위스 사람들은 남미, 프랑스, 아랍 사람들보다 먼 거리를 유지하고 있음이 보고되고 있으며, 미국의 저소득층의 어린이들은 중산층의 어린이들보다 좁은 거리를 유지함이 관찰되었다. 어린이가 성장함에 따라 개인적 거리도 멀어진다고 일반적으로 생각되고 있으나, 몇 세부터 개인적 공간을 유지하는지, 노인이 되면서 개인적 거리가 어떻게 변화하는지 등에 관해서는 아직 연구된 바가 없다. 내향적인 사람은 외향적인 사람보다 먼 거리를 유지하는 경향이 있으며, 정서가 불안정한 어린이는 안정된 어린이보다 장난감을 보다 멀리 떨어지게 위치시킴이 관찰되었다. 남자들은 친근한 상대와 마주보기를 좋아하나 여자들은 옆에 나란히 앉기를 선호하는 경향이 있다. 또한 남자들의 경우 친근의 정도가 높을수록 마주보는 거리가 좁아지나 측면의 접촉에서는 별 차이가 없으며, 여자들의 경우 친근의 정도가 높을수록 측면의 접촉거리가 좁아지나 마주보는 접촉의 거리는 친근의 정도와 무관함이 관찰되고 있다.

물리적 변수는 주로 공간의 규모에 관계된다. 서로가 잘 모르는 경우에는 천장이 낮은 곳에서는 높은 곳보다, 작은 방에서는 큰 방에서보다, 구석진 곳에서는 한가운데서보다, 내부에서는 외부공간에서보다 먼 거리를 유지함이 관찰되었다. 이는 작은 공간에서는 유사시에 상대방으로부터 쉽게 벗어나기(escape) 위하여 큰 공간에서보다 먼 거리를 유지하는 것으로 설명된다.

이상에 열거된 예들은 주로 미국에서 연구된 것이므로 우리나라 사람들에게도 그대로 적용될 것이라는 보장은 없으나 이상에 언급된 여러 상황적, 개인적, 물리적 변수가 개인적 공간의 유지에 영향을 미치리라는 점은 긍정하여도 좋을 것이다.

개인적 공간의 개념은 주로 개인적 접촉이 이루어지는 공간의 설계에 응용이 된다. 거실 혹은 사무실 의자, 공원 벤치 등의 배치에 있어서, 배치 여하에 따라서 개인적 접촉의 양 및 질이 달라진다. 일반적으로 한 쪽 방향만 향하도록 평행되게 배치된 곳에는 최소의 대화가 이루어지며 이러한 예는 지하철역, 버스터미널 등에서 볼 수 있다. 거실 혹은 사무실 등에서는 마주보거나 90° 의 각도를 유지하도록 배치하여 자연스럽게 대화가 이루어지도록 한다(그림 5.2). 보다 안락하고 쾌적한 대화 분위기가 조성되기 위해서는 마주보는 거리, 옆 사람과의 거리 등이 너무 가깝거나 또는 너무 멀지 않도록 하여야 할 것이다. 이와 같은 적절한 거리의 기준은 앞에서 살펴본 바와 같은 여러 변수에 따라 변하게 되므로 이에 관한 과학적인 연구의 뒷받침이 필요하다.

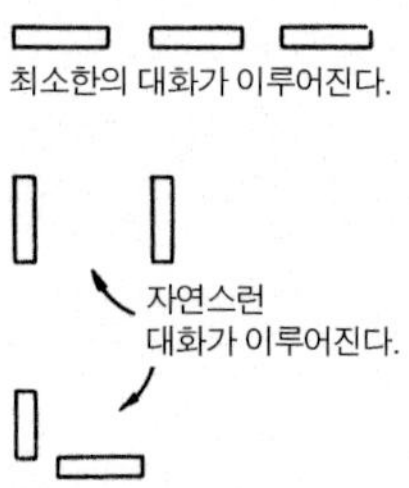

그림 5.2 **의자배치에 따른 대화 형태**

5.2 영역성(territoriality)

개인적 공간은 사람의 움직임에 따라서 이동하며 보이지 않는 공간인데 비하여 영역은 주로 집을 중심으로 고정된, 볼 수 있는 일정 지역 혹은 공간을 말한다. 영역성은 사람뿐만 아니라 동물에서도 흔히 볼 수 있는 행태이다. 동물의 영역성에 대하여 여러 사람이 내린 정의를 살펴보면 다음과 같다(Bell, et al., 1978).

"영역은 동물의 집 주위에 형성되어 방어되는 부분이다(Burt, 1943)."
"영역은 동종의 다른 개체가 침입함을 막고 그 안에 살기 위한 지역이다. 영역은 먹이를 찾고, 짝을 찾고, 새끼를 키우는 등의 여러 기능에 이용된다. 따라서 개인화된 공간이며 침입에 대하여 방어되는 지역이다(Hediger, 1950)."
"영역성은 시공간적으로 표현되는 고도로 복잡한 행태체계의 개념으로 설명된다. 영역성은 개체 혹은 그룹의 일정 지역의 방어를 포함하며, 예방적인 공격, 실제의 싸움 등을 포함한다(Carpenter, 1958)."

이상에서 살펴본 바와 같이 동물세계에 있어서의 영역성은 동물의 생존에 관계되는 먹이확보, 종족번식 등의 기능과 밀접한 관계를 지니며 주로 먹이확보, 배우자 선정에 있어 경쟁의 대상이 되는 같은 종 내의 서로 다른 개체 혹은 그룹 사이에서 이루어지는 행태이다. 한편 인간의 영역성에 관하여도 많은 사람이 정의를 내리고 있으며 이를 살펴보면 다음과 같다(Bell, et al., 1978).

"영역적 행태는 공간의 일부를 소유하며 필요한 경우에는 타인의 침입을 방어하는 욕구를 나타낸다(Stea, 1965)."
"영역은 개인, 가족 등에 의하여 제어되는 지역이다. 제어는 물리적 투쟁이나 대결로서 보다는 실질적이고 잠재적인 소유로써 표현된다(Sommer, 1966)."
"영역은 개인 혹은 그룹이 사용하며 외부에 대하여 방어하는 한정된 공간이다. 장소에 대한 심리적 식별성(psychological identification)을 포함하며, 소유태도(attitude of possessiveness), 사물의 배치 등에 의하여 상징화된다(Pastalan, 1970)."
"영역은 개인화되거나 표시된 지역, 그리고 침입으로부터 방어되는 지리적 지역이다(Sommer, 1969)."

"영역성은 공간을 제어하려는 의도를 포함한다. 영역은 공공, 가정 혹은 개인적일 수 있다(Lyman and Scott, 1967)."

이상의 정의들을 요약하여 보면 인간사회에서의 영역은 개인 혹은 일정 그룹의 사람들이 사용하며, 실질적인 혹은 심리적인 소유권을 행사하는 일정 지역을 말한다. 이러한 영역은 표시물의 배치 등을 통한 개인화 혹은 그룹화 된 공간이며 공공영역, 가정영역, 개인영역 등과 같이 사회적 단위의 위계 및 단계에 따라 구분되어진다. 인간사회에 있어서 영역성은 동물 세계에서처럼 기본적 생존에 관계된다기보다 인간에게 일정 영역에 대한 귀속감을 느끼게 함으로써 심리적 안정감을 주며, 외부와의 사회적 작용을 함에 있어 구심적 역할을 한다. 이러한 구심점이 결여된다면 심리적, 사회적 불안정이 초래될 것이다.

1. 영역의 분류

영역성에 관련되는 행태는 다양한 특성을 지닌다. 첫째, 프라이버시, 가족의 안전, 소유권의 보호 등 여러 가지 동기가 있으며 둘째, 크기, 위치 등의 지리적 형태를 지니고 셋째, 개인, 가족, 커뮤니티 등 사회적 단위별로 구분되며 넷째, 영구적인(집) 혹은 잠정적인(버스의 좌석) 영역 등으로 표현되는 시간성을 지니고 있으며 다섯째, 나무를 심거나 개인소유물을 좌석에 남겨 놓거나 하는 다양한 영역표시 행위 및 침입에 대한 방어행위를 하는 특성을 지니고 있다.

이상과 같은 다양한 특성을 지니는 영역은 주로 사회적 단위의 측면에서 1차적 영역, 2차적 영역, 공적 영역의 세 가지로 분류해 볼 수 있다(Altman, 1975).

1차적 영역은 일상생활의 중심이 되는 반영구적으로 점유되는 지역 혹은 공간을 말하며 가정, 사무실 등이 대표적인 예가 된다. 이곳은 높은 프라이버시가 요구되는 공간이며 외부로부터의 침입에 대한 배타성이 높다.

2차적 영역은 1차적 영역보다는 배타성이 낮으며 사회적으로 특정한 그룹의 소속원들이 점유하는 공간으로서 교실, 기숙사식당, 교회 등이 그 예가 된다. 어느 정도까지는 공간을 개인화시킬 수 있으며 1차적 영역보다는 덜 영구적이다. 2차적 영역은 보통 1차적 영역과 공적 영역을 연결시켜 주는 공간이며 두 영역의 중간쯤에 위치한다.

공적 영역은 배타성이 가장 낮으며 일정시의 이용자는 잠재적인 여러 이용자 가운데의 한 사람일 뿐이다. 광장, 해변 등이 이에 속하며, 거의 모든 사람의 접근이 허용되므로 프라이버시의 유지도는 가장 낮다.

2. 환경설계에의 응용

영역성은 다양한 사회적 그룹의 행태와 직접적인 관련이 있으므로 영역성에 대한 분석은 주거커뮤니티계획에 필수적인 사항이 된다. 뉴먼(Newman, 1973)은 범죄 발생률이 높은 아파트 지역에서 1차적 영역만 존재하고 2차적 및 공적 영역의 구분이 없음이 범죄발생의 원인임을 파악하고, 아파트 주변의 공간에 대해 주민에게 귀속감을 주도록 중정, 벽, 식재 등의 디자인 기법을 이용하여 2차적 영역과 공적 영역의 구분을 보다 명확히 함으로써 범죄의 발생을 줄일 수 있었다. 아파트 주변의 공간에 대해 주민들이 보다 높은 소유 느낌을 갖도록 함으로써 관심을 갖고 아끼게 되어 외부인의 침입이 어렵게 만든 것은 영역성을 응용한 좋은 예라 하겠다.

사진 5.3 아파트 단지 입구의 문주 : 문주는 영역의 경계를 나타내는 상징적 의미를 가진다.

사진 5.4 서울시 경계 표식 : 행정구역 경계는 사람의 출입에 제한을 주지 않으며 행정력이 미치는 영역을 나타낼 뿐이다.

옥외공간에서 영역을 가장 두드러지게 나타내는 것은 담장이라고 할 수 있다. 최근 우리나라의 아파트를 보면 아파트 단지의 경계에 담장을 만드는데 이는 단지 내의 프라이버시와 안전 관리를 위한 점도 있겠으나, 대개의 경우 상징적인 영역의 경계표시 역할을 한다(높이도 별로 높지 않으며, 시선도 차단되지 않는다). 특히 아파트 단지의 입구에 문은 존재하지 않고 문주만 설치하는데 이는 문을 매달기 위한 본래의 기능을 위한 것이 전혀 아니고 영역의 입구 혹은 경계를 표시하는 상징적인 기능을 가진 대표적인 예이다(사진 5.3). 이러한 사실은 인간의 영역성에 관련된 필요성이 환경조성에 의식적으로 혹은 무의식적으로 나타나고 있는 좋은 예이다.

5.3 혼잡(crowding)

1. 혼잡의 개념

혼잡은 기본적으로 밀도에 관계되는 개념이다. 도시화가 진행됨에 따라서 한정된 지역에 많은 사람이 모여 살게 되어 과밀로 인한 문제점이 늘어남에 따라 혼잡에 대한 관심이 높아지고 있다.

인간사회에서의 밀도는 보통 물리적 밀도와 사회적 밀도의 두 가지로 구분된다. 물리적 밀도는 일정 면적에 얼마나 많은 사람이 거주하는가 혹은 모여 있는가 하는 것이고, 사회적 밀도는 사람 수에 관계없이 얼마나 많은 사회적 접촉이 일어나는가 하는 것이다. 예를 들면 우리나라 아파트의 경우 물리적 주거 밀도는 매우 높으나 사회적 밀도, 즉 아파트 주민간의 대화 혹은 접촉의 정도는 매우 낮다. 현대도시의 주거 문제 가운데 하나는 물리적 밀도는 매우 높으나 사회적 밀도는 반대로 매우 낮은 점이다. 이 밖에도 지각된 밀도를 구분할 수 있는데 이는 물리적 밀도의 고저에 관계없이 개인이 느끼는 혼잡의 정도를 말한다. 일반적으로 고밀도에서는 개인적 공간 혹은 영역을 유지하기가 어려워지므로 비정상적인 행태가 나타나게 된다. 고밀도가 동물에 미치는 생리적 · 행태적 영향에 관하여 많은 연구가 이루어졌다. 이들 연구에 의하면 사회적 · 공간적 고밀도는 간, 콩팥, 뇌 등의 기관을 변화시키며 스트레스의 지표로 보여지는 분비선 기능의 이상을 초래한다. 이러한 이상은 번식기능을 약화시킨다. 또한 고밀도에서는 공격적 행태의 증가도 초래된다(Bell, et al., 1978).

또한 고밀도는 인간에게도 부정적 반응을 초래한다. 고밀도에서는 낮은 밀도에서보다 타인에 대한 호감이 떨어진다. 이러한 부정적인 반응은 남자가 여자보다 더욱 강한 것으로 나타나고 있으며, 이 사실은 남자의 개인적 공간 크기가 여자보다 크다는 점을 시사해 준다.

또한 고밀도에서는 맥박 및 혈압이 증가하며 결과적으로 질병의 발생으로 연결된다고 믿어진다. 이러한 생리적 변화 현상도 여자보다 남자에게서 더욱 현저히 나타나고 있다. 사람들은 고밀도인 도시보다 저밀도인 조그마한 마을에서 다른 사람에게 더욱 친절하며 도움을 주고자하는 마음의 여유가 더욱 많이 생긴다고 하겠다. 또한 매우 복잡하고 정밀을 요하는 작업을 수행하는 데 있어 높은 밀도에서는 작업능률이 떨어짐도 관찰되고 있다(Bell, et al., 1978).

한편 밀도가 높다고 하여 반드시 혼잡하다고 느끼는 것은 아니다. 축제 때의 길거리 혹은 상가는 물리적 밀도가 매우 높으나 혼잡하지 않고 오히려 즐거운 분위기로 느껴질 수도 있다. 이와 같이 혼잡한가 아닌가를 느끼는 것은 ① 개인적인 차이(성별, 성격, 연령), ② 상황적 조건(분위기, 행위의 종류), ③ 사회적 조건(사람간의 관계성, 접촉의 밀도) 등에 따라서 달라질 것이다.

2. 환경설계에의 응용

일정 장소가 혼잡한가 아닌가를 결정하기 위해서는 우선 개인에게 할당된 물리적 공간의 크기를 조사하여야 하며, 다음으로 앞에서 언급된 개인적, 상황적, 사회적 여건에 비추어 보아 혼잡의 정도를 파악하여야 한다.

혼잡하다고 판단되었을 경우 이를 완화시킬 수 있는 대책을 기존의 연구 결과로부터 알아보면 다음과 같다. 천장이 높은 곳은 낮은 곳보다, 장방형의 방은 정방형의 방보다, 외부로의 시야가 열려 있는 방(창문, 문 등)은 시야가 닫혀 있는 방보다 덜 혼잡하게 느껴진다. 또한 행위가 방 한가운데서 일어나는 경우는 방 구석에서 일어나는 경우보다, 적절한 칸막이가 있는 곳은 없는 곳보다, 밝은 곳은 어두운 곳보다, 벽에 시각적 장식(사진, 포스터 등)이 있는 경우는 없는 경우보다 덜 혼잡하게 느껴진다.

이상에 열거된 사항들은 단편적인 연구결과들이며 주로 실내공간에 대한 연구이므로 옥외공간에 대해서는 따로 연구를 하여야 하나 대부분은 옥외공간에도 적용될 수 있을 것이다.

예를 들면, 옥외공간에서의 벽면은 수벽 혹은 축대 등이 될 수 있으며 벽장식은 조각물 등으로 비유될 수 있을 것이다. 사람이 많이 모이는 도심지의 미니파크, 어린이놀이터 등 혼잡한 공간을 설계할 때는 이상의 자료들이 좋은 참고가 될 것이다.

5.4 사회적 행태의 이론적 모델

앞에서 언급된 인간의 공간적 행태(spatial behavior)에 관계되는 개인적 공간, 영역성, 혼잡의 개념들은 독립된 개념으로 연구되어졌으나 상호간에 밀접한 연관이 있다고 보여진다. 이상의 세 개념들의 상호관련성을 파악하고 일관성있게 설명하고자 하는 노력의 결과로 다섯 가지의 이론적 모델이 제시되고 있다.

1. 프라이버시 모델

이 모델에서는 공간적 행태를 '프라이버시의 조절작용(privacy regulation mechanism)' 으로 이해한다(Altman, 1975). 즉, 개인적 공간 및 영역성은 적정한 프라이버시의 정도를 성취하기 위한 행태로 해석한다. 또한 혼잡은 적정한 프라이버시를 달성하지 못할 때 발생된다고 본다. 이와 같은 프라이버시 모델은 매우 포괄적인 개념으로서 인간의 공간행태를 개념적으로 연결시키는데 있어서는 성공적이라 할 수 있으나 프라이버시의 개념이 너무 포괄적이고 따라서 구체적이지 못하다는 단점이 지적되고 있다.

2. 스트레스(stress) 모델

이 모델에서는 공간적 행태를 스트레스적 상황을 극복하기 위한 작용으로 이해한다(Evans & Eichelman, 1976). 일단 스트레스를 느끼게 되면 이에 대한 대응조치를 취하게 되며 계속된 스트레스는 후유증을 수반할 수 있다(그림 5.3). 개인적 공간 및 영역의 침입과 혼잡의 상황은 스트레스를 초래하므로 개인적 공간 및 영역의 확보는 스트레스를 막는 수단이 되는 것이다. 모르는 사람과 접촉을 한다든가 구두시험을 본다든가 하는 스트레스적 상황일 경우 더 넓은 개인적 공간을 유지함을 알 수 있다.

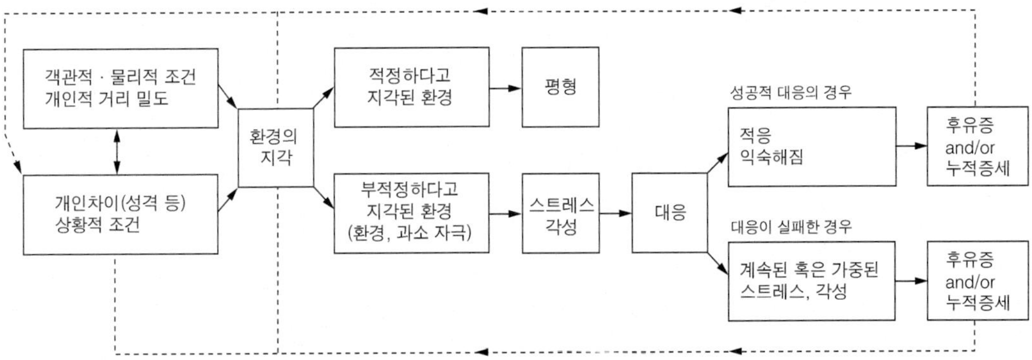

그림 5.3 **공간적 행태의 스트레스 모델(자료 : Bell, et al., 1978, p.160)**

스트레스의 지표로서는 생리적 지표(맥박, 혈압, 분비선 등), 심리적 지표(개인의 특정 상황에 대한 주관적 평가 등), 행태적 지표(작업 능률, 긴장, 피로 등) 등이 있다. 그러나 스트레스의 정의 및 지표가 불분명하고 논란의 대상이 되고 있음이 이 모델의 단점으로 지적되고 있다.

3. 정보과잉(information overload) 모델

이 모델에서의 주된 초점은 "우리가 다른 사람과 아주 가깝게 있으면 보통의 경우보다 더 많은 정보를 소화하도록 강요된다(Evans & Eichelman, 1976)"는 점이다. 이러한 정보의 과다는 정보의 소화, 판단, 결정이 더 많이 작용하도록 유도하므로 혼돈 및 스트레스를 초래한다.

이 정보모델을 익숙함(familiarity)과 관련시켜 보면 다음과 같은 사실을 유추할 수 있다. 즉, 일정한 물리적 밀도 하에서 잘 아는 사람들끼리 익숙한 환경 내에 있는 경우는 잘 모르는 사람들끼리 잘 모르는 환경 내에 있는 경우보다 덜 혼잡하게 느낀다(표 5.1). 잘 아는 사람끼리 가까이 있는 경우는 소화시켜야 하는 정보의 양이 모르는 사람들끼리 있는 경우보다 적기 때문에 정보소화에 대한 압박이 적을 것이다. 반대로 모르는 사람끼리 있을 경우는 많은 정보를 소화시켜야 하므로 정보소화에 대한 압박이 크기 때문에 가능한 먼 거리를 유지하는 것이 필요할 것이다.

표 5.1 동일 밀도 하에서 혼잡을 느끼는 정도

인간 / 환경	잘 아는 그룹	잘 모르는 그룹
익숙한 환경	낮다	중간
익숙지 못한 환경	중간	높다

한편 정보모델은 인간 환경 내의 행태를 너무 단순화시키고 있다는 비평이 있다(Evans & Eichelman, 1976). 인간의 행태를 결정짓는 것은 정보의 양뿐만 아니고 인간의 기대 혹은 의도가 이에 더불어 작용한다. 즉, 정보 자체보다도 인간의 과거의 경험 등에 관련된 정보의 해석 여하에 따라 스트레스의 정도가 결정된다고 하겠다.

드소(Desor, 1972)는 천장까지 이르는 불투명 칸막이, 중간 높이의 불투명 칸막이, 투명 칸막이의 세 종류를 사용하여 느끼는 혼잡의 정도를 조사한 결과 세 경우의 사이에 별 차이가 없음을 발견하였다. 이 사실은 시각적 자극(정보)이 지각된 혼잡에 영향을 미치지 않는다는 사실을 입증함으로써 정보모델의 단점을 지적하고 있다. 또한 작업자에 대한 정보의 증가가 작업능률 및 스트레스지표에 영향을 미치지 않는 데 반하여 개인적 공간의 침범은 작업능률 및 스트레스지표에 영향을 미친다는 사실이 보고되었다.

이상에서 살펴본 바와 같이 정보모델은 일면 흥미로운 관점을 보여 주고 있으나 너무 단순화된 개념이라 생각되며 실험결과에서 나타나고 있는 단점들이 여러 측면에서 검토 보완되어져야 한다.

4. 2원(individual-group) 모델

이 모델은 인간의 공간적 행태는 개인적 필요와 사회적 제약의 상호작용의 결과로 초래된다고 본다(Evans & Eichelman, 1976). 즉, 개인적 감정, 욕구 등은 보다 포괄적인 사회적 제한과의 타협 하에 구체적인 행태로 이루어진다고 보는 것이다. 개인적 공간은 개인적 프라이버시의 필요성과 사회적 접촉의 필요성이 상호작용하여 적정한 수준에서 그 경계가 이루어진다고 본다. 또한 미시적 기준과 거시적 기준의 융합으로 초래된다고 보기도 한다(Stokols, 1973). 즉, 미시적 관점은 보다 직접적인 개인적 행태의 제약에 관련되며 거시적 관점은 장시간에 걸친, 그리고 여러 장소에 걸친 공간적 상호작용으로 개인적 공간과 혼잡의 상호관련성이 설명된다고 주장하는 것이다.

그러나 공간적 행태에 영향을 미치는 것은 개인적 · 사회적 인자뿐만 아니라 환경적 인자도 영향을 미친다. 운동경기를 관람석에서 관람할 경우는 주변 사람들과의 사회적 접촉에 대한 기대가 거의 없으므로 혼잡하게 느껴지지 않는다. 반면 가정이나 교실 등에서는 주변 사람들과의 사회적 접촉의 기대가 커지므로 많은 사람이 모이게 되면 혼잡하게 느껴질 것이다. 그렇다면, 지하철에서는 사회적 접촉의 기대가 전혀 없는데도 왜 여전히 혼잡하게 느껴질까? 운동경기장에서는 운동경기에 주의를 집중하게 되므로 주변 사람과의 접촉이 자연스럽게 최소한으로 제한되지만 버스나 지하철에서는 특별히 따로 주의를 집중할 것이 없으므로 주변 사람에게로 주의가 집중되어 상대적으로 느끼는 혼잡의 정도가 높다고 하겠다. 따라서 혼잡한 곳일수록 독서를 한다든가, 어떤 생각을 전개시킨다든가 하여 주변 사람들로부터 주의집중을 다른 곳으로 돌리는 것이 혼잡을 덜 느낄 수 있는 방법이라 하겠다. 이상에서 살펴본 바와 같이 개인-사회의 2원적 모델은 환경적 변수의 고려에 있어서 미흡한 감이 있다.

개인-사회의 2원적 모델은 보호-대화(protection-communication)의 개념과 유사한 점이 많다(Bell, et al., 1978). 개인적 공간영역은 개인 혹은 그룹의 외부에 대한 보호기능과 외부와의 대화기능간의 상호작용의 결과로서 그 경계가 설정된다고 보는 것이다. 또한 혼잡은 보호기능이 원만히 수행할 수 없을 때 느껴진다고 본다. 프라이버시의 개념, 개인-사회의 2원적 개념, 보호-대화의 개념들 모두 유사한 개념이라고 볼 수 있으며 개인 혹은 그룹과 외부와의 동적 관계성으로부터 인간의 공간적 행태를 설명하려는 공통점이 있다.

5. 기능 모델

이 모델은 앞서의 모든 모델이 인간의 공간적 행태를 설명함에 있어서 완전하지 못함에 비추어 보다 일반적인 여러 기능적 측면에서 접근하여 공간적 행태를 설명하려고 시도한다.

즉, 인간의 환경에의 적응 기능, 에너지 이용 및 생산의 기능, 사회적 협동의 기능 등이 공간적 행태의 이론적 바탕이 된다는 것이다(Evans, Eichelman, 1976).

영역은 동물에게 있어서 먹이 및 자원의 경쟁을 완화시키며, 포식자에게 잡히는 비율을 낮추며 종 내의 상호 충돌을 적게 하는 등의 적응적 장점이 있다. 인간에게는 이러한 적응적 행태가 그대로 적용되지는 않는다. 왜냐 하면 인간에게는 환경인지능력(cognitive mapping abilities)이 있으며 에너지의 이용 및 생산의 능력이 있으므로, 식량이나 은신처를 얻기 위하여 일정한 지역에 인간의 활동이 한정되는 것은 아니다. 따라서 인간 사회에서의 영역은 동물 세계의 전통적 영역의 기능에서부터 변형된 기능을 지닌다.

인간은 유목 시대로부터 사회적 협동의 유리함을 파악하고 있으며 또한 사회적 접촉을 추구하는 사회적 동물이다. 그러나 과도한 접촉은 개인적 자아에 대한 위협이 된다. 이러한 관점에서 개인적 공간은 타인의 위협으로부터 오는 스트레스를 막으며 동시에 자아를 표현하는 기능을 가졌다고 볼 수 있다. 또한 영역도 자아 혹은 일정 그룹의 식별성을 나타내는 상징적 표현의 기능을 가졌다고 볼 수 있다. 따라서 사회적 그룹화의 필요성과 개인적 자아의 유지 사이에 형성되는 긴장이 공간적 행태에 관련된다고 볼 수 없다. 이 모델은 인간의 공간적 행태를 설명하는 새로운 측면을 제시하고 있으나, 너무 일반적인 점이 있으며 보다 자세한 개념의 전개가 필요하리라고 본다.

이상에서 언급된 다섯 가지 모델은 상호 독립된 개념들이라기보다는 상호 밀접한 관련성이 있으며 개념에 있어서도 중복되는 부분이 많이 발견된다. 프라이버시의 개념은 자신을 외부와의 관계에서 열거나 닫거나 하는 작용을 포함하므로 개인-그룹의 2차적 모델과 유사한 점이 많으며 기능적 모델 역시 개인-사회의 상호 동적 작용을 포함하고 있으므로 프라이버시 개념과 공통점이 있다고 하겠다. 또한 스트레스의 개념 역시 다른 모델에 함축되어 있다. 즉, 바람직한 프라이버시의 정도가 유지되지 않을 때, 너무 많은 정보를 소화하여야 할 때, 개인적 · 사회적 기대가 만족되지 못할 때는 스트레스가 초래된다고 보고 있다.

따라서 프라이버시, 스트레스, 정보, 기대, 적응 등은 상호 연관된 개념이며 공간적 행태를 설명하는 데 유용하나 어느 한 개념도 인간의 공간적 행태를 완벽하게 설명하고 있지는 못하다. 인간의 공간적 행태를 보다 완벽하게 해석하기 위한 이론적 모델의 개발을 위하여 이와 같은 중요 개념들을 모두 포함시키고 상호 보완시킬 수 있는 개념적 틀이 필요하다.

표 6.2 바람에 의한 기온감소지수

실제온도 [0mph] [°F]	풍속			
	5mph	15	25	35
	지각된 온도 [°F]			
32	29	13	3	−1
23	20	−1	−10	−15
14	10	−13	−24	−29
5	1	−25	−38	−43
−4	−9	−37	−50	−52

(자료 : Bell, et al., 1978, p.121)

2. 온도의 영향

1 작업에의 영향

온도가 작업에 미치는 영향은 온도의 고저, 작업의 종류에 따라 다르게 된다(Bell, et al., 1978).

일반적으로 기온이 13℃에서는 자극에 대한 반응속도, 근육의 기민성, 촉각의 판별성 등이 낮아지며 이보다 온도가 낮아질 경우에는 이들 기능이 더욱 둔화된다(그림 6.1). 이보다 조금 높은 13~18℃ 사이에서는 각성의 정도가 높아지나, 생리적으로 기온에의 적응에 부담을 줄 정도는 아니므로 작업능률이 높아질 수 있다. 또한 쾌적 온도인 18℃보다 조금 높은 온도(18~25℃)에서도 작업능률이 높아질 수 있는데 역시 같은 이유로 설명되어질 수 있겠다.

또한 32℃ (90°F)까지는 각성을 높이고 따라서 단순작업의 능률은 높아질 수 있으나 복잡한 작업일 경우는 능률이 떨어질 수도 있다. 38℃ (100°F)에 이르면 각성을 높이기보다는 오히려 쇠약하게 하며, 이러한 상황에서는 작업에 심각한 부정적 영향을 미치게 된다. 이렇게 볼 때 일반적으로 작업수행을 위한 적정온도는 18~25℃라 할 수 있다. 그러나 개인마다의 적응능력에 차이가 있어 최고의 능률을 발휘할 수 있는 기온은 개인마다 다를 수 있다.

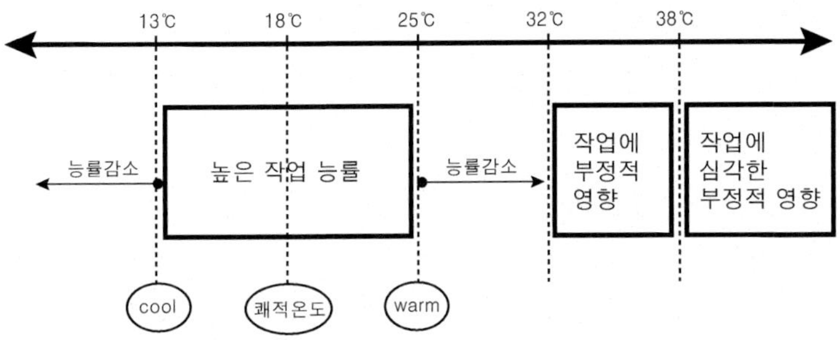

그림 6.1 온도와 작업수행능률

2 사회적 행태에의 영향

(1) 매력도(attraction) : 대부분의 사람들은 높은 대기온도 하에서는 보통의 온도에서 보다 다른 사람에 대하여 느끼는 매력의 정도가 낮은 것으로 보고되고 있다.

(2) 공격성(aggression) : 일반적으로 혐오감(negative affect)의 정도와 공격성은 "거꾸로 U자"의 관계를 지닌다. 낮은 혐오감에서는 공격성이 낮으며 혐오감이 증가할수록 공격성도 증가하나 혐오감이 일정 한계를 넘으면 공격성이 감소한다(그림 6.2). 예를 들면 보통의 온도에서는 낮은 혐오감으로 공격성이 낮으며, 기온이 높아질수록 타인에 대한 혐오감의 정도가 높아져 공격성이 증가하다가, 아주 높은 온도(아주 높은 혐오감)에서는 오히려 공격성이 아주 낮아지게 된다(그림 6.2). 극도로 높은 기온에서는 기력이 쇠약해지고 더위로부터 도피하려는 생각에 주의가 집중되므로 상대적으로 공격성이 낮아진다.

마찬가지로 낮은 온도로 인한 약한 정도의 혐오감은 공격성을 증대시키나, 극도로 추운 온도일 경우에는 추위에 대한 대피에 주의를 집중하므로 공격성을 감소시킨다고 볼 수 있다.

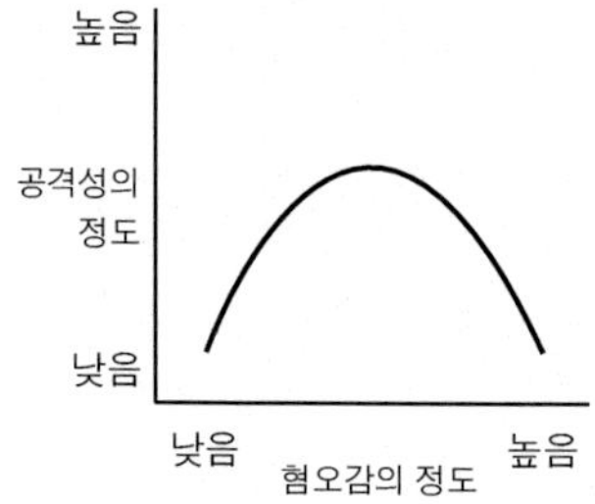

그림 6.2 **혐오감과 공격성의 관계(자료 : Bell, et al., 1978, p.125)**

실제로 미국에서는('69～'72) 집단폭행의 발생률이 30℃ 정도에서 가장 높았고 이보다 낮거나 높은 온도에서는 발생률이 줄어드는 것으로 보고되고 있다.

정치적 폭력(혁명, 살해, 테러, 게릴라, 폭동 등)은 세계적으로 온난한 지역에서 주로 발생되며 아주 춥거나 더운 지방에서는 드물게 발생되고 있다.

3. 쾌적 온도환경의 기준

일반적으로 쾌적 온도환경이라 함은 사람이 받아들이는 에너지와 발산하는 에너지 양이 거의 일치할 경우를 말한다(Brown & Gillespie, 1995).

외부공간에 있을 때 사람이 얻게 되는 에너지는 신체 내의 신진대사 작용에 의한 에너지와 태양 및 지상 복사에너지이다. 빼앗기는 에너지는 호흡과 땀에 의한 증발열, 바람에 의한 대류열, 인체의 복사에너지 발산이다.

인체의 에너지손익
= (신진대사에너지) + (태양복사열) + (지상 복사열)
− (증발열 손실) − (대류열 손실) − (인체복사열)

신진대사 에너지는 운동량에 따라 달라진다. 복사열은 태양 혹은 지상 물체에서 받게 되는데 태양복사열은 흡수되기도 하고 반사되기도 한다. 흰색 옷은 반사율이 높고 검은색 옷은 반사율이 낮다. 증발열은 호흡하는 과정에서 허파 내의 습기가 증발하는 경우와 피부에서 땀이 증발하는 경우가 있다. 이때 대기의 습도와 온도가 증발양의 다소에 영향을 미친다. 바람에 의한 대류열 손실은 외기와 인체의 온도 차이 그리고 풍속에 영향을 받는다(Brown & Gillespie, 1995).

쾌적 온도환경에 영향을 미치는 인자는 주로 습도, 기온, 바람 및 복사열이다. 쾌적 온도환경을 만들기 위해서는 환경설계 시 습도 및 온도조절 그리고 통풍 및 복사열 조절을 고려하여야 한다.

4. 열과 환경설계

환경설계 시에는 인체에 미치는 더위와 추위의 영향을 최소화하기 위한 다양한 기법이 이용되고 있다. 겨울에는 추위를 줄이기 위한 햇빛의 도입과 찬바람의 차단이 중요하고, 반대로 여름에는 햇빛의 차단과 바람의 통과가 중요한 과제가 된다.

우선 건물을 남향으로 배치하여 햇빛을 많이 받도록 함은 기본적인 사항이며, 옥외공간에서도 어린이놀이터, 광장 등은 주로 햇빛을 잘 받는 남쪽에 배치한다. 배식에 있어서도 남쪽에 낙엽활엽수를 배치하여 여름에는 그늘을 주고 겨울에는 햇빛을 받는데 지장이 없도록 하고 있다. 더운 공기를 식히기 위한 연못의 도입도 이용된다. 또한 바닥면의 복사열을 완화시키기 위해서 가능하면 아스팔트, 콘크리트 포장보다 잔디 등의 지피식물을 이용하기도 한다. 포장이 필수적인 경우에는 보도블록 혹은 벽돌 등을 전부 포장하지 않고 블록사이에 간격을 두고 여기에 잔디 등을 심어서 복사열을 최소화시키도록 노력한다.

사진 6.1 투수성포장(복사열 최소화)

6.2 바람(wind)

1. 바람의 지각 및 영향

바람은 자연현상에 의하여 생성되는 것이 보통이다. 오늘날의 도시환경에서는 고층건물 등에 의하여 자연의 바람이 속도가 증가하거나, 방향이 불규칙하게 변하는 문제가 발생한다(Bell, et al., 1978). 굴뚝의 길이가 짧은 경우 고층건물에 의한 바람이 굴뚝에서 나오는 매연을 지상으로 내려보내는 역할을 한다. 또한 강풍이 건물과 부딪칠 경우 바람은 아래로 내려오게 되며 건물의 1층이 개방되었을 경우는 빠른 바람이 지나는 터널(wind tunnel)이 생겨 통행인에게 지장을 초래한다(그림 6.3).

평지인 경우 고도가 올라갈수록 풍속이 빨라지고 난류(turbulence)의 흐름도 증가한다(그림 6.4). 또한 수목이 일렬로 심어졌을 때 이와 직각으로 바람이 불 경우 수목 뒤쪽에는 풍속이 현저히 줄어드는데 수목의 밀식 정도, 높이, 식재 폭에 따라 풍속의 감소 정도가 달라진다(그림 6.5). 방풍벽의 경우에는 방풍벽의 투과성 정도에 따라 풍속의 감소효과가 달라진다(그림 6.6).

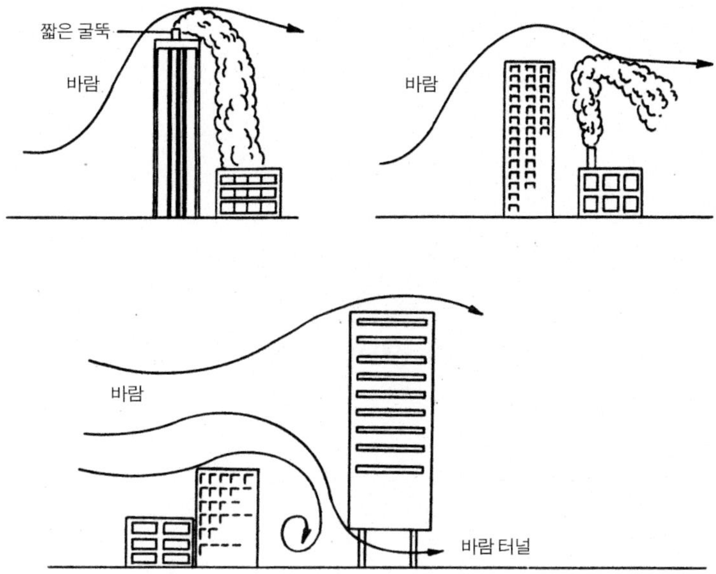

그림 6.3 고층건물에 의한 바람의 영향(자료 : Bell, et al., 1978, p.338)

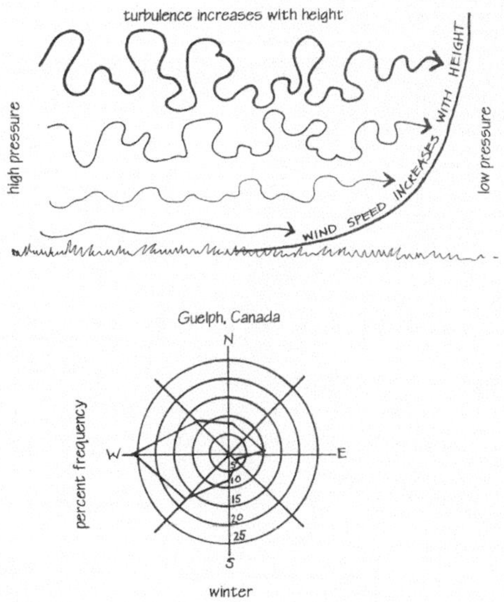

그림 6.4 고도의 증가에 따른 풍속의 증가(자료 : Brown & Gillespie, 1995: 125)

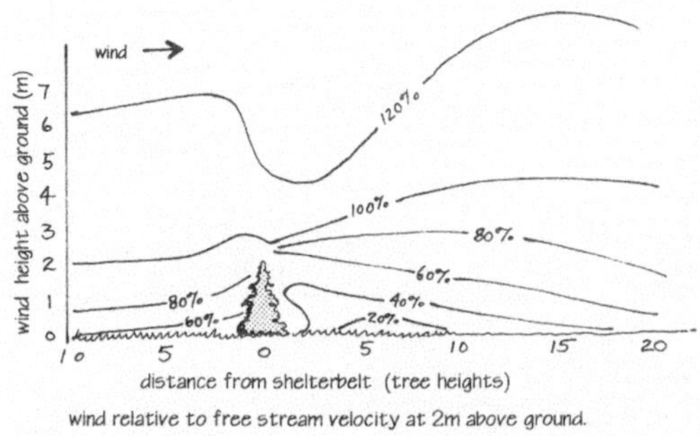

그림 6.5 **수목주변의 풍속변화(자료 : Brown & Gillespie, 1995: 127)**

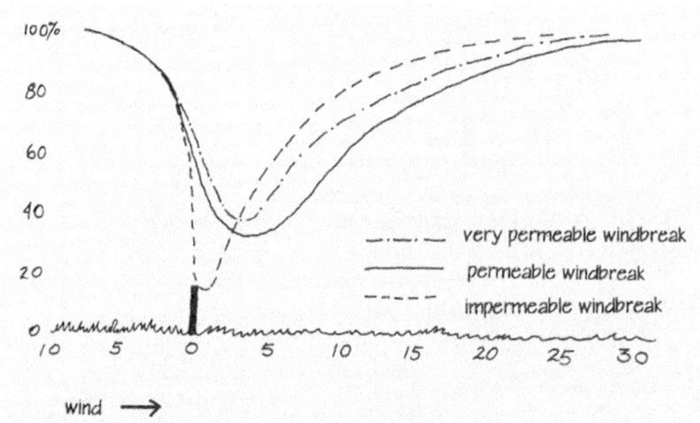

그림 6.6 **방풍벽의 투과성에 따른 풍속변화(자료 : Brown & Gillespie, 1995: 130)**

1 바람의 지각

인체에는 냄새, 소리, 빛 등을 감지하는 특정 감각기관이 있으나 바람만을 담당하는 감각기관은 존재하지 않는다. 따라서 바람은 몇 개의 감각기관의 협력으로 지각하게 되는 것이 보통이다.

바람에 피부가 노출되었을 경우에는 피부에 있는 압력지각기관이 바람의 존재를 알려줄 것이며, 바람이 매우 덥거나 차거나, 건조하거나 습할 경우에도 피부에 있는 감각기관이 바람을 감지할 것이다. 바람에 버티려는 근육의 움직임 또한 바람의 존재를 말하여 줄 것이며, 깃발이 나부끼는 광경을 보았을 경우 역시 바람의 존재를 지각할 것이다. 또한 바람은 장애물을 통과할 때 소리를 내게 되므로 소리의 크기, 진동수 역시 바람의 존재유무 및 강도를 말해줄 것이다.

2 행태적 영향

바람은 속도가 낮을 경우 공기유통을 원활하게 하여 긍정적인 영향을 미치나, 아주 속도가 빠를 경우는 보행에 지장을 초래하며 생명까지 위태롭게 할 수 있다(표 6.3).

표 6.3 풍속에 따른 행태적 영향

풍속[mph]	행태적 영향
0~3	지각 못할 정도의 바람
4~7	얼굴에서 바람을 느낌
5~12	깃발, 머리카락, 옷이 휘날림
12~18	먼지, 건조토양, 종이가 날림, 머리카락이 헝클어짐
19~24	신체에서 바람을 느낌 : 눈이 흩날림(지상의 최대허용풍속)
25~31	우산쓰기가 힘듦, 보행에 지장 시작, 바람소리가 들림, 눈이 막 휘날림
32~38	걷기에 불편함
39~46	앞으로 나아가기가 힘듦, 균형 잡기가 힘듦
47~55	사람이 날아가 버림

(자료 : Bell, et al., 1978, p.130)

강풍은 다음과 같은 결과를 초래한다. ① 보행자가 직진함을 방해한다. ② 우비를 입는 시간이 길어진다. ③ 머리에 스카프를 매는 시간이 길어진다. ④ 눈 깜박이는 횟수가 늘어난다. ⑤ 단어목록에서 특정 단어를 찾아내는 시간이 늘어난다. ⑥ 포도주잔에 물을 부을 때 흘리는 비율이 더 높다. ⑦ 쾌적함이 줄어든다.

이상에서 살펴본 바와 같이 강한 바람은 작업수행능력에 어떤 형태로든지 부정적 영향을 미친다고 할 수 있으며 자동차 사고율의 증가와도 관계가 있음이 밝혀지고 있다.

2. 바람과 환경설계

환경설계에서는 바람의 영향을 줄이거나 바람을 이용하는 기법이 도입되고 있다. 겨울의 찬바람을 막기 위한 방풍림의 조성이 있으며, 대기오염과 관련하여 굴뚝의 높이를 인근건물보다 높게 함으로써 오염물질을 멀리 날려 보내는 방법도 이용된다.

대규모 고층건물인 경우 건물 주변에서 바람의 부정적 영향을 줄이기 위하여, 건물의 모델을 만들고 모의실험(풍동실험)을 통하여 강풍이 발생하는 지점을 예측하고 부정적 영향을 줄일 수 있는 건물의 형태 및 배치 대안을 도출하며, 불가피하게 발생하는 경우 식재, 방풍벽 등을 통한 저감 방안을 모색한다. 건물 저층부를 상부보다 넓게 하면 건물에 부딪친 바람이 지상에 닿기 전에 방향을 바꿀 수 있다(그림 6.7, 6.8).

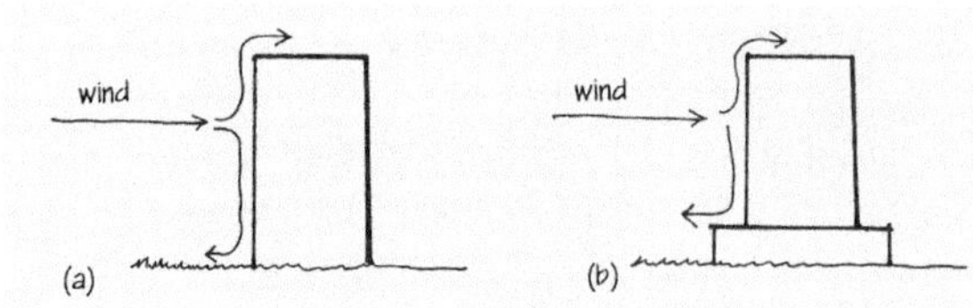

그림 6.7 **지상부 풍속을 낮추기 위한 건물형태 (자료 : Brown & Gillespie, 1995: 135)**

그림 6.8 **유리 방풍벽(파리 라데팡스 그랜드아치)**

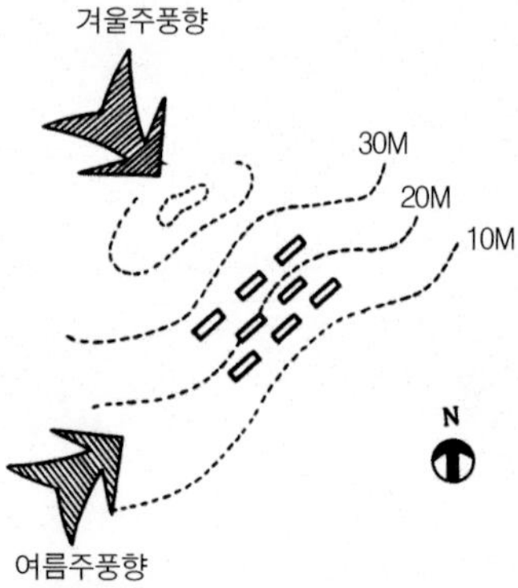

그림 6.9 **풍향을 고려한 건물배치**

또한 도시나 단지를 조성할 때에 여름풍향과 평행되게 건물을 배치하여 여름에는 통풍이 잘 되도록 하고 겨울에는 찬 바람을 막을 수 있도록 배려한다(그림 6.9). 소위 바람 골을 활용한 도시외곽의 신선한 찬 공기를 시가지 내부로 유입시키기 위한 다양한 방법이 있다(그림 6.10, 6.11, 6.12).

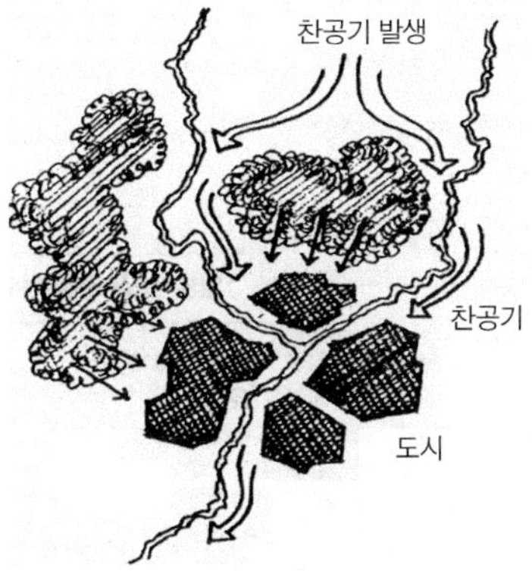

그림 6.10 통풍이 양호한 도시구조와 바람흐름 장애요소
(자료 : 서울특별시, 2000 : p.226, p.227)

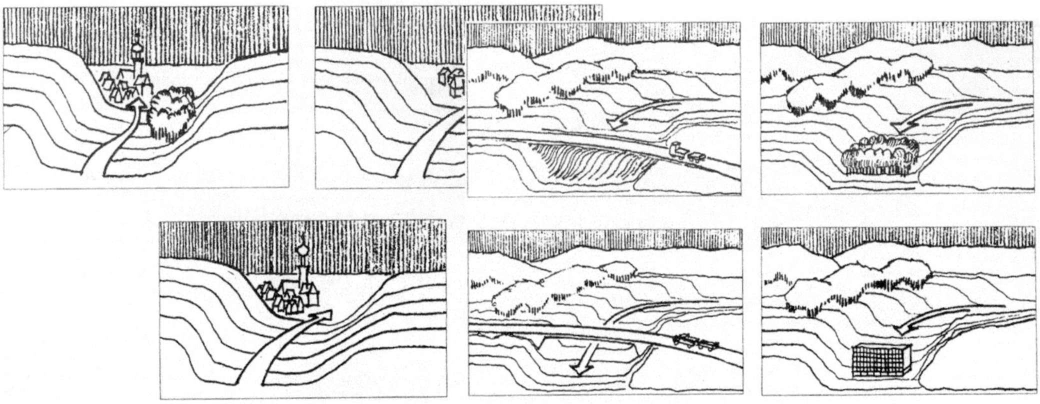

그림 6.11 식재를 통한 찬공기흐름의 방향전환으로 시가지에 신선한공기 유입
(자료 : 서울특별시, 2000 : p.229)

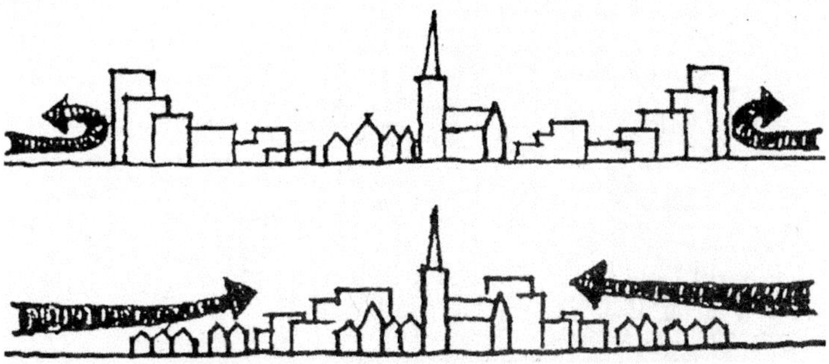

그림 6.12 바람흐름을 고려한 도시스카이라인 형성 : 우물형보다는 피라미드형이 유리하다(자료 : 서울특별시, 2000 : p.230).

6.3 소음

1. 소음의 특성

소음은 인류문명의 산물이며 자연환경에서는 좀처럼 발생되지 않는다. 벨(Bell, et al., 1978, p.95) 등은 소음을 '원하지 않는 소리(unwanted sound)' 라고 정의하고 있다. 어떤 사람이 음악을 감상할 때 당사자에게는 즐거운 음악이 될 수 있으나, 이 음악이 옆방에서 잠을 자거나 공부하는 사람에게는 소음이 될 수도 있다.

소음은 원하지 않는다는 심리적인 속성과 귀에 의하여 지각되어야 하는 물리적인 속성이 있다. 즉, 소음은 귀를 통하여 지각되어야 하며, 원하지 않는다는 심리적 평가가 반드시 수반되어야 함을 함축하고 있다.

소리는 진폭(amplitude)과 단위시간당 진동수(frequency)에 의하여 강도와 고저가 각각 결정된다(그림 6.13).

진동수가 많을수록 고음이 나오게 되는데 사람의 귀는 진동수가 1초에 20~20,000[Hz] 범위일 때 지각할 수 있으며 이 범위를 넘어서는 소리는 감지하기 어렵다. 일반적으로 우리가 듣는 대부분의 소리는 여러 진동수가 섞인 소리이다.

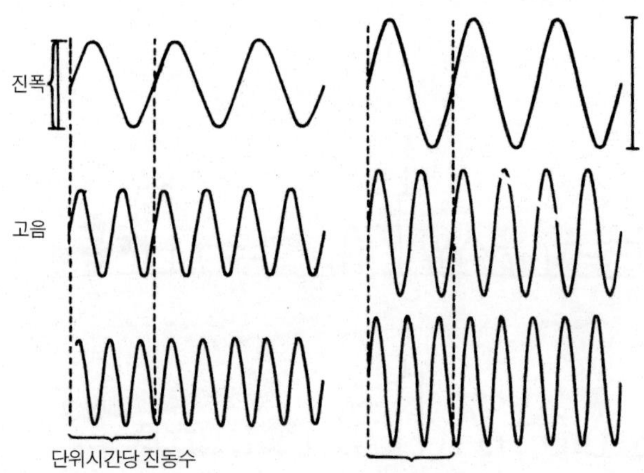

그림 6.13 **진폭과 진동수 : 진폭이 클수록 강음이 되며 진동수가 많을수록 고음이 된다 (자료 : Bell, et al., 1978, p.96).**

진폭이 클수록 강한 음이 나오게 되는데 사람은 음압이 0.0002마이크로바(microbars)에서부터 소리를 감지하며 1,000마이크로바를 넘으면 고통을 느낄 정도에 이른다. 이러한 압력의 단위인 마이크로바를 대수함수(logarithmic function)로 나타낸 것이 데시벨(dB)이며 음압의 단위로 이용된다. 즉, 20데시벨이 증가할 때마다 음압은 10배로 증가한다(표 6.4).

표 6.4 마이크로바와 데시벨

마이크로바	dB
0.0002	0
0.002	20
0.02	40
0.2	60
2.0	80
20.0	100
200.0	120
2000.0	140

(자료 : Bell, et al., 1978, p.100)

일반적으로 주거지역에서는 45dB 이하가 적당하며 90dB 이상되는 소리를 장시간 들으면 청각장애를 일으키게 된다(그림 6.14).

앞서 언급된 바와 같이 데시벨은 소리의 진폭을 재는 단위이다. 그러나 데시벨이 사람이 느끼는 소리의 크기를 정확하게 반영하지는 못한다. 즉, 20dB이 증가하면 음압이 10배 증가하게 되나 실제로 10배로 크게 느껴지지는 않는다. 이는 사람이 소리를 지각할 때 소리의 진폭뿐만 아니라 진동수도 변수로 작용하기 때문이다. 즉, 그림 6.15에서 보는 바와 같이 사람의 귀는 500~4,000[Hz] 범위 내의 소리에 대하여 이 범위 밖의 소리보다 더욱 민감하다.

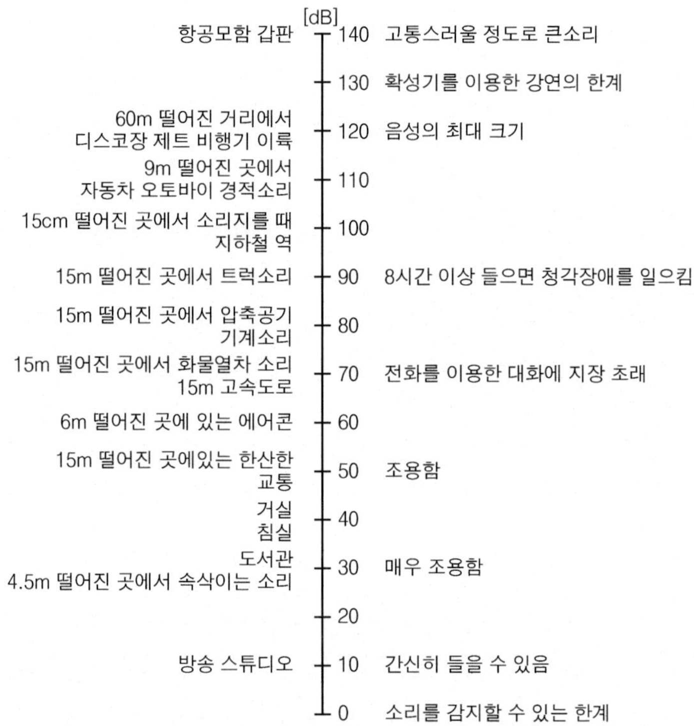

그림 6.14 각종 소리의 데시벨(dB)과 청음효과(자료 : Bell, et al., 1978, p.100)

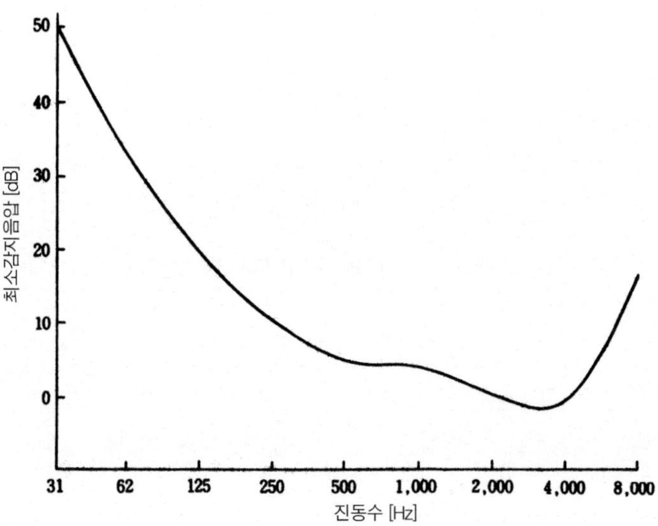

그림 6.15 진동수와 최소감지 음압(자료 : Bell, et al., 1978, p.100)

2. 소음지각의 변수

소음은 원하지 않는 혹은 필요 없는 소리이기 때문에 부정적 환경요소가 된다. 소음으로 인한 부정적 영향의 정도는 일반적으로 ① 소음의 크기, ② 소음을 예측할 수 있는 정도, ③ 소음을 제어할 수 있는 가능성의 정도에 의하여 영향을 받는다(Bell, et al., 1978).

(1) 90dB을 넘는 소음은 심리적인 악영향을 줄 뿐만 아니라 8시간 이상 계속 들으면 청력에 지장을 초래한다. 일반적으로 소리가 크면 클수록 대화에 지장을 주며 각성(arousal) 및 스트레스가 커지며, 더 많은 주의집중을 요하게 된다.

(2) 예측할 수 없는, 즉, 불규칙적인 소음은 규칙적인 소음보다 부정적 영향이 크다. 주기적인 소음은 연속적 소음보다, 비주기적인 소음은 주기적인 소음보다 방해효과가 크다. ① 예측 불가능한 소음은 예측 가능한 소음보다 각성의 정도를 높이며 이에 따라 스트레스가 높아진다. ② 또한 불규칙한 소음은 이를 지각하고 이해하는 데 많은 주의집중을 필요로 하기 때문에 다른 일에 할애될 수 있는 주의집중력이 상대적으로 감소된다. ③ 규칙적인 소음은 이에 적응하기 쉬우나 불규칙적인 소음은 이에 적응하기 어렵다.

(3) 사람들은 소음을 제어할 수 없다고 생각할 때에는 제어할 수 있다고 생각할 때보다 더욱 방해를 느낀다. 가령 전기톱이나 드릴을 자신이 사용할 때 시끄럽다고 생각되면 사용을 멈추어 소음을 중단시킬 수 있다. 그러나 옆집에서 다른 사람이 사용할 때는 제어가 어려워 시끄럽다고 느끼는 정도가 더욱 높게 된다.

이상의 세 가지가 소음을 느끼는 데 있어서 중요한 변수이나 이 밖에도 여러 가지 변수에 대한 연구가 행해졌다. 이들 연구에 의하면 소음에 대하여 시끄럽게 느끼는 정도는 ① 소음이 불필요한 것이라고 생각할 때, ② 소음을 내는 사람들이 듣는 사람의 입장을 고려하지 않는다고 생각할 때, ③ 소음이 건강에 해롭다고 생각할 때, ④ 소음이 어떤 두려움을 연상시킬 때, ⑤ 소음을 듣는 사람이 주변 환경의 다른 측면에 대하여 불만족할 때에는 그렇지 않을 때보다 높아진다.

3. 소음의 영향

1 소음의 생리적 영향

소음은 인간에게 청각장애, 신체 및 정신건강장애, 작업 및 사회적 행태에 영향을 미친다(Bell, et al., 1978).

(1) 청각장애 : 청각장애는 일정 진동수 하에서 보통 사람들이 감지할 수 있는 최소 dB과의 차이로써 측정되며 이 차이는 청각장애지수로 이용된다. 150dB 정도의 고음에서는 고막파열이 일어나며 이보다 낮은 고음(90~120dB)에 노출되면 달팽이관에 있는 아주 작은 모세포가 잠정적 혹은 영구적으로 손상되어 청각장애를 일으킨다. 이에 따라 잠정적 혹은 영구적인 청각장애가 발생된다.

(2) 신체건강 : 고음에 노출되면 각성과 스트레스가 높아짐은 이미 언급된 바 있다. 스트레스가 많아짐에 따라 질병발생률이 높아짐은 예측되어질 수 있으나 소음이 질병발생률과 직접적 관계가 있는 지에 관하여는 아직까지 확실한 과학적 결론이 미약하다.

고음에의 노출이 피부전기반응(electro dermalactivity)을 높이고 말초혈관을 수축시키며, 혈압을 높이고, 카테콜라민(catecholamine)의 분비를 증가시키는 등의 생리적 작용이 일어남은 쉽게 보여질 수 있다. 또한 소음에의 잦은 노출이 여러 가지의 급성 혹은 만성증세와 관련있으며 수면제 복용 및 병원에 가는 빈도와 관련있음이 보고되고 있으나 이들 연구에서 여타의 변수 제어가 완벽하지 못하였으므로 이들 연구결과가 일반화되기에는 아직 미흡한 점이 많다.

따라서 소음이 인체의 건강에 직접적인 악영향을 미친다고 결론을 내리기는 어렵다. 소음이 다른 스트레스원(오염물질, 작업시의 긴장감, 경제적 압박 등)과 함께 발생할 때 비로소 건강에 악영향을 미칠 수도 있으며, 혹은 생리적으로 약한 특정인에게만 영향을 미칠 수도 있는 것이다.

(3) 정신건강 : 고음에의 노출이 높은 스트레스를 유발시키므로 정신건강에도 영향을 미칠 수 있음은 쉽게 상상할 수 있다.

고음에의 노출은 두통, 멀미, 불안정, 논쟁, 근심, 성불능 등을 초래함이 보고되고 있다. 그러나 이들 결과들도 신체건강의 경우와 마찬가지로 일반화되기에는 아직 미흡한 점이 있다. 즉, 소음 한 인자만으로 정신건강에 악영향을 미칠 수 있다고 결론 내리기에는 아직은 이르다고 볼 수 있다.

2 작업에의 영향

소음이 작업수행에 긍정적 혹은 부정적 영향을 미치는가는 소음의 유형(규칙적 혹은 불규칙적 소음), 작업의 유형, 개인적 특성에 따라 달라진다.

일반적으로 90~110[dB] 범위의 소리는 단순한 몸 동작 혹은 정신작업에 부정적 영향을 미치지 않으나, 불규칙적인 소음일 경우는 주의를 요하는 작업, 기억을 요하는 작업, 둘 이상의 행위를 동시에 해야 되는 복잡한 작업을 수행하는 데에 지장을 초래한다. 그러나 소음은 각성을 높이는 효과가 있으므로 하루 이상 잠을 자지 않고 일하는 사람에 대하여는 작업능률을 높이는 결과도 초래할 수 있다.

사람의 귀는 여러 종류의 소리가 동시에 들릴 경우에 이를 구별해내는데 어려움을 지니고 있다. 따라서 소음이 배경음으로 작용할 때에는 대화에 지장을 초래한다. 대화에 지장을 초래하는 정도는 소음의 크기 및 대인거리에 주로 영향을 받는다(그림 6.16).

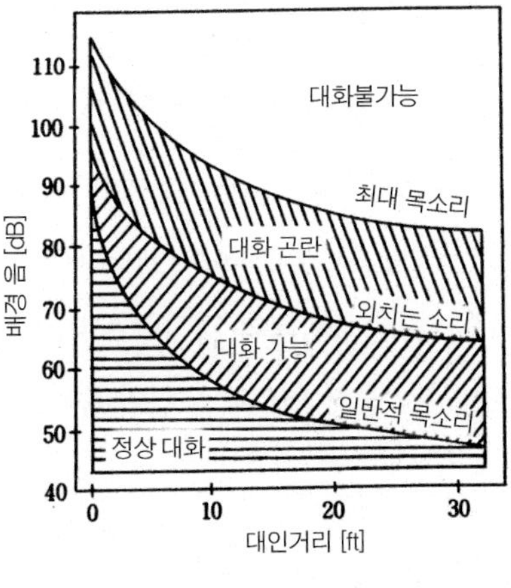

그림 6.16 소음정도 및 대인거리에 따른 대화가능 정도(자료 : Bell, et al., 1978, p.109)

소음상황 하에서의 대화능력은 산업체 근로자들이 학교 등의 근로자들보다 높다는 연구결과가 보고되고 있으며 이는 소음상황에 인간이 적응하고 있는 한 예를 나타낸다.

3 사회적 행태에의 영향

(1) 매력도(attraction) : 80dB 정도의 소음 하에서는 조용한 경우보다 대인간격을 멀리 유지함을 볼 수 있는데 이는 소음으로 인하여 다른 사람에 대한 친근감의 정도가 떨어지기 때문으로 해석된다. 그러나 여성의 경우에 84dB 정도의 소음 하에서 유사한 다른 여성과의 대인간격을 조용한 경우보다 가깝게 유지함을 볼 수 있는데 이는 소음으로 인한 불유쾌함을 함께 느끼고자 하는 데서 기인하는 것 같다.

(2) 공격성(aggression) : 소음이 있을 경우(60dB)에는 없는 경우보다 공격적 행위가 증가된다.

(3) 도움(helping) : 소음이 증가함에 따라 남을 도와주는 빈도가 줄어든다. 즉, 세 경우의(48dB, 65dB, 85dB) 소음상황 하에서 많은 책을 들고 가는 사람이 책을 떨어뜨렸을 경우에 주위 사람이 책을 주워 주는 빈도는 소음이 높은 경우 적어짐이 관찰된 바 있다.

4. 소음과 환경설계

현대사회는 사회구조상 각종 소음을 초래하지 않을 수 없게 된다. 따라서 이들 소음을 적절히 차단하고자 하는 노력을 설계 분야에서 많이 볼 수 있다. 고속도로변의 방음벽(사진 6.2), 아파트단지 주변의 방음식재, 건물의 방음창 등을 통하여 소음의 영향을 줄이고자 노력한다. 이 밖에 비행장 주변의 주거건축제한도 유사한 노력으로 볼 수 있다. 도로변에 방음벽이 증가함에 따라 방음벽으로 인한 시야차단, 가로환경의 경직화 등이 문제가 되어 투시형방음벽, 담쟁이 올리기, 목재 등 자연소재 도입이 증가하고 있다.

a) 서울시 강남구

b) 서울시 강남구

c) 서울시 관악구

d) 서울시 관악구

e) 인천국제공항고속도로

f) 인천국제공항고속도로

사진 6.2 여러 가지 재료와 형태의 방음벽

도심지의 공원 등에서는 인공폭포를 도입하고 듣기 좋은 더 큰 소리를 이용하여 소음의 영향을 줄이고자 하는 방법도 이용하고 있다. 이와 같이 소리를 차단시키거나 또는 더 큰 소리를 이용하여 원하지 않는 소리를 들리지 않도록 하는 방법이 이용된다.

사진 6.3 인공폭포(용마 폭포공원)

6.4 대기오염(air pollution)

대기오염은 주로 냄새와 시각에 의해서 지각되는데 이 역시 인간의 건강, 작업수행, 사회적 행태에 영향을 미친다(Bell, et al., 1978).

1. 대기오염의 지각

자동차, 공장, 가정 등에서 방출되는 매연이 공기를 오염시키고 건강에 영향을 미치는 것은 널리 알려진 사실이다. 오염물질로서는 일산화탄소, 아황산가스, 이산화질소, 분진, 탄화수소, 광화학적 물질 등이 있다. 대기오염은 일반적으로 냄새와 시계에 의하여 지각되는데, 경우에 따라서는 일산화탄소와 같이 냄새 및 색깔이 없는 것도 있다.

(1) 냄새에 의한 지각 : 냄새는 냄새를 맡는 얇은 막(olfactory membrane)에 의하여 지각된다. 이 막은 코 안쪽에 있는 공기통로의 윗부

분에 위치하고 있으며 모세포를 지니고 있다. 공기 중의 화학물질은 이들 세포를 자극하며 이 자극은 뇌로 전달되어 특정 냄새를 지각하게 된다.

이들 세포가 특정 냄새를 감지하기 위해서는 화학물질이 공기보다 무거워야 하며, 일정량 이상이 공기 중에 함유되어 있어야 한다. 냄새를 맡고자 할 때 코를 '킁킁' 하며 공기를 들이마시는 이유가 여기에 있다.

(2) 시계에 의한 지각 : 사람들은 냄새뿐만 아니라 스모그(smog)와 같은 상태를 시각적으로 관찰함으로써 대기오염을 지각한다. 시계가 뿌옇게 된 경우 특히 갈색계통일 경우 대기오염을 강하게 지각한다.

일반적으로 가시권의 범위 혹은 대기의 투명도가 대기오염을 지각하는 가장 주된 인자가 된다. 서울의 경우 연중 평균 가시거리는 10km 정도이나 비가온 후 청명할 때는 수십 km에 이르고 황사 등이 심할 때에는 수백 미터 이내가 될 때도 있다.

(3) 자동차의 밀도 : 앞서 언급된 바와 같이 냄새 및 색깔이 없는 유해물질도 많이 있으므로, 전문가들은 차량의 밀도로서 판단하기도 한다. 도시의 대기오염의 50% 정도가 차량매연에 의한 것이므로 정밀한 검사를 요하지 않는 경우에는 차량의 밀도로서 판단할 수도 있다. 또한 강우량(비는 대기를 정화), 신호등의 개수(신호대기 시, 가속 시에 더 많은 오염물질 배출)도 개략적인 지표가 될 수 있다.

2. 대기오염의 영향

1 건강에의 영향

대기오염이 건강에 미치는 영향에 대한 지식은 점차 보편화되고 있다. 가장 자주 접하게 되는 대기오염물질은 일산화탄소(CO)인데 일산화탄소에 오랫동안 노출되면 시각 및 청각장애, 파킨슨씨병(Parkinsonism), 간질(epilepsy), 두통, 피로, 기억장애, 신체불구, 정신병 증세 등을 초래한다. 또한 암 발생의 50~90%가 대기, 물, 음식 등의 오염과 관계있는 것으로 알려지고 있다.

2 작업수행에의 영향

탄소를 함유하는 물질의 불완전연소에 의하여 발생되는 일산화탄소는 작업수행에 영향을 미친다는 것은 많이 연구되었다.

일산화탄소에의 노출은 시간간격의 구별, 자극에의 반응시간, 손의 민첩함, 주의집중에 장애를 초래하는 것으로 알려져 있다. 따라서 간선도로 주변의 대기오염은 운전능력에 영향을 미쳐 교통사고의 위험을 증대시킬 수 있다.

3 사회적 행태의 영향

(1) 매력도(attraction) : 유화암모니아(ammonium sulfide)에 노출되었을 경우 서로 잘 아는 사람의 경우에는 매력도가 높아지나 서로 모르는 사람의 경우에는 매력도가 낮아진다. 이는 서로 아는 사람 사이에는 스트레스 상황을 상호 함께 나누는 경향을 보이나 서로 모르는 경우는 그렇지 않기 때문으로 풀이된다.

(2) 공격성(aggression) : 에틸메르카프탄(ethyl mercaptan) 및 유화암모니아에 노출되었을 경우 공격성이 증가하는 것을 관찰할 수 있다. 그러나 소음 혹은 더위의 경우와 마찬가지로 불쾌한 정도가 아주 심한 경우에는 공격성이 낮아지게 된다.

3. 대기오염과 환경설계

환경설계에서 대기오염을 줄이거나, 대기오염의 영향을 최소화시키기 위한 노력이 다각도로 이루어지고 있다.

우선 대기오염을 줄이기 위한 직접적인 방법으로서는 오염정화시설을 하거나 공장의 생산공정을 개선하여 오염물질의 배출을 줄여야 할 것이다.

도시계획적인 측면에서는 공업지역의 위치를 선정할 때 주풍향을 고려하여 오염물질이 도시 내로 유입되지 않도록 하고 있다(그림 6.17).

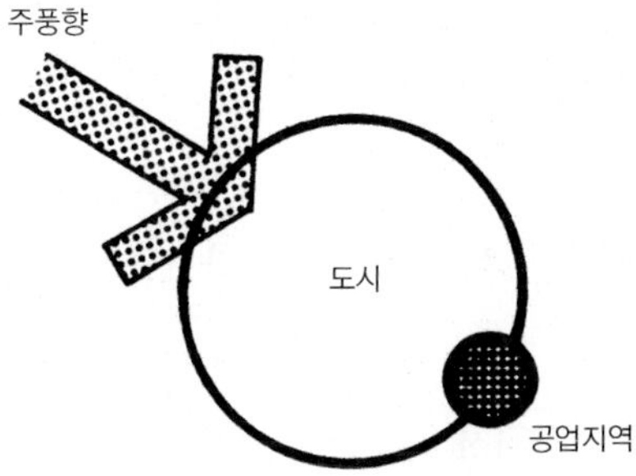

그림 6.17 주풍향을 고려한 공업지역 선정

정책적인 측면에서는 도시의 집중을 제한하고 분산을 유도함으로써 오염물질의 집적 정도를 낮출 수도 있다.

6.5 조명(lighting)

1. 빛의 영향

빛은 소음이나 열과 마찬가지로 인체에 생리적인 영향을 미친다.

한 장소의 밝기는 그 장소의 분위기를 좌우하는 데 큰 역할을 한다. 같은 자연경관이라 할지라도 해가 떠오르는 아침, 맑은 날, 흐린 날, 해가 지는 어스름한 저녁, 어두운 밤에 따라서 경관의 분위기가 달라진다. 특히, 깊은 계곡 혹은 고층빌딩이 있는 도심에서의 그림자에 의하여 형성되는 명암의 대비는 신비스런 혹은 극적인 공간 분위기를 조성하기도 한다.

빛이 공간 분위기를 좌우하는 데 있어서는 ① 빛의 밝기, ② 광원의 차단 상태, ③ 방향 혹은 광원의 위치, ④ 집중조명 등이 주요 변수로 등장한다(Bell, et al., 1978).

1 빛의 밝기

일정 장소의 밝기가 사람의 감정에 영향을 미치는 것은 우리가 흔히 경험하는 바이다. 밝은 곳에서는 사람의 마음은 자연히 명랑해지고, 어두운 곳에서는 침울해지거나 마음이 가라앉는 게 보통이다. 따라서 사람의 활동을 촉진시키기 위하여 어느 정도 밝은 상태를 유지하여야 한다. 그러나 너무 밝은 곳에서는 도리어 마음이 안정되지 않으며, 사색에 잠긴다든지 휴식을 취할 필요가 있을 경우에는 도리어 어두운 곳이 좋다(지, 1965).

적당히 밝은 곳에서는 각성(arousal)의 정도가 높아져서 작업능률이 향상된다. 그러나 너무 밝게 되면 각성의 정도가 너무 높아져서 이로부터 회피하려는 적응작용에 주의가 쏠려서 작업 자체에는 주의집중이 낮아지므로 작업능률이 낮아지게 될 것이다. 이는 소음, 열 등의 경우와 흡사하다고 보겠다.

야간에 가로등의 밝기를 높임으로써 범죄의 발생률이 줄어듦이 많이 보고되고 있다. 그러나 이러한 발생률의 감소가 순전히 밝기에만 의한 것인지는 분명치가 않으므로 현재로서는 야간의 가로의 밝기와 범죄발생과의 관계를 명확히 설명하기는 힘들다(Carr, 1973, pp.173~174). 그러나 가로 및 골목을 더욱 밝게 하고 순찰을 강화하는 등의 조치가 함께 따른다면 범죄율은 명확히 줄어들게 될 것이다.

사진 6.4 **간접조명 사례**

2 광원의 차단

광원(태양 혹은 전등)이 직접적으로 비칠 때와 간접적으로 비칠 때는 장소의 분위기가 달라진다. 구름에 가린다든가, 반투명 물체로 가린다든가 간접광을 이용할 경우에는 빛이 분산되어 밝기가 낮아지고 부드러움을 느끼게 되는 것이 보통이다. 간접적으로 빛이 비칠 경우에는 직접광일 때보다 명암대비가 덜 심하게 나타나며 조용하고 친근한 분위기를 조성하게 되어 병실 혹은 거실 같은 곳에 이용된다(사진 6.4).

3 빛의 방향

빛의 방향이 바뀜에 따라 그림자 등에 의한 시각적 패턴이 달라지게 되므로 일정 장소를 지각하는 데 있어서 빛의 방향은 커다란 역할을 한다(Heimstra & McFarling, 1978, p.51).

자연경관에서는 낮에는 그림자가 짧으나 아침, 저녁에는 태양방향이 수평에 가깝게 되므로 기다란 그림자가 생기게 되어 그림자가 경관의 지각에 주요한 인자로 등장하게 된다.

실내에서는 건축가들이 공간의 분위기에 맞게 의도적으로 채광의 방향을 설정하는 것을 종종 볼 수 있다. 교실, 침실 등에서는 벽면에 창문을 두어 실내 채광을 하는 것이 보통이다. 그러나 교회와 같은 곳에서 신비감을 불러일으키거나 전시장과 같은 곳에서 극적인 효과를 내기 위하여 천창을 두어 수직적인 채광을 구성하는 경우가 많이 있다(사진 6.5).

사진 6.5 **천창을 통한 채광을 도입한 구겐하임 박물관(뉴욕)**

그러나 보통의 실내에서 천장만을 밝게 조명하게 되면 우물 속에서 하늘을 쳐다보는 느낌이 되어 기분이 우울하게 되기 쉬우며, 벽면이 밝고 천장 및 바닥이 어둡게 조명된 방에서는 발코니에 나와 있는 느낌이 되어 기분이 좋아지는 것이 보통이다.

4 집중조명(focusing)

집중조명은 야간에 분수, 조각 혹은 건물에 이용되며 실내에서는 무대 조명 등에 이용된다. 집중조명은 특정 물체 혹은 사람에 주의를 집중시키고자 할 때나, 전체 조명이 불필요하고 특정 장소에만 조명이 필요한 경우(예 : 공원의 보행로, 벤치 부근)에 이용된다.

집중조명된 물체는 밝은 낮에 볼 때와는 상이하게 지각되는 것이 보통이다. 조명의 방향 및 밝기에 따라서 더욱 매력적으로 혹은 장엄하게 보일 수도 있으며 아래서 조명된 사람의 얼굴처럼 아름다운 물체가 무서운 괴물같이 보일 수도 있다. 이는 본래의 시각적 형태 및 질감이 명암 혹은 그림자에 의하여 변형되어 지각되기 때문이다.

이상에서 언급된 네 가지 인자 이외에도 조명의 색깔은 일정 장소 혹은 물체를 지각하는 데 있어서 중요한 인자로 등장한다. 색채의 효과에 관하여 6.6에서 자세히 언급하기로 한다.

사진 6.6 **집중조명사례 주간, 야간 비교(서울, 남대문)**

2. 조명과 환경설계

환경설계에서 조명의 역할은 매우 중요하다. 장소의 특성 및 분위기에 따라서 자연채광 및 인공조명의 도입방법이 결정된다. 거실 등에서는 소파에서 가까운 곳에 부분조명을 하는 경우가 많으며, 교실에서는 실내 어느 장소에서나 균일한 조도를 유지할 수 있도록 창문바깥에 루버(louver) 등을 이용한다. 또한 백화점 같은 곳에서는 물품의 본래 색을 제대로 볼 수 있도록 붉은 색을 내는 백열등과 푸른색을 내는 형광등을 동시에 사용하기도 한다. 백열등만 사용하거나 형광등만을 사용하면 특정색만 제대로 보이며 다른 색은 제대로 볼 수 없기 때문이다.

이와 같이 장소의 분위기는 채광 혹은 조명에 의해 크게 좌우되며, 장소의 기능에 맞는 분위기 조성을 위한 조명에 대한 배려는 환경설계에서 필수적 고려사항이 된다.

최근에는 야간경관에 대한 관심이 높아져서 교량, 주요건물, 문화재 등에 대한 조명이 보편화되고 있는데 이는 야간의 공간인지도를 높이고 도시이미지를 향상시킨다는 점에서 바람직하다고 할 수 있다.

사진 6.7 야간조명사례(서울, 갤러리아 백화점)

6.6 색(color)

1. 색채의 영향

인간 주변 환경의 색채는 순전히 미적인 측면만 있는 것은 아니며 인간의 기능적 행태와도 관련이 깊다. 일정 장소의 색채 선택을 위하여 미적인 측면 이외에도 장소의 기능 혹은 성격을 함께 고려하여야 한다.

색이 인간행태에 미치는 영향은 ① 색의 세 가지 속성 즉, 색상, 명도, 채도의 정도, ② 지각되는 색의 배경, ③ 색을 비추는 빛의 질, ④ 행위의 종류, ⑤ 개인의 나이, 성병, 성격, 문화적 배경 등에 의하여 좌우된다(Heimstra & Mcfarling, 1978).

적색은 일반적으로 청색에 비하여 근육긴장, 뇌파, 맥박수, 호흡수 등의 증가를 초래하며, 각성을 높인다.

1 색채와 선호도

색의 선호 경향에 있어서는 개인적 차이, 문화적 배경이 주요변수로 작용한다. 여러 색을 두 개씩 상호 비교하는 방법을 사용한 한 연구에 의하면 초등학교 어린이들은 나이에 관계없이 색 스펙트럼의 차가운 쪽 즉, 녹, 청, 보라 등의 색을 선호하였으나, 선호도는 나이가 많아짐에 따라 점차 감소되었다. 어린이들의 경우, 높은 채도의 색이 선호도가 높으며, 역시 나이가 많아짐에 따라 감소되었다. 또한 밝은 색이 어두운 색보다 선호도가 높은 것으로 나타났다. 남학생과 여학생을 비교한 결과 여학생들이 남학생에 비하여 높은 채도 및 명도를 더욱 선호하였다(Heimstra & Mcfarling, 1978). 이상은 미국의 초등학생에 대한 것이므로 우리나라 학생에게도 적용되리라는 보장은 없다.

설문지를 이용한 조사에 의하면(정, 1978) 우리나라 어린이들이 놀이기구의 색깔로서 좋아하는 색은 노란색이라고 응답한 어린이가 가장 많았고 다음으로 연두색, 파랑색, 보라색, 주황색 순이었다. 이 조사는 놀이기구라는 특정 대상의 색상에 대한 것이므로 일반화시키기 곤란한 점은 있으나 문화적 배경이 다른 미국 어린이와 우리나라 어린이의 색상선호 경향이 상이함을 암시하고 있다.

색에 대하여 느끼는 즐거움의 정도를 예측하는 데 있어서 색의 배경과 채광이 중요한 역할을 한다(Heimstra & Mcfarling, 1978). 일반적으로 배경색이 매우 낮은 채도이면서 명도가 매우 높거나 매우 낮은 경우에 즐거움(pleasantness)이 높아진다.

채광으로서 백색, 엷은 노란색, 엷은 적색, 엷은 녹색, 어두운 녹색일 경우 색에 대한 즐거움이 높아진다. 이들 역시 미국의 경우이므로 우리나라 사람들에게 반드시 적용되지는 않을 것이다.

색은 일반적으로 몇 개의 색이 구성되어 동시에 지각되는 경우가 보통이다. 이 중에서도 특히 보색대비는 시선을 집중시키는 효과를 지닌다. 우리나라 사람들은 전통적으로 한복, 방석, 노리개, 단청 등에서 볼 수 있듯이 적색과 청색의 대비효과를 선호하는 경향이 있다(김경영, 1983).

사진 6.8 **우리나라 전통 색채(한복예시)**

2 실내의 색채

일반적으로 적색계통의 색은 따뜻하게 느껴지고, 청색 계통의 색은 시원하게 느껴지는 것으로 생각되어진다. 그러나 실내 벽면의 색상과 느끼는 온도의 관계를 연구한 바에 의하면 벽면의 색상이 바뀌었다고 하여도 쾌적하게 느끼는 실제의 온도에는 변화가 없었다(Heimstra & Mcfarling, 1978). 이러한 사실은 사람들이 비록 적색과 청색에 대하여 각각 따뜻하고 시원하다고 생각은 하고 있으나 실제 행위(쾌적하게 느끼는 실내 온도, 덥다고 느끼는 실내 온도)에는 별다른 영향을 미치지 못함을 말해 주고 있다.

채도가 높은 색상일수록 복잡성이 높게 느껴졌으며, 방에 대한 즐거움

(pleasantness)은 개인마다 차이가 있었으며 즐거움과 특정 색과의 밀접한 연관관계를 찾아볼 수 없었다.

색은 인간이 환경을 지각하는 데 있어 가장 중요한 인자 중의 하나이다. 앞에서 색의 영향에 대한 여러 가지 연구를 살펴보았으나 대부분이 특정한 조건 하에서 이루어진 것이므로 일반화하는 데에 어려움이 많다. 실제로 우리가 색을 지각할 때에는 단 하나의 색만을 지각하는 경우는 거의 없으며 여러 가지 색이 상이한 면적을 차지하는 것에 대해 동시에 지각하게 된다. 따라서 중요한 것은 여러 색이 다양한 패턴으로 나타날 때에 인간이 어떻게 느끼는가 하는 것이다. 그러나 이러한 색의 패턴은 너무나 다양하기 때문에 각각의 경우를 일일이 연구하기란 거의 불가능하며, 따라서 환경적 색채가 인간행태에 어떠한 영향을 미치는가에 관한 연구가 쉽지 않음도 여기에서 기인한다.

2. 색채와 환경설계

환경설계에서 색채 역시 중요한 고려사항 중의 하나이다. 색채에 관한 고려는 거의 모든 환경설계 분야와 관련이 있으므로 매우 광범위한 장소에서 다양한 색채구성방법이 이용되고 있다.

정원 혹은 공원에서는 계절에 따른 나뭇잎의 색깔변화 및 꽃의 색깔을 고려하여 전체적인 공간의 색채를 계획하며, 동시에 계절에 따른 색채의 변화도 고려한다.

도시의 경우에 사람이 많이 모이는 장소나 상가에는 밝고 채도가 높은 색채를 사용하여 시선을 끌어주며 동적인 분위기를 조성하기도 한다. 반대로 아파트와 같은 주거용 건물은 보다 온화한 색을 사용하여 부드럽고 친근감 있는 분위기를 조성함이 바람직할 것이다.

아파트와 같은 건물인 경우 색채계획을 별도로 수립하여 시행하는 것이 보편화되고 있다. 이 때에 일반적으로 주조색, 보조색, 강조색을 구분한다. 주조색은 바탕색이 되며 보통 70% 이상의 면적을 차지한다. 주조색은 저채도 중 · 고명도의 색을 사용하는 경우가 많다. 보조색은 10%에서 30% 미만의 면적을 차지하며 넓은 면적에 변화를 주기위해 사용한다. 강조색은 10% 미만의 면적을 차지하며, 고채도의 색을 사용하여 시각적으로 흥미를 높이고 특정 부분을 강조하기 위하여 도입한다.

사진 6.9 아파트 색채계획(말레이지아)

Chapter 7

척도와 인간행태

상이한 공간 및 사물의 규모는 상이한 인간행태를 유발시킨다. 인체와 접촉하는 물리적 사물의 크기는 부여된 기능을 원활히 수행할 수 있는 적절한 규모를 지녀야 한다. 책상, 의자, 식탁 등의 크기는 인체 각 부분의 치수와 밀접한 관련이 있다. 단위 공간 및 사물의 규모 산정을 위하여 인체의 치수가 기본적으로 고려되며, 동시에 공간 및 사물의 기능이 고려된다.

7.1 인간공학적 고려

인체의 구조 및 기능은 주거환경에서 뿐만 아니라 인간과 접촉하는 모든 공간 혹은 도구의 설계에서도 고려되고 있다.

그림 7.1 자동차 내부구조

산업(또는 공업)디자인 분야에서는 우주비행사, 비행사 혹은 자동차 운전자의 쾌적함과 작업수행능률을 높일 수 있는 설계를 위하여 계기판의 경사각, 핸들의 크기, 의자의 경사각 등을 인간공학적 인자를 고려하여 설계한다(그림 7.1).

이 밖에도 공장의 기계, 주전자의 손잡이 등 인체와 접촉하는 모든 사물 및 공간 역시 미적인 요소와 함께 인체의 구조 및 기능에 적합하도록 설계된다.

또한 슈퍼마켓 진열대의 최대높이 및 진열층간의 높이 등도 구매자가 위로 손을 뻗을 수 있는 최대 높이, 허리를 구부려 집을 수 있는 최저높이 등을 고려하여 설계되고 있다(그림 7.2).

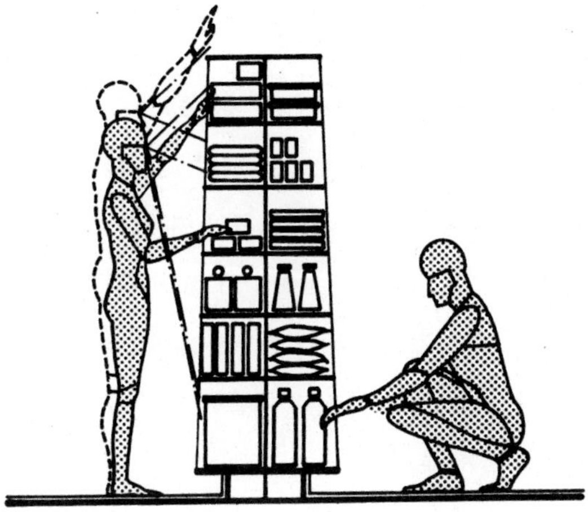

그림 7.2 슈퍼마켓 진열대

그러나 실제의 설계에 있어서는 키, 팔, 다리 등의 크기가 사람마다 다르기 때문에 유연성을 부여하여야 한다. 현대에는 일정한 규격의 제품이 대량으로 생산되므로 모든 사람에 맞는 제품을 만들기가 어렵다. 따라서 인체크기의 범위를 설정하고 그 범위에 적합한 제품규격의 범위를 설정하여야 한다. 자동차 운전석은 운전자의 팔, 다리의 길이에 부응하도록 앞으로 혹은 뒤로 움직여 고정시킬 수 있도록 되어 있다. 또한 어린이 책상은 어린이의 성장에 따라 높이를 조절할 수 있는 제품이 나오고 있으며, 장애인을 포함한 이용자를 고려하여 높이가 조절되는 싱크대나 세면대 등이 나오고 있다. 이상과 같이 개인차에 적응할 수 있는 유연성을 부여함은 제품설계에서 필수적인 고려사항이다.

이상에서 언급된 바와 같은 인체와 직접적인 접촉이 이루어지는 사물 혹은 공간의 규모 및 형태를 결정하기 위하여 인간공학적인 측면에서의 실험이 많이 이루어지고 있다. 즉, 가장 편안하게 느끼는 의자 등받이의 각도, 손잡이의 두께는 물론 더 나아가서 재료의 질감, 색채 등에 관한 모든 결정은 인간 자체에 대한 연구를 통하여 이루어진다. 또한 개인차를 고려한 유연성의 부여가 필수적임은 물론이다.

7.2 인체와 관련된 모듈(module)

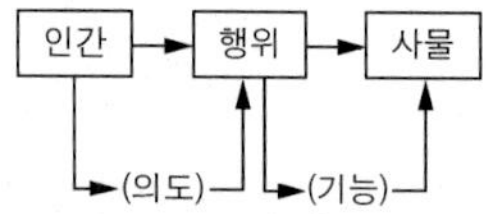

그림 7.3 설계 작업 시 고려사항

환경설계라 함은 인간의 행위를 담는 공간(혹은 사물)을 창조하는 것이라 할 수 있다. 웨이드(Wade, 1977)는 설계 작업을 다섯 요소로 나누어 설명하고 있다. 즉, 인간(person), 의도(purpose), 행위(behavior), 기능(function), 사물(object)의 다섯 요소로 나누고 이들의 연관된 작용이 설계의 필수적 고려사항이라고 주장한 바 있다(그림 7.3).

의도는 인간과 인간의 행위를 연결시켜 주는 추상적 개념이며, 기능 역시 인간의 행위와 사물을 연결시켜 주는 추상적 개념이다. 인간이 일정한 환경 내에서 어떤 의도(혹은 목적)를 지녔을 때 그 의도는 행위로 나타나며, 그 행위는 행위의 특성(기능)에 따라 적절한 사물에 의하여 지원받는다. 즉, 어떤 사람(인간)이 쉬고 싶다(의도)는 생각이 있을 경우 휴식을 취하게 되는데(행위), 휴식 장소는 앉아 휴식하기에 적절한(기능) 벤치 혹은 의자(사물)가 될 것이다. 따라서 벤치 혹은 의자를 설계할 때에는 누가(어른/아이/신체장애자 등), 어떤 의도를 가지고 어떤 행위(앉아 있음, 등을 기댐, 다리를 포갬 등)를 하며, 그 행위가 적절히 일어나도록 하기 위해서는(기능) 어떤 형태를 지녀야 하는가를 검토하여야 한다.

행위를 지원해 주는 사물(혹은 공간)은 손잡이, 의자, 책상과 같이 단순한 것으로부터 주택, 주거단지, 도시와 같이 다양한 기능을 포함하는 복합적 공간이 있다. 모듈은 이들 공간을 설계함에 있어서 이용되는 기본단위를 말한다. 즉 여러 크기를 지닌 복합적 공간을 설계함에 있어 기본단위의 배수로 다양한 공간의 규모를 정하게 되면 여러 가지로 편리하다(그림 7.4a). 몇 가지 음의 예술적 구성으로 수 만 가지의 작곡을 할 수 있음과 마찬가지로 공간의 구성은 모듈의 설정으로 다양한 공간을 창출할 수 있다.

모듈은 다양한 규모의 공간 혹은 사물에 공통적으로 적용 가능한 최소의 공간적 혹은 물리적 단위(규모, unit)라고 할 수 있는데 환경설계에서는 길이와 관련하여 많이 사용한다. 길이를 재는 단위로서는 미터(m), 피트(feet), 자(尺)의 세 유형을 흔히 보게 된다. 전통적으로 서구에서는 피트를 많이 써왔으며 동양에서는 자를 많이 써왔다.

미터는 인체와는 무관한 단위로서 지구둘레(자오선)의 사천만분의 일을 1미터로 정한 것이다. 이는 10배, 100배 혹은 1/10, 1/100로의 환산이 용이하여 이론적인 계산에 편리하므로 최근에는 미터법을 국제적 길이의 단위로 쓰는 경향이 지배적이다.

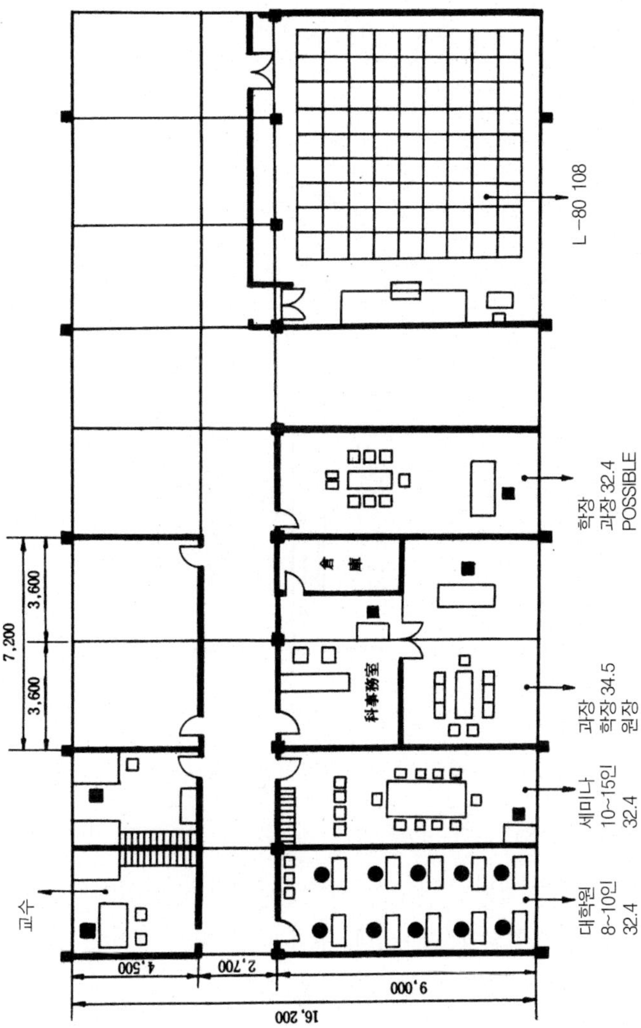

그림 7.4a 7.2M 모듈을 도입한 대학교 건물(자료 : 서울대학교 응용과학연구소, 1972)

이에 비하여 피트와 자는 인체의 움직임과 관련이 깊다. 피트(foot)는 어원이 인체의 일부분인 '발'에서 나온 것으로 약 30.48cm에 해당되며, 자 역시 인체와 관련이 깊으며 약 30.3cm에 해당된다.

5척 단신 혹은 6척 장신이라는 말은 있으나 1m 혹은 2m 크기의 사람이라는 말은 잘 쓰이지 않았다.

피트는 약 1.006척으로서 피트가 척보다 약간 긴 것은 서양인의 체격이 동양인보다 약간 큰 데 기인하는 것으로 보여진다. 피트와 척은 서로 다른 장소에서 발생되었으나 거의 같은 크기임은 매우 흥미롭다. 인체의 크기는 동서양간에 약간의 차이는 있으나 약 30cm 정도를 기본단위로 하여 구성되어 있음을 알 수 있다.

성인의 걸상 높이는 1.5자(약 45cm), 책상은 2.5자(약 75cm)일 때 편안하며, 문의 손잡이는 바닥에서부터 3자일 때 문 여닫는 데 불편을 느끼지 않는다(그림 7.4b).

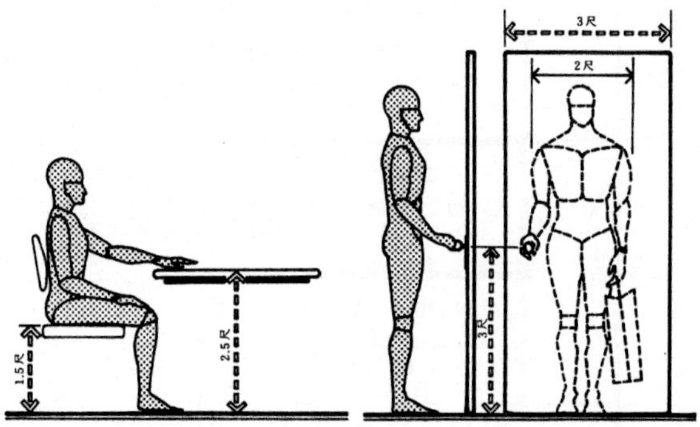

그림 7.4b **책상, 의자, 문의 크기**

또한 식탁에서 한 사람이 차지하는 최소 어깨 폭은 2자이며 다다미의 크기는 3자×6자로서 한 사람이 눕기에 알맞은 크기이다. 이와 같이 인체와 관련된 치수는 1피트 혹은 1자의 배수로서 가장 손쉽게 표현되어질 수 있다. 주택의 경우에도 방의 크기는 최소 폭이 8척 이상이 되어야 쓸모가 있으며, 욕실의 크기도 최소 6자×8자가 되어야 한다.

르 꼬르뷰지에(Le Corbusier, 1971)는 인체와 관련된 모듈을 사용함에 있어 단위길이의 단순한 배수보다는 황금비례를 이용함이 타당하다고 주장하였다(그림 7.5).

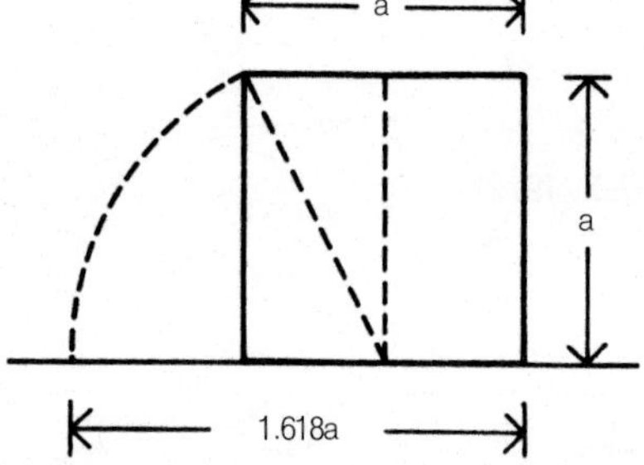

그림 7.5 **황금비례**

황금비례는 정사각형을 수직으로 이등분하여 생기는 한 쪽 사각형의 대각선을 반경으로 정사각형의 바깥쪽으로 수평이 되도록 회전시켰을 경우의 밑변 총 길이의 합과 정사각형의 한 변의 길이와의 비례로서 일반적으로 정의되는데 그 비례는 대략 1 : 1.618이다. 이 황금비례는 휘보나치 연쇄(Fibonacci series)에 의하여서도 얻어질 수 있다. 즉, 두 개의 1을 기준으로 하여 마지막 두 개의 숫자를 더하여 기록하고 다시 마지막 두 개의 숫자를 더하여 기록하는 방법을 반복하면 인접한 두 숫자간의 비례가 황금비례에 점차 가까워짐을 알 수 있다.

이러한 황금비례를 지닌 직사각형은 다른 비례를 갖는 직사각형보다 선호되는 것이 일반적인 경향이다. 황금분할은 순전히 수학적으로 계산된 비례이지만 실제 자연에서 이러한 비례를 많이 발견하게 된다. 반원의 지름에 황금분할을 연속적으로 적용하면 나선형을 만들게 되는데 달팽이집에서 나선형을 찾아볼 수 있다(그림 7.6).

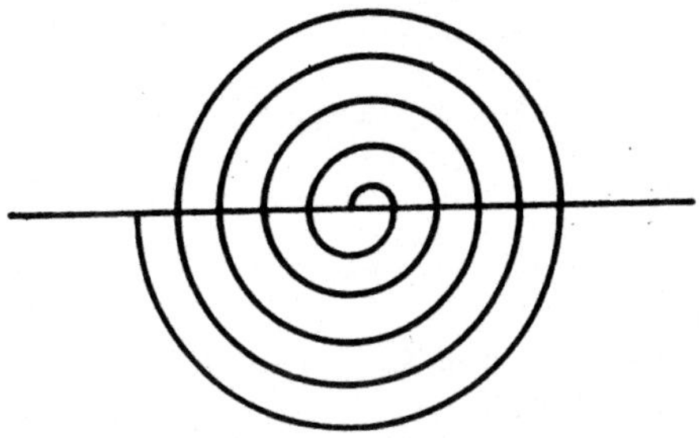

그림 7.6 **나선형(달팽이집에서 찾아볼 수 있다)**

르 꼬르뷰지에는 인체의 경우에 중요한 부분간의 거리가 황금비례로 설명되어짐을 보여준 바 있다. 키가 175cm인 사람의 경우에 키의 1/1.618 되는 108cm부분에 인체의 중심이 있으며 이 길이가 인체의 기본단위가 되어 기본단위의 2배되는 216cm는 사람이 팔을 위로 뻗었을 경우의 전체 길이가 된다. 즉, 인체의 중심으로부터 아래로는 발끝까지 108cm 위로는 손끝까지 108cm가 된다. 인체의 다른 모든 중요부분들도 이러한 기본단위(여기서는 108cm)로부터 황금비를 더하고 빼는 방법으로 위치를 찾아낼 수 있다(그림 7.7).

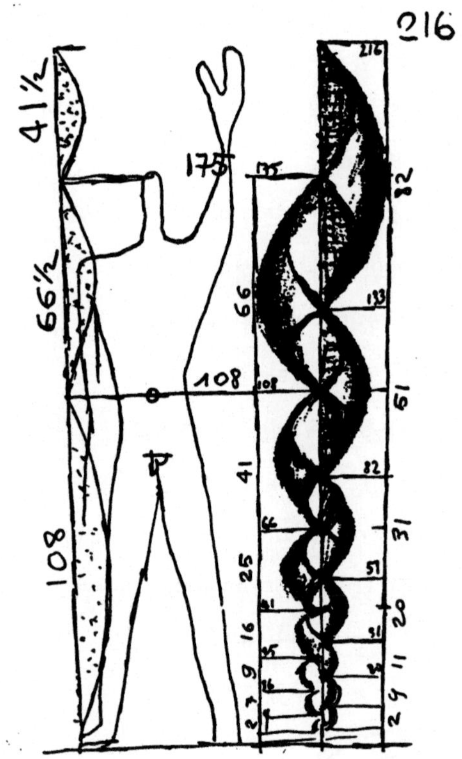

그림 7.7 황금비를 이용한 인체의 분할(자료 : Le Corbusier, 1971, p.51)

르 꼬르뷰지에는 이러한 모듈의 원칙은 수학과 인체에 근거한 것이므로 인간환경을 구성하는 데 이용할 경우 매우 유용하다고 하였으며 실제로 건축의 평면, 입면, 단면 등의 설계에 이를 응용한 바 있다(그림 7.8).

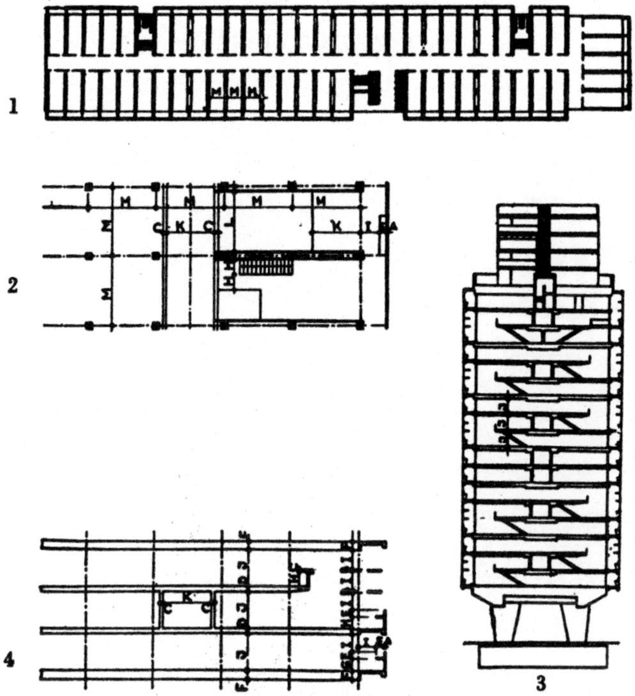

그림 7.8 황금분할을 도입한 아파트 설계(자료 : Le Corbusier, 1971, p.133)

7.3 인간적 척도(Human Scale)

1. 상대적 크기

척도(scale)라 함은 "상대적인 크기"를 말하는 것이며, 인간적 척도라 함은 인간의 크기에 비하여 너무 적거나 너무 크지 않은 것을 말한다.

상대적인 크기라 함은 무엇과 비교하여 볼 때의 크기를 말하는 것으로서 무어와 알렌(Moore and Allen, 1976, pp.18~19)은 '무엇'에 해당되는 네 가지를 언급한 바 있다. 첫째로 전체와 비교하는 경우, 둘째로 부분과 비교하는 경우, 셋째로 보통의 크기(usual size)와 비교하는 경우, 넷째로 인간크기와 비교하는 경우를 들었다.

① 전체와의 비교는 건물의 경우에 전체 건물크기에 대한 창문 혹은 입구의 크기를 예로 들 수 있다. 건물뿐만 아니라 벽으로 혹은 수목으로 둘러싸여 형성되는 전체 공간의 크기에 대한 가구, 조각 혹은 분수의 크기도 이에 해당된다.

② 부분과의 비교는 전체 건물 혹은 공간 내의 서로 다른 요소간의 상대적 크기를 말한다. 건물의 경우에 창문과 벽면의 상대적 크기를 예로 들 수 있으며, 공원에서의 분수와 광장의 상대적 크기를 예로 들 수 있다.

③ 보통의 크기와의 비교는 이미 많이 알고 있는 사물 혹은 공간의 크기와의 비교를 말한다. 소형버스라고 한다면 기존의 통상적인 버스의 크기보다 작은 것을 말하며, 소공원이라 하면 기존의 보통의 공원보다 작은 규모의 공원을 말한다.

④ 인간의 크기와의 비교는 주로 인간과 직접적인 접촉을 하는 사물 혹은 공간에 쓰여진다.

손잡이, 의자, 책상 등의 설계에서는 인체의 크기를 고려함이 필수적이다.

그림 7.9 사람이나 자동차와 같이 익숙한 크기의 사물을 통해 공간의 규모를 알 수 있다.

이상에서 살펴본 바와 같이 척도라 함은 항상 기준이 되는 크기가 있어야 하므로 경우에 따라서 적절하게 사용되어야 한다.

보통 "스케일이 너무 크다, 혹은 작다"라는 말을 설계과정에서 많이 쓴다. 이러한 표현은 아무 거부반응 없이 디자이너 상호간에 오가는 것이 보통이지만 이처럼 애매한 표현은 없다.

반드시 '무엇'에 비교하여 스케일이 크다, 혹은 작다고 표현하여야 할 것이다. 즉, 건물을 대상으로 한다면 대지규모에 비하여 크다는 것인지, 주변 건물에 비하여 크다는 것인지, 혹은 도로 폭에 비하여 크다는 것인지를 명확히 하지 않는다면 앞서의 표현은 무의미한 것이 된다. 설사 의사소통이 되었다 하더라도 서로 간에 다른 의미로 받아들일 가능성이 얼마든지 있다.

디자이너간의 혹은 디자이너와 의뢰인간의 의사소통은 이러한 어휘의 부적절할 사용으로 인하여 비효율적으로 이루어지는 경우가 많다. 이러한 비효율성은 동일한 어휘를 서로 다르게 이해하고 있는 데서 발생한다. 보다 과학적인 설계가 이루어지기 위하여는 디자인언어에 대한 보다 과학적이며 보편적인 규명이 앞서야 할 것이다.

상대적인 크기를 이야기할 경우에 기준이 되는 크기보다 작을 때는 소규모(miniature scale), 클 때에는 대규모(super scale)라고 하며 기념물의 크기일 때에는 기념적인 규모(monumental scale)라고 말한다.

기념적인 규모라 함은 인간적인 규모를 넘는 매우 큰 규모를 말하는 것이 보통이나, 엄밀히 말하자면 크거나 작거나 관계없이 기념성을 나타내는 사물 혹은 공간의 크기를 기념적인 규모라 할 수 있다(Moore and Allen, 1976). 기념적인 규모란 기본적으로 크기에 관련된 표현이지만 크기 자체만 가지고는 기념적 규모가 성립되기 힘들다.

기념적 규모는 그 형태가 기념적인 의미를 내포함으로써 비로소 성립된다. 즉, 매우 단순한 형태, 수직적인 형태, 혹은 문화적 의미를 지닌 형태를 갖추고 일정한 크기를 지녔을 때 비로소 기념적인 규모라고 말할 수 있다.

인간적 척도라 함은 앞서 설명한 바와 같이 인간의 크기에 준하는 사물 혹은 공간의 규모를 말한다. 그러나 인간적 척도를 지닌 사물 혹은 공간의 크기가 정확하게 얼마라고 이야기하기는 매우 어렵다. 인체와 직접적 접촉을 갖는 사물, 즉 도구, 가구 등의 개략적인 크기를 말하기는 비교적 쉽다. 그러나 인간적 척도가 보다 일반적으로 사용될 경우 즉 건물의 크기, 혹은 중정의 크기에 관하여 인간이 느끼는 인간적 척도를 정확하게 숫자로 표현하기는 매우 어렵다.

이러한 어려움의 원인으로서 최소한 두 가지를 지적할 수 있다(Moore and Allen, 1976). 첫째로, 인간 자신의 크기가 사람마다 다르므로 일괄적으로 인간적 척도를 말하기가 어려우며, 둘째로, 일정 건물 혹은 공간이 인간적 척도를 지녔을 때는 친근감을 느끼는 것이 보통인데, 사람마다 개인차 혹은 문화적 배경에 따라 친근하게 느끼는 크기가 다름에 기인한다.

2. 친근감을 느끼는 규모(상대적 크기의 파악)

인간적 척도라 함은 보통 "친근감(親近感)을 느낄 수 있는 규모"라고 말한다. 친근감(親近感)은 말뜻 그대로 '친하고 가까운 느낌'을 말한다. 일정 대상에 대하여 친하고 가깝게 느낀다 함은 그 대상을 이미 알고 있다는 의미를 함축하고 있다. 더 구체적으로 말한다면 자신의 크기에 비한 그 대상의 크기를, 즉 자신의 크기의 몇 배가 되는지를 안다는 뜻이 된다. 이러한 관점에서 인간적 척도를 지니기 위하여 일정 사물 혹은 공간이 너무 큰 규모여서는 안 된다. 인간은 인간 자신의 크기와 어느 정도 비슷한 경우에는 크기 비교를 하기가 용이하나, 자신의 크기보다 훨씬 클 경우에는 정확한 비교를 하기 힘들다.

즉 단층집의 높이는 자신의 키보다 두 배 혹은 세 배 정도라고 쉽게 파악할 수 있으나, 20층 혹은 30층 정도의 고층건물의 높이는 자신의 크기와의 관계를 파악하기가 용이하지 않다(그림 7.10).

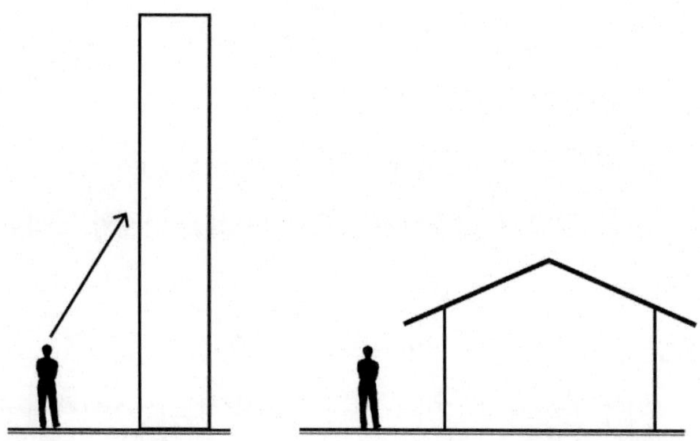

그림 7.10 규모가 너무 크면 자신의 크기와의 관계를 파악하기 힘들다.

따라서 인간적 척도이기 위해서는 인간 자신의 크기보다 너무 크지 않아서 인간자신의 크기와의 비례관계를 쉽게 인지할 수 있는 규모이어야 한다. 또한 인간적 척도를 지닌 사물 혹은 공간이라 할지라도 친근감을 느끼는 것은 그 사물 혹은 공간에 인접하여 있을 때 느끼는 것이지, 너무 멀리 떨어져 있으면 친근감 혹은 인간적 척도를 느끼기보다는 전체 경관의 일부분으로서 경관의 특성을 느끼게 될 것이다.

인간은 가까이 있을 때는 자신의 크기와 대상물의 크기와의 관계 파악이 쉬우나 너무 멀리 떨어져 있으면 크기의 관계 파악이 어려워진다(그림 7.11). 따라서 인간적 척도이기 위하여 대상물이 너무 멀리 떨어져 있지 않아서 자신과의 크기에 대한 관계 파악이 용이하여야 한다.

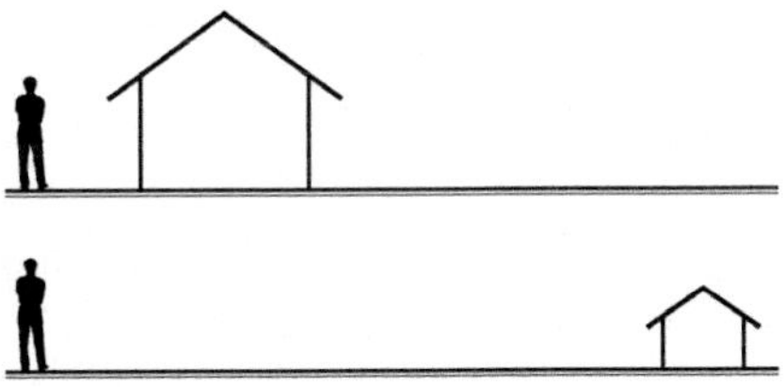

그림 7.11 너무 멀리 떨어져 있는 대상물은 그 크기의 파악이 어렵다.

건축물 혹은 조각물이 인간적 척도를 지니기 위해서는 건축물 혹은 조각 자체의 크기도 문제가 되지만 그 건축물 혹은 조각을 관찰하는 위치도 너무 멀리 떨어지지 않도록 하여야 한다. 중정과 같은 경우 중정을 둘러싸는 건물의 높이도 인간적 척도에 영향을 미치지만, 중정의 폭도 영향을 미친다. 중정의 폭이 너무 커지면 둘러싸는 건물로부터 너무 멀어지게 되어 건물크기의 파악이 어려워져 친근감을 느끼기 힘들며 따라서 인간적 척도를 벗어나게 된다.

일정 대상물의 인체에 비한 상대적 크기의 파악은 기본적으로 대상물 자체의 지각을 통하여 직접적으로 이루어진다. 그러나 많은 경우에 대상물과 인접해 있으며, 관찰자가 이미 알고 있는 크기의 물체와의 비교를 통하여 간접적으로 이루어지기도 한다. 즉, 실내에서는 가구 혹은 창문의 크기가 실내 공간의 크기를 파악하는 데 도움을 준다. 옥외에서는 벤치, 동물 혹은 다른 사람과의 비교를 통하여 건물 혹은 공간의 규모를 간접적으로 파악하는 경우가 보통이다. 따라서 정원에 나무와 잔디만 있는 경우보다는 어린이가 놀고 있다면 그 정원의 규모파악이 쉬워지며 더욱 친근감을 느끼게 된다.

이러한 사실은 투시도 작성에 이용된다. 즉, 건물 혹은 정원만 그렸을 경우는 그 규모의 파악이 어려우나, 자동차 혹은 사람을 그려 넣게 되면 전체 공간규모의 파악이 쉬워지고 보는 사람으로 하여금 친근감을 일으키게 되므로 투시도 작성에 많이 이용된다.

이상에서 살펴본 바에 의하면 인간적 척도이기 위해서는 크기 자체가 너무 커서는 안 되며, 관찰지점으로부터 너무 멀리 떨어지지 않도록 하여야 하며, 익숙한 크기의 사물을 대상물과 함께 배치하여 규모의 파악이 용이하도록 하여야 하며, 익숙한 크기의 사물을 대상물과 함께 배치하여 규모의 파악이 용이하도록 하여야 한다. 이밖에도 균형있는 비례를 유지함으로써 조화성을 지니게 된다면 인간적 척도에 더욱 가까워질 수 있을 것이다(그림 7.12).

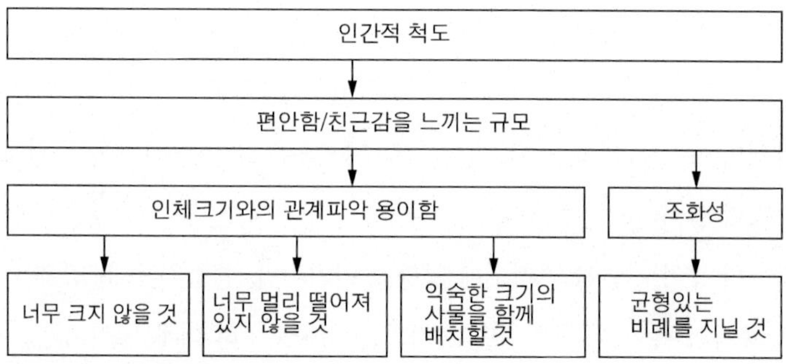

그림 7.12 **인간적 척도의 요건**

3. 인간적 척도의 연구

인간적 척도는 인간이 그 크기를 파악할 수 있는 크기 이내이어야 한다고 앞서 설명하였다. 그러나 그 크기가 구체적으로 얼마가 되어야 하는지를 말하기란 매우 어렵다. 그러나 디자이너들은 '인간적 척도' 라는 말을 예사로 사용하고 있으며 특정 규모의 대상에 대하여 '인간적 척도를 지녔다' 혹은 '인간적 척도를 넘는다' 라고 자연스럽게 이야기한다. 이러한 판단은 주로 디자이너들의 경험과 직관에 근거하여 디자이너 나름대로 상이한 기준을 적용하는 것이 보통이다. 인간적 척도에 관한 보다 과학적이며 체계적인 근거를 마련하기 위하여 디자이너 자신의 판단도 중요하겠으나 실제 이용자들인 일반대중이 어떻게 느끼는가를 조사함이 필요하다. 이러한 연구를 위해서 인간적 척도라는 어휘를 일반대중이 알기 쉬운 표현으로 바꾸는 작업이 우선 필요하다. 즉, 일반대중은 '인간적 척도' 가 무엇을 의미하는지를 잘 모르기 때문에 몇 가지 크기의 건물을 혹은 공간을 보여주고 인간적 크기에 해당되는 것을 선택하라고 한다면 많은 사람들은 어리둥절할 것이다.

인간적 척도를 앞서 언급한 대로 "친근감을 느끼는 규모"라고 정의를 내린다면(그림 7.12) 앞서의 연구는 다소 쉬워진다. 즉, '친근감' 은 비교적 보편화된 개념이기 때문에 몇 가지 크기의 건물 혹은 공간을 보여 주고 친근감을 느끼는 정도를 기록하게 한다면 일반대중은 별 어려움을 느끼지 않고 응답할 수 있다. 이러한 실험을 위하여 크기만 다르고 여타의 공간적 요소가 동일한 대상물을 상정하여야 하며, 인간적 척도가 반드시 친근감으로 대표될 수 있는지에 관한 타당성이 증명되어야 하는 등 여러 가지 어려운 문제가 뒤따르게 된다. 그러나 이는 매우 흥미있는 연구가 될 것이며 그 결과는 과학적 설계를 위한 하나의 기초를 쌓는 일이 될 것이다.

7.4 단위공간의 계획

본장의 7.1과 7.2에서 인간과 직접적인 접촉이 요구되는 공간의 규모는 인간 자신의 각 부분의 크기가 그 기준이 됨을 살펴보았다. 여기서는 이를 좀 더 구체적으로 살펴보기로 한다. 즉, 각종 공간의 이용목적 혹은 기능에 따라 원단위 규모가 어떻게 변하는가를 알아본다. 인간행태의 유형에 따른 기준치수를 살펴보기로 한다.

1. 높이와 인간행태

1 의자와 탁자

의자의 높이는 이용목적에 따라 다섯 단계로 나누어 볼 수 있다. 보다 높은 활동성이 요구될수록 높은 치수를 지니게 된다.

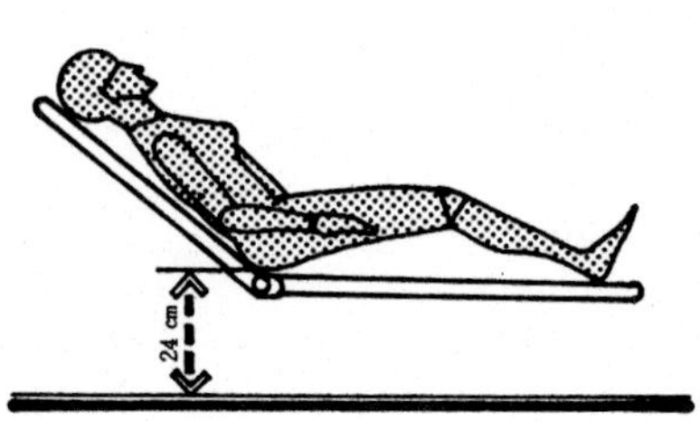

그림 7.13 해변가 의자

(1) 해변가, 수영장 등에서 일광욕 혹은 휴식을 취하기 위한 의자는 높이가 24cm 정도로서 가장 낮다(그림 7.13). 인체를 지지하는 수평면의 길이는 가장 길며 등받이는 수평면에 가장 가깝게 기울어 있다. 이 경우는 앉는다기보다는 드러눕는다는 표현이 오히려 적절할 것이다. 즉, 가장 정적인 행태를 위한 의자이다.

(2) 소파 등의 안락의자는 일상적인 담화 혹은 TV시청 등을 위한 것으로서 높이가 33~36cm 정도이다(그림 7.14). 인체를 지지하는 수평면 길이는 앞서의 경우보다 짧아지며 등받이는 보다 수직선에 가까워진다. 이런 유형의 의자에는 팔걸이가 부착되는 것이 보통이다. 이와 함께 이용되는 탁자의 높이는 39~42cm 정도이다.

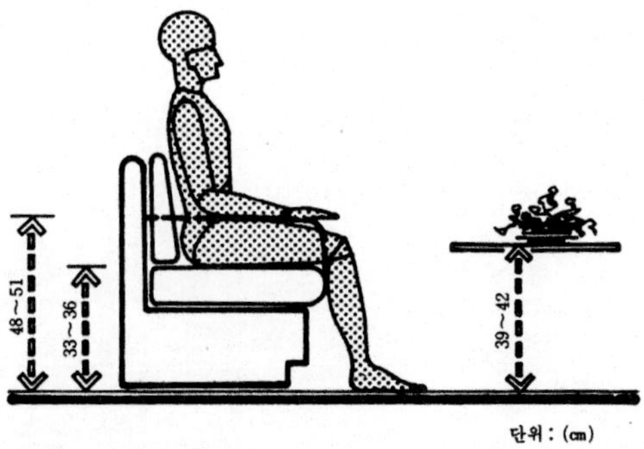

그림 7.14 안락의자

(3) 사무용 혹은 식탁의 의자는 높이가 42~45cm 정도로서 수평면 길이는 더욱 짧아지며 등받이는 거의 수직에 가까워진다(그림 7.15). 글을 쓰거나 타이프를 치는 등 비교적 정밀한 작업을 하는 데 쓰여진다. 야외용 벤치의 높이는 휴식의 기능을 지니므로 사무용 의자보다 다소 낮아서 39~42cm 정도로 한다. 짧은 시간 동안의 체재를 위한 경우는 등받이가 없는 경우도 많다. 사무용 의자와 함께 사용되는 탁자는 75cm 정도로서 의자에 앉아서 팔이 자연스럽게 놓이는 높이이다.

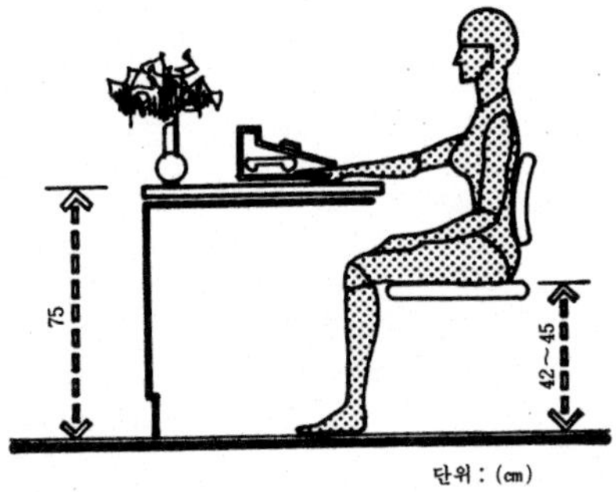

그림 7.15 사무용 의자

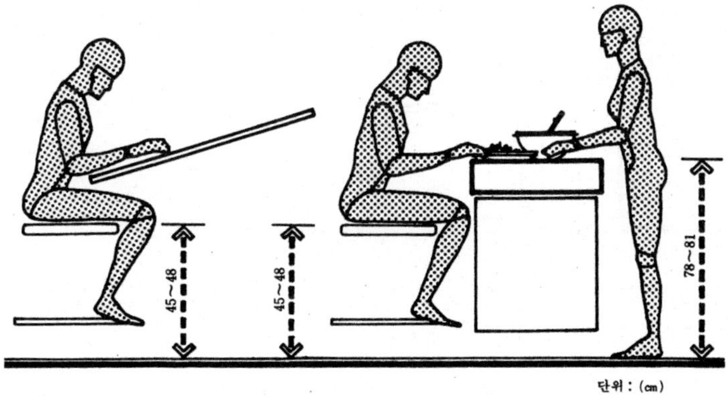

그림 7.16 작업용 의자

(4) 다음으로 높은 의자는 작업용 의자(stool)로서 45~48cm 정도이며 제도용 의자가 이에 속한다(그림 7.16). 이 높이는 무릎부터 발까지의 길이보다 길어서 중간에 발받이를 설치하는 것이 보통이다. 이와 함께 이용되는 탁자는 78~81cm 정도로서 경사면을 지닌 제도용 테이블 혹은 주방의 조리대가 이에 속한다. 이 높이의 탁자는 앉았을 경우 손바닥이 탁자 위에 자연스럽게 놓이게 되며 보다 동적인 작업을 할 수 있다. 이 높이는 주방의 경우와 같이 서서 작업하기에도 적당한 높이이다.

(5) 의자의 유형으로 가장 높은 것은 스텐드바에서 이용되는 의자이다(그림 7.17). 이 의자의 높이는 75~78cm 정도이며 작업용 의자와 마찬가

지로 팔꿈치가 있다. 이 의자에 앉게 되면 서 있을 경우와 높이가 비슷하게 된다. 이와 함께 이용되는 탁자의 높이는 105~114cm로서 의자에 앉았을 경우 팔꿈치가 자연스럽게 탁자 위에 놓이게 되며 턱을 자연스럽게 필 수 있는 높이이다. 이 탁자는 서 있을 경우에도 팔꿈치가 자연스럽게 놓이게 되어 글씨를 쓸 수 있는 정도의 높이가 된다. 따라서 탁자를 중심으로 앉아서 서비스를 받고 서서 서비스를 하는 경우(스탠드바) 혹은 양자가 마주서서 일을 처리하는(은행 혹은 우체국 접수대) 행태가 이루어진다.

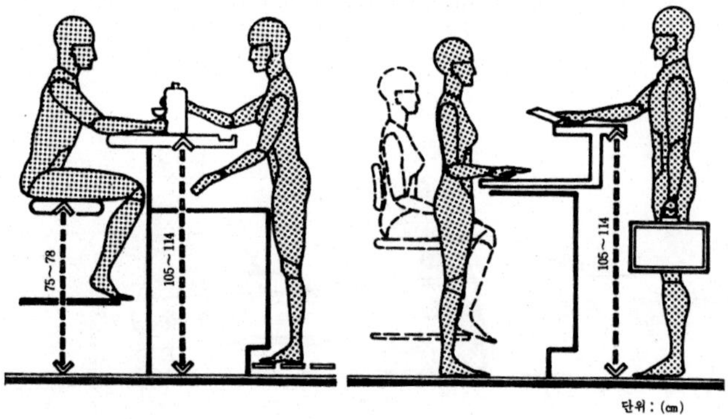

그림 7.17 **스탠드바 및 접수대**

2 계단

계단의 치수는 보폭과 관계가 있다. 즉, 발판(tread)의 길이에 계단높이(rise)의 두 배를 더한 것이 보폭 60~63cm 정도가 되도록 하면 가장 편안히 오르내릴 수 있는 계단이 된다.

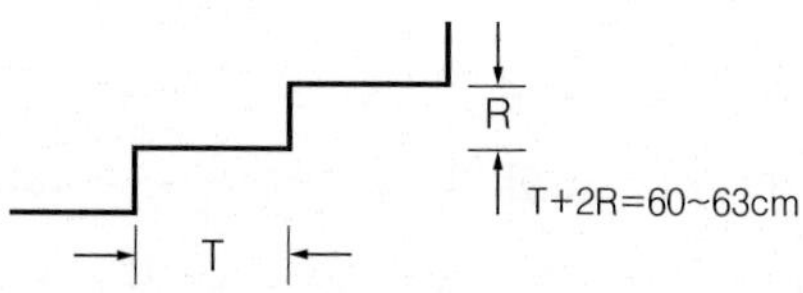

따라서 발판의 길이가 길수록 낮은 높이를 갖도록 하여야 한다. 계단을 설치할 때는 한 단(段)만 있을 경우는 잘 보이지 않아 위험하므로 최소한 2~3단(段) 이상을 설치하여야 한다.

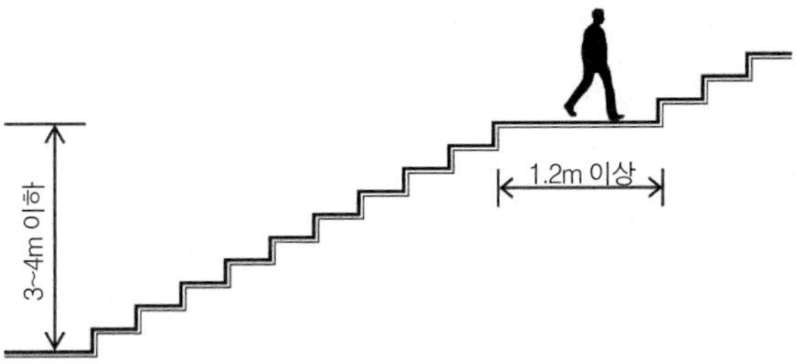

그림 7.18 **계단참의 설치**

계단을 오르는 일은 평지를 걷는 것보다 힘든 작업이므로 계단수가 많을 경우에는 중간에 계단참을 설치하여 쉬어서 올라갈 수 있도록 하며 동시에 안전을 도모하여야 한다. 계단참은 폭이 1.2m 이상이어야 하며 3~4m 높이마다 설치하는 것이 보통이다(그림 7.18).

경사로(ramp way)의 기울기는 자동차를 위한 경우는 설계속도에 따라 달라지나, 보행을 위한 경우는 12.5%(1/8)를 넘지 않는 것이 보통이다.

3 담장

담장 혹은 벽면의 높이도 행위유형에 따라서 달라지는데 네 단계로 나누어 볼 수 있다.

(1) 60cm 이하의 담장은 두 공간을 상징적으로만 분리할 뿐 두 공간 상호간의 통행이 가능하다. 이 경우는 원한다면 걸터앉을 수도 있는 높이로서 플랜터(planter), 연석(curb) 등이 이에 해당된다(그림 7.19).

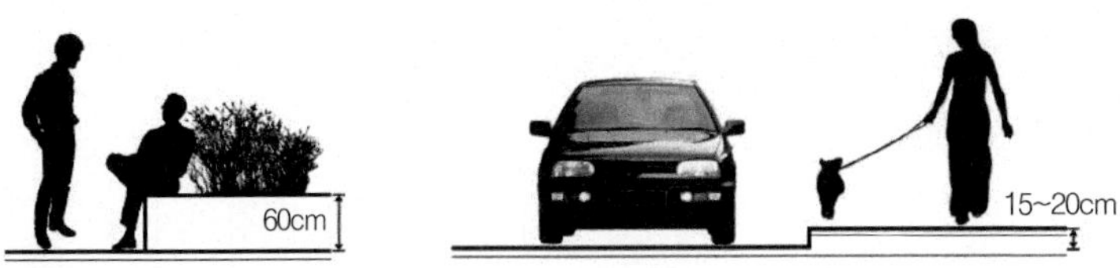

그림 7.19 **상징적 담장 혹은 경계**

(2) 1.2m 정도의 담장은 인체의 가슴부분에 해당되는 높이로서 두 공간의 상호 왕래는 힘들어지나 섰을 때의 눈 높이(1.5m)보다는 낮아서 시각적으로 개방된다. 이 높이의 의자에 앉았을 경우의 눈높이(1.1m)보다는 높아서 벤치 주변에 위요된 공간을 조성할 때 이용되는데, 높은 프라이버시를 요할 때는 이보다 높아야 한다(그림 7.20).

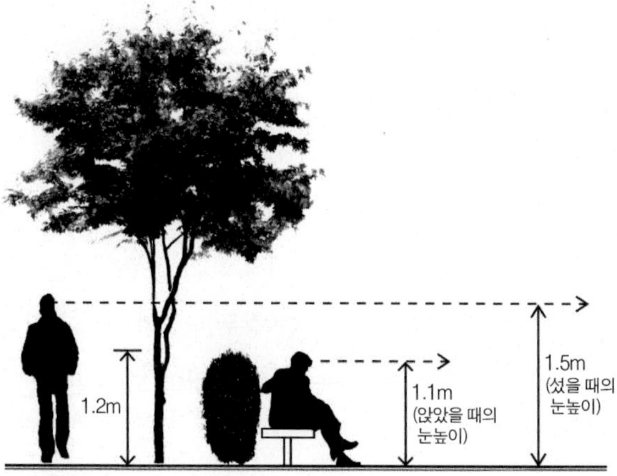

그림 7.20 **시선의 개방과 프라이버시 제공**

담장을 세울 때 혹은 생울타리를 할 때 눈높이인 1.5m는 가능한 피하고 이보다 높거나 낮은 것이 바람직하다. 눈높이의 벽은 벽 넘어가 보이지도 않고 안 보이지도 않아서 어중간한 느낌을 주게 되어 이러한 벽이 상당한 길이로 계속될 때에는 관찰자가 시각적 피로함을 느끼게 된다.

(3) 1.8m 정도의 담장은 시선보다 높아서 시각적으로 완전히 차단되며 높은 프라이버시가 요구될 때 이용된다.

우리나라 주택의 담장높이는 보통 1.8m 이상이어서 프라이버시가 높은 정원이 형성된다(그림 7.21). 서구의 주택이 일반적으로 정원을 시각적으로 개방하고 있는 것에 비교하면 흥미있는 현상이다. 정원의 시각적 개방은 마을 혹은 도시경관을 위하여 바람직하나 프라이버시의 측면에서는 문제가 있다. 따라서 우리나라 사람들의 생활습관을 고려하지 않고 강제로 정원을 시각적으로 개방하게 하는 것은 바람직하지 않다. 다만 학교, 공장, 관공서 등과 같은 기관의 정원은 시각적으로 개방함이 도시경관을 위해서 바람직할 것이다.

(4) 담장의 높이가 2.4m 이상 되면 손을 위로 뻗었을 때의 높이(2.16m)보다 높게 되어 보통의 방법으로는 넘어갈 수 없다. 고도의 안전도가 요구되는 경우에 이용되며 변전소, 교도소, 성곽 등이 이에 해당된다(그림 7.22).

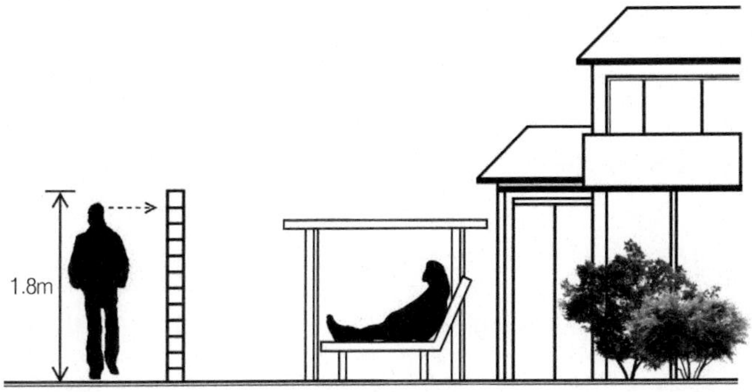

그림 7.21 시선의 차단과 높은 프라이버시의 제공

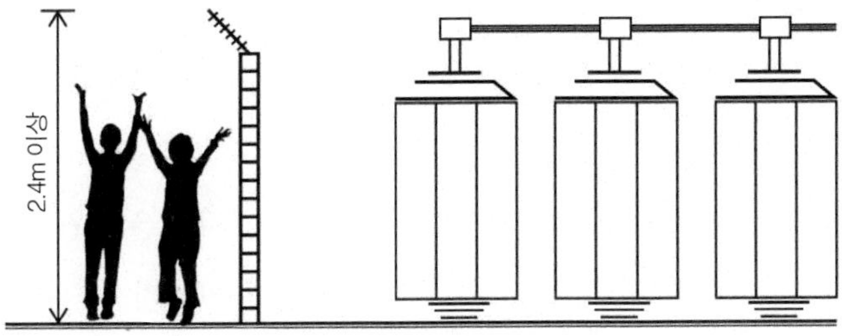

그림 7.22 침입에 대한 방어를 위한 담장(변전소)

2. 폭과 인간행태

사람의 어깨 폭은 42~48cm 정도 되므로 보도의 최소 폭은 60cm이어야 한다. 두 사람이 왕복할 수 있도록 하고자 한다면 1.2m가 최소 폭이 될 것이다(그림 7.23). 실내 복고 혹은 계단의 경우도 왕복이 가능하여야 하므로 1.2m폭이 최소가 된다.

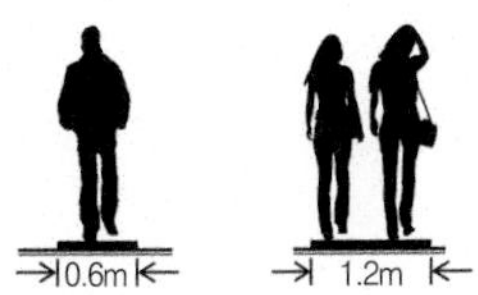

그림 7.23 보도의 폭

식탁 혹은 회의용 테이블의 크기도 인체를 고려하여 1인당 폭이 최소 60cm 정도가 되어야 한다(그림 7.24).

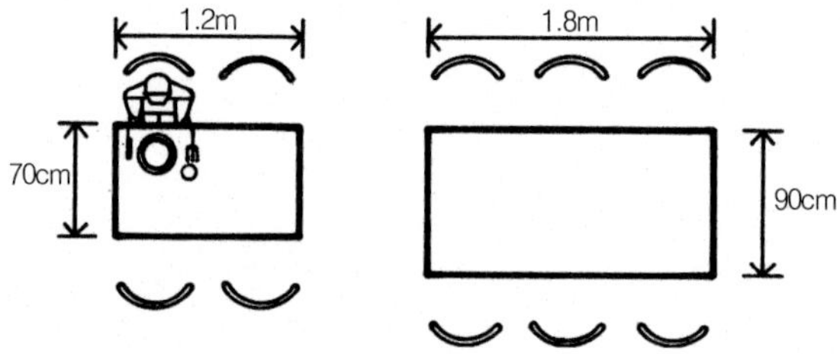

그림 7.24 **4인 및 6인용 식탁의 크기**

소형 승용차의 폭은 5인승의 경우 앞좌석을 기준으로 하는데 두 사람이 차지하는 폭에 변속기어 작동에 필요한 여유를 두어 보통 최소 1.4~1.6m가 된다. 따라서 뒷좌석에 세 사람이 앉을 경우에는 최소 폭 1.8m에 미달하게 되어 매우 좁게 느껴진다. 승용차 주차장의 폭은 90° 주차의 경우 차의 폭에 문을 여닫는 여유를 고려하여 최소 2.7m가 필요한데 고급 승용차의 경우 폭이 2m 가까이 되는 것도 있으므로 3m로 하면 충분하다(그림 7.25).

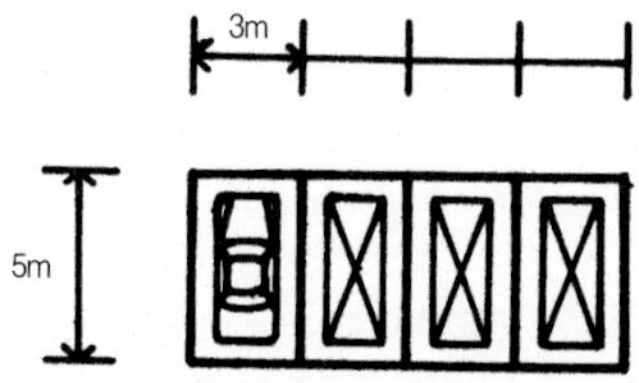

그림 7.25 **소형 승용차 주차장의 크기**

도로는 속도를 수반하게 되며 화물트럭 등 대형차들도 이용하므로 안전을 고려하여 옆 차와의 간격을 충분히 확보하여야 한다. 한 차선의 폭은 제한속도가 낮은 주택단지 혹은 공원에서는 3m를 최소로 하며 왕복 2차선인 경우에는 6m가 적당하다(그림 7.26). 고속도로에서는 한 차선을 3~4m로 하며 일방향 2차선용은 7.5m를 최소로 한다(그림 7.26). 두 경우 모두 회전되는 부분은 회전에 필요한 여유를 추가로 확보하여야 한다.

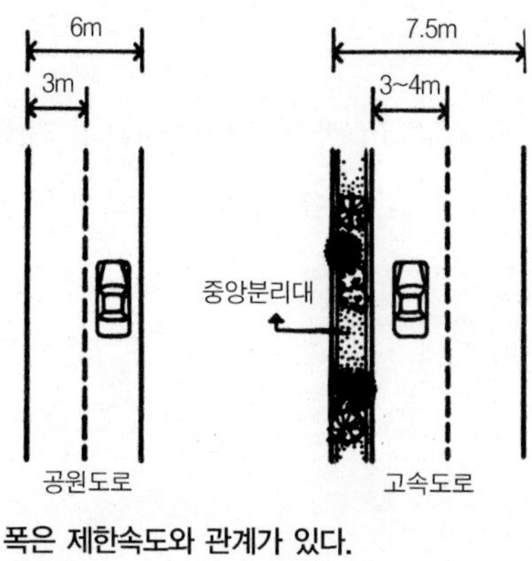

그림 7.26 **도로의 폭은 제한속도와 관계가 있다.**

3. 면적과 인간행태

인간의 활동유형에 따른 1인당 소유면적은 일정 면적의 수용가능 인원을 산정할 때나, 일정 인원을 수용하기 위한 총 소요면적을 산정할 때 매우 유용한 자료로 쓰인다.

사람이 앉았을 때 차지하는 면적은 어깨 폭 및 다리 놓음을 고려하여 직경이 60cm 정도 되는 원으로 볼 수 있다. 이를 기초로 하여 피크닉에 필요한 면적을 다음과 같이 계산해 볼 수 있다. 서양에서는 피크닉 테이블을 주로 이용하지만, 좌식생활에 익숙한 우리나라에서는 주로 바닥에 둘러앉아 식사 혹은 게임을 즐긴다.

보통 4~5인의 그룹이 많은데 4인을 기준으로 보면 둘러앉는 데에만 직경 2m의 원이 필요하며(그림 7.27), 여기에 배낭 등의 짐을 놓는 자리와 취사에 필요한 면적이 추가로 필요하다. 따라서 원형일 경우에는 직경 2.8m의 크기가, 장방형일 경우에는 2m×3m의 크기가 필요하게 되며 면적은 대략 6m² 정도가 되며 이것을 1인당 면적으로 환산하면 1.5m²가 된다(그림 7.28).

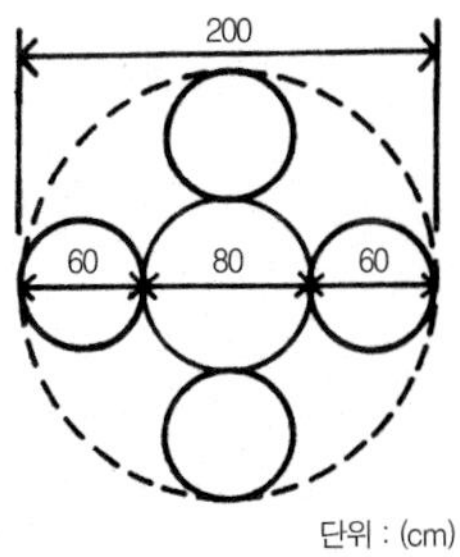

그림 7.27 둘러앉는 데 소요되는 면적

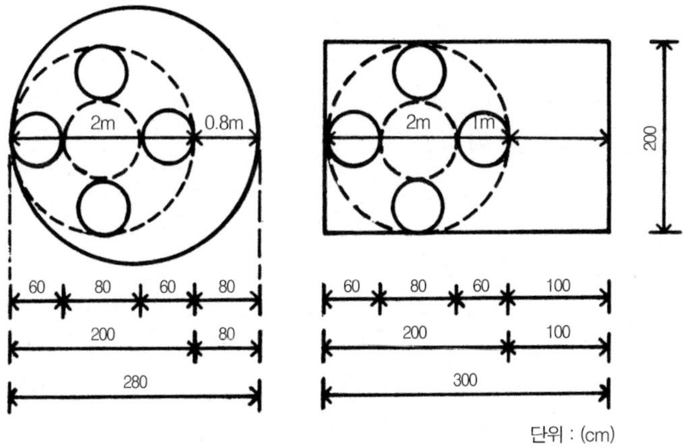

그림 7.28 원형 및 구형 피크닉장의 크기

이것은 관악산 입구의 피크닉 행태조사결과 1인당 1.6m²가 적당하다고 보고한 결과와 근사한 수치이다(침, 1985).

1인당 적정 소요면적을 산출함에 있어서는 특정 행위가 차지하는 물리적 공간의 크기를 고려함이 기본적이지만, 그룹별 행위가 일어날 때에는 행위자들이 느끼는 만족도가 별도로 고려되어야 한다. 즉, 물리적 행위 자체에는 지장을 주지 않으나 이용밀도가 너무 높거나 프라이버시가 침해된다면 만족도가 낮아지게 될 것이다.

피크닉의 경우를 예로 들면 동일 그룹의 혼잡과 타 그룹과의 혼잡의 두 가지를 생각해 볼 수 있다. 즉, 단위 피크닉장의 크기가 너무 작지 않아야 하며(그룹 내 밀도) 동시에 너무 많은 그룹이 좁은 장소에 몰려 있어서는 안 될 것이다(전체 밀도). 또한 프라이버시의 측면에서 다른 그룹과 너무 가까이 있게 된다면 그룹간의 프라이버시가 침해되어 만족도가 낮아질 것이다.

1인당 1.5m^{2}는 단위 피크닉장의 소요면적이며, 전체 피크닉장의 적정 밀도는 앞서 언급된 바와 같은 혼잡(crowding) 및 프라이버시 등 환경심리학적 인자를 고려하여 산정되어야 한다.

예를 들어 단위 피크닉장간의 최소적정거리가 10m라고 보고 평균 4~5인이 한 그룹이라고 본다면 전체 피크닉장의 밀도는 1인당 15~20m^2 이상이 되어야 한다. 여기에 운동장 등 부대시설이 따른다면 이는 별도로 고려되어야 할 것이다. 피크닉장은 주택과 같은 인간의 "반영구적인 영역"에 비하여 "잠정적인 영역"의 대표적인 예가 된다.

4. 볼륨(volume)과 인간행태

1 내부공간의 볼륨

내부공간 볼륨의 최소단위는 일정하게 이야기하기 힘드나 특수한 경우(화장실, 초소 등)를 제외하고는 1인용 방이 될 것이다. 드러누울 수 있고, 옷장, 책상 등 가구를 고려한다면 보통 3평(2.7m×3.6m : 9척×12척)의 방이 한 사람이 쓸 수 있는 최소의 크기가 된다. 이때의 방의 높이는 보통 2.4m(8척)를 많이 쓰고 있다(그림 7.29).

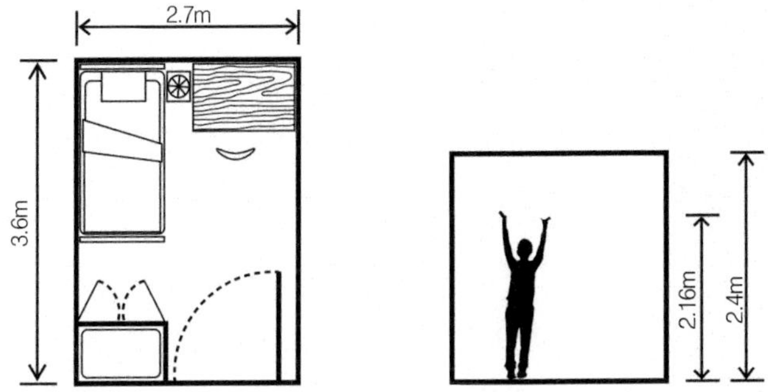

그림 7.29 **1인용 방 : 평면 및 단면**

이러한 단위볼륨을 수직적으로 확대하면 고층건물의 계단실 혹은 엘리베이터실과 같은 공간이 형성되어 매우 협소한 느낌을 주며 사람에 따라서는 소위 폐소공포증(claustrophobia)을 느끼게 된다.

단위볼륨을 수평방향으로만 확대하면 복도 혹은 열차와 같은 선적 공간이 형성된다. 이러한 공간은 역시 협소한 느낌을 주며 동시에 지루한 느낌을 주기 쉽다.

단위볼륨을 수직적으로, 그리고 동시에 수평적(평면적)으로 확대했을 경우에는 무도회장 혹은 대회의장과 같은 대규모 공간이 형성된다. 이와 같은 대규모 공간은 많은 사람이 동시에 이용할 때 적절하며, 한 두 사람만이 이러한 규모의 공간에 위치하게 된다면 공간의 규모에 압도당하고 말 것이다(그림 7.30).

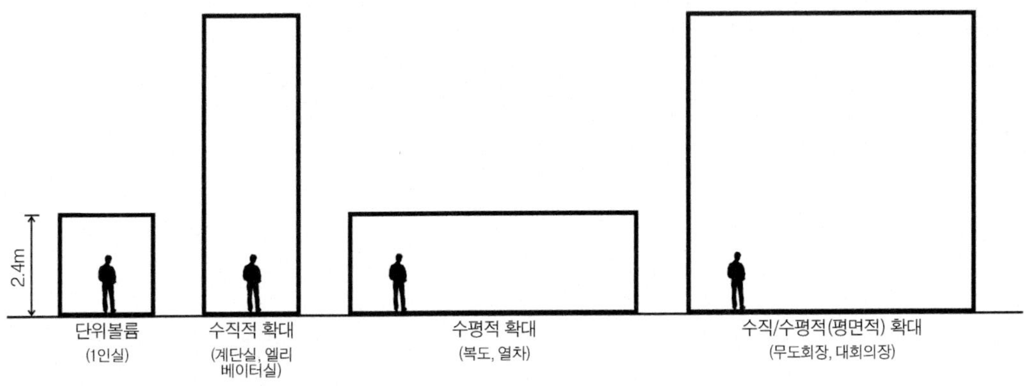

그림 7.30 **단위볼륨의 확대와 이용행태(실내 공간)**

사진 7.1 성당 내부 : 단위공간의 수직적 확대를 통한 상징적 공간의 창출(프랑스 노틀담 성당)

주택의 경우도 마찬가지로 사람에 따라 쾌적하게 느끼는 공간규모에 차이는 있겠으나, 가족 수에 비하여 너무 크게 되면 따뜻하고 친근한 가정의 분위기와는 멀어질 것이다.

경우에 따라서는 비인간적인 규모의 볼륨을 의도적으로 도입하여 장소의 특성을 강조하는 경우도 있다. 교회 혹은 성당에서는 단위볼륨의 수직적 및 일방향으로의 평면적 확대를 통하여 신비로운 감을 창출한다(사진 7.1). 이는 기능적인 필요보다는 상징적 의미를 갖는 공간으로서 하늘(하느님)로 향하는 인간의 의지와 열망을 표현하며 동시에 하늘로부터의 계시(천창을 통한 빛)를 암시한다.

2 외부공간의 볼륨

건물 주변에 형성되는 외부공간에서의 단위볼륨은 주택의 중정 혹은 테라스를 예로 들 수 있다.

외부공간의 최소볼륨을 일괄적으로 말하기는 어렵다. 그러나 주택의 중정을 단위볼륨으로 본다면 높이는 단층집 높이 정도일 것이며, 중정의 폭은 일조를 고려한다면 높이의 1.5배 이상은 되어야 중정으로서의 기능(식재, 일광욕 등)을 할 수 있을 것이다. 이렇게 본다면 집의 높이를 3.6m로 볼 때 중정의 폭은 5.4m 정도가 된다.

정방형의 중정을 생각한다면 9평의 크기가 최소의 외부 공간 볼륨으로 볼 수 있다(그림 7.31).

이러한 단위볼륨의 수직적 확대는 굴뚝 혹은 우물과 같은 공간을 형성하게 되며 매우 협소한 느낌을 주고 역시 폐소공포증을 일으키기도 한다.

단위볼륨의 일방향으로의 수평적 확장은 골목과 같은 선적인 공간을 형성하며 협소하고 지루한 느낌을 준다.

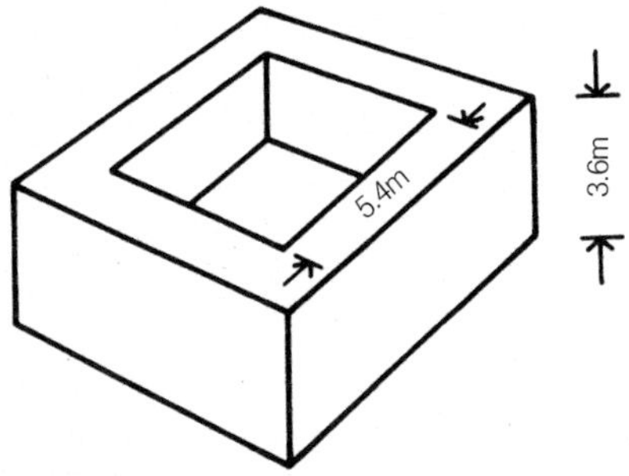

그림 7.31 외부공간의 단위볼륨

이와 같은 수직적 혹은 수평적으로 확대된 공간은 오늘날 대도시의 뒷골목을 형성하는 특징 중의 하나이다. 많은 고층건물이 세워지고 이들 건물 사이에 형성되는 비좁은 공간은 대로변에서는 잘 느끼지 못하나 건물 사이를 왕래하는 통행자들에게는 많은 심리적 부담을 주게 된다. 이러한 비인간적 공간의 형성은 현대 도시설계에서의 문제점 중의 하나로 등장하고 있다(사진 7.2).

사진 7.2 도시의 뒷골목 : 단위볼륨의 수직적 혹은 수평적 확대가 주는 비인간적 규모, 지루함 등은 현대도시구조의 문제점 중의 하나이다(서울시 관악구).

단위볼륨의 수직적 그리고 평면적 확대는 광장과 같은 공간을 형성하게 된다. 이러한 공간은 현대도시구조에서 악센트(accent)를 주며 동시에 도시공간의 리듬을 형성한다. 교통광장, 기념광장, 휴식광장 등은 가로망 중심의 선적인 도시구조 내에서 면적인 요소의 역할을 한다(그림 7.32).

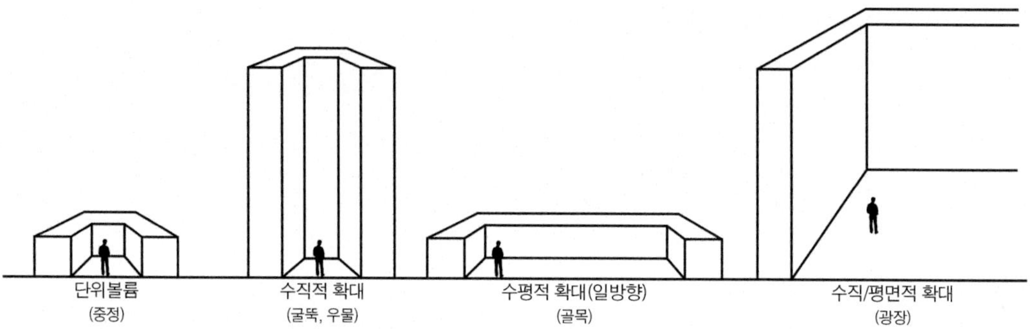

그림 7.32 **단위볼륨의 확대와 이용행태(외부공간)**

3 자유공간의 볼륨

자연공간의 최소규모 역시 일정하게 이야기하기 어려우나 퍼골라 혹은 오솔길을 예로 들 수 있다. 역시 인간이 이용하는 측면에서 본다면 높이는 사람들 왕래에 지장이 없도록 한다면 2.4m 정도는 되어야 할 것이며 폭은 두 사람이 여유있게 앉거나 왕복한다면 1.8m 이상이 되어야 할 것이다(그림 7.33).

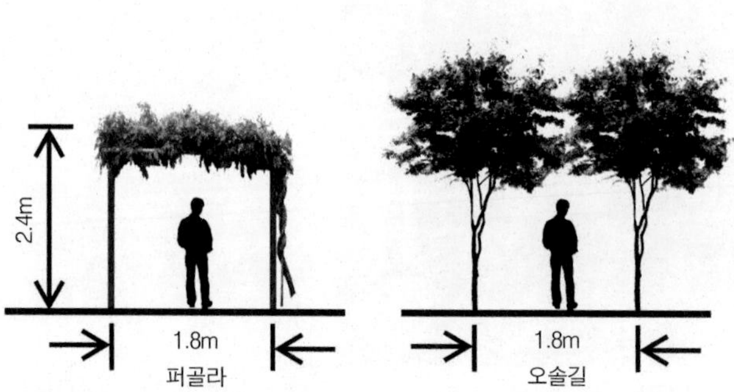

그림 7.33 **자연공간의 최소볼륨**

이러한 단위볼륨의 수직적 확대는 가로수가 식재된 지방도 혹은 국도와 같은 공간이 될 것이며, 경우에 따라서는 절벽으로 이루어진 깊은 계곡이 될 것이다(사진 7.3). 단위볼륨의 평면적 확대는 교목으로만 이루어진 울폐도가 높은 숲속 혹은 교목을 밀식시킨 공원 같은 경우가 될 것이다. 즉, 울폐도가 높아 수직방향으로는 공간이 한정되나 수관 밑으로 공간이 열리게 되어 낮고 넓은 공간이 형성된다.

단위볼륨의 수직적, 평면적 확대로는 운동장, 잔디광장 등을 들 수 있다. 주위에 높은 나무가 둘러싸며 가운데 넓은 평지가 형성되어 공간의 볼륨은 최대가 되며 개방감은 절정에 이른다(그림 7.34).

사진 7.3 지방도는 단위볼륨의 수직적 확대를 나타낸다.

그림 7.34 단위볼륨의 확대와 이용행태(자연공간)

이상에서 살펴본 바와 같이 인간이 이용하는 모든 공간은 그 기본단위가 인체 혹은 인간행위와 밀접한 관계가 있다. 모든 공간은 인체가 중심이 된 단위치수, 면적 혹은 볼륨에 비추어 보아서 그 공간의 특성을 파악할 수 있으며 이용행태를 이해할 수 있다. 여기서 언급된 기본단위들은 다소 임의성이 있음을 배제할 수 없으므로, 앞으로 이에 관한 보다 깊은 연구가 이루어져서 이용행태에 적합한 공간 규모의 설정이 이루어져야 하겠다.

제품생산과 관련된 인간공학 분야에서의 체계적 연구는 많이 이루어졌다고 볼 수 있으나, 적정 공간(혹은 환경) 규모에 관하여는 보다 체계적이며 과학적인 연구가 아직은 미흡한 실정이다.

공간의 규모에 따른 인간의 심리적, 생리적 변화에 대한 본격적인 연구를 통하여 행태별 적정규모의 공간설정을 위한 과학적 기초를 마련하여야 하겠다.

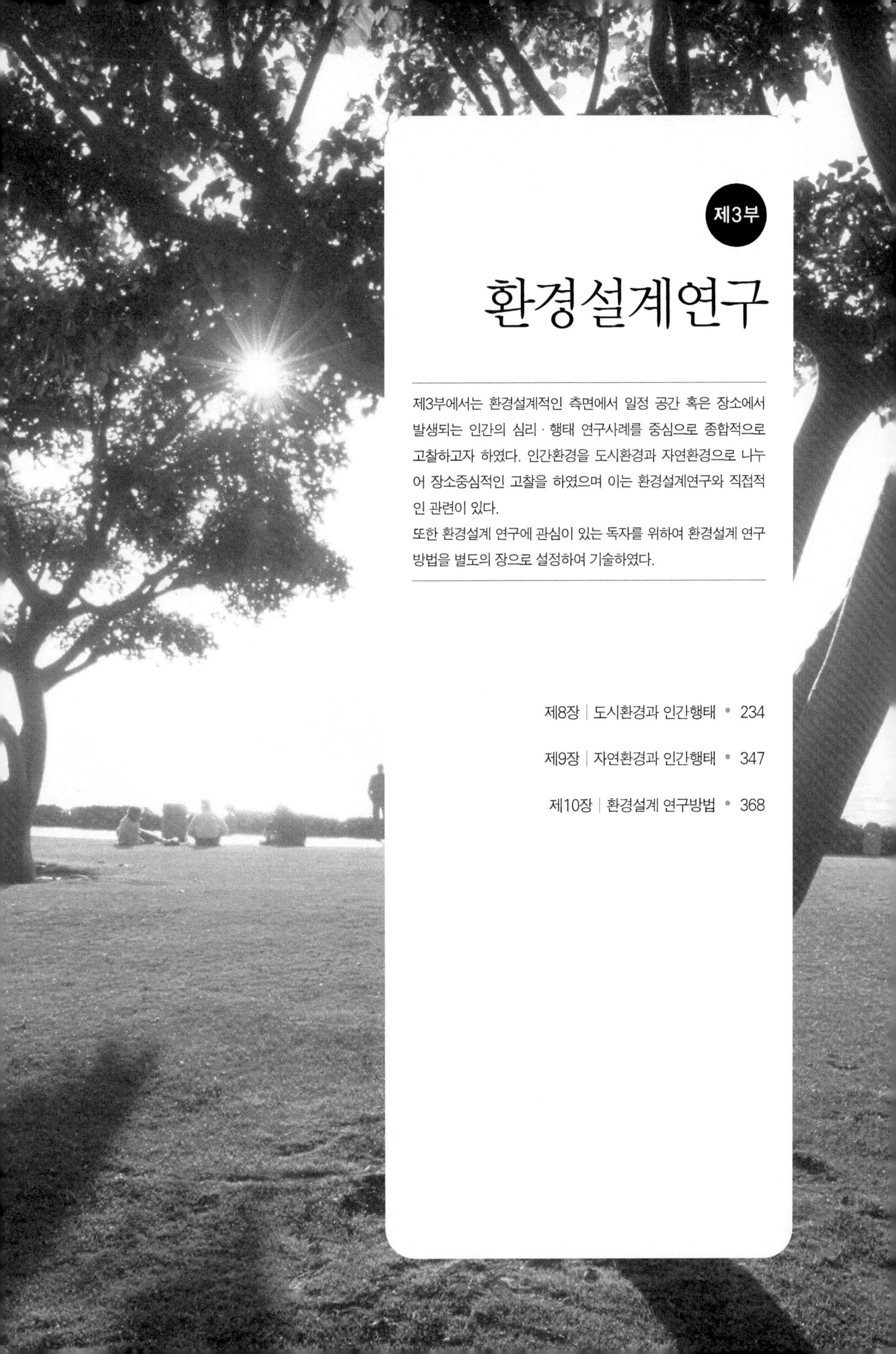

제3부

환경설계연구

제3부에서는 환경설계적인 측면에서 일정 공간 혹은 장소에서 발생되는 인간의 심리 · 행태 연구사례를 중심으로 종합적으로 고찰하고자 하였다. 인간환경을 도시환경과 자연환경으로 나누어 장소중심적인 고찰을 하였으며 이는 환경설계연구와 직접적인 관련이 있다.
또한 환경설계 연구에 관심이 있는 독자를 위하여 환경설계 연구방법을 별도의 장으로 설정하여 기술하였다.

Chapter

8 도시환경과 인간행태

도시환경은 다양한 인공구조물과 높은 인구밀도로 특정지워진다. 현대사회가 복잡해짐에 따라 도시를 구성하는 공간의 유형이 복잡 · 다양해진다. 각각의 공간 유형은 도시인의 특정 활동을 지원해 주며, 도시인의 정신적, 신체적 활동에 영향을 미친다.

본장에서는 도시를 구성하는 공간들이 도시인에게 어떠한 심리적 · 행태적 영향을 미치는가를 살펴보기로 한다. 도시를 구성하는 모든 공간요소를 언급하기에는 어려움이 있으므로, 기존의 연구를 중심으로 주거환경에 관하여 주로 논하고자 한다.

8.1 실의 구성

1. 방과 가구배치

방의 크기와 형태는 한 번 지어진 후에는 변형시키기가 매우 힘들지만 가구 등은 자유스럽게 이동하여 방의 구성을 변화시키기가 용이하다.

방의 친근감(friendliness)을 조사한 한 연구에 의하면 천장의 기울기, 창문의 크기 및 위치, 의자의 배치 등이 친근감을 판단하는 데 중요한 인자로 보여지고 있다(Wools, 1970). 이 연구는 실내 투시도를 이용하여 영국 스코틀랜드의 주부와 건축과 1학년 학생을 대상으로 이루어졌는데, 경사진 천장은 편평한 천장보다 친근감이 높았으며, 경사진 천장에서는 높은 천장 아래에 있는 의자가 낮은 천장 아래에 있는 의자보다 친밀감이 높게 나타났다. 의자의 형태보다는 의자의 배치가 친근감 판단에 중요한 역할을 하며, 자연스러운 배치가 사무실 같은 엄격한 배치보다 친근감이 높게 나타났다. 이 실험에서 친근감이 가장 높게 나타난 투시도와 가장 낮게 나타난 투시도는 그림 8.1에서 볼 수 있다.

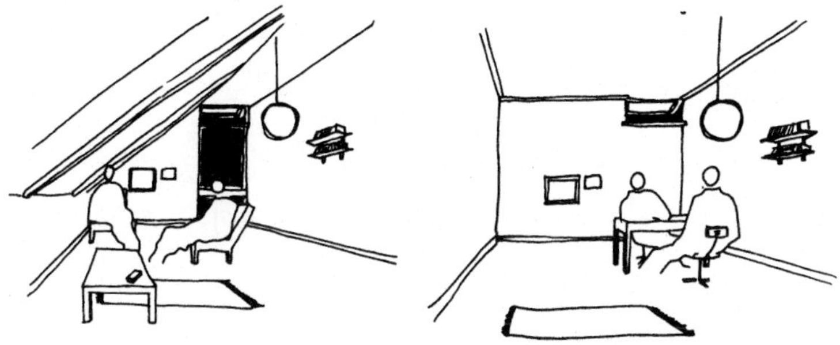

그림 8.1 친근감이 가장 높은 투시도(좌)와 가장 낮은 투시도(우)(자료 : Wools, 1970, p.53)

일반적으로 담화를 위해서는 마주보고 앉는 경향이 많은 것으로 믿어진다. 기다란 소파 두 개를 마주 보게 놓았을 때, 두 사람이 담화를 하기 위하여 앉는 위치는 두 소파의 간격이 90cm 미만일 경우에는 마주보고 앉으며 90cm 이상 멀어질 경우에는 한 소파에 나란히 앉는 것으로 고찰되었다(Sommer, 1959, 1962 - Heimstra & Mcfarling, 1978에서 재인용).

한편 소파 대신에 4개의 의자를 두 개씩 마주보고 놓았을 경우에도 그 전의 경우와 마찬가지로 마주보는 거리가 옆 의자와의 거리보다 작거나 같을 때에는 마주보고 앉는 것이 일반적으로 나타났다(그림 8.2).

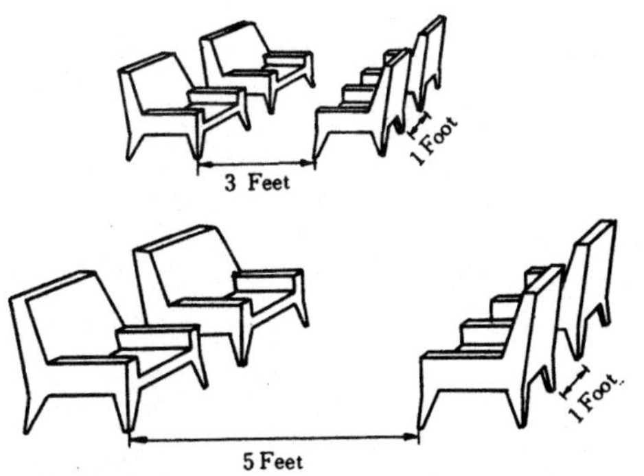

그림 8.2 의자의 배치가 의자선택에 영향을 미친다 : 윗그림과 같이 가깝게 마주보게 되면 대화를 위하여는 마주보고 앉는 경우가 많으며, 아랫 그림처럼 대화에 지장을 줄 정도로 멀어지면 옆으로 나란히 앉게 된다(자료 : Heimstra & Mcfarling, 1978, p.58).

즉, 마주보는 거리가 대화에 지장이 생길 만큼 멀지 않을 경우에는 옆으로 아무리 가깝게 의자가 있어도 마주앉는 것이 보통이다. 이는 대화 시에 목소리뿐만 아니라 시각적 접촉이 큰 역할을 하는 데 기인한다고 볼 수 있다. 그러나 이것은 보통 사람과의 대화의 경우에만 해당되는 것이고 가령 연인 사이나 어머니와 아이들 사이의 경우에도 해당되리라고 볼 수는 없다. 오히려 연인 사이에는 의자 배치에 관계없이 옆으로 앉는 경우가 많을 것으로 추측된다.

2. 교실의 배치

초등학교의 전통적인 교실 배치가 교육효과를 높이는 최선의 방법이 아닐 수도 있음이 지적되고 있다. 칠판을 향하여 일렬로 책상이 배치됨으로써 생기는 문제점은 다음과 같이 열거된다(Heimstra & Mcfarling, 1978).

① 학생들은 앞의 학생에 가려서 교사가 무엇을 하는지 보지 못할 수가 있다.

② 교사로부터 멀리 떨어져 있는 학생들은 그 교실 혹은 주제로부터 소외된 느낌을 갖게 될 수 있다.

③ 학생들은 다른 학생들을 보거나, 듣는 데 지장을 받게 될 수 있다. 뒤에 앉은 학생은 앞에 앉은 학생의 질문이나 대답을 듣기 어려우며 앞에 앉은 학생은 다른 학생들의 반응을 보기가 힘들다.

④ 모든 학생들이 교사를 향하여 앉으므로 교사의 역할이 너무 강조된다.

⑤ 움직임이 수반되는 교과는 지장을 받는다.

전통적인 교실배치에서 의자의 위치에 따른 학생들의 교과에의 참여도를 보면 교사를 중심으로 중앙부 및 좌우 측면의 세 부분으로 나누었을 경우 중앙에 앉은 학생들의 참여도가 좌우 측면에 앉은 학생들에 비하여 높게 나타났다. 또한 앞줄에 앉은 학생의 참여도가 뒷줄에 앉은 학생의 참여도보다 대체로 높게 나타났다(Sommer, 1969 ; 그림 8.3).

앞에서와 유사한 방법으로 전통적인 교실 배치에서 학생들을 대상으로 연구된 바 있다. 이 경우에도 교수와 가까운 앞줄에 앉을수록 성적이 높았으며 양열의 줄보다는 가운데 줄에 앉은 학생의 성적이 높았다(그림 8.4).

이러한 현상은 앞줄에 앉은 학생일수록 해당과목에 대한 흥미를 많이 가지고 있으며, 또한 교수와의 시각적 접촉 기회가 많으므로 뒤에 앉은 학생보다는 주의집중이 잘 되며, 강의내용의 전달이 보다 충실이 이루어질 수 있기 때문으로 보여진다.

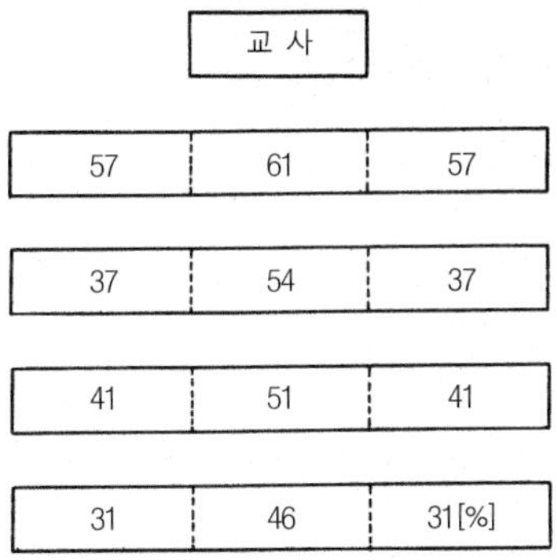

그림 8.3 전통적인 교실의 의자배치와 참여도(자료 : Sommer, 1969, p.118)

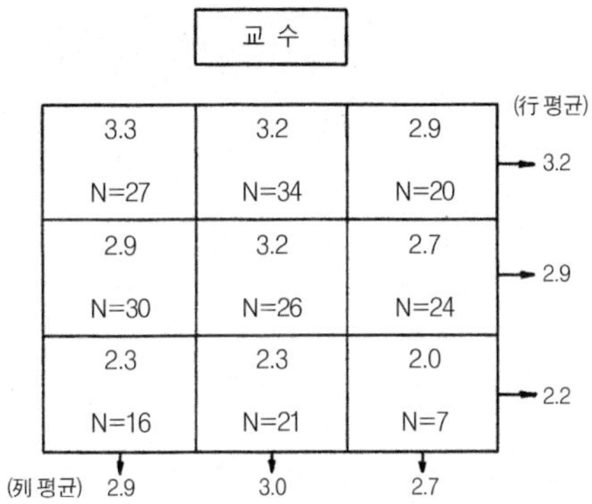

그림 8.4 의자의 위치에 따른 학생성적(A=4, B=3, C=2)(자료 : Sommer, 1974, p.94)

이상에서 지적된 전통적인 교실 배치의 문제점을 인식하게 되면서 개방교실의 개념이 대두되었으며, 새로운 교육개념을 뒷받침하는 개방적 교실 배치가 등장하게 되었다(그림 8.5). 개방적 배치를 가진 학교를 "벽이 없는 학교(school-without-walls)"라고도 부른다(사진 8.1).

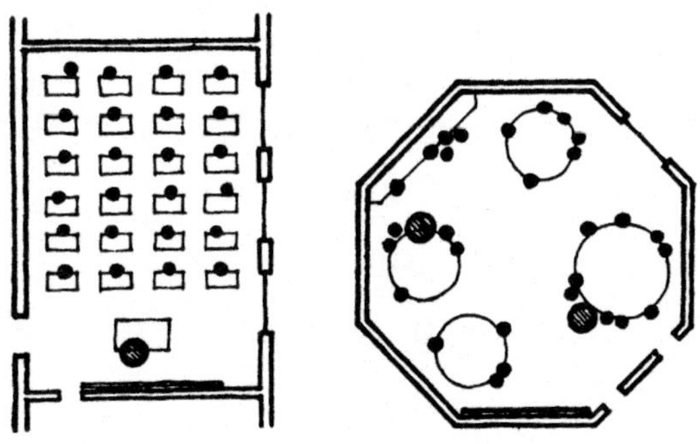

그림 8.5 교실의 전통적 배치(좌)와 개방적 배치(우)(자료 : Moore, 1979, p.67)

사진 8.1 **개방교실**

개방교육은 다음의 개념을 포함한다(Moore, 1979).

① 몇 명의 교사가 팀을 이루어 공동 지도를 한다.
② 학생을 연령별로 나누지 않고 교육내용 혹은 성취정도에 따라 나눈다.
③ 성취정도에 따라 진급시킨다.
④ 개인별로 지시한다.
⑤ 학생이 스스로 배우도록 유도한다.
⑥ 공간적, 시간적 자유를 준다.

전통적 교실에서도 개방교육의 개념을 어느 정도까지는 구현할 수 있겠으나 개방교실이 개방교육의 개념을 더욱 충실히 뒷받침할 수 있음은 물론이다. 개방교실에서는 개개의 교실을 벽으로 구획짓지 않으며 따라서 시각적으로 모든 교실이 개방된다.

일반적으로 개방교실에서는 다음과 같은 장점이 있다(Moore, 1979).

① 학생들이 교사 및 다양한 교육환경에 보다 많이 접할 수 있다.
② 학생들이 보다 다양한 규모의 그룹으로 작업할 수 있다.
③ 학생들이 학교 전체를 더욱 잘 이해할 수 있다.
④ 교사들 상호간에 서로 배우며, 유대감을 높일 수 있다.
⑤ 공간을 다목적으로 이용할 수 있다.

개방교실에는 이상에서 언급된 장점만이 있는 것이 아니라 단점 또한 지니고 있다(Moore, 1979).

① 학생들이 배움 이외의 일에 소모하는 시간이 많아진다.

② 학생들이 더 많은 소음을 느낀다.

③ 학생들이 시각적 방해를 받아 산만해진다.

④ 학생이나 교사들이 자신의 환경을 제어하기가 어려워진다.

이상의 단점으로 인하여 최근에는 완전히 개방된 교실로부터 점차 반쯤 개방된 교실 배치가 등장하고 있다. 즉, 전통적 교실과 개방된 교실의 단점을 보완하고 장점만을 살릴 수 있는 절충된 형태의 배치에 관심이 모아지기 시작하였다. 적당한 높이의 이동식 칸막이를 설치하여 완전히 폐쇄되지도 않고 완전히 개방되지도 않은 교실에서는 완전 개방으로 인한 단점들을 어느 정도 보완할 수 있게 된다.

이상에서 언급된 개방교실은 한 학급이 10~20명 정도의 소규모인 경우에 가능하며 우리나라의 경우와 같이 한 학급이 60명 이상인 경우는 실현되기 어려운 점이 있다. 그러나 우리나라에서도 유치원 혹은 유아원 같은 경우는 가능하다고 보여지며 실제로 개방교육의 개념이 많이 도입되고 있음을 볼 수 있다.

이상에서 살펴본 교실의 배치에 관한 고찰은 물리적 환경이 인간행태(교육효과)에 지대한 미침을 보여 주는 좋은 예라 하겠다.

3. 사무실

사무실 배치에 있어서도 개방교실의 개념과 유사한 개방사무실의 개념이 1950년대부터 구미에서 시작되었다.

사무실용 고층건물이 많이 세워지면 한 층 거의 전부를 칸막이가 없이 하나의 사무실로 이용하는 경향이 우리나라에서도 일반화되어가고 있다. 이와 같은 커다란 실내에 쾌적한 분위기를 갖도록 화초 혹은 수목을 도입하였을 경우는 '조경된 사무실(landscaped office)' 이라고 불린다.

칸막이를 하여 소수 혹은 개인용 공간을 여러 개 만드는 전통적인 폐쇄적 사무실에 비하여 개방적 사무실은 타인과의 접촉을 많게 하고, 타부서의 일을 알게 되어 회사 전체의 흐름을 보다 정확하게 파악할 수 있다.

또한 사무실 조경 등을 통하여 보다 넓은 공간감을 느끼게 하며, 부서별 인원의 축소와 증가에 유연성 있게 대처할 수 있는 등의 여러 가지 장점이 있다(그림 8.6).

그러나 개방된 사무실은 소음과 프라이버시의 관점에서 심각한 문제가 있음이 지적되고 있으며, 많은 사무실 근무자들이 폐쇄형의 사무실을 선호하고 있음이 밝혀지고 있다.

개방형의 사무실과 폐쇄형의 사무실을 비교하여 보면 다음과 같다 (Moore, 1979).

① 회의를 제외한 대부분의 사무 관리에 소요되는 시간은 양자의 경우 별 차이가 없다.
② 사무능률에 별 차이가 없다.
③ 개방형의 경우 근무자 상호간의 협동 및 대화가 증대된다.
④ 개방형에서 더 큰 긴장감과 산만함을 느끼는 사람이 있다.
⑤ 개방형에서는 더 많은 감독과 감시를 받는다고 느끼는 사람이 있다.
⑥ 관리직에 있는 사람들의 대부분은 명확한 자신의 영역성의 결여로 인하여 신분이 낮아졌다고 생각한다. 따라서 시선 및 소리차단을 위한 칸막이를 희망한다.
⑦ 사물을 이용한 영역표시행위가 증대된다.
⑧ 양자에 대한 선호에 있어서 개인차가 많으며, 따라서 개방형을 선호하는 사람이 있는 반면, 폐쇄형을 선호하는 사람도 있다.

최근에는 이들 양자의 단점을 보완하고 장점을 살린 절충형이 많이 등장하고 있다. 즉, 눈높이보다 낮은 칸막이를 개인별 혹은 그룹별로 설치하여 개인별 프라이버시를 높이면서도 전체적인 업무협조가 원활하게 되도록 하는 방법이 이용되고 있다(사진 8.2). 그러나 이상의 세 가지 중 어느 하나가 모든 경우의 사무실에 적합하다고 볼 수는 없으며 사무실의 특성 및

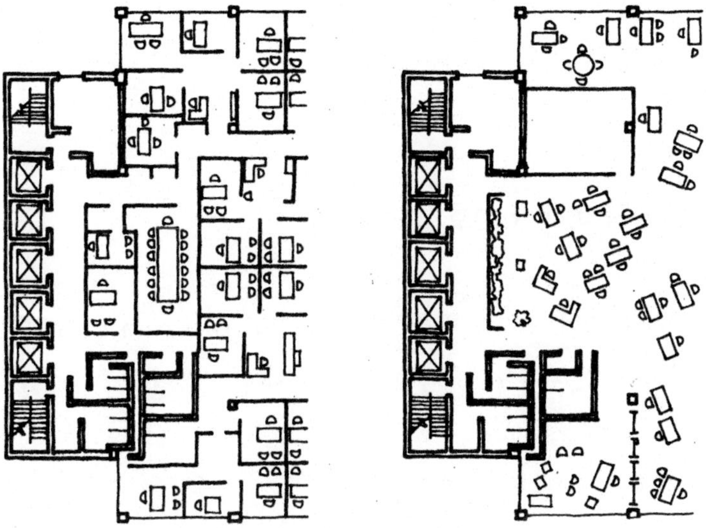

그림 8.6 폐쇄적 사무실과 개방적 사무실의 예(자료 : Moore, 1979, p.68)

사진 8.2 개방형과 폐쇄형을 절충한 사무실

구성원의 특성에 따라서 적절한 방법을 택해야 할 것이다.

개방형의 사무실은 높은 프라이버시나 영역성이 요구되지 않거나, 개인적 혹은 업무상 특성이 비교적 동질적인 경우에 이용됨이 바람직하다.

폐쇄형의 사무실은 경영자의 경우, 혹은 협동이 필요치 않은 개인 작업이 요구되는 경우에, 또는 상호 이질적인 작업을 할 경우에 이용됨이 바람직하다.

절충형의 사무실은 양자의 중간에 해당되는 것으로서 좁은 공간을 효율적으로 이용할 경우에 많이 이용된다.

8.2 중정의 비례와 선호도

아시하라, 지테, 린치 등은 중정의 적정높이 비(W/H)로서 2~3을 주장한 바 있다. 이는 과학적인 근거를 바탕으로 하였다기보다는 주로 경험적, 직관적 고찰에 의지한 것이다.

본 절에서는 과학적인 실험을 통하여 시각적 선호가 높은 중정비례를 규명하는 과정을 보여 주고 있다.

전통적으로 받아들여지고 있는 적정높이 비 2~3은 도심보다는 건축 밀도가 낮은 대학캠퍼스, 중 · 고등학교, 아파트단지와 같은 장소에서는 부적합하며 5~9 정도의 비례가 시각적인 측면에서 바람직한 것으로 나타났다(Im., 1986).

1. 연구배경

1 연구목적

현대 도시는 많은 건축물이 세워지고 이들 건축물에 의하여 크고 작은 중정 및 광장이 형성된다. 따라서 건물 상호간의 관계에 의하여 조성되는 중정 혹은 광장이 도시경관 및 환경을 지배하는 주요인자가 된다. 본 연구는 이들 중정 혹은 광장의 적정공간비례를 고찰함으로써 도시공간의 구성에 기초적 자료를 제공함을 기본목표로 하여 다음의 사항을 포함한다.

(1) 시각적 질의 측정방법 연구

(2) 모의조작기법 연구

(3) 중정의 비례와 선호도의 관계성 연구

(4) 중정의 설계기준 연구

본 연구는 환경설계의 제반문제 중 극소한 일부분을 다루고 있으나, 이러한 성격의 연구가 계속되고 축적됨으로써 설계자의 독단을 최소한으로 줄이고 보다 과학적, 합리적인 인간환경의 조성에 기여하게 될 것이다.

2 연구방향

본연구와 관련된 기존의 연구는 크게 둘로 나누어 연구방면의 측면에서 시각적 선호(visual preference)에 관한 연구와, 연구대상의 측면에서 중정에 관한 연구로 나누어 볼 수 있다.

시각적 선호라 함은 쾌락감(hedonic value)의 일종으로서 시각적 환경에 대한 좋아하거나 싫어하는(like-dislike) 정도를 말하는 것이며 일정 환경에서의 시각적 질은 이용자들의 그 환경에 대한 시각적 선호에 달려 있다고 말할 수 있다(임, 1984. b : Im, 1983).

시각적 선호는 환경에 대한 미적 반응(aesthetic response)의 일종이며 이에 관련되는 변수는 물리적, 추상적, 상징적, 개인적 변수의 넷으로 크게 나누어진다(임 1984. a : Im, 1983).

시각적 선호가 환경설계에 본격적으로 응용된 예는 거의 없으나 시각자원관리 분야에서는 많은 연구가 행해졌다(예 : Buhyoff & Leuschner, 1978 ; Buhyoff & Wellman, 1980 ; Carls, 1974 ; Dearinger, 1979 ; Shafer, et al., 1969). 이들 연구는 주로 식생 혹은 물 등의 물리적 요소의 다소가 경관의 시각적 선호에 미치는 영향에 관한 것이었다. 시각적 선호의 측정으로서는 행태측정, 정신행리측정, 구두측정의 셋으로 크게 구분할 수 있으며, 이 가운데에서 구두측정이 주로 이용된다(Berlyne, 1974 ; Feimer, 1981). 구두측정에 기초하여 선호도 값을 계산하는 기법으로서는 SBE기법(Daniel & Boster, 1976), 쌍체비교기법(Guilford, 1954) 등이 있다.

시각적 선호의 계량화를 통한 예측모델이 환경계획, 설계, 관리를 목표로 다수 연구되어졌으며 이 예측모델은 설계대안의 비교평가, 경관도 작성 등에 매우 유용함이 밝혀지고 있다(예 : Peterson, 1967 ; Shafer, et al., 1969 ; Im, 1983 ; Im, 1984). 한편 중정에서의 시각적 효과에 관련된 연구는 두 가지로 나누어 볼 수 있다. 첫째로는 중정에 국한되지 않고 단순히 건물의 높이와 관찰지점까지의 떨어진 거리와의 비례(D/H)에 따른 시각적 효과에 관한 것이다(Hegemann & Peets, 1922 ; Spreiregen, 1965).

둘째로는 중정을 둘러싸는 건물의 높이와 중정의 폭의 비례에 따른 시각적 효과에 관한 것이다. 스프라이레겐(Spreiregen, 1965, p.75)은 중정의 건물높이와 관찰거리의 비례(D/H)가 1일 때(앙각 45°)에는 매우 폐쇄된 느낌을 받고, D/H=2일 때(앙각 27°)가 폐쇄감(sense of enclosure)을 느끼는 한계치가 되며, D/H=3에서는(앙각 13°) 폐쇄된 공간 외에도 중정밖의 물체까지도 지각한다고 하였으며, D/H=4에서는 공간은 폐쇄력을 상실하며 주위 벽면의 기능이 울타리와 같이 되어 장소감(sense of place)을 대신 느끼게 된다고 하였다. 스프라이레겐은 관찰거리(D)를 계산할 때 관찰위치가 중정 내의 어디인지를 명확히 밝히고 있지는 않으나 그가 제시한 그림을 미루어 볼 때 중정의 중앙에 위치한다고 가정하였음에 틀림없다. 즉, 관찰거리(D)는 중정폭(W)의 1/2 지점에 위치한다고 가정한 것 같다. 이상의 가정에 따라 앞서 언급된 건물높이와 관찰거리의 비례(D/H)를 건물높이와 중정의 폭의 비례(W/H)로 환산한다면 W/H=2일 때 매우 폐쇄된 느낌을 받으며, W/H=6에서는 중정의 공간 및 중정 밖의 물체도 지각하게 되며, W/H=8에서는 폐쇄감 대신 장소감을 느끼게 된다고 말할 수 있다.

아시하라(Ashihara, 1970)는 지테(Sitte, 1945)가 주장한 바 있는 "도시 광장(square or plaza)의 폭은 광장 내 주 건물 높이의 최소 1배부터 최대 2배 이내이어야 한다."는 사실이 자신의 견해와도 일치한다고 하였으며 이는 W/H 비례가 1~2일 때가 도시 광장에서 가장 적절하다는 이야기가 된다. 이때 H는 평균높이가 아니고 주 건물의 높이이기 때문에(주 건물은 보통 제일 높다) H를 광장을 둘러싸는 건물의 평균높이로 환산한다면 도시 광장에서의 W/H의 적정비례는 1~2보다 훨씬 커질 것이다.

린치(Lynch, 1975)는 위요된 옥외 공간(external space)에서 W/H 비례가 2~3일 때가 가장 쾌적(comfortable)하며 W/H 비례가 1보다 적을 때에는 우물 혹은 웅덩이 같은 기분을 느끼며 W/H 비례가 4보다 커지면 위요감이 상실된다고 하였다. 이는 H를 평균높이로 했을 때의 아시하라의 주장과 적정비례의 측면에서 거의 일치한다고 보여 진다. 즉, 2≪W/H≪3일 때가 위요된 공간의 적정비례라는 점에서 일치하고 있다. 그러나 W/H=8일 때 폐쇄감이 없어진다는 스프라이레겐의 주장과는 상이한 점이 있다.

한편 대학캠퍼스 중정에서 비례(W/H)와 시각적 선호의 관계를 조사한 결과, W/H 비례가 10 정도일 때 최대의 시각적 선호를 나타내고 있음이 보고되었다(Im, 1983). 그림 8.7에서 보는 바와 같이 서로 다른 공간비례(W/H)를 갖는 7 장소의 중정에 대한 시각적 선호도의 조사 결과 양자간에 "거꾸로 된 U자(inverted U-shape)"의 관계가 있음이 드러났다.

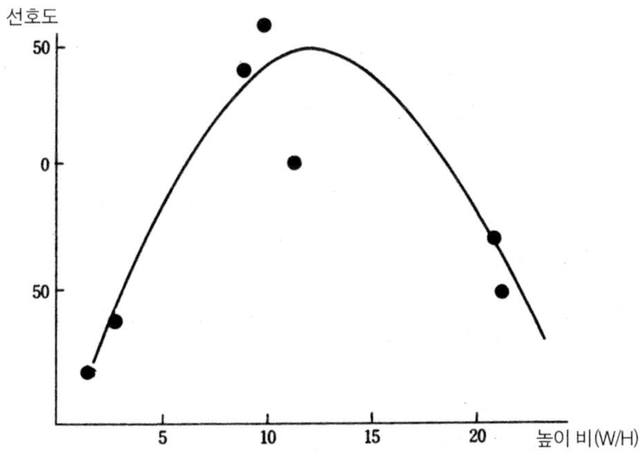

그림 8.7 시각적 선호와 높이비의 관계(자료 : Im, 1983, p.125)

이 결과는 아시하라, 지테, 린치가 주장한 적정비례(W/H) 2~3보다 휠씬 큰 비례에서 높은 선호도를 나타내고 있음을 말하는 것으로서 이를 보다 체계적으로 규명하고자 함이 본연구의 중심과제이다.

2. 연구방법

본 연구에서는 중정의 높이 비(W/H)와 시각적 선호의 관계성을 연구하기 위하여 가상의 중정 및 실재하는 중정에 대한 두 가지의 실험을 계획하였다.

실험 I

투시도를 통한 연구 : 16종류의 높이 비(W/H : 1/2~20) 및 세 가지의 건물층수(3층, 5층, 12층)에 따른 48장의 중정 투시도를 작성하여 슬라이드로 만들었으며, 층별로 30명씩의 피험자 집단을 무작위 추출하여 선호도 값을 계산하고, 비례와 선호도의 관계를 비선형 회귀분석에 의하여 분석하였다.

실험 II

실재하는 중정을 통한 연구 : 서울대학교 관악캠퍼스 내에 실재하는 중정을 7개소 선정하여 슬라이드 촬영을 하고, 피험자를 조절집단(30명)과 실험집단(30명)으로 나누어 선호도 값을 계산하고, 비례와 선호도의 관계를 비선형 회귀분석에 의하여 분석하였다.

1 용어의 정의

사람에 따라서 '중정' 혹은 '높이 비'에 대하여 서로 다르게 이해하고 있는 경우가 많으므로, 이들 용어에 관한 정의를 우선적으로 내릴 필요가 있다.

본 연구에서는 다음과 같은 용어의 정의가 채택되었다.

중정 : 중정은 건물에 의하여 둘러싸여진 옥외공간을 말하며, 가로 폭(긴 폭)이 세로 폭(짧은 폭)의 두 배를 넘지 않으며, 둘러싸는 건물의 평면길이가 중정둘레길이의 60%를 넘는 경우를 말한다(Im, 1983).

높이 비 : 높이 비는 중정의 평균 폭을 건물의 평균높이로 나눈 것을 말한다. 평균 폭은 중정의 가로 폭과 세로 폭을 곱한 것의 제곱근으로 산출했다.

$$\text{평균 폭(W)} = \sqrt{\text{가로 폭} \times \text{세로 폭}}$$

평균높이는 둘러싼 건물의 중정에 면한 측면적의 합을 중정의 경계길이의 합으로 나누어 산출했다.

$$평균높이(H) = \frac{건물의\ 측면적의\ 합}{중정의\ 경계길이의\ 합}$$

2 투시도를 통한 연구(실험 I)

(1) 투시도 작성 : 투시도를 통한 연구의 장점은 여러 가지가 있으나 그 중 가장 중요한 것은 시각적 선호에 영향을 미치는 높이 비 이외의 물리적 변수를 제어함으로써 높이 비의 변화에 따른 시각적 선호의 변화를 용이하게 관찰할 수 있는 점이다.

본 연구에서는 중정의 형태를 건물로 완전히 둘러싸인 정사각형으로 가정하였으며, 건물의 높이는 층고를 4m로 하였다. 따라서 3층 건물은 12m, 5층은 20m, 12층은 48m가 되었다. 다음 각층별로 중정의 폭이 건물높이의 1/2, 1, 2, 3, 4, 5, 6, 7, 8, 9, 10, 12, 14, 16, 18, 20배 되는 경우를 2점 투시도법에 의한 투시도로 작성하여 층별로 16장씩 총 48장을 작성하였다.

투시도를 작성함에 있어서 중요한 고려사항은 사람이 실제 보는 것과 가능한 같게 표현하는 것이었다. 정상인의 시야는 코를 대칭으로 좌측 눈과 우측 눈이 동일한 범위를 볼 수 있다.

즉, 두 눈 모두 상측시각은 45 하측시각은 65° 정도이며, 외측시각은 85° 내측시각은 60°이다(Vaughan & Asbury, 1977 ; 그림 8.8).

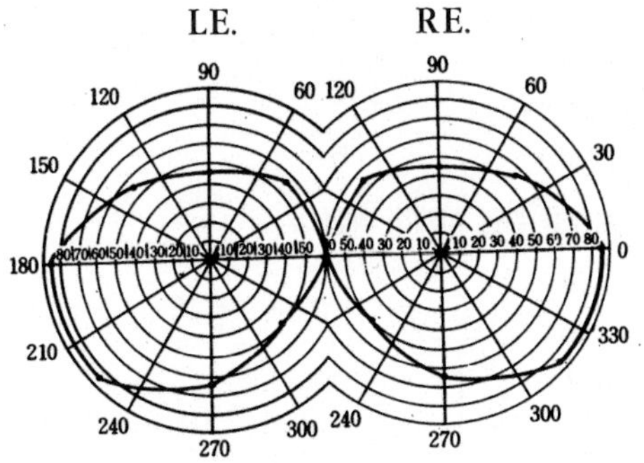

그림 8.8 정상인의 시각

따라서 좌우 두 눈이 함께 보는 각도는 수평면에서 볼 때 120° 정도가 된다(그림 8.9).

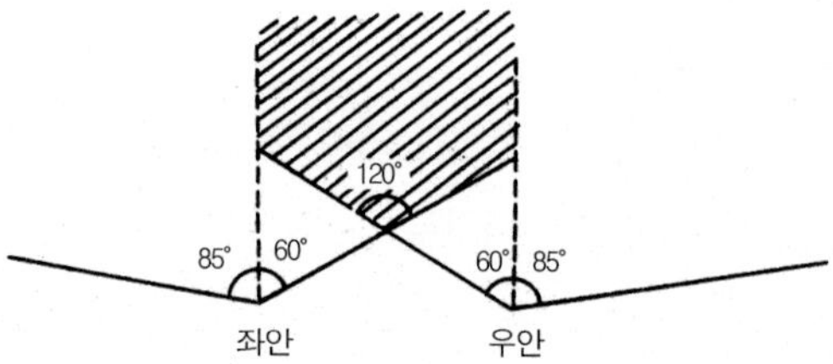

그림 8.9 **양안의 수평시계**

그러나 사람은 이상에서 언급된 시각 이내의 것을 모두 동시에 지각하지 못하며 시야손실이 따르게 된다. 실제의 지각에서 주의집중을 하여 보는 범위는 이보다 훨씬 줄어들게 된다. 따라서 본 연구에서는 수직각은 상하 각각 30°로 하였으며(Ashihara, 1970), 수평각은 좌우 각각 50°로 하여 투시도를 작성하였다(Vaughan & Asbury, 1977 ; 그림 8.10).

2점 투시도법을 적용함에 있어서는 서면(picture plane : PP)과 관찰지점(station point : SP)과의 거리는 15m로 하였으며, 눈높이는 서있는 사람의 눈높이인 1.5m로 하였다. 중정 내의 관찰지점은 가로 폭의 3/4, 세로 폭의 4/5로 하였다(그림 8.11).

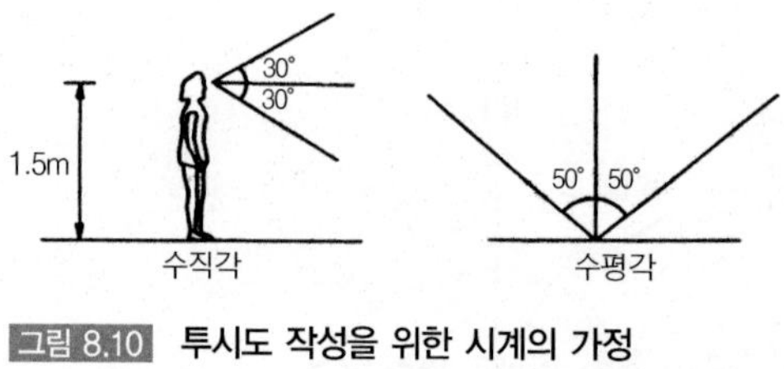

그림 8.10 **투시도 작성을 위한 시계의 가정**

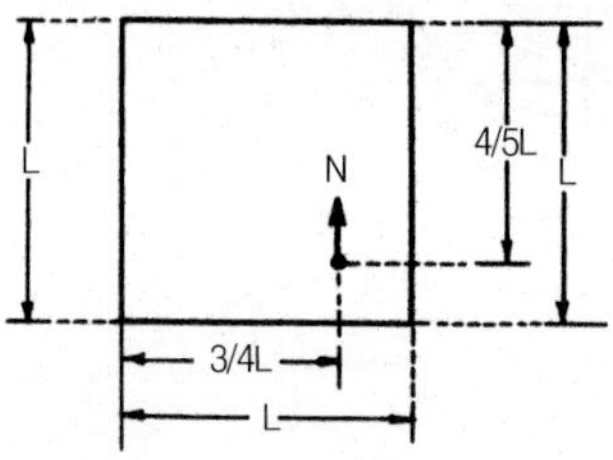

그림 8.11 **투시도 작성을 위한 관찰지점의 선정**

건물에 의하여 생기는 그림자는 북위 35°에 있어서의 하지 오전 10시의 그림자를 모든 투시도에 적용하였다.

중정의 바닥면은 잔디면으로 가정하였으며 건물에 균일한 크기의 창문을 넣었다. 따라서 투시도에 나타나는 것은 하늘과 건물, 건물의 창, 잔디면 그리고 건물에 의해 생기는 그림자 뿐이었다.

건물 외곽선이 다 그려진 후에 건물은 갈색, 잔대는 녹색, 하늘은 엷은 파란색으로 채색하였으며, 완성된 투시도를 촬영하여 원색 슬라이드로 작성하였다(그림 8.12).

(2) 피험자표본 및 모의조작 : 본 연구를 위한 피험자로서는 서울대학교 농과대학 학생들이 선정되었으며 여러 과에서 무작위로 추출하였다. 전문가집단(건축가, 조경가)은 일반인과 상이한 반응을 보이는 것으로 판단됨으로(Buhyoff, et al., 1978 ; Arthur, 1977), 조경학과 학생은 피험자에서 제외되었다. 각 층별(3층, 5층, 12층)로 각각 30명씩이 선정되었다.

피험자들은 암실에서 각 슬라이드마다 8초 동안 관찰한 후에 8초 동안에 사진에 대한 평가를 기록하였다. 관찰시간으로서는 5초 내지 10초 정도가 적당한 것으로 보고되고 있다(Daniel & Boster, 1976 ; Im, 1983).

(3) 설문지 구성 : 본 연구에서 사용된 설문지는 슬라이드 관찰평가와 자유응답의 두 부분으로 나누어진다. 슬라이드 관찰평가는 좋아하는 정도를 1부터 10까지의 10단계로 나누어 좋아하는 정도가 가장 낮을 경우는 1을, 가장 높을 경우는 10을 기록하도록 하였다. 자유응답에서는 슬라이드 평가가 모두 끝난 후에 슬라이드 내의 물리적 요소 중 좋아하는 요소를 임의로 기록하도록 하였다.

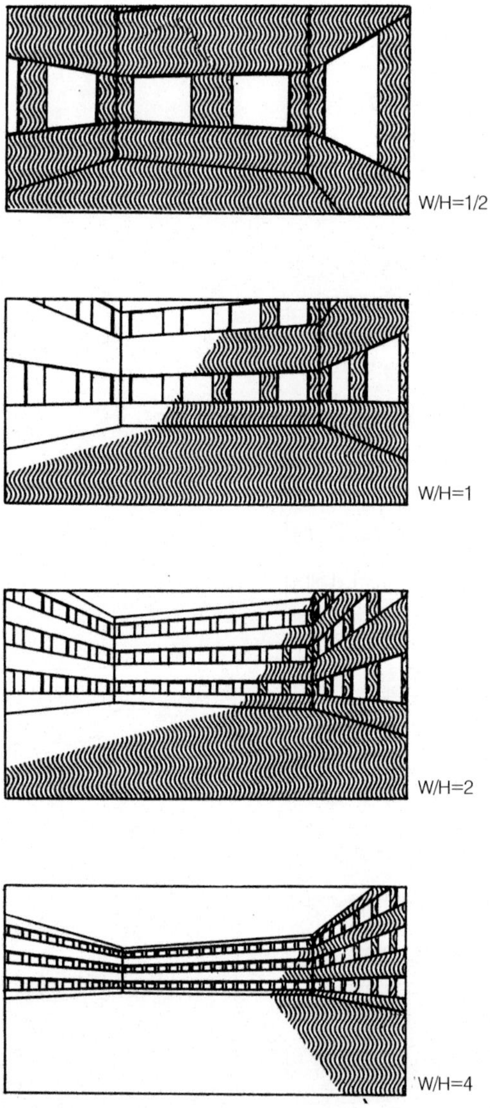

그림 8.12 a) 모의조작에 이용된 투시도

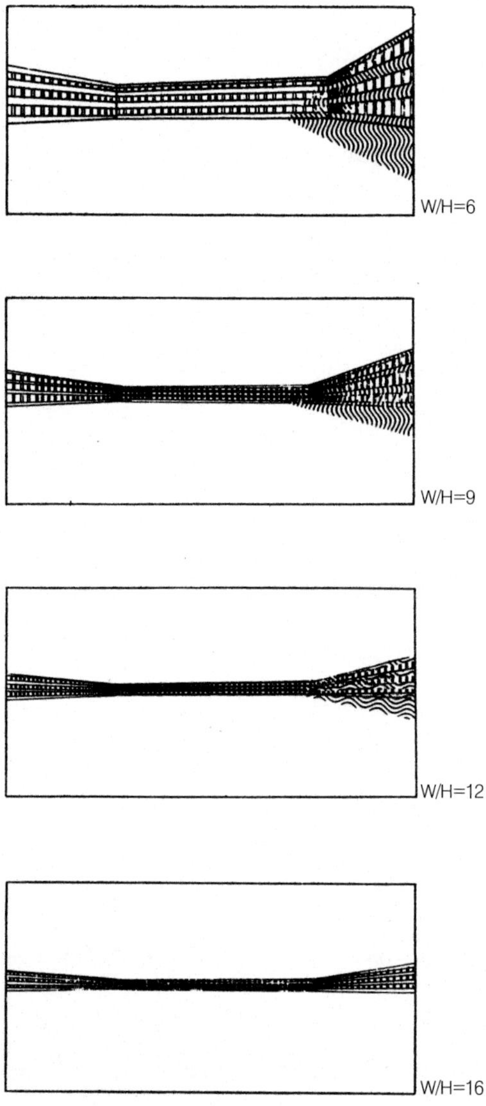

b) 모의조작에 이용된 투시도

(4) 분석방법 : 슬라이드 평가 자료로부터 SBE(Scenic Beauty Estimation) 기법을 이용하여 선호도 값을 계산하였다(Daniel & Boster, 1976). SBE기법을 적용함에 있어서는 Apple-Ⅱ 마이크로 컴퓨터를 이용한 SBE프로그램을 작성하였다.

이들 선호도 값은 서울대학교 농과대학 전산실의 HP-3000컴퓨터를 이용한 LISA프로그램을 통하여 상관분석, 회귀분석을 시행하였다.

3 실재하는 중정을 통한 연구(실험 II)

(1) 대상지 선정 : 서울대학교 관악캠퍼스 내에 존재하는 중정 7개소가 본 연구의 대상지로서 선정되었다(그림 8.13).

대상지 선정 시 주된 고려사항은 중정의 구성요소(건물의 형태, 외벽, 식생배치, 바닥재료 등)가 비교적 유사할 것과 중정의 높이 비(W/H)가 다양하게 나타날 것의 두 가지였다. 이는 비례 이외의 다른 물리적 변수를 가능한 동일한 조건으로 한 상태에서 선호도의 변화를 관찰하고자 함이었다.

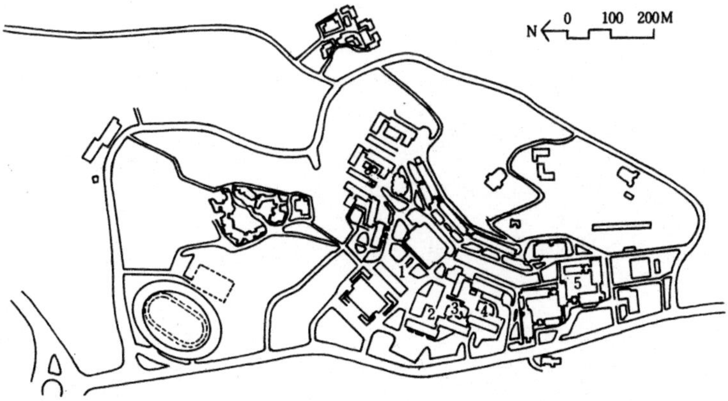

그림 8.13 서울대학교 관악캠퍼스 평면도

(2) 슬라이드 표본 추출 : 각 장소마다 눈높이에서 20장씩의 슬라이드를 무작위로 촬영하여 이 중에서 사진의 질을 고려하여 12장씩을 선정하였다. 따라서 총 84장의 슬라이드가 준비되었다.

슬라이드 촬영은 1부터 360까지의 난수표를 마이크로 컴퓨터를 이용하여 작성하고 난수표의 방향에 따라 일정 거리를 진행한 후 촬영하는 방법을 반복하여 사용하였다(Daniel & Boster, 1976 ; Im, 1983).

(3) 피험자 표본 : 피험자로서는 실험집단(experimental group)과 조절집단(control group)으로 나누어 각각 30명씩을 서울대학교 농과대학 학생들을 대상으로 추출되었으며, 투시도 연구와 마찬가지로 조경학과 학

생은 제외되었다. 실험집단은 연구목적, 즉 공간비례에 따른 선호도 변화의 연구라는 사실을 알려준 후 평가를 시작하도록 하였으며, 조절집단은 연구목적을 알려주지 않고 단순히 선호의 정도를 기록하도록 하였다. 이와 같은 두 그룹으로 나눈 이유는 실험집단의 경우 하나의 자극(높이 비)에만 근거하여 선호도 평가가 이루어질 수 있는가를 보기 위함이었다 (Buhyoff & Leuschner, 1978).

3. 연구결과

1 투시도 연구결과

투시도 평가결과를 기초로 하여 SBE기법(Daniel & Boster, 1976)에 의한 선호 값을 계산하였다(표 8.1). 선호도 값은 대체적으로 보아 낮은 비례(W/H)에서는 비례가 증가함에 따라 선호 값이 증가하다가 비례 5~10 근처에서 최대치를 보이며 비례가 더욱 증가하면 선호 값이 감소하는 경향을 보이고 있다. 따라서 비선형회귀분석(2차)을 통하여 선호도 값과 높이비의 관계를 보여 주는 모델을 층별로 작성하였다.

표 8.1 선호도 값(SBE)

비례 [W/H]	3층	5층	12층
1/2	0.0	0.0	0.0
1	−59.1	−43.4	−50.6
2	−82.2	−58.9	−23.7
3	−20.8	55.2	4.9
4	52.6	170.4	67.0
5	137.9	220.7	49.1
6	197.7	222.3	73.9
7	260.3	209.4	71.3
8	306.8	154.8	51.6
9	256.8	107.8	−3.2
10	280.7	54.9	−70.1
12	186.8	−25.1	−123.1
14	136.6	−100.9	−180.8
16	48.1	−208.0	−276.3
18	−57.6	−338.6	−365.8
20	−203.3	−487.3	−471.3

(1) 3층 투시도 분석 : 선호 값을 종속변수로, 높이 비(W/H)를 독립변수로 하여 비선형 2차 회귀분석을 한 결과는 다음과 같다.

$$Y=-4.25X^2+81.63X-147.91(R-sq : 0.88)$$

이 모델은 높이 비가 증가함에 따라 선호도 역시 증가하다가 높이 비 9.6에서 최대의 선호도를 나타내고 있으며, 높이 비가 더욱 증가하면 선호도는 감소함을 보여 주고 있다(그림 8.14).

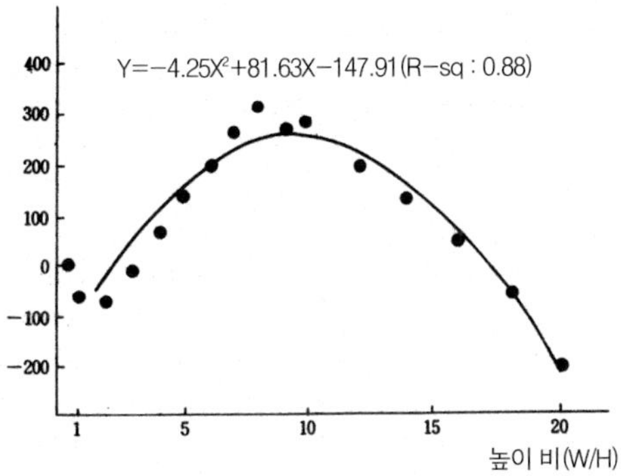

그림 8.14 시각적 선호도와 높이 비의 관계(3층)

이 모델에서 $R-sq$값은 0.88로 나타났으며 각 계수들은 t 검정 결과 0.1% 수준에서 유의성을 보였다. 이 모델의 분산분석을 통한 F 검정은 1% 수준에서 유의성을 나타냈다.

(2) 5층 투시도 분석 : 5층 투시도에 대한 비선형 2차 회귀분석결과는 다음과 같다.

$$Y=-400X^2+55.60X-48.29(R-sq : 0.9)$$

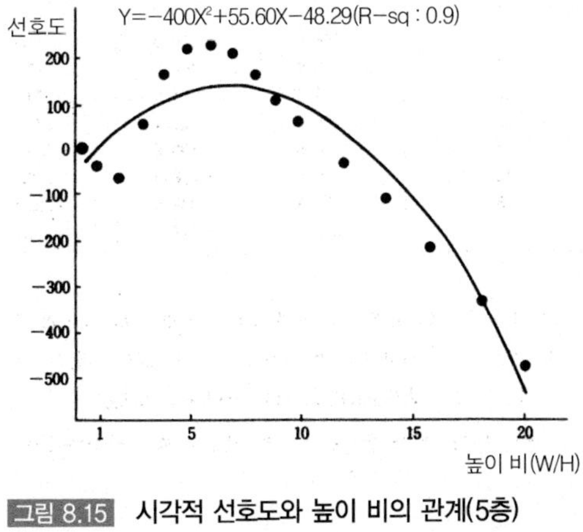

그림 8.15 시각적 선호도와 높이 비의 관계(5층)

이 모델 역시 높이 비가 증가함에 따라 선호도도 증가하다가 높이 비(W/H) 6.95에서 최대의 선호도를 나타내고 있으며, 높이 비가 더욱 증가하면 선호도는 감소함을 보여 주고 있다(그림 8.15).

이 모델에서 R-sq값은 0.9로 나타났으며 각 계수들은 t 검정 결과 0.1% 수준에서 유의성을 보였다. 이 모델의 분산분석을 통한 검정은 1% 수준에서 유의성을 나타냈다.

(3) 12층 투시도 분석 : 12층 투시도에 대한 비선형 2차 회귀분석결과는 다음과 같다.

$$Y=-2.42X^2+24.79X-29.31(R\text{-}sq : 0.94)$$

이 모델은 높이 비가 증가함에 따라 선호도가 비교적 완만하게 증가하다가 높이 비(W/H) 5.1에서 최대의 선호도를 나타내고 있으며, 높이 비가 더욱 증가할수록 선호도가 급속히 감소함을 보여 주고 있다(그림 8.16).

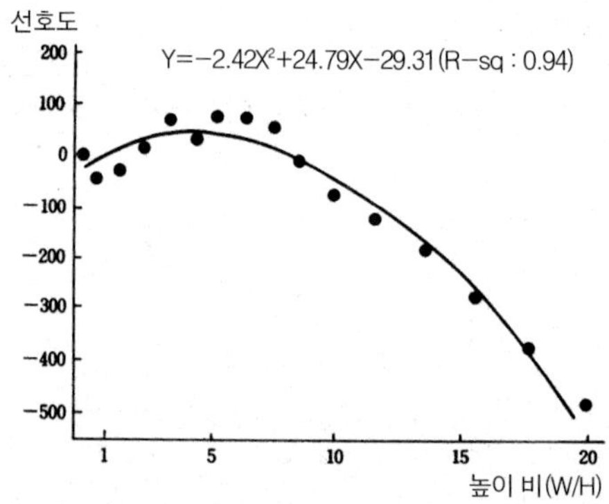

그림 8.16 시각적 선호와 높이 비의 관계(12층)

이 모델의 R-sq값은 0.94로서 자료의 분산을 거의 완벽하게 설명하는 것으로 나타났으며, 각 계수들은 t 검정 결과 0.1% 수준에서 유의성을 보였다. 이 모델의 분산분석을 통한 F 검정은 1% 수준에서 유의성을 나타냈다.

2 실재하는 중정의 연구결과

관악캠퍼스의 7 장소를 택하고 슬라이드를 통한 평가 결과를 기초로 하여 역시 SBE기법에 의하여 선호 값을 계산하였다(표 8.2). 조절집단과 실험집단의 선호도 분포는 매우 상이한 결과를 나타냈으며 투시도 결과에서 볼 수 있었던 높이 비와의 "거꾸로 된 U자"의 함수관계는 찾기 힘들었다.

표 8.2 조절집단과 실험집단의 선호도 값(SBE)

중정번호	높이 비 [W/H]	조절집단	실험집단
1	9.46	0	0
2	2.17	−125.9	−97.3
3	3.49	−534.2	−343.2
4	8.05	−678.0	−561.1
5	4.89	−487.8	−377.4
6	3.94	−389.7	−72.2
7	4.11	−431.7	62.1

(1) 조절집단 : 조절집단(연구목적을 모르는 집단)에서는 투시도 결과와는 상반되게 장소 1(W/H=9.46)과 장소 2(W/H=2.17)에서 높은 선호도를 나타냈으며 여타의 장소에서는 낮은 선호도를 보여 주고 있다(그림 8.17). 이는 실제의 중정에서는 높이 비 이외에 다른 변수들이 강하게 작용하고 있음을 말해 주며 동시에 높이 비만으로는 중정에서의 시각적 선호를 설명하기가 힘들다는 것을 말해 준다(Im, 1983).

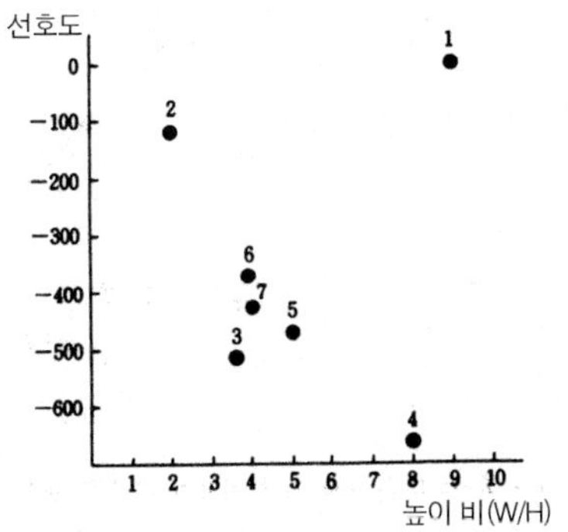

그림 8.17 시각적 선호와 높이 비의 관계(조절집단)

(2) 실험집단 : 실험집단(연구목적을 아는 집단)에서도 투시도 결과와 유사하지 않은 선호도 분포를 보여 주고 있다(그림 8.18). 높이 비에 따른 선호도 연구라는 연구목적을 알고 있으나 역시 높이 비 이외의 변수가 크게 작용하고 있음을 알 수 있다. 그러나 조절집단에 비하여는 투시도 결과

에 가까워짐을 알 수 있다. 즉, 실험집단에서는 높이 비가 3~5인 장소 6, 7, 5, 3에서의 선호 값이 현저히 높아졌음을 볼 수 있다. 즉, 조절집단에 비하여 볼 때 '거꾸로 된 U자'의 분포에 더욱 가까워졌음을 볼 수 있다.

이상에서 살펴본 바와 같이 실재하는 중정에서는 높이 비 이외의 다른 변수들이 선호도 판단에 많이 작용하고 있으며, 실험집단은 조절집단에 비하여 높이 비에 보다 초점을 맞추어 선호도를 판단하고 있음을 알 수 있다.

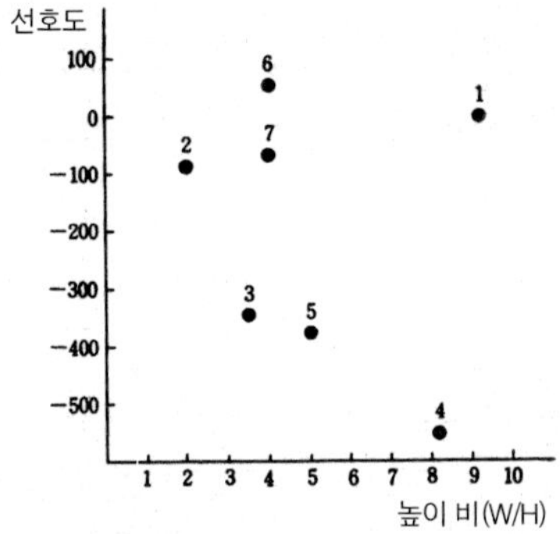

그림 8.18 **시각적 선호와 높이 비의 관계(실험집단)**

3 자유응답결과

(1) 투시도 평가집단 : 투시도에 나타난 공간구성요소 중 응답자들이 좋다고 언급한 요소는 높이 비가 가장 많이 언급되었으며 다음으로는 안정감, 공간감, 그늘, 단지, 하늘, 거리감, 색채, 건물배치, 위요감 등의 순으로 언급되었다(표 8.3). 공간비례가 가장 많이 언급되었다는 사실은 앞서 모델들의 높은 값과 더불어 모델의 타당성(validity)을 뒷받침해 주는 것이다.

표 8.3 **자유응답설문에 언급된 내용별 빈도수(투시도 관찰집단)**

응답내용	빈도수
위요감	5
건물배치	5
색채	8
거리감	10
하늘	11
잔디	11
그늘	12
공간감	13
안정감	18
높이 비	21

(2) 조절집단과 실험집단 : 조절집단에서 좋다고 언급한 공간요소는 나무가 가장 빈도수가 높았으며, 다음으로는 공간감, 자연적 성격, 잔디, 색채, 조화성 등의 순으로 언급되었다(표 8.4). 투시도 집단의 자유응답결과와 비교하여 보면 비례가 전혀 언급되지 않음을 볼 수 있는데 이는 비례보다는 나무 배치, 공간의 개방성, 잔디 등이 주요한 변수로 등장하고 있음을 시사해 주는 것이다.

표 8.4 **자유응답설문에 언급된 내용별 빈도수(조절집단)**

응답내용	빈도수
건물의 외관	1
위요감	1
건물배치	1
공간구성	2
경사도(바닥면)	2
그늘	2
주변 건물	2
거리감	3
높이변화(바닥면)	3
밝음	3
안정감	4
하늘	4
조화성	5
색채	5
잔디	5
자연적 성격	6
공간감	7
수목	8

실험집단에서 좋다고 언급한 공간요소는 공간감이 제일 높은 빈도수를 보였으며, 다음으로는 나무, 안정감, 하늘, 높이 비, 바닥면 경사의 순으로 언급되었다. 조절집단과 비교하여 볼 때 높이 비가 많이 언급되고 있으며 이는 실험목적을 알고 있음에 기인하는 것이라 보여진다(표 8.5). 이 결과는 실험집단의 선호도 판단이 조절집단에 비하여 높이 비에 보다 많이 의존하고 있음을 시사해 주고 있다. 자유응답설문은 비록 엄격한 실험적 방법은 아니지만 앞서의 투시도 및 실재하는 중정에 대한 선호도 분포의 타당성을 뒷받침해 주고 있다.

표 8.5 자유응답설문에 언급된 내용별 빈도수(실험집단)

응답내용	빈도수
높이변화(바닥면)	1
대칭성	1
옥외시설물	1
거리감	1
밝음	2
잔디	3
다양성	4
조화성	4
건물높이의 다양성	5
바닥면 경사	6
높이 비[W/H]	6
하늘	6
안정감	6
수목	7
공간감	8

4. 고찰 및 결론

1 높이 비와 선호도의 관계성

투시도 분석의 결과 세 경우(3, 5, 12층) 모두 낮은 비례에서는 선호도가 낮으며, 비례가 증가함에 따라 선호도가 따라서 증가하다가 일정 비례를 넘어서면 선호도는 감소하게 된다(그림 8.19). 따라서 중정의 높이 비와 시각적 선호도와의 사이에는 2차함수의 관계가 있음을 알 수 있다.

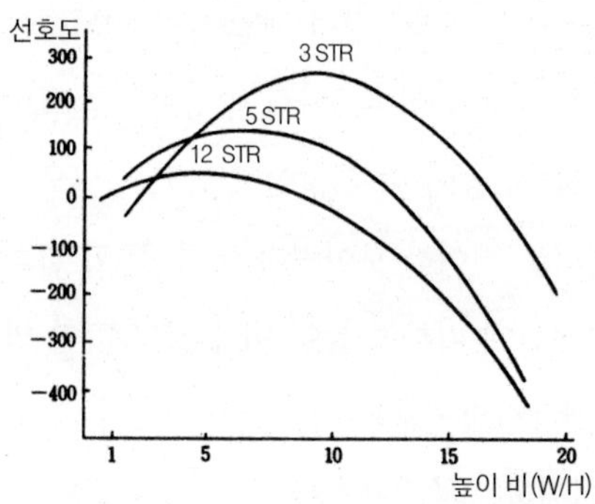

그림 8.19 시각적 선호와 높이 비의 관계(3층, 5층, 12층)

2 건물높이에 따른 선호도의 변화

높이 비(W/H) 1/2에서의 선호 값을 기준으로 하여 볼 때 선호 값의 최대치는 3층이 제일 높았으며 다음으로 5층, 12층의 순서였다(그림 8.19). 12층의 경우 높이 비 5까지는 다소 증가함을 보였으나, 증가폭은 매우 적었으며 전반적으로 높이 비가 증가함에 따라 감소하는 경향을 보였다. 이러한 결과는 주로 중정의 크기(W)에 기인하는 것으로 보여진다. 즉, 비례가 같을 경우 건물이 높으면 중정의 폭은 커지게 되므로 중정의 볼륨(volume)이 비인간적으로 커지며, 또한 건물로부터 관찰자가 너무 멀리 떨어지는 데 그 이유가 있는 것으로 추측된다.

3 건물높이에 따른 중정의 적정 폭

또한 3층(12m)은 비례 9.6에서, 5층(20m)은 비례 6.95에서, 12층(48m)은 비례 5.12에서 최대의 선호도를 나타내고 있는데 이때의 중정의 폭과 건물의 높이의 관계는 정비례의 관계가 있음을 알 수 있다(그림 8.20). 그림 8.20에서 볼 수 있는 바와 같이 건물의 높이가 높을수록 최대의 선호도를 나타내는 중정의 폭(W)도 커짐을 알 수 있다.

이 표를 이용한다면 일정한 크기의 중정에서의 건물의 적정 폭이나 혹은 일정한 높이의 건물로 둘러싸인 중정의 적정 폭을 알아낼 수 있다. 이 경우 최대의 선호도를 갖는 적정높이 혹은 적정 폭을 알 수 있지 적정높이 혹은 폭을 가질 때의 선호도의 절대 값을 알 수는 없다. 이는 SBE에 의한 선호도 값이 상대척도(relative scale)임에 기인한다. 또한 앞서의 언급대로 이 표에서의 W는 평균 폭, H는 평균높이를 대표함을 잊지 말아야 하며, 잔디로 덮인 평지의 중정인 경우에 적용될 수 있으며 여타의 경우에는 이 모델이 적용될 수 있는지 없는지를 검증한 연후에 사용하여야 할 것이다.

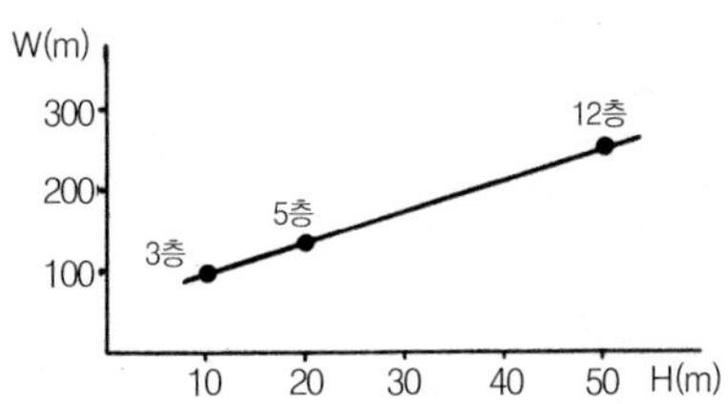

그림 8.20 **최대 선호도를 지니는 중정의 높이와 폭의 관계**

4 높이 비에 따른 공간의 특성

중정바닥이 자연적 소재(잔디, 나무, 흙)로 구성된다면 높이 비(W/H)가 증가함에 따라서 자연적 요소(나무, 잔디, 하늘 등)도 증가하게 된다. 따라서 중정의 공간적 특성을 비례에 따라서 셋으로 나누어 볼 수 있다(표 8.6). 높이 비 0~4범위에서는 시야에 주로 둘러싸는 건물이 전개되며, 따라서 건축적 요소가 지배적인 공간이 된다. 또한 높은 폐쇄감을 느끼게 되며, 인간적 규모를 지니게 되어 친근감을 느낄 수 있는 범위가 된다.

높이 비 5~9 범위에서는 시야에 둘러싸는 건물 및 하늘, 바닥면이 비교적 균형을 지니며 전개된다. 따라서 건축적 요소와 자연적 요소가 균형을 지니는 공간이 된다. 또한 폐쇄감은 다소 적어지며, 공간의 규모는 친근한 규모의 범위를 넘게 되나 광대한 규모에 이르지는 못한다. 이 범위의 중정은 다른 여건이 동일한 경우 최대의 시각적 선호를 나타낸다.

높이 비 10 이상에서는 자연적 요소(하늘, 수목, 잔디 등)가 지배적인 공간구성요소로 등장하게 되어 자연공간에 가까워진다. 둘러싸는 건물은 건물이라기보다는 담장으로 느껴지며, 폐쇄감은 최소가 되어 폐쇄감보다는 장소감을 지니게 된다(Spreiregen, 1965). 또한 공간의 규모는 비인간적 규모로 커지며 기념적인 공간(monumental space)의 성격을 지닌다.

표 8.6 높이 비(W/H)에 따른 공간적 특성

공간구성의 측면	높이 비[W/H]		
	0~4	5~9	10이상
공간구성요소	인공적 요소(건물)가 지배적	인공적 요소와 자연적 요소가 균형을 이룸	자연적 요소(잔디, 하늘)가 지배적
위요감	높다	중간	낮다
공간의 규모	친근감을 주는 규모(인간적 규모)	중간규모	대규모(비인간적 규모)
시각적 선호	증가→	최대	감소→

5. 중정의 적정비례

본 연구에 의하면 아시하라, 지테, 린치 등이 주장한 중정의 적정높이비(W/H)인 2~3보다 훨씬 큰 비례인 5~9에서 최대의 시각적 선호가 나타나고 있음이 밝혀졌다. 적정비례 2~3은 주로 건축물이 지배적인 도심지의 광장 등을 대상으로 상정된 것으로 추측된다. 따라서 이러한 제안이 본 연구의 대상지인 캠퍼스 혹은 주거단지에도 그대로 적용되지는 않는다고 보여지며, 더구나 적정비례 2~3을 주장하는 체계적이며 과학적인 근거가 미흡하다.

캠퍼스 혹은 주거단지에서는 도심지에서보다 더 넓은 규모의 옥외공간을 기대하고 있으며, 따라서 도심지에서보다는 한층 여유 있는 옥외공간의 확보가 바람직하다. 그러나 최대의 선호를 나타내는 비례 5~9는 절대적인 것은 아니다. 자유응답설문에서 나타난 바와 같이 중정에서의 시각적 선호를 좌우하는 데에는 색채, 수목, 바닥면 경사, 건물의 형태 등 많은 변수가 작용하므로 이들 변수의 작용 여하에 따라서 훨씬 낮은 비례에서 혹은 높은 비례에서 선호도가 높아질 수 있는 가능성은 얼마든지 있다.

다만 캠퍼스 혹은 주거단지에서 높이 비 이외의 다른 조건이 유사할 경우에는 비례 5~9에 가까울수록 선호도가 높아진다고 할 수 있다.

현재 우리나라 아파트의 최소 인동간격은 주로 일조를 고려하여 건물높이의 1~1.5배로 규정하고 있다. 이를 시각적 선호의 측면에서 본다면 더욱 넓은 인동간격을 유지함이 바람직하다. 중정의 적정비례를 일괄적으로 말하기는 어려우며 광장, 학교, 병원, 아파트 등의 중정의 기능 및 주변여건(도심 혹은 교외)에 따라서 적정비례가 정해질 것으로 보여진다.

본 연구는 아파트 혹은 캠퍼스로 연구대상이 제한되었으므로 다른 기능을 갖는 중정에 대하여도 유사한 연구가 이루어져야 기능에 따른 중정의 적정비례를 밝혀낼 수 있다.

8.3 어린이 놀이행태

본 절에서는 기존의 어린이 놀이터를 대상으로 어린이들의 의식 및 실제 놀이행태를 조사함으로써 놀이터의 체계 및 놀이터 설계의 기준을 도출하는 과정을 보여 주고 있다.

놀이터는 어린이 성장단계에 맞추어 유아, 유년, 소년놀이터의 세 단계로 구분함이 바람직하며, 각 놀이터별로 어린이들의 심리와 행태에 적합한 다양한 놀이기구 및 공간배치가 필요함을 보여 주고 있다(대한주택공사, 1985).

1. 연구의 목적, 필요성, 내용

1 연구목적 및 필요성

어린이에게 있어서 놀이는 일과 구분되는 단순한 휴식의 의미를 지니는 것뿐 아니라, 놀이를 통하여 무의식적인 지식과 경험을 얻을 수 있으며, 나아가 즐거움을 느끼게 된다. 놀이를 행하면서 어린이들은 사회성 및 도덕적 가치의 형성, 창조적 사고력의 증진, 안정된 정서 형성, 신체활동 기능의 발달 등 여러 경험을 하게 되며 이러한 경험들은 놀이터에서 활발하게 이루어진다.

어린이 놀이터는 어린이들의 연령 및 성장단계에 맞는 적절한 시설을 갖추어야 하는데 우리나라 대부분의 놀이터는 정적이며 평면적인 구성을 이루고 있으며, 학령 전후의 특정한 연령층을 위한 놀이터만이 대부분을 차지하고 있다. 또한 시설비용 및 관리의 측면만을 고려하여 동적이며 입체적인 그리고 다양한 놀이시설의 도입이 미흡하며 어린이 신체에 근거한 과학적 설계가 이루어지고 있지 못한 실정이다.

본 연구의 목적은 놀이터 설치가 의무화되어 있는 아파트 단지 내의 놀이 환경을 중심으로 어린이의 놀이행태, 놀이기구 선호 및 놀이터 시설 이용실태 등을 조사하여 어린이 놀이 환경의 질적 개선을 위한 설계지침을 설정함에 있다.

기존의 놀이터 설계는 어린이 놀이행태에 관한 설계자의 막연한 추측에 의거하는 경향이 많았음에 비추어, 어린이들의 실제행위를 관찰 · 분석하여 놀이터 설계의 기준으로 삼고자 함에 본 연구의 의의가 있다.

2 연구내용

본 연구는 아파트 단지 내 기존 어린이 놀이터의 이용실태를 관찰, 조사, 분석함으로써 어린이 놀이터의 문제점을 파악하고 놀이행태에 근거한 놀이터 설계지침을 도출하고자 하는 것이다. 이러한 연구는 이용후평가(post occupancy evaluation)의 성격을 지니는 것으로서, 시공 후에 장 · 단점을 비교 분석하여 그 결과를 다음 설계에 반영하고자 하는 노력의 일환이다.

본 연구는 기존의 놀이터 분석을 위하여 다음과 같은 내용을 포함한다.

(1) 어린이 의식(선호)조사

(2) 놀이기구 선호조사

(3) 놀이행태조사

① 놀이터 체재시간 분석

② 놀이기구별 이용시간

③ 최초 및 최후 이용 놀이기구

④ 행위기구별 놀이빈도 분석

⑤ 시간별 이용자수 분석

⑥ 연령별 이용자수

(4) 놀이터 배치 및 놀이기구 상호관련성 분석

(5) 놀이터 관련 법규 및 관리기준 검토

2. 연구방법

1 조사대상지

도시권 아파트단지 놀이터 중 상호 비교를 위하여 규모, 시설의 종류 및 배치가 상이한 4개소를 선정하였다.

선정된 놀이터는 과천 1단지 놀이터, 목재로 된 복합놀이기구가 있는 과천 4단지 놀이터, 부천 약대 주공아파트 2차 지구 내에 있는 조합놀이터, 역시 2차 지구 내에 있으며 조합놀이터 인근에 위치한 놀이터가 선정되었다. 이 중 조합놀이터는 놀이 환경개선 연구결과(대한주택공사, 1984)를 시험 시공한 입체놀이기구가 위치한 곳으로서 이용후평가의 의미도 지닌다(표 8.7).

2 조사방법

본 연구는 어린이들의 의식조사와 행태조사로 크게 나누어 볼 수 있다. 의식조사로는 설문조사와 놀이기구 선호조사가 행해졌으며 행태조사로는 행태도면(behavior mapping)과 궤적조사(tracking)가 행해졌다.

의식조사는 어린이들의 실제 행태를 파악하는 데 제약이 있으며, 행태조사는 어린이들의 의도 및 태도를 파악하는 데 제약이 있으므로 양자를 상호 보완하여 연구결과를 도출하고자 함이었다(표 8.8).

모든 조사는 1985년 7월 하순부터 8월 하순 사이에 이루어졌다.

표 8.7 조사대상 놀이터 현황

대상지 \ 내용	설치년도	면적	놀이기구 수	주변아파트	시설(화장실, 퍼골라 등)
과천 1단지	′80~′81년	1,145㎡	미끄럼틀 10 그네 12 시소 10 철봉 2	16평형 (52) 18평형 (28) 25평형 (44) 27평형 (44)	퍼골라 1 (벤치 3 포함) 벤치 1 야외탁자 1
과천 4단지	′81~′82년	980㎡	미끄럼틀 8 그네 12 시소 4 철봉 4 복합목재 1	18평형 (405) 22평형 (405) 25평형 (300)	벤치 6 화장실 1
부천 약대	85년초	446㎡	미끄럼틀 2 유아미끄럼틀 1 그네 3 회전무대 1 정글짐 1 구름다리 1	14평형 (21) 16평형 (194) 19평형 (215)	퍼골라 1 (벤치 4 포함) 벤치 2 화장실 1 수도가 1
조합 (약대)	85년초	627㎡	미끄럼틀 5 유아미끄럼틀 3 그네 6 철봉 1 흔들다리 2 외나무다리 1 구름다리 1 평평다리 2 다락방 2 계단놀이 1	〃	퍼골라 2 (벤치 3 포함) 벤치 10 화장실 1

*** 놀이기구 수는 1개조를 기구 수 1개로 계산하였음.**

표 8.8 조사방법

문헌조사 및 현장관찰	→ 가설설정
설문조사 놀이기구선호조사	→ 의식조사
행태도 궤적	→ 행태조사

(1) 설문조사

① 어린이들은 설문지 작성에 어려움이 있으므로 직접 면담에 의해 조사원이 기록하였으며, 응답은 세 단계(예 : 만족–보통–불만족)로 나누었다.

② 응답자–한 장소 당 30명씩 총 120명 5~11세(유년) 어린이를 대상으로 남녀 각각 15명씩

(2) 행태조사(behavior mapping)

① 놀이터내의 이용자 위치, 성별, 연령, 행위의 고유번호를 행위부호표(표 8.9)에서 찾아 매 시간마다 도면에 기록.

② 조사일시–주중(평일)과 주말(일요일) 각각 2회 반복(장소 당 4회씩) 오전 9시부터 오후 8시까지(12회/월)

(3) 궤적추적(tracking)

① 한 어린이가 놀이터에 들어와서 나갈 때까지의 행위, 머무는 장소 및 체재시간을 평면도에 기록.

② 대상인원–각 단지 당 32명씩 4개소 총 128명

유아(0~4세) : 남녀 각각 8명씩, 유년(5~11세) : 남녀 각각 8명씩

(4) 놀이기구 선호조사(photo simulation)

① 기존 놀이기구(7장), 색다른 놀이(4장), 운동놀이(5장)의 16장의 원색사진(3×4)을 통한 선호조사–기존놀이기구–미끄럼틀, 시소, 정글짐, 그네, 회전무대, 철봉–색다른 놀이–물놀이, 사면놀이, 조각놀이, 애완동물–운동놀이–축구, 야구, 농구, 배드민턴, 롤러스케이트, 자전거

② 대상인원–유아, 유년, 소년 각각 64명씩(남녀 각각 32명씩) 총 192명

③ 조사순서

ⓐ 각 사진에 1부터 16가지의 고유번호를 매긴다.

ⓑ 난수표를 이용하여 사진을 무작위로 4그룹으로 나눈다.

ⓒ 한 어린이가 2그룹의 사진을 보고 각 그룹별로 좋아하는 순서로 1부터 4까지의 순위를 매긴다.

ⓓ 다음 어린이가 나머지 2그룹에 대하여 각각 1부터 4까지의 순위를 매긴다. 두 어린이가 끝나면 다시 사진을 무작위로 4그룹으로 나눈다.

ⓔ 이상의 순서로 계획된 인원에 대하여 반복 실시한다. 결과적으로 각각 사진을 96명의 어린이가 평가하였다.

ⓕ 각 사진별로 평가된 순서수를 합하여 인원수로 나눈 평균값에 의해 각 사진별 선호도를 결정하였으며, 따라서 제일 적은 숫자가 제일 높은 선호도를 나타낸다. 순서수의 합(평균값)은 자전거(1.968)부터 시소(3.106)까지 다양하게 나타났다.

3 어린이 놀이발달단계 구분

성장기의 어린이들은 연령에 따라서 신체적 크기, 지적 능력에 있어서 현저한 차이를 보여 주며, 놀이행태 역시 연령에 따른 차이를 보여 주고 있다. 따라서 놀이행태조사는 성장단계별로 구분하여 조사함이 필요하다. 그러나 어린이들은 개인에 따라서 성장속도에 차이가 많으며, 신체적 발달단계나 정신적 발달단계의 연령경계가 확실하지 않음으로 인하여 연령에 따른 성장단계구분의 일반화에 어려움이 있다.

이러한 어려움에도 불구하고 본 연구에서는 기존의 이론들을 종합 검토하여 어린이들을 성장단계에 따라 유아, 유년, 소년의 세 그룹으로 구분하였다. 이는 주로 Piaget가 주장한 놀이발달단계에 기준을 둔 것이다.

유아는 0~4세의 어린이로서, 유아 전기(0~2세)에는 기거나, 걷거나, 올라가는 연습을 하는 단계이며, 유아 후기(2~4세)에는 장난감 등을 갖고 주로 혼자서 놀고 어른들의 흉내를 내며, 서서히 그룹놀이를 배우기 시작한다. 유아기에는 자기중심적(egocentric)인 공간인지가 이루어지므로 혼자서 집을 찾을 수 없다. 따라서 이 연령층의 어린이들이 놀이터에 갈 때에는 보호자의 동반이 필수적이다.

유년은 5~11세의 어린이로서 유치원부터 초등학교 6학년까지가 이에 해당된다. 유년 전기(5~8세)에는 규칙 있는 놀이를 시작하며 그네, 미끄럼틀 등의 옥외놀이기구를 즐기며, 수 및 시간의 개념도 알게 된다. 유년 후기(9~11세)에는 집단놀이를 즐기며, 따라서 보다 동적인 야구, 축구 등의 공놀이를 하게 된다. 유년 전기에는 자기중심적인 공간인지로부터 특정 사물(landmark)을 중심으로(fixed system) 한 공간인지로 옮겨가는 전이기간이며 유년 후기에 이르러 특정 사물 중심의 공간인지가 확립된다.

소년은 12~14세의 어린이로서 중학교 학생이 이에 해당된다. 소년기의 어린이들은 보다 복잡한 놀이 규칙을 지키며, 본격적인 스포츠를 즐긴다. 소년기에는 특정 사물 중심의 공간인지로부터 단일 좌표체계(coordinated system)를 통한 공간인지능력이 확립되므로 혼자서 대중교통수단을 이용할 줄 알게 된다.

본 연구에서는 이상과 같이 세 단계로 어린이 연령을 구분하였으며 이 기준에 의거하여 연령그룹별로 어린이 놀이행태를 조사하였다.

3. 연구결과

1 놀이터에 대한 태도 및 의식

놀이터 별 어린이들의 응답내용은 전반적으로 보아 조합놀이터가 다른 놀이터에 비하여 좋은 반응을 얻고 있음을 알 수 있으며, 항목별로 응답내용을 살펴보면 다음과 같다.

(1) 그늘 : 모든 놀이터에서 '그늘이 적다' 라고 응답한 어린이가 가장 많은 것으로 나타났다. 이는 조사기간이 여름이었으며, 기존의 놀이터에는 수목이 거의 없음에 기인하는 것으로 해석된다. 놀이터 내에 수목을 완전 배제시키기보다는 필요한 경우(예 : 인근에 그늘이 없을 때)에는 선별적으로 수목을 도입하여 적절한 그늘을 조성해 줄 필요성이 있음을 말해 준다.

(2) 놀이기구의 종류 : 약대 놀이터에서만 '적다' 라고 응답한 어린이가 제일 많으며, 여타의 놀이터에서는 '많다' 라고 응답한 어린이가 제일 많았다. 놀이기구 수에 있어서 약대가 9조, 과천 1단지가 34조, 과천 4단지가 29조, 조합놀이터가 28조임을 고려한다면, 어린이 놀이터 1개소에는 최소한 20조 이상의 놀이기구가 있어야 어린이들의 놀이욕구를 충족시킬 수 있을 것으로 판단된다.

표 8.9 행태도 행위 부호표

성별	연령	놀이시설 및 행위				
1. 남자	0^- 0~4세			미끄럼틀(일반)		유아미끄럼틀
2. 여자	0^0 5~8세			그네		시소
	0^+ 9~11세			철봉		정글짐
	1 중학교이상의	기존의		회전무대		흔들다리
	10대	놀이		구름다리		외나무다리
	2 20대	시설		편평다리		다락방
	3 30대			계단놀이		복합목재
	4 40대			퍼골라		벤치
	5 50대			화장실		수도가
	6 60대		E1	야구		
	7 70대		E2	축구		
	9 80대	공놀이	E6	배드민턴		
			E8	일반 공놀이		
			F1	고무줄	F8	인형놀이
			F2	돌차기	F9	흙 · 모래놀이
			F3	곤충채집	F10	물놀이
		자유놀이	F4	딱지치기	F11	전쟁놀이
			F5	구슬치기	F12	씨름 · 싸움
			F6	소꿉장난	F13	치기장난
			F7	장난감놀이	F14	줄넘기
			G1	롤러스케이트		
		타기놀이	G2	싱싱		
			G3	자전거		
			G4	이동목마 · 소형자동차		
			A1	걷다		
			A4	서서 가만히 있다		
			A6	서서 이야기 한다		
			A8	뛰어간다		
			A9	매달려 있다		
			A11	애기 업거나 안고 간다		
			A12	서서 논다		
		기타행위	A13	물건 사들고 간다		
		(제1편과	A15	애보기(도와주기)		
		동일)	B1	앉아서 가만히 있다		
			B2	앉아서 이야기 한다		
			B3	앉아서 일 한다		
			B4	잠을 잔다		
			B7	앉아서 논다		
			C1	유모차를 끈다		
			D8	사진 찍는다		
			D10	소변본다		

(3) 놀이기구의 흥미성 : 모든 놀이터에 대하여 70~90%의 어린이들이 '재미있다' 라고 응답하였다. 이는 대부분의 어린이들이 놀이기구에 대하여 종류에 관계없이 '놀이기구는 재미있는 것' 이라는 긍정적 의식을 지니고 있음을 말해 준다고 해석된다.

(4) 놀이기구의 혼잡성 : 과천 1단지나 약대 놀이터에 비하여, 복합목재 놀이기구(사진 8.3)가 있는 과천 4단지 놀이터와, 입체적 복합놀이기구로 조성된 조합놀이터에서 혼잡성을 높게 느끼는 것으로 나타났다. 이는 복합놀이기구가 분산된 개별놀이기구에 비하여 이용밀도가 높음을 말해 준다.

사진 8.3 과천 4단지 복합놀이기구

(5) 놀이기구의 안전성 : 과천 1단지와 약대 놀이터에서는 '안전하다' 라고 응답한 어린이가 가장 많은데 비하여 과천 4단지에서는 '보통이다(40%)', 조합놀이터에서는 '위험하다(50%)' 라고 응답한 어린이가 가장 많았다. 이는 앞서의 혼잡성에 대한 응답과 관련시켜 볼 때 복합놀이기구의 이용밀도가 높음으로 인하여 혼잡을 많이 느끼며, 동시에 위험을 느끼는 정도가 비교적 높은 것으로 풀이된다. 따라서 복합놀이기구는 이용밀도가 높은(유인력이 높은) 장점이 있는 반면 혼잡성 및 안전도에 대한 특별한 고려가 필요함을 말해 주고 있다.

(6) 놀이기구의 색깔, 모양, 크기, 재료 : 모든 놀이터에서 놀이기구의 색깔이 '마음에 든다.', 모양이 '마음에 든다.', 크기가 '알맞다' 라고 응답한 어린이가 제일 많았다. 놀이터별로 색깔, 모양, 크기, 재료가 다양하였음에도 불구하고 모두가 긍정적 반응을 보인 것으로 미루어 볼 때, 어린이들은 놀이기구의 색깔, 모양, 크기, 재료에 대해 특별히 민감한 것 같지는 않으며, 일반적으로 놀이기구에 대하여 긍정적인 태도를 지니고 있음을 간접적으로 보여 주고 있다고 판단된다.

(7) 놀이터에 대한 일반적 · 상대적 선호 : 모든 놀이터에서 '좋아한다.', '좋다' 라고 응답한 어린이가 가장 많았다. 다른 놀이터에 비한 상대적 선호에 있어서 과천 1단지와 약대 놀이터에서는 50% 정도가 '좋다' 라고 응답한 데 비하여, 복합놀이기구가 있는 과천 4단지와 조합놀이터에서는 80% 정도가 '좋다' 라고 응답한 것을 보면 복합놀이기구에 대한 어린이들의 선호가 높은 것을 알 수 있다. 이러한 사실은 다음 항목인 좋아하는 이유에 대한 응답에서도 나타나고 있다.

(8) 놀이터 이외의 놀이장소 : 모든 놀이터에서 설문에 응답한 어린이들은 놀이터 이외의 장소 중에는 집 앞 아스팔트(혹은 주차장)에서 가장 많이 노는 것으로 나타났다. 이는 아파트 단지 내의 주차장 혹은 도로가 놀이공간으로도 활발하게 이용되고 있음을 말해 주며 제1편에서의 아파트 단지 내 행태조사의 결과와도 일치하고 있다.

(9) 좋아하는 놀이기구 : 대부분의 놀이터에서 60% 정도의 어린이가 그네를 좋아한다고 응답하였으며, 과천 4단지에서는 복합목재놀이기구를 좋아한다고 응답한 어린이가 제일 많았다. 앞서의 단지에서도 복합목재놀이기구와 같은 특이한 놀이기구가 있었다면 응답내용이 달라졌을 가능성이 있다고 보여진다. 따라서 이는 새로운 놀이기구 개발의 필요성을 시사해주는 것으로 풀이된다.

2 놀이기구 선호

기존 놀이터의 놀이기구가 단조로운 점을 감안할 때 기존 놀이터를 대상으로 놀이기구에 대한 선호를 조사함에는 제약이 따른다. 따라서 놀이터에서 흔히 볼 수 있는 기존의 놀이기구 6종류(미끄럼, 시소, 정글짐, 그네, 회전무대, 철봉), 새로운 놀이 4종류(물놀이, 사면놀이, 조각놀이, 애완동물), 그리고 운동놀이 6종류(축구, 야구, 농구, 배드민턴, 롤러스케이트, 자전거)의 원색사진에 대한 상대적 선호를 조사하였다. 사진의 질이 가능한 동일하도록 하였으며, 놀이 참여자의 수도 가능한 큰 차이가 없도록 하여 놀이기구 이외의 다른 변수가 상대적 선호 판단에 영향을 미치지 않도록 노력하였다. 또한 4세 이하 어린이들은 사진평가에 어려움이 있었으며, 유아들과는 무관한 놀이기구가 많아서 4세 이하 어린이는 조사대상에서 제외시켰다.

(1) 일반적 선호 : 일반적으로 볼 때 자전거 타기(순위 1)와 물놀이(순위 2)를 선호하는 경향이 많으며, 철봉(순위 15), 시소(순위 16) 등 놀이터 내의 기존 놀이기구에 대한 선호는 상대적으로 매우 낮은 편이다. 이는 기존 놀이터의 놀이기구를 보다 다양화시킬 필요가 있음을 말해 준다.

(2) 성별 선호 : 성별로 볼 때에 남자의 경우 야구, 축구 등 공놀이를 놀이터 내의 놀이기구보다 선호하는 것으로 나타났으며, 여자의 경우에는 롤러스케이트, 자전거, 그네 등 타기놀이를 좋아하는 것으로 나타났다. 이는 남녀 모두 동적인 놀이를 좋아하는 것을 말해 주며, 따라서 평면적이며 정적인 구성을 하고 있는 대부분의 기존 놀이터의 개선방향을 암시해 주는 결과이다.

(3) 연령별 선호 : 5~8세의 어린이들은 9세 이상의 어린이들에 비하여 그네, 시소 등 기존 놀이기구를 선호하는 경향이 많으며, 9세 이상의 어린이들은 자전거, 물놀이, 야구, 축구 등 보다 동적인 놀이를 선호하고 있다. 이는 기존 놀이터는 5~8세의 유년들이 주로 이용하고 있으며, 9세 이상(초등학교 상급학년)이 되면 기존 놀이터에 대한 흥미를 잃고 있음을 말해 주고 있다. 따라서 기존의 유년 놀이터에 공놀이 공간을 할애하든가, 별도의 공놀이 공간을 조성해 줄 필요성이 있다.

3 놀이터 이용행태 분석

(1) 놀이터 체재시간 : 무작위로 어린이를 선정하여 놀이터에 들어올 때부터 나갈 때까지의 궤적을 관찰 기록한 결과에 의하면 대부분(약 70%)이 20분 미만이었으며, 1시간 이상 체재하는 어린이도 3% 정도 있었다(표 8.10).

표 8.10 놀이터 체재시간 (단위 : 인)

시간 / 대상지	0~10분	10~20분	20~30분	30~40분	40~50분	50~60분	1시간 이상	계
과천 1 단지	16	8	5	3				32
과천 4 단지	9	11	6	3	1		2	32
약대	10	12	5	4			1	32
조합	11	13	3	3		1	1	32
계	46	44	19	14	1	1	4	128

이는 어린이들이 한 장소에서 오래 머물지 않고, 여러 장소를 옮겨 다니며 놀고 있다는 것을 뜻하며, 따라서 고정된 놀이터 이외에도 많은 장소(예 : 주차장, 도로, 녹지)에서 놀이행위가 이루어지고 있음을 간접적으로 시사해 준다.

(2) 놀이기구별 이용시간 : 시소와 철봉, 정글짐의 이용시간이 1분 정도로서 가장 짧았으며 이는 회전율이 높음을 말해 주며, 따라서 개수산정에 있어서 다른 놀이기구에 비하여 적은 개수로도 어린이들의 수요를 충족시킬 수 있음을 시사해 준다(표 8.11).

표 8.11 **놀이기구별 이용시간**

대상지 \ 놀이기구		미끄럼틀		그네	시소	철봉	회전무대	정글짐	복합놀이	퍼골라	흙·모래 놀이
		일반	유아용								
과천 1 단지	남	1분 59초		2분 08초	1분 17초	15초				4분 05초	1분 09초
	여	1분 31초		3분 38초	1분 14초	48초				1분 20초	1분 41초
과천 4 단지	남	2분 42초		6분 16초	4분 40초	46초			11분 22초		10분 33초
	여	1분 56초		5분 12초	2분 38초	2분 32초			7분 07초		5분 42초
부천약대	남	6분 08초	3분 00초	4분 14초			4분 08초	1분 32초		2분 17초	5분 47초
	여	3분 23초	4분 34초	9분 32초			2분 43초	1분 28초		1분 16초	5분 39초
합계 평균	남	3분 10초	3분 00초	4분 06초	1분 02초	34초	4분 08초	1분 32초	11분 22초	2분 49초	6분 05초
	여	22분 00초	4분 34초	5분 38초	1분 16초	1분 31초	2분 43초	1분 28초	7분 07초	1분 18초	4분 01초
	전체	2분 40초	3분 35초	4분 59초	1분 09초	1분 08초	3분 33초	1분 30초	10분 14초	2분 06초	4분 56초

그네의 이용시간이 5분 정도로서 복합놀이를 제외한다면 가장 오래 이용하는 것으로 나타났으며, 따라서 회전율이 낮으므로 그네의 개수가 다른 놀이기구보다 많이 설치되어야 함을 시사해 준다.

미끄럼과 회전무대의 이용시간은 약 3분 정도로서 비슷하며, 미끄럼의 경우 유아들이 유년에 비하여 오래 이용하는 것으로 나타났다.

(3) 최초 및 최후 이용 놀이기구 : 놀이터에서의 궤적조사 결과 놀이터에 들어와 최초로 이용하는 기구는 그네(38%)가 제일 많았으며, 다음으로는 미끄럼틀(30%)이었다. 이를 남녀별로 보면 남자 어린이의 경우는 미끄럼 이용자가 33%로서 가장 많았고, 여자 어린이는 그네 이용자가 52%로서 가장 많았다. 이는 여자 어린이의 경우 그네를 특별히 선호하고 있음을 말해 준다.

놀이터에 들어와 최후로 이용하는 놀이기구 역시 그네(24%)가 제일 많았으며, 다음으로는 미끄럼틀(23%)이었다. 이를 남녀별로 보면 남자어린이의 경우에는 미끄럼 및 그네 이용이 각각 22%로서 가장 많았으며, 여자 어린이의 경우에는 그네 이용이 27%로서 가장 많았다.

전반적으로 보아 그네 이용이 많음을 알 수 있는데 최초 이용률(38%)에 비하여는 최후 이용률(24%)이 떨어짐을 볼 수 있다. 이는 어린이들이 놀이터에 와서 선호하는 놀이기구를 우선적으로 이용하고, 나갈 때는 상대적으로 다른 놀이기구를 많이 이용하는 행태를 보여 주고 있음을 말해 준다.

(4) 행위(놀이기구)별 놀이빈도 : 행태도(behavior mapping) 조사결과를 놀이행위별로 합계를 내어보면 단지별로 약간의 차이는 있으나 대체로 안정된 추세를 보이고 있다.

놀이기구로서는 그네, 미끄럼을 이용하는 어린이가 단연 많았으며 다음으로는 복합목재, 다락방이었다. 특히 조합놀이터에 2개소 설치되어 있는 다락방 이용률이 16.6%(조합놀이터 전체 이용자수에 대한 비율)로서 비교적 높은 사실은 좁고 위요된 공간을 선호하는 어린이 놀이행태의 단면을 보여 주는 것이라고 하겠다. 더 나아가서 놀이기구뿐 아니라 놀이터의 전체적 구성에 있어서도 어린이들의 스케일에 맞도록 아기자기한 구성이 이루어져야 함을 시사해 준다.

자유놀이로서는 흙 · 모래놀이가 전체 놀이 중 3위로서 11.5%(4개 장소 전체 이용자수에 대한 비율)를 차지하고 있으며, 이는 놀이터에 놀이기구뿐 아니라 자유로이 놀 수 있는 공터가 필요함을 말해 준다.

(5) 시간별 이용자수 : 총 조사일수 4일에 대한 시간별 이용자수는 오전 9시 · 10시와 오후 2시가 높은 편이며, 오후 5시경부터 이용자수가 확연히 증가하여 오후 7시에 피크(peak)를 이루고 오후 8시에는 감소한다. 이 결과는 여름철(방학)에 조사된 것으로서 계절별로 차이가 있을 것으로 추측되며, 특히 겨울철에는 6시만 되어도 어두워지므로 시간별 이용패턴이 달라질 것으로 생각된다.

(6) 연령별 이용자수 : 기존 놀이터에서 연령별 이용자수는 장소에 따라 약간의 차이가 있으나 대체적으로 유사한 패턴을 보여 주고 있다(표 8.12).

유년 전기에 해당하는 어린이가 40.6%, 유년 후기의 어린이가 19.7%로서 유년층의 어린이가 전체 이용자(어른포함) 중 60% 정도를 차지하고 있다. 이 가운데서 유년 전기의 어린이가 가장 많으며, 유년 후기에 이르면 보다 동적인 놀이(예 : 자전거, 공놀이)를 위하여 놀이터 이외의 장소에서 놀고 있음을 말해 준다.

표 8.12 **연령별 놀이터 이용자수(행태도로부터 계산, 2일 합계)**

연령 \ 대상지			과천 1 단지	과천 4 단지	약대	조합	연령별 합계	
어린이	유아 (0~4세)	남	12	37	35	30	114	895
		여	10	52	33	26	121	
		전체	22	89	68	56	235(22.9%)	
	유년 전기 (5~8세)	남	22	116	38	69	245	
		여	15	70	35	51	171	
		전체	37	186	73	120	416(40.6%)	
	유년 후기 (9~11세)	남	3	51	22	32	108	
		여	1	31	10	52	94	
		전체	4	82	32	84	202(19.7%)	
	1 (중학생 이상의 10대)	남		8	2	9	19	
		여	3	10	3	7	23	
		전체	3	18	5	16	42 (4.1%)	
어른	2~(20세 이상)		13	75	25	16	129(12.6%)	129
대상지별 합계	어린이	남	37	212	97	140	486	
		여	29	163	81	136	409	
		전체	66	375	178	276	895	
	어른		13	75	25	16	129	
	합		79	450	203	292	1,024	

다음으로 유아가 22.9%, 어른이 12.6%를 차지하고 있으며 어른은 유아와 함께 온 경우가 대부분이다. 따라서 유아놀이기구 및 유아놀이터에 대한 고려가 필수적임을 말해 준다.

이상의 사실을 고려해 볼 때 기존의 놀이터는 주로 유년 전기의 어린이를 위한 것이며, 별도로 유아 및 소년층의 어린이를 위한 놀이 공간 조성이 필요함을 알 수 있다.

4 놀이터 배치 및 놀이기구 상호간의 관련성

4개의 연구 대상지별로 현장관찰, 행태도, 궤적조사를 근거로 하여 놀이기구 상호간의 연관성 및 전체적인 공간구성을 분석하였다.

여기서는 조합놀이터의 분석만을 살펴보기로 한다.

조합놀이터는 놀이기구의 규격화를 통한 시공성 향상, 부지 이용 극대화, 놀이기구의 입체화 및 복합화를 통한 흥미성 높은 놀이환경 조성을 목표로 1985년 초에 시험시공한 곳이다. 이 놀이터의 특징은 기존의 놀이터와는 다르게 모든 놀이기구가 연결다리를 통하여 연결되어 있으며, 다락방을 설치하여 입체적인 구성을 지니고 있다는 점이다(사진 8.4).

사진 8.4 조합놀이터 전경

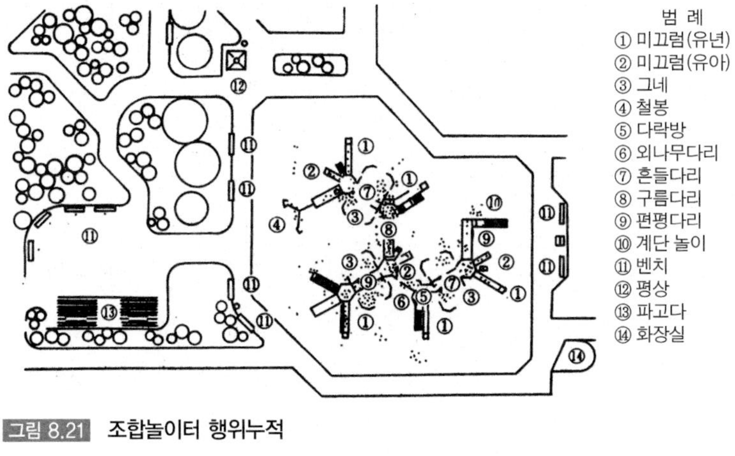

그림 8.21 조합놀이터 행위누적

행위누적도(그림 8.21)를 보면 그네(34.5%)의 이용이 제일 많으며, 다음으로는 연결다리인 데 연결다리 중에서는 흥미성이 높은 외나무다리(6.9%)와 구름다리(4.7%)의 이용이 흔들다리(2.0%)나 편평다리(1.87%) 이용보다 훨씬 많았다.

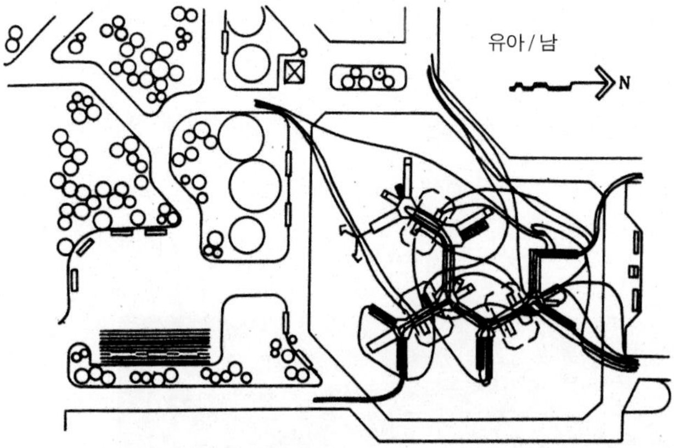

그림 8.22 조합놀이터 궤적추적(남자유아)

그림 8.23 조합놀이터 궤적추적(여자유아)

궤적추적(그림 8.22, 8.23, 8.24, 8.25)을 보면 주로 연결다리를 따라서 놀이동선이 이루어지고 있다. 역시 유아에 비하여 유년층의 어린이들이 활발하게(동선이 길다) 움직이는 것을 알 수 있으며, 여자 어린이에 비하여 남자 어린이들이 연결다리를 집약적으로 이용함을 알 수 있다.

(1) 긍정적 요소

① 연결다리에 의하여 전체 공간이 소규모로 분할되고 위요되어 다양하면서도 입체적인 공간구성을 이루고 있다.

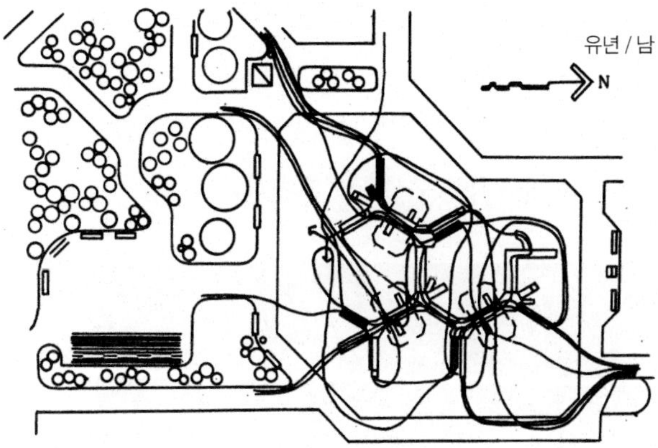

그림 8.24 조합놀이터 궤적추적(남자유년)

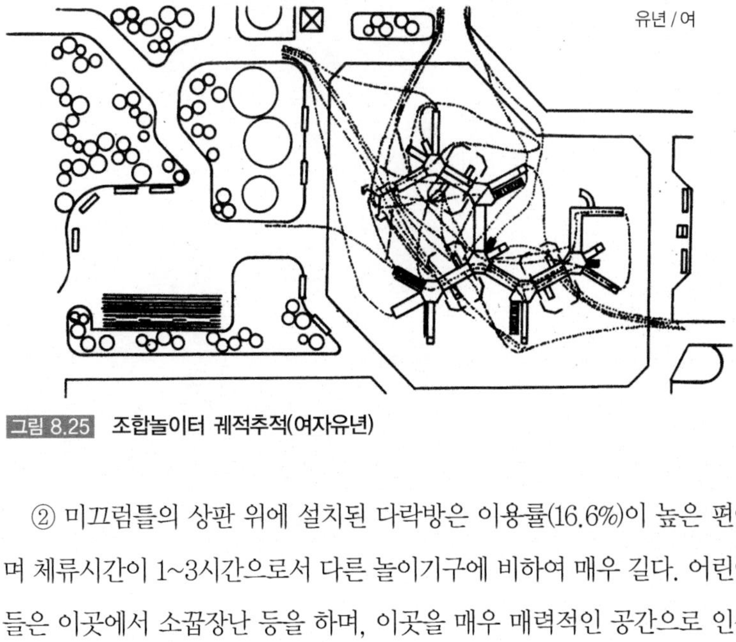

그림 8.25 조합놀이터 궤적추적(여자유년)

② 미끄럼틀의 상판 위에 설치된 다락방은 이용률(16.6%)이 높은 편이며 체류시간이 1~3시간으로서 다른 놀이기구에 비하여 매우 길다. 어린이들은 이곳에서 소꿉장난 등을 하며, 이곳을 매우 매력적인 공간으로 인식하고 있음에 틀림없다(사진 8.5).

③ 조합놀이터 남측에 위치한 철봉은 일자식이 아니고, 고저차를 이용한 불규칙한 평면배치를 이루고 있어 높은 흥미성을 지니며, 따라서 이용률이 다른 놀이터에 비하여 높은 편이다(사진 8.6).

④ 모래밭 주위로 보행로가 순환하고 있어서, 자전거 이용에 편리하며, 치기장난 등 놀이동선의 측면에서도 바람직하다.

⑤ 놀이터 남측에 인접하여 포장된 공터가 퍼골라와 함께 위치하고 있는데 이곳은 공놀이, 자전거타기 혹은 땅에 그림그리기 등의 자유놀이공간으로 이용되어 놀이기구 중심의 모래밭과 상호 보완적인 공간구성을 이루고 있으며, 이는 바람직한 구성으로 판단된다.

사진 8.5 조합놀이터의 다락방은 매력적인 공간이다.

사진 8.6 조합놀이터의 철봉 : 불규칙한 구성을 이루고 있어 흥미성이 높다.

⑵ 문제점

① 연결다리가 놀이공간 구성상 긍정적 요소임에는 틀림없으나, 순환되지 않고 중간에 끊어져 있다는 점을 문제점으로 지적할 수 있다. 즉, 어린이들이 다리 위에서 술래잡기, 치기장난 등을 하며 놀 때 다리 끝에 다다르면 뛰어내리다가 다치는 경우를 볼 수 있는데, 이러한 문제는 연결다리가 순화되어 있다면 완화될 수 있는 문제로 판단된다.

② 미끄럼틀은 설치개수에 비하여 이용률이 낮은 점으로 볼 때 설치개수가 너무 많은 것 같으며, 따라서 일부를 놀이계단 등으로 전환시킴이 바람직할 것이다. 또한 유아용 미끄럼과 유년용 미끄럼이 인접 설치되어 마찰이 있는데, 분리하여 설치함이 바람직하다.

③ 흔들다리 아래에는 그네가 설치되어 있는데 그네 이용 시 다리 바닥판 사이로 모래가 떨어져 그네 이용자에게 불편을 준다(사진 8.7). 따라서 그네 위의 연결다리 바닥판은 모래가 떨어지지 않도록 치밀하게 설계, 시공함이 바람직하다.

사진 8.7 흔들다리 아래의 그네 : 모래가 떨어져 그네 이용자에게 불편을 준다.

사진 8.8 조합놀이터 화장실 : 모래 밭에 인접 설치되어 모래유입이 많다.

④ 화장실이 모래밭에 인접하고 있어 모래유입이 많아 관리에 어려움이 있다. 앞서의 약대놀이터에서 볼 수 있듯이 별도위치에 설치함이 바람직하다(사진 8.8).

전체적으로 보아 조합놀이터는 안전성, 순환성 등의 측면에서 보완될 점이 많이 있으나, 위요된 다양한 놀이공간의 조성, 입체적 놀이기구 구성의 측면에서 우리나라 어린이 놀이터의 개선방향을 제시해 주고 있는 훌륭한 본보기임에 틀림이 없다.

5 놀이터의 체계

본 연구에서는 앞서 언급한 바와 같이 어린이의 연령구분을 주로 놀이발달단계에 초점을 맞추어 유아(0~4세), 유년(전기 5~8세, 후기 9~11세), 소년(12~14세)으로 구분하였다.

사진을 통한 연령별 놀이기구 선호조사를 보면 유년 전기의 어린이들은 유년 후기나 소년층의 어린이에 비하여 기존의 놀이기구(그네, 미끄럼 등)를 선호하는 경향이 상대적으로 많았다. 반면 유년 후기, 소년층의 어린이들에게 있어서 그네, 미끄럼 등은 선호순위가 떨어지며, 보다 동적인 자전거, 공놀이 등을 선호하고 있다. 그러나 기존의 놀이터는 고정된 놀이기구로 구성되어 있어서 자전거, 공놀이 등의 동적인 놀이를 위한 공간을 마련하지 못하고 있는 실정이다.

이러한 사실은 행태도 조사에 의한 연령별 이용자수의 분포와도 관련시켜 볼 수 있다(표 8.12). 즉 10대 이하의 전체 이용자 중(어른 제외) 유아가 26.3%, 유년 전기가 46.5%, 유년 후기가 22.6%, 10대가 4.7%임을 볼 때 기존의 놀이터는 유년 전기에 해당하는 어린이들이 주로 놀고 있으며, 유년 후기부터는 기존의 놀이터에 흥미를 잃고 놀이터 이외의 다른 곳에서 놀고 있음을 알 수 있다. 따라서 고정된 놀이기구 이외의 동적인 놀이공간 조성이 필요하다고 하겠다. 또한 기존의 놀이터에서는 유아용 놀이기구가 거의 없으며, 일부 설치된 곳에서는(조합놀이터) 유년놀이기구와 함께 설치되어 마찰이 일어나고 있다. 유아용 놀이기구는 안전도에 있어서 보다 높은 기준을 필요로 하며 보호자가 반드시 동반하여야 한다는 점 등을 고려할 때, 별도의 놀이공간을 조성함이 필요하다.

이상의 사실을 종합하여 볼 때 어린이 놀이터는 놀이발달단계에 맞추어 유아놀이터, 유년놀이터, 소년놀이터로 구분하여 설치함이 바람직하다(그림 8.26).

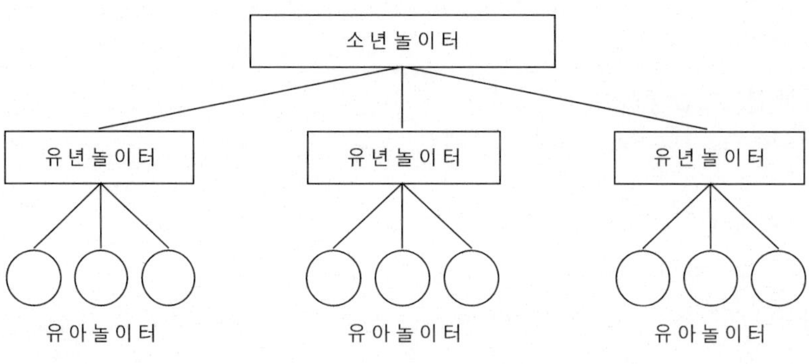

그림 8.26 **어린이 놀이터 체계**

놀이터 유형별로 특징을 살펴보면 다음과 같다.

(1) 유아놀이터 : 4세 이하의 어린이를 위한 공간이므로 낮은 담장 혹은 생 울타리로 위요된 분위기를 조성해 주며, 너무 높아서 보호자의 시선을 가리지 않도록 한다.

놀이시설로서는 50m² 정도의 모래밭이 기본이 되고, 여기에 아주 간단한 놀이테이프, 놀이사다리, 혹은 유아용 그네, 미끄럼틀 및 가운데 두 개 정도의 놀이기구가 있으면 충분하다고 보여진다(그림 8.27). 또한 보호자를 위한 벤치, 평상 혹은 퍼골라 등의 시설이 필수적이다.

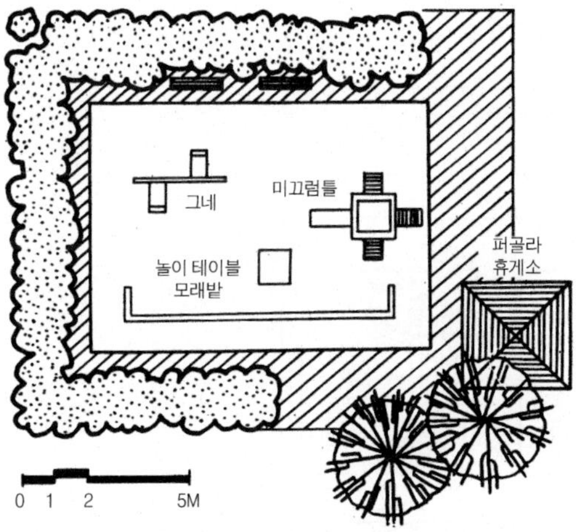

그림 8.27 **유아놀이터 배치개념도**

위치로서는 중정(인동구간) 내에 혹은 인접한(동 주변녹지) 곳에 햇볕이 잘 드는 장소에 설치하여야 하며, 현관에서부터 가시거리 이내이어야 한다.

유년놀이터와 접하여 설치하는 경우에는 수목 등으로 분리대를 조성하여 놀이동선에 마찰이 없도록 하여야 한다.

(2) 유년놀이터 : 주로 유년 전기(5~8세)의 어린이를 대상으로 하며, 유년 후기(9~11세)의 어린이 일부도 대상에 포함된다. 기존의 아파트단지에서 흔히 볼 수 있는 놀이터가 이에 해당되며, 주택건설촉진법에서 규정하고 있는 바와 같이 현재의 기준은 330m² 이상이 되어야 바람직하며 너무 크게 되면(1,000m² 이상) 산만한 공간이 조성되어 바람직하지 않다.

따라서 앞서 놀이터별 배치분석을 근거로 하여, 유년놀이터의 바람직한 공간구성을 살펴보면 다음과 같다(그림 8.28).

① 전체적 공간구성은 모래밭을 중심으로 한 놀이기구 공간과, 포장된 자유놀이(고무줄, 제기차기, 간단한 공놀이 등) 공간으로 크게 나누어짐이 바람직하다. 두 공간의 경계부분은 퍼골라, 평상 등과 수목을 중심으로 한 분리대로서 완충시킴이 바람직하다.

② 놀이기구는 독립된 별개의 기구보다는 연결된 복합놀이기구를 설치하여 흥미성을 높여 주는 것이 바람직하다.

③ 놀이기구를 분산 배치하여 산만한 공간을 조성하기보다는, 집합적으로 배치하여 소규모로 분할된 위요공간을 조성하며, 연결다리, 다락방 등을 도입하여 입체적인 공간구성을 한다.

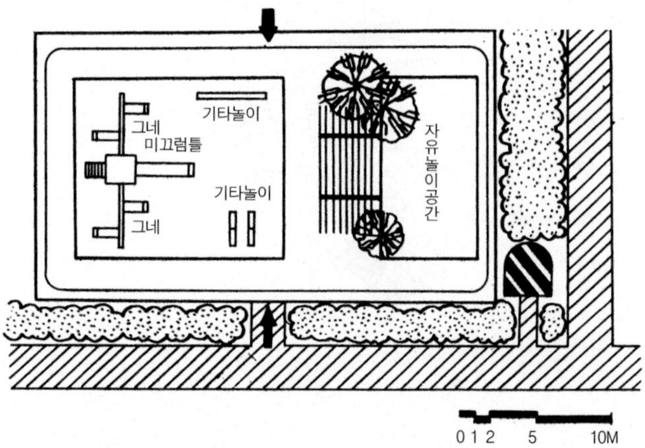

그림 8.28 **유년놀이터 배치개념도**

④ 놀이터 내 포장 통행로는 순환시켜 유모차, 자전거, 치기장난 등의 놀이동선이 원활히 이루어지도록 한다. 또한 놀이터 내의 통로가 단지 내 통과보행로로 이용되지 않도록 한다.

⑤ 지하고 높은 낙엽 활엽수를 선별적으로 도입하여 그늘을 조성해 준다.

⑥ 화장실은 놀이터 밖에 인접하여 설치하여, 모래유입을 줄이고 관리에 용이하도록 한다.

⑦ 놀이터 입구의 턱을 낮추거나 경사로(ramp way)를 도입하여 유모차, 자전거의 진입을 용이하게 한다.

⑧ 포장된 자유놀이 공간은 주로 유년 후기의 동적놀이 욕구를 수용할 수 있도록 평면적 계획을 하고 상황에 따라 다양한 놀이가 이루어질 수 있도록 한다.

위치로서는 보행자 전용도로에 인접하여 설치함이 바람직하며, 위치거리는 반경 150m 이내에 설치함이 바람직하다. 소년놀이터와 함께 설치할 경우에는 충분한 완충지대를 설치하여 놀이동선에 마찰이 없도록 하여야 할 것이다.

(3) 소년놀이터 : 주로 12세 이상의 어린이를 대상으로 하며 일부 유년 후기(9~11세)의 어린이도 포함된다.

이 놀이터는 주로 소년 야구, 농구, 축구 등이 이루어질 수 있도록 구성하며 다목적 이용이 가능하도록 한다. 즉, 소년 축구장(40m×25m)을 기본으로 하여, 야구를 위한 「홈베이스」 철망, 농구대 등을 중복 설치하면 좁은 면적에서 놀이의 상황에 따라 다양한 놀이를 할 수 있다(그림 8.29). 또한 휴식 및 놀이 관망을 위한 벤치, 퍼골라 등은 필수적이라 할 수 있다.

소년놀이터는 근린공원을 일부 할애하여 설치하는 것이 바람직하며 가능하다면 철봉, 평행봉 등도 포함시키는 것이 바람직하다.

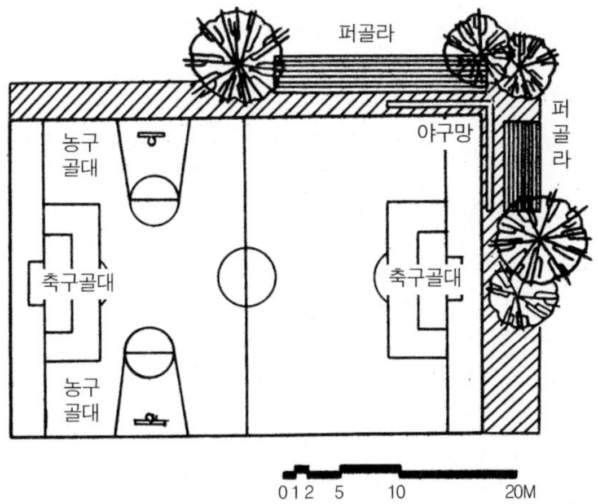

그림 8.29 **소년놀이터 배치개념도**

이상의 내용을 정리하며 표 8.13과 같은 놀이터별 적정면적 및 세대수는 시험적으로 제시한 것이므로 이에 관한 더욱 구체적인 연구가 뒷받침되어야 할 것이다.

표 8.13 **어린이 놀이터의 분류 및 특성**

분류	면적	거리	위치	대상연령	세대수	놀이기구
유아 놀이터	50m² 내외	가시거리 이내	중정 (인동구간)	0~4세	80 ~120호	유아용 그네, 유아용 미끄럼대, 놀이테이블, 놀이사다리
유년 놀이터	330~660m² (자유놀이 공간제외)	반경 150m이내	보행자 전용도로변	5~8세 9~11세 일부	250 ~350호	미끄럼, 그네 등의 복합놀이기구, 자유놀이 공간
소년 놀이터	660 ~1,000m²	단지 내부	근린공원	9~11세 일부 12세 이상	800 ~1,500호	소년 축구, 소년 야구, 농구 등 철봉, 평행봉 등 동적놀이

기존의 법규에서는 연령별 놀이터의 구분을 볼 수 없는데, 이를 법제화시키거나 혹은 설계기준으로 설정할 필요가 있다. 또한 유아놀이터도 법적인 놀이터 면적으로 인정될 수(330m² 이상이 되어야 놀이터로 인정) 있는 방안과, 유아용 놀이기구(규격이 작으므로 개수에 포함 안 됨)도 법적인 놀이기구 개수로 인정받을 수 있는 방안이 강구되어야 할 것이다.

6 놀이터의 관리

본 연구의 대상지로 성정된 4개소의 놀이터는 비교적 최근('80 ~ '85)에 시공된 곳이므로 전반적으로 보아 양호한 시설상태를 보이고 있다. 그러나 화장실이 불결한 곳이 있으며, 음수전은 작동하는 곳이 전혀 없었다. 또한 과천 4단지 놀이터의 복합목재 놀이기구의 로프는 끊어진 채 방치되고 있는 실정이다. 오래된 다른 아파트 단지의 놀이터를 보면 모래유출이 많으며, 놀이기구(특히 목재, 로프, 페인트 등)의 파손이 눈에 많이 띈다.

표 8.14 **놀이터 점검목록**

<table>
<tr><th>점검시기</th><th colspan="2">기구 및 시설</th><th>점검내용</th></tr>
<tr><td rowspan="9">매일점검</td><td colspan="2">놀이터전체
(놀이기구, 벤치, 모래 등)</td><td>청결상태</td></tr>
<tr><td colspan="2" rowspan="5">화장실</td><td>세면대의 청결성</td></tr>
<tr><td>세면대의 상 · 하수 기능</td></tr>
<tr><td>변기의 청결성</td></tr>
<tr><td>변기의 상 · 하수 기능</td></tr>
<tr><td>화장실 바닥의 청결성</td></tr>
<tr><td colspan="2" rowspan="2">음수전(식수대)</td><td>상 · 하수 기능</td></tr>
<tr><td>청결성</td></tr>
<tr><td colspan="2">휴지통</td><td>휴지수거 상태</td></tr>
<tr><td rowspan="8">월간점건</td><td rowspan="6">각종 놀이
기구</td><td rowspan="3">미끄럼틀</td><td>미끄럼판의 상태(파손 여부)</td></tr>
<tr><td>계단의 상태(파손 여부)</td></tr>
<tr><td>난간의 상태(파손 여부)</td></tr>
<tr><td rowspan="2">그네</td><td>로프(rope) 상태</td></tr>
<tr><td>의자의 상태</td></tr>
<tr><td>회전무대</td><td>회전 상태 및 안전도</td></tr>
<tr><td colspan="2" rowspan="2">퍼골라 및 벤치</td><td>파손 여부</td></tr>
<tr><td>나사결함 상태</td></tr>
<tr><td rowspan="3">연간점건</td><td colspan="2">각종 놀이기구</td><td>칠 상태</td></tr>
<tr><td colspan="2">퍼골라 및 벤치</td><td>칠 상태</td></tr>
<tr><td colspan="2">모래판</td><td>모래의 두께</td></tr>
</table>

이상과 같은 문제는 놀이터에 대한 정기적인 점검이 이루어지고 있지 않음에 기인한다. 따라서 정기점검목록을 구비해 놓고 관리소에서 정기적인 점검을 함이 바람직하다(표 8.14).

① 일일점검–놀이터의 전체적 청결상태(쓰레기 수거 등), 휴지통, 화장실, 음수전 등은 매일 점검이 필요하다.

② 월간점검–각종 놀이기구(미끄럼, 그네, 회전무대 등), 특히 목재, 로프 등은 최소한 월 1회 점검함이 바람직하다.

③ 연간점검–각종 놀이기구(퍼골라, 벤치)의 채색 상태, 모래판의 두께 등은 연간 점검하여 페인트칠, 모래보충 등을 함이 필요하다.

이상의 점검사항은 시험적으로 제시한 것이므로 보다 면밀한 검토를 거쳐서 점검목록을 작성함이 바람직하다.

7 연구의 타당성(validity)과 신뢰도(reliability)

일반적으로 모든 과학적 연구는 연구결과의 타당성과 신뢰도에 대한 검증을 필요로 한다. 타당성(construct validity) 검증은 조사하고자 하는 내용(construct)이 제대로 조사되었는가를 알아보는 것이다. 신뢰도 검증은 같은 조사를 동일한 방법으로 되풀이 하였을 때 동일한 결과가 도출되는가를 알아보는 것이다. 즉 연구방법이 믿을 만한 것인가를 검증하는 것이다.

(1) 타당성 검증 : 타당성의 검증은 쉬운 일은 아니나, 일반적으로 상이한 조사방법에 의한 결과가 유사할 때에 연구결과의 타당성(construct validity)이 높아진다.

본 연구에서는 어린이 놀이터의 여러 측면에 대하여 조사를 하였으므로 개개의 내용(construct)에 대한 타당성을 일일이 검증하기에는 어려움이 있다. 따라서 본 연구에서 이용된 설문, 선호조사, 행태도, 궤적추적의 네 가지 방법에 의한 연구결과 중 중복 조사된 내용의 결과가 일치하는가를 검토하였다.

① 놀이기구 선호-어린이들이 좋아하는 놀이기구(기존 놀이기구)는 설문지, 행태도, 궤적추적의 결과가 대체로 일치하며, 선호의 순은 그네와 미끄럼으로 나타났다. 이 중 과천 4단지의 복합놀이기구와 부천약대 조합놀이터의 다락방은 다른 단지에는 없는 것으로 비교적 높은 선호를 보이고 있다.

사진을 통한 선호조사 결과는 제외되었는데 이는 표본사진에 기존의 놀이기구 이외에 다른 여러 종류의 놀이기구가 포함되었기 때문이다. 그러나 이 경우에도 기존 놀이기구만을 볼 것 같으면 그네, 미끄럼의 선호가 가장 높은 것으로 나타났다.

② 놀이터의 혼잡성-설문조사에 의하면 과천 4단지와 조합놀이터에서 혼잡이 '많다' 라고 응답한 어린이가 각각 57%, 67%로서 가장 많았다. 행태도 조사에 의한 행위누적을 보면 4일간 합계(어린이, 어른 포함)가 과천 4단지와 조합놀이터가 각각 884명, 557명으로서 과천 1단지의 149명, 약대놀이터의 423명보다 훨씬 많았으며, 복합놀이기구에 밀집되어 놀고 있음을 볼 수 있다. 따라서 설문조사와 행태도 조사결과가 일치하고 있다.

③ 놀이터의 선호도-설문에 의하면 4개 장소 모두가 일반적 선호도에서는 '좋아한다.', 상대적 선호도에서는 다른 놀이터보다 '좋다' 라고 응답한 어린이가 가장 많았다. 그러나 '좋아한다', '좋다' 라고 응답한 어린이의 숫자는 다른 장소에 비하여 과천 1단지가 가장 적었다. 만약 약대에서 일반적 선호는 가장 높으나 상대적 선호도가 떨어지는 것은 인접한 곳에 복합놀이기구가 설치된 조합놀이터가 위치하여 이와 비교되기 때문인 것으로 풀이되므로 특이한 경우로 보아야 할 것이다.

한편 1개 놀이기구 당 이용자수 및 단위면적당 이용자수에 있어서도 과천 1단지 놀이터가 다른 장소에 비하여 15% 정도밖에 되지 않아 어린이들이 다른 놀이터에 비하여 매력을 느끼지 못하는 것으로 볼 수 있다. 따라서 설문조사와 행태도 조사결과가 일치하는 것으로 판단된다.

⑵ 신뢰도 검증 : 본 연구에서는 행태도 조사방법의 신뢰도를 검토하기 위하여 주중 2회, 주말 2회 반복하여 실시하였다.

평일과 평일, 일요일과 일요일의 행위별 빈도수의 상관계수는 0.4부터 0.9까지 다양하게 나타나고 있다.

T-test결과 약대를 제외하고 모두 유의성이 있었으므로 행태도법의 타당성을 입증한다고 볼 수 있다. 또한 평일과 일요일의 상관계수도 약대를 제외하고 대부분이 0.4부터 0.9까지 다양하게 나타났으며 T-test결과 모두 유의성이 있었다.

약대의 경우 일요일과 일요일, 평일과 일요일의 상관계수가 상당히 낮음을 볼 수 있는데 이는 일요일 날 물장난을 위하여 다른 날과는 다르게 화장실에 어린이들이 많이 몰렸기 때문이다.

이상을 종합하여 볼 때 어린이 놀이터에서의 행위는 비교적 안정된 패턴을 보여준다 할 수 있다. 그러나 중정 이용행태에 관한 상관계수(8장 3절 참조)에 비하여 상관계수의 진폭이 비교적 큰 것으로 보아, 어린이의 행태는 주민 전체의 행위패턴에 비하여 가변성이 큰 것으로 볼 수 있다.

4. 요약 및 결론

본 연구는 기본적으로 이용후평가(post-occupancy evaluation)의 성격을 지니는 것으로 기존 놀이터에 대한 어린이들의 의식 및 행태를 조사하여 놀이터의 설계기준을 도출해 보고자 하는 것이다. 본 연구를 통하여 다음의 사항을 도출할 수 있었다.

1 놀이터에 대한 어린이 의식

① 기존의 놀이터에는 '그늘이 적다' 라고 생각한다.
② 10조 이하의 놀이기구가 있을 때 '놀이기구가 적다' 라고 생각한다.
③ 놀이기구는 종류, 질에 관계없이 '재미있다' 라고 생각한다.
④ 복합놀이기구에서는 '혼잡성' 을 많이 느낀다.
⑤ 복합놀이기구는 '위험하다' 라고 느낀다.
⑥ 놀이기구의 재료, 색깔, 모양, 크기에 대하여는 특별히 민감하지 않으며 대체적으로 긍정적인 견해를 지니고 있다.
⑦ 놀이터에 대하여 일반적으로 '좋다' 라고 생각하고 있으며, 복합놀이기구가 있는 놀이터에 대한 상대적 선호가 특히 높았다.
⑧ 놀이터 이외에는 집 앞 아스팔트(혹은 주차장)에서 논다고 대답한 어린이가 가장 많았다.
⑨ 기존의 놀이기구 중에는 그네, 미끄럼을 가장 선호하고 있다.
⑩ 기존의 놀이기구, 새로운 놀이기구, 공놀이 중에서는 자전거 타기, 물놀이를 가장 선호하고 있다.

2 놀이터에서의 어린이 행태

① 놀이터 체재시간은 약 70% 정도가 20분 미만이었다.
② 단일 놀이기구의 이용시간은 대부분이 1~5분이었으며, 관찰결과 다락방 이용이 가장 길어서 1시간 이상이었다.
③ 놀이터에 들어와 최초 및 최후로 이용하는 놀이기구는 그네가 가장 많았다.

④ 놀이행위 중 가장 빈도가 높은 것은 그네, 미끄럼, 흙모래놀이 순서였다.

⑤ 놀이터에(8월) 하루 중 이용자수가 가장 많은 것은 오후 5시부터 7시 사이였으며 7시에 이용자가 제일 많았다.

⑥ 놀이터 시용자 중 5~8세의 유년층 어린이가 46.5%로서 가장 많았다.

3 놀이터 설계에 대한 제안

① 놀이터는 유아, 유년, 소년놀이터로 구분함이 바람직하다.

② 유아놀이터는 50m^2 정도의 크기를 지니고, 중정(인동구간)에 위치하며, 안전도 높은 놀이기구를 설치함이 바람직하다.

③ 유년놀이터는 330~660m^{2}의 크기를 지니고, 보행자 전용도로변에 위치함이 바람직하다.

본 연구를 통하여 추출된 유년놀이터 세부설계지침은 다음과 같다.

㉠ 전체적 공간구성은 모래밭 중심의 놀이기구 공간과 자유놀이 공간으로 구분함이 바람직하다.

㉡ 독립된 별개의 놀이기구보다는 복합놀이기구가 흥미성이 높다.

㉢ 놀이기구의 분산배치보다는 소규모로 분할되고 위요된 입체적 공간을 조성함이 바람직하다.

㉣ 놀이터 내의 포장 통행로는 순환시킴이 바람직하다.

㉤ 수목을 선별적으로 도입하여 그늘을 조성한다.

㉥ 화장실은 놀이터 밖에 인접하여 위치시킨다.

㉦ 놀이터 입구에는 계단보다는 경사로를 설치한다.

㉧ 자유놀이공간은 유년 후기의 어린이를 위한 동적 놀이를 수용할 수 있도록 한다.

④ 소년놀이터는 660~1,000m^2 정도의 크기를 지니고 근린공원 내에 설치함이 바람직하며, 주로 공놀이를 할 수 있도록 여러 종류의 공놀이 시설을 중복 설치하여 다목적으로 이용되도록 한다.

4 놀이터 관리 및 법규제안

① 놀이터 관리는 점검목록을 작성하여 정기적으로 점검함이 필요하다.

② 놀이터의 어린이 놀이단계에 맞추어 유아, 유년, 소년놀이터로 구분함을 법규에 반영시키거나 설계지침으로 규정함이 바람직하다.

이에 관련하여 놀이터 최소면적 및 놀이기구 수 산정에 유연성이 있도록 법규에 반영한다.

8.4 아파트단지의 옥외공간 이용행태

본 절에서는 기존의 아파트단지를 대상으로 옥외공간에 대한 아파트주민의 의식 및 실제 이용행태를 조사하여 아파트단지 구성의 지침을 도출하는 과정을 보여 주고 있다.

아파트단지의 공간적 체계의 분석 및 공간별 부적합성에 대한 개선방향을 제시하고 있으며, 특히 중정(인동구간)의 중요성이 부각되고 있다(대한주택공사, 1985).

이는 60년대부터 서구에서 도입되기 시작한 비교적 새로운 주거양식인 아파트단지를 우리나라 사람들의 생활행태에 적합한 모델로 개발하기 위한 시도라고 볼 수 있다.

1. 연구의 목적, 필요성, 내용

1 연구의 목적과 범위

본 연구는 공동주택단지 내 부대복리시설 및 옥외공간의 이용실태를 파악하여, 현 공동주택단지의 전반적인 문제점을 도출하고, 다음 단계의 보다 깊이 있는 연구를 위한 과제를 설정함에 그 목적이 있다.

계획가의 경험 및 직관에 바탕을 두기보다는, 아파트단지 주민의 의식 및 실제 행태에 관한 조사를 바탕으로 하여 공동주택단지 내 옥외공간구성의 문제점을 파악하며, 문제점 해결을 위한 계속적인 연구의 방향설정에 기본목표가 있다.

2 연구의 필요성

(1) 기존 공동주택단지의 외부공간은 설계자의 의도나 본래의 목적과 다르게 이용되고, 이용자에게 충분한 만족을 제공하지 못하고 있는 실정이다. 그 예로서 자전거도로나 보행자 전용도로는 설계 의도대로 이용되지 못하는 경우가 많다. 그러므로 기존 공동주택단지의 문제점을 파악하고, 앞으로의 바람직한 공동주택단지 계획·설계를 위한 설계의 환류과정(feed back)이 요구된다.

(2) 기존의 아파트단지 옥외공간은 자전거 주차시설의 부족, 동별 프라이버시의 부족, 적절한 보행체계 미비 등으로 실제 이용자의 요구를 만족시키지 못하고 있는 실정이다. 그러므로 아파트단지 거주자의 입장에서 주민의 내적 요구를 파악하기 위한 기초연구가 필요하다.

(3) 아파트단지에서 물리적 환경을 제어하고 만들어내는 근원적인 틀은 관련 법규이다. 현재의 관련 법규는 획일적인 규제가 문제되고, 일부시설에 대한 기준이 미흡하다. 그러므로 아파트단지 관련 법규의 적실성 여부에 대한 검토가 요구된다.

3 연구의 접근방법

공동주택단지의 부대복리시설이나 옥외공간의 이용실태를 연구하기 위해서는 시설이나 공간을 각각 떼어 내서 생각하는 것보다, 각각이 서로 얽혀져 있는 조직으로 보는 입장이 요구된다. 일견 단순해 보이지만 복잡한 대상인 공동주택단지의 문제점을 파악하기 위해서는 대상 자체의 철저한 이해와 해부가 요구된다. 따라서 선행되어야 할 작업은 단지의 구조와 조합방식을 이해하고, 단지별 장단점을 파악하는 것이었다. 이는 여러 유형에 걸쳐서 나타나는 각각의 문제가 일반적인 것인가, 개별적인 것인가를 구분하기 위함이다.

그 다음에는 단지 내의 공간을 일반화시켜 해부하고 분류하였다. 이러한 공간의 해석 · 분류작업은 각 공간마다 있어야 할 성격과 기능을 찾아내기 위함이다.

이러한 기본적인 생각으로 단지배치별 유형을 나누고, 가설적으로 단지 내 공간을 분류하였으며, 유형별로 대표적인 장소를 선정하여, ① 단지배치, ② 단지 내 공간, ③ 시설물의 위계로 문제점을 찾고자 하였다. 또한 문제의 소재에 따라 문제를 야기시키는 연원을 추적하여, 해결하기 위한 조처를 연구하였다. 이러한 문제해결은 단위 자체(시설)의 문제인가, 구조적인 조직(상호연관성)의 문제인가, 아니면 보다 근원적인 조건(법규)의 문제인가에 따라 그 해결방안이 달라진다.

4 연구의 내용

⑴ 공간별 · 시설별 주민의식 및 행태조사

① 중정(주차장, 자전거 이용, 건물주변 공간, 유아놀이, 주민의 이용)

② 연결 공간(자동차도로, 보행자도로, 자전거도로)

③ 부대복리시설(상가, 노인정, 유치원, 학원, 놀이터, 정구장, 초등학교)

④ 공원 및 가로시설[근린공원, 평상(퍼골라), 가로등, 벤치, 광고판, 담장]

⑵ 단지 유형에 따른 옥외공간 이용패턴 연구

① 고층, 중층

② 대규모, 소규모

③ 아파트 평형

④ 평지, 구릉지

⑤ 중정배치 타입

⑶ 옥외공간 및 시설물의 개선점 연구

⑷ 관계법규 검토

⑸ 계속 연구의 방향 제안

2. 연구방법

1 가설의 설정

본 연구는 공동주택단지의 물리적 환경과 옥외공간 이용패턴의 상호작용에 초점을 맞추었다.

가설 1 : 공동주택단지의 물리적 환경의 구성에 따라 주민의 공간이용패턴 및 만족도가 달라진다.

가설 2 : 공동주택단지 내에는 각 영역별로 상이한 주민의 행태가 이루어지고 있으며, 행태는 주민의 행위욕구와 물리적 공간의 상호작용에 의해 초래된다.

가설 3 : 공동주택단지의 문제점은 그 소재에 따라 단위별(시설), 조직(상호연계성), 법규의 문제로 귀착한다.

2 연구대상지

본 연구의 대상지는 수도권의 아파트단지를 중심으로, ① 건물층수, ② 단지규모, ③ 지형조건의 세 가지 기준에 따라 과천 3단지 주공아파트(그림 8.31), 부천 약대 2차 주공아파트(그림 8.32), 도곡 주공아프트(그림 8.33), 여의도 시범아파트(그림 8.34), 화곡 주공아파트(그림 8.35)의 5곳을 선정하였다. 대상지 선정기준은 그림 8.30과 같으며, 각 단지의 현황은 표 8.15와 같다.

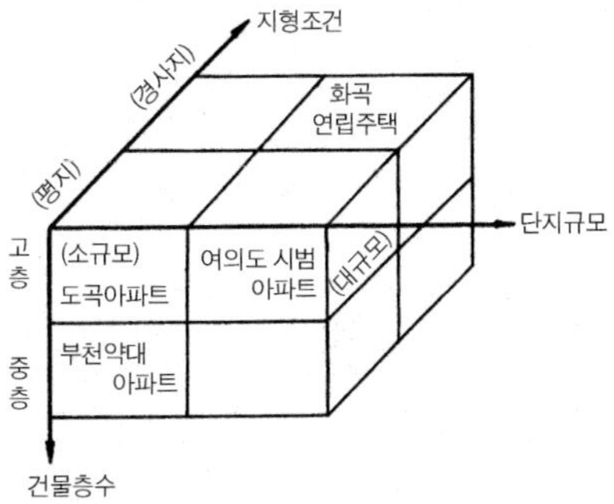

그림 8.30 대상지 선정기준

표 8.15 **연구대상지 현황**

내용 \ 대상지	과천 3단지	부천약대	도곡 2차지구	여의도시범	화곡 연립
세대수	2,830 세대	430 세대	336 세대	1,574 세대	737 세대
평형별 세대수	13평(1,500) 15형 (930) 17평 (680)	14평 (21) 16평 (194) 19평 (215)	18평 (264) 25평 (72)	18평 (216) 24평 (672) 36평 (350) 48평 (336)	17평 (340) 20평 (180) 25평 (217)
층수	5층	5층	12층	12 · 13층	1 · 2층 연립 · 5층
사업주요	주공	주공	주공	시영	주공
준공년도	평지	평지	평지	평지	구릉지
준공년도	1981~82	1985	1981	1971	1978
난방	연탄난방	연탄난방	중앙난방	중앙난방	연탄난방

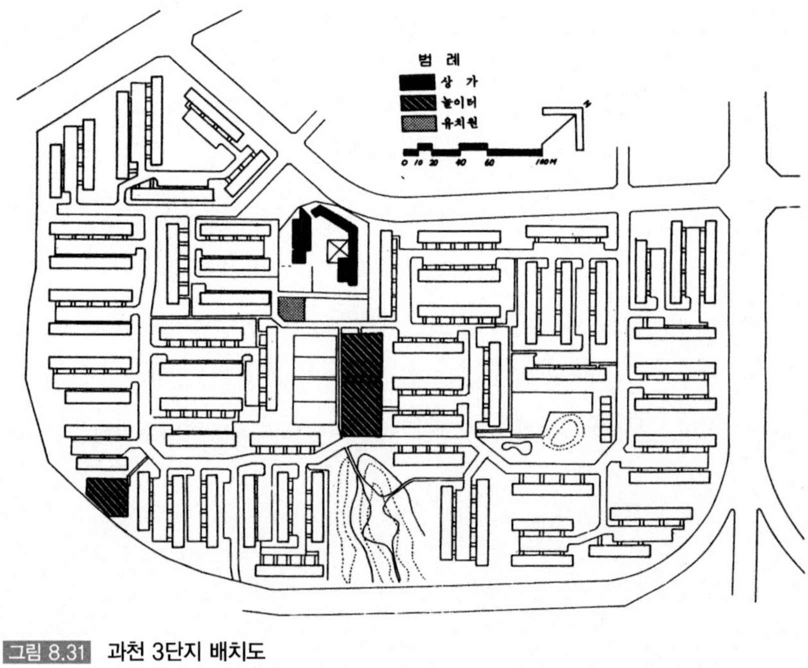

그림 8.31 **과천 3단지 배치도**

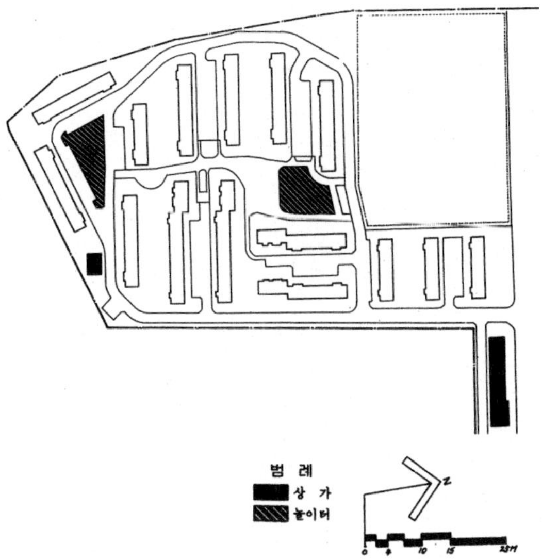

그림 8.32 부천약대 주공아파트 배치도

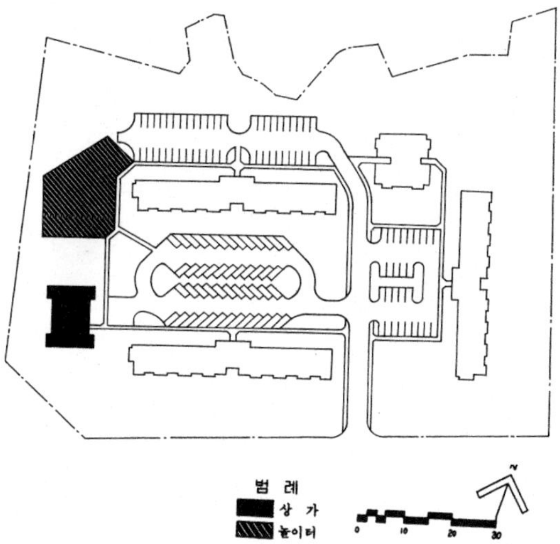

그림 8.33 도곡 주공아파트 배치도

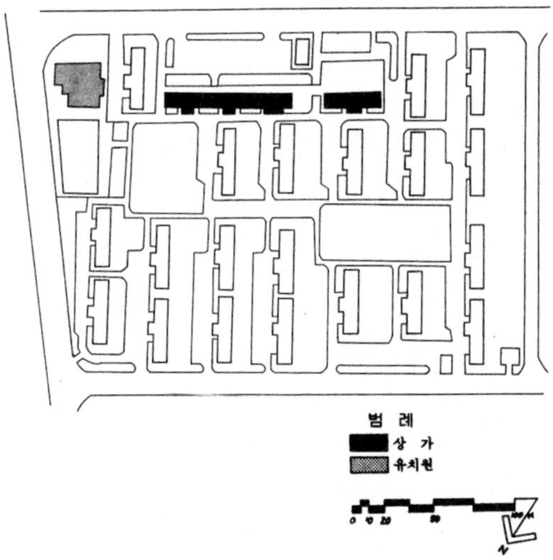

그림 8.34 여의도 시범아파트 배치도

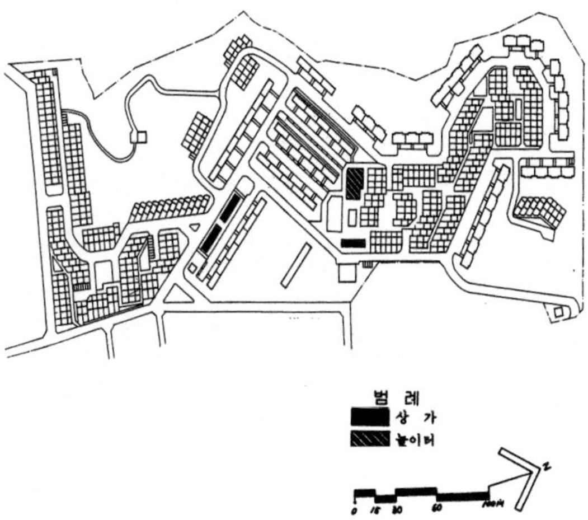

그림 8.35 화곡 연립아파트 배치도

근린공원의 이용행태 조사를 위해서 과천의 중앙공원, 반포 1단지(2개소)가 선정되었으며, 자전거도로 이용실태 조사를 위해서 과천 3개소가 선정되었다.

3 조사방법

연구의 순서에 따른 개략적인 조사방법은 표 8.16과 같다.

표 8.16 **조사방법**

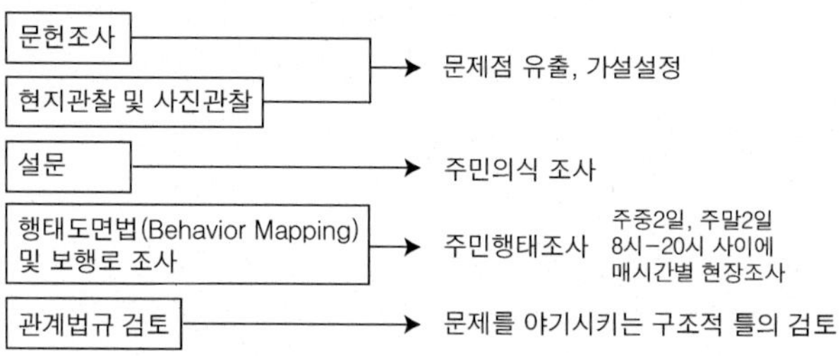

1단계로 공동주택단지 부대복리시설과 옥외공간의 일반적인 문제점과 가설설정을 위해 기존의 문헌을 조사하였으며 연구대상지를 포함한 여러 아파트단지의 현지관찰을 수행하였다.

2단계로 설문과 행태도(Behavior Mapping)를 이용하여, 대상지 주민의 의식과 행태를 조사하였으며 조사기간은 1985년 7월 하순부터 9월 초순까지 사이에 이루어졌다.

설문지는 아파트단지 설문지와 노인정 설문지로 나누어지는데 아파트단지 설문은 관찰을 통한 가설적인 문제점을 토대로 작성되었으며, 설문지의 배치도에 버스정류장, 산택코스, 상가, 유치원 및 학원, 초등학교까지의 보행로를 기입하게 하였다. 설문지는 주로 주부를 대상으로 하였으며, 조사원이 직접 인터뷰하는 형식으로 작성하여, 대상지마다 100부씩 회수하였다. 노인정 설문지는 대상지 내의 노인정 이용자를 대상으로 장소마다 20부씩 회수하였다. 도곡아파트는 노인정이 없었고, 부천약대 아파트는 아직 개장되지 않아서 제외시켰다.

행태도는 조사원이 아파트 주민의 외부공간에서의 모든 행태를 관찰하여, 행위자의 성별 · 연령 · 행위를 미리 정해진 행위종류에 따라서 배치도에 부호화시켜 기입하였다(표 8.17). 이러한 관찰은 매 시간, 정해진 때에 행해지며 이러한 방법을 통해서 아파트단지 내 주민의 연령별, 시간별, 공간별 외부공간의 이용행태를 파악할 수 있었다. 행위의 종류를 알아내기 위해서 예비조사를 통하여, 일어나는 행위를 기술하여 열거하였다. 또 예비조사에서는 관찰되지 않았지만 외부공간에서 일어날 수 있는 행위를 가능한 한 자세히 추가시켰다. 단 관찰시 행위가 정해진 기록표에 없을 시에는 새로 추가행위를 서술적으로 기록하였다.

관찰대상은 외부공간에서 관찰되는 모든 사람의 순간적 행태이며 주차된 자동차, 자전거대수도 포함하였다. 관찰시간은 오전 8시부터 오후 8시까지이고, 관찰요일은 주중에 1일, 주말(일요일)에 1일 관찰하였다. 조사의 신뢰도(Reliability)를 검증하기 위하여 차기 주, 같은 요일에 반복하여 단지별로 총 4일을 조사하였다. 일반적으로 기후조건이 특이하지 않은, 날씨가 맑은 날을 조사일로 택하였다. 관찰은 대상단지의 대상구역을 조사원이 순환식으로 돌며 기록한다. 과천 3단지와 화곡단지는 면적이 넓어서 전 구역을 조사하기에 어려움이 있어서 조사구역을 한정시켰다. 행위는 행위목록에 의해 성별과 연령을 조사원의 판단에 의거하여 부호화시켜 배치도에 기입하였다.

마지막 단계로 아파트단지 물리적 환경의 제어요인으로 작용하는 관련 법규(건축법, 주택건설촉진법 등)를 검토하여, 미 규정된 시설의 보완이나 현재 불합리한 사항의 시정을 연구하였다.

4 영역별 공간분류

아파트 주민의 옥외공간 이용측면에서 볼 때 아파트단지는 세 단계의 영역으로 나누어 볼 수 있다(그림 8.36).

표 8.17 행태도 행위 부호 표

성별	연령	행위		
1. 남자 2. 여자 3. 모를 때	0˜. 0~4 0. 5~10 1. 10대 2. 20대 3. 30대 4. 40대 5. 50대 6. 60대	• 서서 하는 행위	A_1. 걷는다. A_2. 산책한다. A_3. 애기를 안거나 업고 있다. A_4. 서서 가만히 있다. A_5. 서서 먹고 있다. A_6. 서서 이야기 한다. A_7. 기어 간다.	A_8. 뛰어 간다. A_9. 매달려 있다. A_{10}. 서서 애보기 A_{11}. 애기를 업거나 안고 간다. A_{12}. 서서 놀다. A_{13}. 물건을 사들고 간다.
	7. 70대 8. 80대	• 앉아서 하는 행위	B_1. 앉아서 가만히 있다. B_2. 앉아서 이야기 한다. B_3. 앉아서 일 한다(책, 신문, 뜨게질, 먹는다, 술, 화투)	B_4. 잠을 잔다. B_5. 앉아서 애보기 B_6. 누워 있다. B_7. 앉아서 논다.
		• 타는 행위	C_1. 유모차를 끈다. C_2. 자전거를 탄다(어른) C_3. 오토바이를 탄다. C_4. 수레를 끌고 간다. C_5. 이삿짐/가구운반 C_6. 배달(우유, 신문 등)	
		• 실용적 행위	D_1. 화초 가꾸기 D_2. 채소 재배 D_3. 풀 뽑기 D_4. 경비원 D_5. 세차 D_6. 행상 D_7. 구매행위	D_8. 사진 찍는다. D_9. 휴지를 줍거나 버린다. D_{10}. 소변본다. D_{11}. 주차 D_{12}. 청소 D_{13}. 짐 내리기 D_{14}. 채소정리
		• 공놀이	E_1. 야구 E_2. 축구 E_3. 농구 E_4. 피구	E_5. 족구 E_6. 배드민턴 E_7. 테니스 E_8. 일반 공놀이
		• 자유 놀이	F1. 고무줄 F2. 볼 차기 F3. 곤충채집 F4. 딱지치기 F5. 구슬치기 F6. 소꿉장난	F7. 장난감놀이 F8. 인형놀이 F9. 흙 · 모래장난 F10. 물장난 F11. 전쟁놀이 F12. 씨름 F13. 기타
		• 타기 놀이	G1. 롤러스케이트 G2. 싱싱 G3. 자전거(어린이)	G4. 목마 G5. 이동목마 G6. 스프링보드

① 첫째로, 준 공공영역으로서 여기에는 주차장, 건물 앞 녹지, 그리고 간혹 유아놀이터가 위치하고 있다. 이 장소는 인동구간에 면한 건물 거주자들만이 주로 이용하는 곳으로서 단지 전체 주민을 위한 공동 이용 장소와는 구별되는 곳이다. 본 연구에서는 이러한 공간을 중정이라 부르기로 한다.

② 둘째로, 단지 전체 주민을 위한 공공영역을 들 수 있다. 여기에는 상가, 관리소, 근린공원, 운동시설, 유치원 등의 부대복리시설이 위치하고 있다.

③ 셋째로, 몇 개의 단지가 공동으로 이용하는 공공영역을 들 수 있다. 초등학교, 지구공원 등은 단지 외부에 혹은 단지에 인접 위치하여 보다 넓은 이용권을 지니는 영역이다.

이상의 영역들은 도로, 보행자 전용도로, 자전거도로에 의하여 상호 연결되어 아파트 주민의 생활을 지원하고 있다.

본 연구에서는 이상과 같은 영역분류에 의하여 아파트단지를 중정,

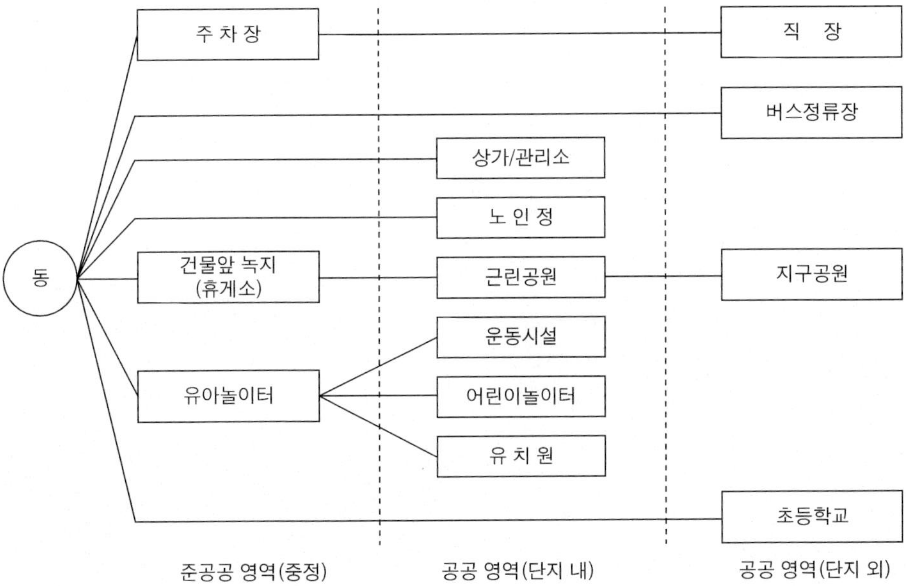

그림 8.36 **아파트단지 영역별 분류**

연결 공간, 부대복리시설로 크게 나누고 각 장소의 요소별로 문제점을 분석하였으며 가능한 한도 내에서 해결방안을 모색하였다.

3. 중정(인동구간)에 대한 주민의식 및 행태

설문조사에 의한 주민의식 및 행태조사에 의한 주민행태를 중정, 연결공간, 부대복리시설, 공원 및 가로시설로 크게 나누어 분석하였는데 이 중 중정에 관하여만 살펴보면 다음과 같다.

1 주차장

⑴ 주민의 반응 : 설문을 통한 주민의 주차장에 대한 반응은 다음과 같다. 일반적으로 주차장의 위치에 대해서는 대부분 만족하고 있는 것으로 나타났다. 이는 주거동과의 거리가 가깝고, 집에서 주차된 차를 볼 수 있는 이유에서 기인하였다. 이는 우리나라 아파트단지 주차장이 자가용 소유자의 입장에서 진 · 출입하고 주차하는 데 매우 편리하게 조성되어 있다는 것을 의미한다. 화곡 연립아파트에서 불만족이 높게 나타난 것은 연립주택의 주차장이 주거동과 멀리 떨어져 위치한 경우가 있고, 주차장이 인접한 주거동에서는 저층(1층~3층)이어서 주차 시 소음이 타단지에 비해 심하게 느끼는 이유에서 기인된 듯하다. 그리고 일반적으로 주차장 불만의 이유는 소음을 들고 있는 데 이는 고층보다 저층에서 많은 것으로 나타났다.

사진 8.9 주차장의 이용행태 : 공놀이(좌), 자전거 보관소(우)

주차 시 그늘의 양은 모든 단지에서 '부족'하거나 '매우 부족'한 것으로 나타나서 그늘의 필요성을 말해 주고 있다.

주차장을 공 놀이터로 이용하고자 하는 데에는 일반적인 의견의 일치를 찾기는 힘들었다.

자가용 보유대수는 조사대상지의 위치(도시 중심부, 외곽, 근교), 평형 등에 따라 다르게 나타났다. 본 조사에 의하면 여의도 시범아파트는 약 70%, 도곡은 약 45%, 화곡 연립주택은 약 15%, 과천 3단지는 약 7%, 부천 약대는 약 10% 정도의 세대가 자가용을 보유하고 있는 것으로 나타났다.

(2) 시간별 주차대수의 변화 : 행태도면법을 통한 시간별 주차대수의 변화는 그림 8.37, 8.38과 같다. 주중과 주말을 비교하여 보면 주중에는 낮 동안의 주차대수가 야간에 비하여 현저히 감소하는 경향을 보여 주고 있다. 주중의 경우 대체로 오전 9시부터 오후 6시까지는 보유대수 중 약 3분의 1 정도만 주차를 하고 있다. 이를 단지별로 보면 여의도 40~50%, 도곡 20~30%, 과천 3단지 40~50%, 부천 10~20%, 화곡 10~20% 정도로서 단지여건에 따라서 비교적 큰 차이를 보여 주고 있다.

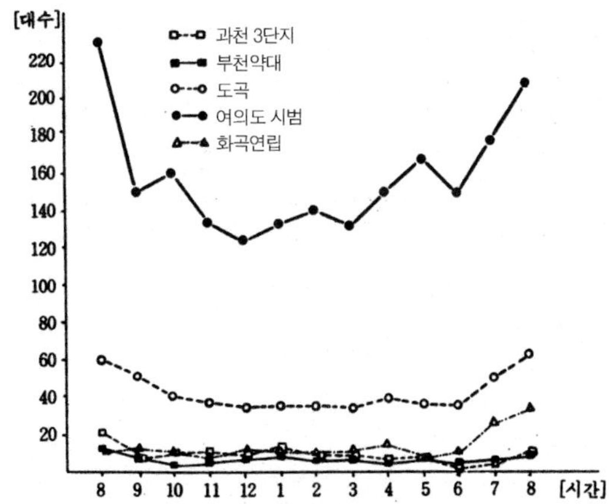

그림 8.37 시간별 주차대수(주중)

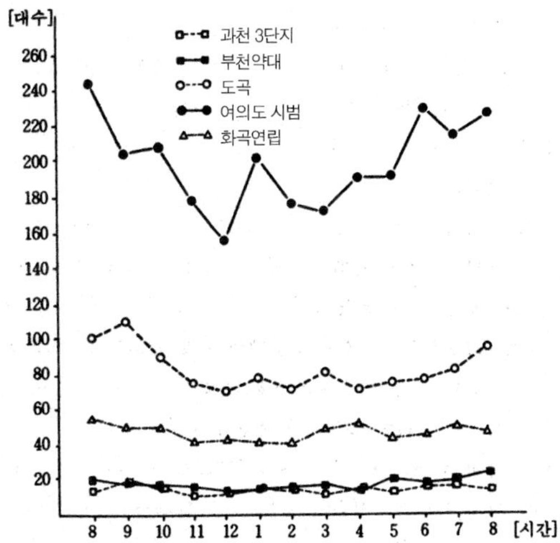

그림 8.38 시간별 주차대수(주말)

⑶ 중정에서의 이용행태

① 조사대상지별 이용행태 : 각 대상지의 중정마다의 관찰된 행태를 단지별로 합하고, 4일간의 관찰행위를 합하였다. 여기에서 중정에서의 이용행태는 주차장에서만의 행태를 의미하지 않고 동과 동사이의 구간에서의 모든 행태를 지칭한다. 즉 동 입구, 주차장, 도로, 보도녹지공간에서 관찰되는 모든 행위를 지칭한다.

ⓐ 과천 3단지의 경우 (걷는다)의 행태가 전체의 30% 정도를 차지하는 것을 볼 때 중정공간은 주거동에 진 · 출입하거나 거쳐 가는 통로로서의 성격을 가장 강하게 지닌다. (자전거〈어린이〉), (서서 놀다)의 행태가 17% 정도로 중정이 주로 유아(0~4세), 유년(5~10세)의 놀이공간으로 이용됨을 입증한다. 이러한 많은 행태에도 불구하고 현재의 중정은 주차장, 도로가 대부분의 공간을 차지하고 있어 놀이를 위해 마련된 공간은 거의 없는 실정이다. 이는 주거동 근처에 유아들을 위한 놀이공간이 필요함을 의미한다.

또한 자전거의 이용이 전체의 놀이행태 중 많은 비중(29.5%)을 차지하고, 전체 중정이용행태의 약 10%를 차지한다. 현재의 높은 자전거 이용도는 자동차와 자전거의 상충이 자주 일어날 잠재적 위험성을 내재하고 있다. (앉아서 이야기 한다), (앉아서 가만히 있다), (앉아서 애보기), (앉아서 일한다)의 행태는 전체 행위 중 약 10%로 중정공간이 주로 앉아서 휴식하는 공간으로 이용되고 있다는 사실을 설명한다. 현재의 동 입구 및 단계, 도로경계석에서 이러한 행태가 일어나고 수용되고 있다. 현재의 시설이 다목적으로 이러한 행태가 일어나고 수용되고 있다. 현재의 시설이 다목적으로 이러한 기능을 하고 있지만, 양적이며 질적인 면에서 벤치 등 휴식공간의 필요성이 절실히 요구되고 있는 실정이다.

(서서 가만히 있다), (서서 이야기 한다)는 전체의 7% 정도로 자연적으로, 의도적으로 서서하는 행태일 수 있으나, 많은 부분이 앉을 만한 공간의 부족으로도 기인한 듯하다. 그러므로 휴게공간의 필요성을 간접적으로 시사한다고 하겠다.

(앉아서 애보기), (애기를 앉고 있다), (서서 애보기)의 행태는 전체의 4% 정도로 주로 주부나 가장의 애보기 행위이다. 이는 유아의 놀이와 어른의 놀이보호, 감시행위가 밀접하게 관련되어 있다는 것으로 유아놀이와 휴게공간이 인접되어야 한다는 사실을 제시해 준다.

ⓑ 부천 아파트의 경우 중정의 이용행태는 (걷는다), (뛴다)의 행태가 약 29%이고, (서서 놀다), (자전거 〈어린이〉), (앉아서 논다)의 놀이행태가 약 29%로 많은 비중을 차지한다. (앉아서 가만히 있다), (앉아서 이야기 한다)가 약 9%, (서서 가만히 있다), (서서 이야기 한다)가 약 7%로 휴게공간의 필요성을 재차 입증한다.

ⓒ 도곡 아파트의 경우는 (걷는다)의 행태가 38% 정도로 역시 주거동에 진출 · 입 및 통과로서의 성격을 지니며 (물건을 사들고 간다)의 행태가 약 5%로 주거동이 상가근처이어서 상가왕복통로로 많이 이용됨을 알 수 있다. (주차 · 승하차)는 약 9%, (세차)는 약 2%를 차지하는 것은 도심의 아파트단지이므로 자가용 보유율이 높고, 주차장이 중정의 대부분을 차지하고 있는 데에서 기인한다.

(서서 논다), (자전거 〈어린이〉), (일반 공놀이), (테니스), (야구), (축구)의 놀이행태는 약 19%의 비중을 차지하므로 유아, 유년의 놀이로 많이 이용되며, 역시 놀이행태 중 자전거 이용(24.27%)이 많은 비중을 차지한다. 또한 공놀이, 야구, 축구, 테니스의 놀이행태가 많은 것은 다른 단지보다 중정의 규모가 커서 이러한 공놀이 공간으로 이용되는 것 같다. (앉아서 가만히 있다), (앉아서 이야기 한다)의 행위는 약 2%로 앉아서 휴식하는 행태가 적게 일어난다.

ⓓ 여의도 시범아파트의 경우 (걷는다), (뛰어간다)의 행태가 약 56%로 다른 단지에 비하여 많은 비중을 차지한다. 이것은 중정의 대부분이 이용하지 못하는 녹지공간으로 구성되어 있고, 주차장 역시 주차된 자동차가 많기 때문에 다른 다양한 행태가 일어날 수 있는 가능성이 적기 때문이다. (주차 · 승하차), (서서 가만히 있다)의 행태가 약 4.5% 정도로 타 단지에 비해 주차장으로 중정의 성격을 띤다.

(자전거 〈어린이〉), (서서 놀다), (치기장난), (곤충채집), (고무줄), (일반 공놀이) 등은 약 12%로 높은 비중을 차지하며 전체 놀이행태 중 자전거(31.94%)의 이용이 두드러진다.(구매행위는 2%를 차지하여 타 단지에 비해 트럭행상의 이용률이 높다.

ⓔ 화곡 아파트의 경우 다른 행위들은 타단지와 비슷하게 일어나나 (이동목마), (축구), (고무줄), (배드민턴), (치기장난), (일반 공놀이), (농구) 등의 다양한 놀이행태가 일어나고 있음이 관찰되었다.

② 단지간 이용행태 비교

단지간 이용행태의 상호비교를 위하여 유사한 행위를 묶어서 행위유형을 13개로 단순화하였다. 단순화된 행위유형은 표 8.18과 같으며 이에 따른 단지별 행위율은 표 8.19와 같다.

단지별 행위유형을 비교하면 다음과 같다.

ⓐ (진입 · 통과)의 행태에 있어서 여의도는 60%로 다른 단지에 비하여 높아서 중정 통과의 비중이 큰 것으로 나타났다. 이것은 여의도 중정이 접근 불가능한 녹지공간과 주차공간만으로 구성되어 있어 다양한 행태를 수용하고 있지 못한다는 것을 암시한다. 반면에 화곡이나 부천은 소규모 단지이기 때문에 통과의 행위가 줄어들고, 다양한 행태를 수용하고 있다는 것을 의미한다.

표 8.18 행위분석유형(대분류)

행위	Behavior Mapping Code
1. 진입통과	A1, A2, A8, A11, A13, C1
2. 놀이	A7, A9, A12, E1~E13, G1~G6, B7
3. 대화(사회적 교류)	A6, B2
4. 휴식	A4, A5, B1, B3, B4, B6
5. 애보기	A3, A10, B5
6. 타기(성인)	C2, C3, C4
7. 배달, 운반	C5, C3, D13
8. 청소	D5, D6, D12
9. 주차 · 승하차	D11
10. 판매 · 구매	D6, D7
11. 화초 가꾸기, 재배, 풀 뽑기	D1, D2, D3
12. 채소정리, 고추말리기	D14
12. 기타	D4, D8, D10 기타

표 8.19 단지별 중정이용 행위분석비율(대분류) (단위 : %)

행위	비율					
1. 진입통과	39.5	31.5	47.7	60.0	25.5	44.4
2. 놀이	30.1	37.7	23.5	16.6	51.9	28.4
3. 대화	6.3	5.2	3.2	2.0	6.3	4.5
4. 휴식	9.6	15.4	4.5	5.1	10.3	8.3
5. 애보기	6.0	2.0	2.6	0.6	0.7	2.9
6. 타기	1.2	0.8	1.3	2.7	1.0	1.6
7. 배달 · 운반	0.7	1.0	1.6	1.5	0.1	1.0
8. 청소	1.0	3.6	2.8	2.7	0.9	2.0
9. 주차 · 승하차	0.7	0.2	9.5	2.7	0.8	2.3
10. 판매 · 구매	1.6	0.4	0.2	2.8	0	1.5
11. 화초 가꾸기, 재배, 풀 뽑기	0.3	1.4	0.8	0.6	1.0	0.6
12. 채소정리, 고추말리기	0.5	0	0	0	0.5	0.2
13. 기타	2.5	0.8	2.3	2.7	1.0	2.3
합계	100	100	100	100	100	100

ⓑ (놀이)의 행태에 있어서 여의도의 놀이행태비율이 다른 지역에 비해 떨어지는 것을 전술한 이유와 주민이 다른 지역에 비해 중년, 노년부부가 많은 데서 기인하는 것 같다. 화곡의 경우는 단지 내 놀이터의 협소 및 경사지로 인한 놀이공간 부족으로 평탄한 지형의 중정에서 놀이행태가 많이 일어나는 것으로 분석된다.

ⓒ (대화)의 행태는 사회적 교류를 의미하는 것으로 중층(과천 3단지, 부천약대, 화곡)이 6.3%, 5.2%, 6.3%로서 고층(도곡, 여의도)의 3.24%, 2.0%보다 높게 나타난다. 이는 고층이 중층보다 입구수가 적고, 이러한 행태를 유발하는 디자인요소(앉을 수 있는 곳)가 적으며, 고층일 경우 이러한 행위가 복도나 엘리베이터 등의 실내공간으로 분산되는 데서 기인한 듯하다.

ⓓ (휴식)의 행태는 중층이 9.6%, 15.4%, 10.3%로 고층의 4.5%, 5.1% 보다 높게 일어난다. 이는 이러한 행태를 유발하는 디자인요소(동 입구의 앉을 곳, 계단, 도로, 경계석 부분 등)가 고층보다 중층에서 많으며 접지성이 높은 데서 기인하는 것으로 판단된다.

ⓔ (주차 · 승하차)의 행태는 소득수준에 따른 차량보유율에 의하여 고소득인 여의도 · 도곡이 2.7%, 9.5%로 과천 3단지, 부천, 화곡의 0.7%,

0.2%, 0.8%보다 많이 일어난다.

ⓕ (채소정리 · 고추말리기) 등의 행태는 중층(과천 3단지, 화곡 연립)이 0.5%, 0.5%이나 고층(도곡, 여의도 시범)에서는 전혀 관찰되지 않는 것으로 보아 일반적으로 중층의 중정은 생활수납공간으로 이용되나, 고층일 경우는 그렇지 못하다는 것을 의미한다. 부천약대의 경우에는 조사 당시 입주가 진행 중이어서 예외적인 경우로 볼 수 있다.

(4) 문제점 및 제안

① 주차장의 그늘 부족–모든 조사대상지에서 주차장에 그늘이 부족한 것으로 나타났다. 특히 고층인 경우에는 30~40대의 주차장이 대규모로 설치되어 있는데, 이를 소규모로 분할하고 분리대에는 식재를 통한 그늘 조성이 바람직하다(그림 8.39).

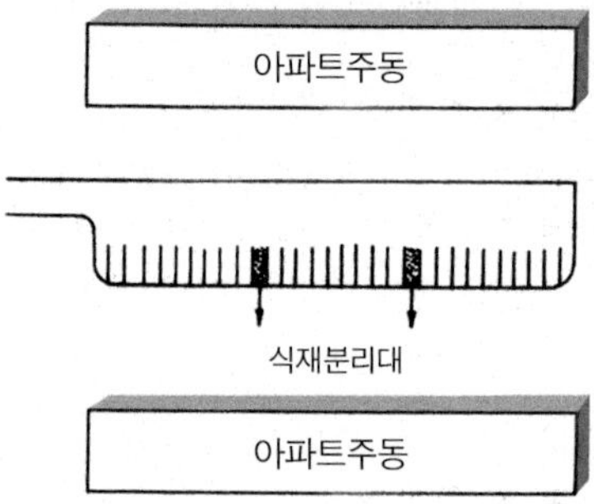

그림 8.39 **주차장의 분할배치**

② 주차와 놀이행위의 마찰–중정의 주차장 및 주변에서는 통과행위가 44.4%로서 가장 많으며 다음이 놀이행위로서 28.4%를 차지하고 있다. 주간의 경우 띄엄띄엄 주차된 사이에서 어린이들이 놀고 있어서 놀이에 지장을 주며, 차량 진출 · 입과도 마찰을 일으키며, 주차된 차량이 훼손을 입기도 한다(사진 8.10).

사진 8.10 주차장에서의 놀이행위

주중의 시간별 주차대수를 보면 오전 9시부터 오후 7시 사이에는(8월) 단지별로 차이가 크나 대략 30% 정도만이 주차하고 있다(그림 8.37). 한편 주중의 중정에서 시간별 어린이 이용자수를 보면 오전 9시부터 오후 7시 사이에 대다수가 이용하고 있음을 볼 수 있다(그림 8.40). 따라서 주차장을 분할하여 주간에는 한 쪽만 이용하도록 하며, 다른 쪽에서는 자유롭게 어린이들이 이용할 수 있도록 하는 방안을 생각해 볼 수 있다.

구체적 설계의 측면에서 어린이들이 이용할 수 있는 주차장에서는 간단한 농구대 등을 설치할 수도 있으며, 바닥포장도 아스팔트 이외의 재료를 사용하거나 유색 포장을 고려할 수도 있겠다. 자동차 소유자의 협조가 문제될 수 있으나 반상회 등을 통하여 홍보를 한다면 큰 문제가 아닐 것으로 판단된다.

③ 주차장 원단위의 과대-소형 및 중형승용차가 많은 우리나라 실정을 감안할 때 현행 법규에서 규정하고 있는 2.5m×6.0m의 주차장 크기는 너무 큰 것으로 판단된다. 소형(아반떼 XD : 4.525m×1.725m) 및 중형(소나타 : 4.800m×1.830m) 승용차의 크기를 고려한다면 2.5m×5.0m 정도로 축소하여도 문제가 없을 것이며, 이를 통하여 중정에서의 녹지 및 기타 생활공간을 더 많이 확보할 수 있다.

④ 주차대수 산정의 비합리성-서울특별시 주차장 설치 및 관리조건

(1984. 12. 22일 개정)에 의하면 공동주택의 경우 전용면적 85m² 이상인 경우에는 건축물 연면적 150m²마다 1대를 주차할 수 있도록 규정하고 있다. 그러나 같은 평형의 아파트라 하더라도 지역(도심, 외곽) 및 소득에 따라서 자동차 보유율에 차이가 있으므로 이들을 종합적으로 고려한 주차대수 산정방안을 마련함이 바람직하며 이에 대한 구체적 방안은 앞으로 연구할 과제이다.

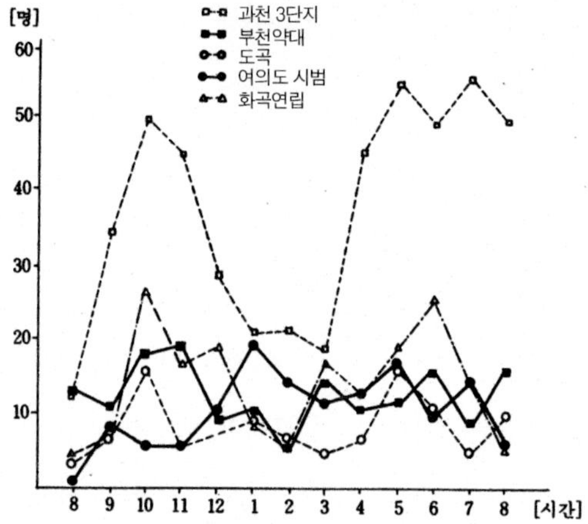

그림 8.40 **중정에서의 시간별 어린이 이용자수(주중/놀이행위)**

2 자전거 이용

(1) 주민의 반응 : 설문에 의하면 성인용 자전거 보유율은 일반적으로 20% 정도, 아동용 자전거 보유율은 50% 정도로 나타났다. 여의도는 평수가 다른 단지보다 커서 가족구성이 다른 단지와 차이가나 성인용 30%, 아동용 20% 정도 나타났다.

자전거 보관 장소는 중층일 경우 건물현관내부, 고층일 경우 복도 이용이 많았으며, 저층인 화곡 연립의 경우는 건물내부에 많이 보관하였다. 보관된 자전거의 안전성에 대하여는 저층일 경우에는 건물내부에 보관하고 있어서, 고층일 경우는 경비원이 있어 안전함을 느낀다는 응답자가 많았으며 중층일 경우는 경우 불안전하다고 답하는 사람이 많았다. 자전거 보관소의 적정위치는 대부분은 동 입구라고 답하였다. 이용 시 자동차와의 마찰은 대부분 많이 느끼는 것으로 나타났다.

(2) 자전거 이용행태 : 행태도면법을 통하여 관찰된 중정에서의 전체행위 중 자전거 이용(성인용, 아동용) 비율은 약 9%를 차지하며 일반적으로 고층보다 중층에서 이용률이 높다(표 8.20).

표 8.20 중정에서의 전체행위 중 자전거 이용 비율

단지	빈도수	
과천	354/3,100	11.42 %
부천	98/ 844	11.61 %
도곡	63/1,017	6.19 %
여의도	180/2,676	6.73 %
화곡	79/ 988	8.00 %
전체	774/8,625	8.97 %

중정에서의 어린이 놀이행위 중 자전거 이용은 대부분 30% 정도로서 절대다수를 차지하고 있다. 화곡아파트 경우 경사지여서 자전거 이용율이 떨어지는 것으로 판단된다(표 8.21).

표 8.21 중정에서의 놀이행위 중 어린이 자전거 이용비율

단지	빈도수	
과천	125/424	29.48 %
부천	321/836	38.40 %
도곡	58/239	24.27 %
여의도	92/288	31.94 %
화곡	58/476	12.18 %
전체	654/2,263	28.90 %

(3) 문제점 및 제안

① 자전거 보관시설 미비-많은 자전거 이용에도 불구하고 대부분의 아파트에서 자전거 보관 장소가 없으며 도난위험이 있다. 현재 주차장에 설치되어 있는 간이 자전거 주차시설은 동 입구에서 거리가 멀고, 미관상으로도 불량하다. 따라서 적정위치에 자전거 주차장소를 고려함이 필요하다. 중층의 경우 설문조사 결과를 따른다면 건물현관입구 인접한 녹지에 분산하여 설치함이 바람직하겠다(그림 8.41).

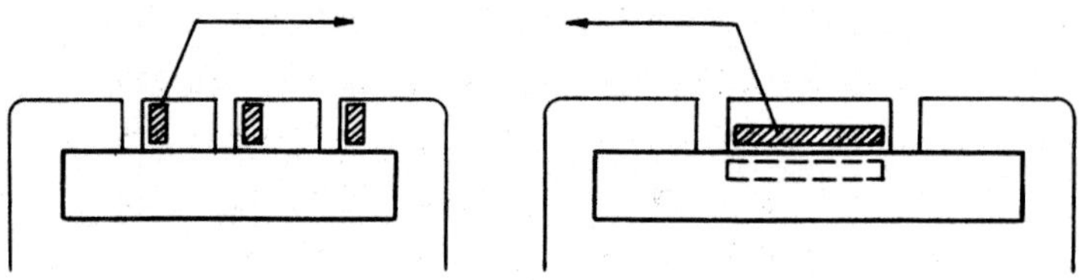

그림 8.41 자전거 보관소의 적정위치

여의도 시범아파트의 경우 1층 복도 밑에 보관하는 경우가 많은데 고층의 경우에는 이러한 것도 한 대안이라 하겠다(사진 8.11).

사진 8.11 1층 복도밑의 자전거 보관소(여의도 시범아파트)

② 자전거 접근성 결여–주차장과 보도 사이의 연석으로 인하여 자전거 통행에 불편을 주고 있으므로 필요에 따라 연석을 낮추는 것이 바람직하다. 이는 자전거뿐만 아니라 유모차, 장애자의 접근을 위하여도 필요하다.

3 건물주변 공간

⑴ 주민의 반응 : 건물주변 휴게공간의 필요성은 일반적으로 많이 느끼는 것으로 나타났다. 화곡의 경우 다른 단지보다 휴게공간의 필요성을 적게 느끼는 것은 연립주택에 개인정원이 있는 이유에서 기인된 듯하다. 건물주변의 휴게공간 위치는 건물측면 녹지나 건물 앞 녹지라 응답한 사람이 많았다. 동과 동 사이의 거리는 일반적으로 가깝다고 느껴, 프라이버시

확보를 위한 인동구간의 간격이 충분하지 못한 것으로 나타났다.

(2) 건물주변 녹지공간의 이용행태 : 여기서 건물주변 녹지공간이란 구체적으로 중층 N-S형일 경우(과천 3단지, 부천약대)에는 건물과 건물 사이의 주차장이 위치하지 않은 중정의 녹지공간을 의미하고, 고층일 경우(도곡)에는 건물과 단지경계 사이의 녹지공간을 의미한다.

이상과 같은 녹지공간을 구분할 수 있는 곳은 과천 3단지, 부천약대, 도곡 아파트에만 있다.

단지별로 차이는 있으나, 전체적으로 볼 때 통과행위가 30.8%로서 중정의 43.8%보다 떨어지고, 휴식행위가 12.6%로서 중정의 8.5%보다 많은 비중을 나타내고 있다. 놀이행위는 전체의 34.7%로서 가장 많으며, 이는 어린이들이 기존의 놀이터 및 주차장에 만족하지 않고 인근의 녹지를 놀이터로 이용하고 있음을 말해 준다(표 8.22).

표 8.22 중정녹지공간이용 단지별 행위분석비율(대분류)

행위	과천 3단지	부천	도곡	합계
1. 진입통과	42.81%	19.61%	19.41%	30.76%
2. 놀이	27.5	64.71	31.65	34.74
3. 대화(사회적 교류)	14.06	3.92	10.97	11.37
4. 휴식	8.44	5.88	21.10	12.63
5. 애보기	4.38	0.98	2.53	3.19
6. 타기		0.98		0.15
7. 배달 · 운반			13.92	5.05
8. 청소	0.31	2.94		0.60
9. 주차 · 승하차	0.31			0.15
10. 판매 · 구매	1.25			0.60
11. 화초 가꾸기, 풀 뽑기	0.31	0.98		0.30
12. 채소정리, 고추말리기				
13. 기타	0.63		0.42	0.45
합계	100%	100%	100%	100%

이상을 살펴볼 때 건물주변 녹지공간에서는 놀이 및 통과행위가 주를 이루고 있다.

(3) 문제점 및 제안

① 건물주변 휴게시설의 부족-중정 및 주변공간에서는 주민의 만남, 기다림, 놀이행위 등이 활발하게 이루어지고 있는데 이들을 위한 벤치, 퍼

골라 등의 시설이 중정주변에 부족하거나 적절한 장소에 배치되어 있지 못하다.

휴게공간을 확보하기 위해서 인동간격을 선별적으로 채택하는 것도 한 방법이 될 수 있다. 즉, N-S형의 배치일 경우 건물입구에 면한 중정은 넓게 하고 녹지만이 있는 중정은 좁게 하여, 다양한 행위가 일어나고 있는 주차장에 인접하여 휴게공간을 확보하는 방안이다(그림 8.42). 벤치 등의 배치에 있어서도 건물입구에서 가까운 곳에 혹은 주차장에 면하여 배치한다면 이용률이 훨씬 높아질 것으로 판단된다.

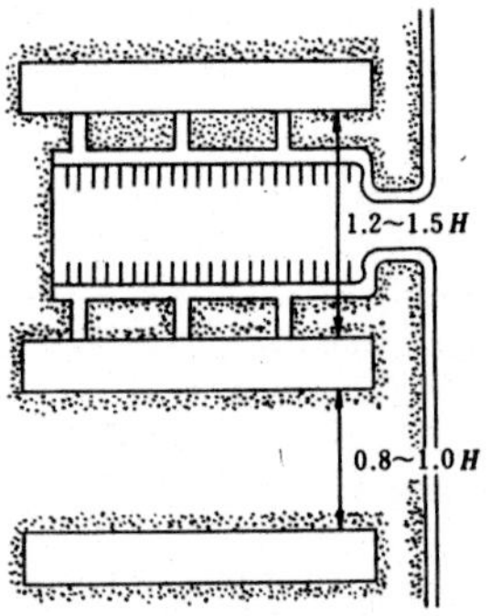

그림 8.42 **인동구간의 선별적 적용(N-S형 배치)**

② 동 입구의 식별성 및 친근감 부족–아파트단지는 일반적으로 유사한 형태의 건물이 균일하게 배치되어 유사한 형태의 중정공간이 다수 위치하게 된다. 따라서 이들 공간의 식별성이 낮아지게 된다. 이러한 문제는 건물형태 및 배치의 다양화를 통해서 해결되어야 할 문제이나 배치 혹은 휴게시설의 다양화를 통해서도 어느 정도 해결 가능하다. 또한 기존 아파트의 건물현관을 보면 화분, 장미아치 등이 위치하고 있음을 볼 수 있는데 이러한 요소들은 친근감을 주며, 동시에 식별성을 높이는 데 기여한다(사진 8.12). 따라서 현관 입구 부분설계 시 이러한 요소들을 수용할 수 있는 여건을 조성하여 주는 것이 바람직하겠다.

사진 8.12 **건물현관의 아치 및 화분**

4 유아놀이

(1) 주민의 반응 : 설문에 의하면 유아의 외출 빈도는 대개 하루에 2~3번이었으며, 보호자와 유아가 함께 가는 장소는 어린이 놀이터, 상가, 건물 입구 등이었다. 단지 내 유아놀이터의 충분함에 대해서는 대부분 부족하다고 느꼈고, 부천약대의 경우는 놀이터가 충분히 조성되어 있고, 놀이터 내에 유아놀이공간도 마련되어 있어 충분하다고 답한 사람이 많았다. 단지 내 유아놀이터의 필요성에 대해서는 대부분 많이 느낀다고 응답했다.

(2) 유아 중정이용행태 : 유아들의 중정이용행태는 단지별로 거의 차이가 없었고, 표 8.23에서 보는 바와 같이 대부분 휴식행태와 놀이행태가 주를 이루었다.

표 8.23 유아 중정이용행태(전체단지)

행위	행위비율	순위
걷는다	193/660=29%	1
서서 놀다	136/660=20	2
자전거(어린이)	59/660=8	3
뛰어간다	47/660=7	4
서서 가만히 있다	45/660=6	5
앉아서 가만히 있다	25/660=3.7	6
앉아서 논다	21/660=3.1	7
앉아서 일 한다	17/660=2.5	8
서서 이야기 한다	16/660=2.4	9
치기장난	16/660=2.4	9
인형놀이	10/660=1.5	11
산책 한다	9/660=1.3	12
서서 먹고 있다	8/660=1.2	13
이동목마	8/660=1.2	15
소꿉장난	7/660=1.0	15

(3) 문제점 및 제안

① 유아놀이터의 결여–기존의 아파트단지에는 유아(0~4세)들을 위한 놀이터가 거의 없는 실정이다. 건물앞 주차장에서 많은 유아들이 놀고 있어 자동차로부터 위험성을 내포하고 있다. 따라서 유아들의 놀이행위를 수용하기 위해서는 중정의 휴게소와 연결하여(가시거리 이내) 유아놀이터를 설치하여 보호자와 유아를 위한 공간을 조성함이 바람직하다.

② 관련 법규 미비–현행 법규에서는 유아 및 유년의 놀이터 구분이 없으며, 막연하게 어린이 놀이터로 규정하고 있다. 따라서 유아놀이터의 보급을 위해서는 관련 법규에 이를 반영시키거나, 설계기준으로 명확히 제시해 줄 필요가 있다.

4. 아파트단지 유형에 따른 옥외공간 이용패턴

앞서의 연구결과를 토대로 조사대상지 선정의 기준이 되었던 단지유형에 따라서 옥외공간 이용패턴을 상호 비교하였으며, 끝으로 타당성과 신뢰도 검증을 하였다.

1 고층/중층/저층

표 8.24 층수에 따른 옥외공간 이용패턴

		중정옥외공간 이용률 (관찰된이용자수 /추정자수인구)	사회적 교류의 행위 (중정에서의 대화)	인동간격	접지성
저층	여의도 도곡	1.32	2.0% 3.2%	인간적 척도 이상	낮다(화분)
중층	과천 부천	2.18 0.72	4.3% 5.9%		
화곡	화곡	1.66	5.8%	인간적 척도	높다(화초가꾸기) 장독

표 8.24에서 옥외공간이용률은 중정에서 관찰된 사람 수를 중정중위건물의 추정된(4인/세대) 거주인구수로 나눈 값이다. 엄밀하게 측정된 값은 아니지만, 고층에서보다 중층이나 저층에서 옥외공간이용률이 높은 것으로 나타났다. 이는 접근성이나 접지성, 또는 공간규모의 친숙성에서 기인하는 것으로 해석할 수 있다. 부천에서의 이용률이 낮은 것은 조사기간 중 입주가 진행 중이어서 예외로 생각하여도 좋을 것이다. 또한 중정에서 관찰된 사회적 교류의 행위(대화)도 고층보다 중층이나 저층에서 많이 일어

난다. 이는 이러한 행위를 유발하는 디자인 요소(동 입구, 동 입구 계단)가 중층 및 저층에서 고층보다 많으며 주민 상호간의 친숙도가 높음에 기인하는 것으로 판단된다.

이상을 고려해 볼 때 고층아파트에서는 옥외공간이용률이 낮으며 사회적 교류가 적게 일어나므로 이 점을 보완할 수 있는 교류를 연구하여야 한다. 예를 들면 2~3개 층마다 1개씩 라운지를 설치하는 방안도 고려될 수 있는데, 이에 대한 구체적인 방안은 계속 연구되어야 하겠다.

2 대규모/소규모

표 8.25 규모에 따른 옥외공간 이용패턴

		상가(복지시설)	초등학교	노인정 유치원
대규모 (1,000세대 정도)	여의도 과천	불만족	인접위치	있음
소규모 (500세대 미만)	도곡 부천	매우 불만족	큰길 건너야 함	없음

소규모 단지(500세대 미만)에서의 문제점은 주로 부대복리시설의 지원이 미약함에 있다. 단지 규모가 소규모일 때는 상권형성이 어려워 상가에서 취급할 수 있는 품목이 한정되어 상가에 대해 많은 불만을 가지게 된다(표 8.25). 또한 초등학교(3,000세대마다 1개소 설치), 유치원(500세대 이상에 설치)도 대규모 단지에 비하여 멀리 떨어져 있거나 큰 길을 건너가야 하는 불편함이 따른다. 따라서 부대복리시설의 측면에서 본다면 1,000세대 내외의 대규모 단지가 바람직한 것으로 판단된다. 한편 단지규모가 1,500세대 이상의 경우는 단지 내 주민의 근린의식, 혼잡 등의 관점에서 1,000세대 정도에 비하여 바람직하지 못함을 나타낸다. 이는 예시로 본 조사대상지 중 과천 3단지(2,830세대)가 다른 단지에 비하여 여러 가지 측면(주민만족도, 보행로 등)에서 부정적인 점이 많음을 볼 수 있었다. 단지의 적정규모에 관하여는 사회적, 경제적, 물리적 등의 여러 측면에서 종합적으로 연구하여야 할 과제이다.

3 소형/중형(평형)

표 8.26 평형에 따른 옥외공간 이용패턴

		가족구성 (자녀)	주차대수 (차량보유율)
중형	여의도	중고생(운동 공간 필요)	약 70% 주차난
소형	도곡 과천 부천 화곡	초등학생 (유아 및 유년 놀이터)	도심 : 30.6% 외곽 : 7.9%

가족구성에 있어서 중형의 경우 성숙한 자녀들(중 · 고생)이 많고, 소형의 경우에는 유아, 유년(초등학생)의 비율이 상대적으로 높다. 따라서 놀이공간 조성에 있어서 중형 이상의 경우에는 보다 동적인 운동공간을, 소형의 경우에는 유아 및 유년놀이터의 비중을 높여주는 것이 바람직하다(표 8.26).

아파트 평수가 중형(국민주택규모 이상) 이상일 경우에는 자동차 보유율이 높아 주차난이 심각하며, 소형의 경우에는 도심(도곡)과 외곽(과천, 부천)에 따라 자동차 보유율에 큰 차이를 보이고 있다.

평형별 적정주차대수 설정기준, 도심 및 교외의 주차대수 설정기준에 대한 연구가 계속되어야 하겠다.

4 평지/구릉지(지형)

표 8.27 지형에 따른 옥외공간 이용패턴

		외부 공간	입지장소	접지성	근린공원
평지 (중층, 고층)	과천 도곡 부천 여의도	단조롭다	·	·	평탄/인위적 공원
구릉지 (연립주택)	화곡	흥미롭다	지방, 중소도시 에의 가능성	높다	자연지형을 살린 근린공원

구릉지나 경사지를 이용한 연립주택은 흥미로운 외부공간을 구성할 수 있고, 접지성이 높으며 자연지형을 살린 근린공원을 조성할 수 있는 많은 장점을 지니고 있다. 화곡동의 경우 주민들의 만족도가 높으며, 세대별로 구획된 단독의 관리가 잘 되고 있음을 볼 수 있다. 아파트에서와는 달리 자기 소유의 정원이 있으며, 여기에서 화초 가꾸기, 장독 묻기 등의 단독주택에서의 행위가 가능한 점이 최대의 장점으로 판단된다. 이러한 연립주택은 고밀도 토지이용이 필수적인 대도시에서는 보급에 어려움이 따른다(표 8.27). 그러나 지방 중소도시에서는 전통적인 단독주택의 분위기를 느낄 수 있으며 어느 정도는 고밀도가 가능한 연립주택의 보급이 가능할 것으로 보이며 또한 바람직할 것으로 판단된다. 지방 중소도시에서는 아파트 분양에 어려움이 따르는데 평지보다는 지가가 저렴한 구릉 등을 택하여 지가와 밀도, 시공비 등을 고려한 사업성 검토를 하여 연립주택을 보급한다면 분양의 어려움을 완화시킬 수 있으리라 전망된다.

5 연구의 타당성과 신뢰도

일반적으로 모든 과학적 연구는 연구결과의 타당성(validity)과 신뢰도(reliability)에 대한 검증을 필요로 한다(그림 8.43).

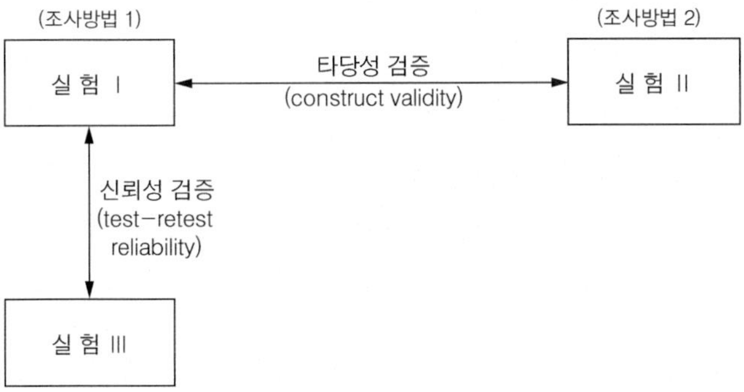

그림 8.43 **연구의 타당성 및 신뢰도-검증**

타당성 검증은 조사하고자 하는 내용(construct)이 제대로 조사되었는가를 알아보는 것인데, 구체적(물리적)인 사물에 관한 연구에서는 자명한 경우가 많으나, 인간의 심리 혹은 의식 등과 같이 추상적인 대상에 관한 연구에서는 타당성 검증이 필수적이다(construct validity).

신뢰도 검증은 같은 조사 혹은 실험을 동일한 방법으로 되풀이하였을 때 유사한 결과가 도출되는가를 알아보는 것이다. 즉, 연구방법이 믿을만한 것인가를 검증하는 것이다(test-retest reliability).

(1) 타당성 검증 : 타당성의 검증은 쉬운 일은 아니나, 일반적으로 상이한 조사방법에 의한 결과가 유사할 때에 연구결과의 타당성(construct validity)이 높아진다.

본 연구에서는 공동주택단지 옥외공간에 관한 여러 측면에 대하여 조사를 하였으므로 개개의 내용(construct)에 대한 타당성을 일일이 검증하기에는 어려움이 따른다. 따라서 본 연구에서 이용된 현장관찰, 설문, 행태도, 보행로 조사방법에 의한 연구결과 중 중복 조사된 내용의 결과가 일치하는가를 부분적으로 검토하였다.

① 동 주변 휴게공간의 필요성-설문조사 결과 많은 사람이 동 주변 휴게공간의 필요성을 느끼고 있었으며 행태도 조사결과 동 주변에서 많은 사람이 휴식, 대화를 포함한 다양한 행위를 하고 있음이 발견되었다(표 8.19).

② 유아놀이터의 필요성-설문조사 결과 많은 사람이 유아놀이터가 필요하다고 응답하였으며 행태도 조사결과 많은 유아들이 주차장에서 놀고 있음을 발견하였다(표 8.19).

③ 자전거도로의 잠재적 수요-설문조사 결과 자전거도로가 있을 경우 이용하겠다는 사람이 많았으며, 행태도 조사결과 어린이를 포함한 많은 사람이 주차장, 도로를 자전거 통행에 이용하고 있음이 발견되었다.

(2) 신뢰도 검증 : 본 연구에서는 행태도면법의 신뢰도를 검증하기 위하여 주중 2일, 주말(일요일) 2일을 반복 조사하였다. 이 가운데 중정만을 대상으로 하여 행위유형별 빈도수를 가지고 상관계수(Pearson's correlation)분석을 하였다.

분석결과 화곡을 제외한 모든 대상지에서 평일과 평일, 일요일과 일요일의 상관계수가 90% 이상을 나타내고 있어서 행태도면법의 신뢰도가 높은 것으로 나타났다. 또한 주중과 주말의 상관계수도 높은 것으로 나타나 중정에서의 행태가 주중, 주말에 관계없이 안정된 패턴을 보여 주고 있음을 말해준다.

화곡에서의 상관계수가 다른 단지에 비하여 떨어지는 이유를 정확히 알 수는 없으나 다른 단지에 비하여 공간구성의 동질성이 낮은 데 기인하는 것으로 추측된다. 즉, 다른 단지들은 모두가 평지이며 건물이 거의 균일한 형태 및 크기를 지니고 있는 데 반하여 화곡단지는 지형이 구릉지이며 1, 2층의 연립주택과 3층의 아파트가 섞여 있음으로 인하여 공간구성이 다양함에 따라 행위패턴의 안정성이 낮아짐에 기인하는 것으로 추측된다. 그러나 비록 상관계수가 상대적으로 낮기는 하나 T-test결과 유의성이 있음이 나타났다.

5. 공동주택단지의 옥외공간구성 모델

본 연구에서는 아파트단지 옥외공간 이용에 대한 전반적인 진단을 실시하였으며 이로부터 문제점, 그리고 가능한 범위 내에서 제안사항을 도출하고자 하였다.

본 장에서는 가설적으로 채택하였던 영역구분을 토대로 하고, 앞서의 연구결과를 종합적으로 검토하여 아파트단지에서의 옥외공간체계 모델 및 중정 개선모델을 제시하고자 한다. 여기 제시된 모델은 서울시 근교 5개 연구대상단지를 조사한 결과를 일반화시킨 것이며, 따라서 사회적, 경제적, 지리적 여건에 따라 달라질 수 있음을 지적하고자 한다. 이러한 모델이 완벽하고 보다 일반화되기 위해서는 본 연구와 같은 유형의 연구가 계속되어 많은 자료가 축적 되어야만 가능할 것이다.

1 아파트단지 옥외공간체계 모델

제한된 면적에 제한된 시설을 배분하여야 하는 단지계획의 입장에서가 아니고, 단지주민의 실제 이용패턴에 근거하여 옥외공간체계를 살펴보면 다음과 같다(그림 8.44).

(1) 중정 : 아파트 단지에서 주민생활의 핵(소)이 되는 곳은 역시 각자의 집, 그리고 집(동) 앞의 마당(중정)이다. 단독주택의 마당에 비유할 수 있는 중정(인동구간)에서는 어린이들이 뛰어놀며, 주민들간의 대화, 휴식의 행위가 이루어진다. 기존의 아파트를 보면 이러한 단위중정을 에워싸는 가구수는 대략 80~120호에 이른다. 즉, 중층 N-S형의 경우 5층, 층별 8세대를 기준으로 하면 총 80세대이고, 고층의 경우 N형 혹은 S형일 때 15층, 8세대를 기준으로 하면 120세대가 된다. 이러한 단위중정에서는 중정에 면한 주민들의 유대감, 귀속감을 주기위한 프라이버시 및 식별성이 요구된다.

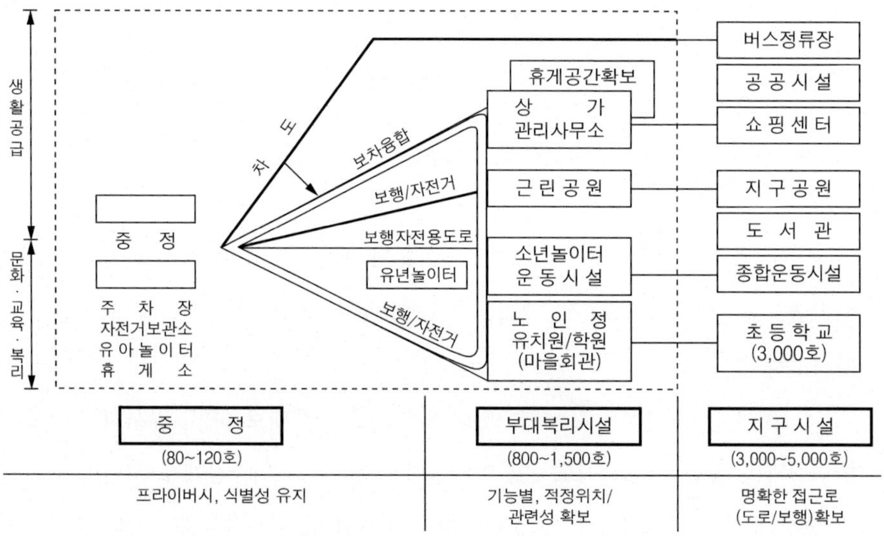

그림 8.44 **아파트단지 옥외공간체계 모델**

(2) 부대복리시설 : 아파트단지에는 개인별(동별) 공간 이외에 주민 전체를 위한 공동시설 즉, 부대복리시설이 있으며, 상가, 관리사무소, 근린공원, 놀이터, 노인정, 유치원, 학원 등이 이에 속한다. 이들 부대복리시설

들은 놀이터를 제외하고는 모두 1개소씩 있는 것이 일반적이다. 이들 시설의 규모는 단지규모(세대규모)에 따라서 달라지게 된다. 세대 수가 너무 적으면(예 : 500세대 이하) 상가의 규모 및 취급 물품수가 적어지고, 노인정(300세대 이상에 설치), 유치원(500세대 이상에 설치) 등이 단지 내에 결여되어 주민들이 불편을 느끼게 된다. 또한 세대 수가 너무 많아지게 되면(예 : 2,000세대 이상), 주민의 유대감 약화, 혼잡 등으로 인하여 주민의 만족도가 떨어지게 된다(예 : 과천 3단지). 따라서 500세대와 2,000세대의 중간 정도인 800~1,500세대가 단지의 적정규모인 것으로 판단된다.

이와 관련하여 놀이터체계를 살펴본다면 중정에는 유아놀이터, 3~4개 중정마다 1개소의 유년놀이터, 단지 전체를 위한 소년놀이터 1개소가 바람직한 것으로 판단된다(표 8.13 참조).

(3) 연결공간 : 개개의 중정과 부대복리시설의 연결은 차도나 보행로에 의하여 이루어진다. 차도의 구성은 단지입구로부터 개개의 중정으로 분산되는 패턴을 지니게 되는데, 일반적으로 단지입구나 중앙에 위치한 상가를 경유하게 된다. 이와 같은 도로는 차도와 보도가 병설되며, 단지 내 주민통행의 주축을 형성하게 된다. 이 도로는 주민이 상가에 갈 때, 산책할 때, 버스정류장에 갈 때, 초등학교에 갈 때 등 가장 빈번한 보행이 이루어지는 공간이다. 따라서 이 부분의 도로에 대한 설계에는 자동차 중심이 아닌 보행자 중심의 설계개념이 도입됨이 바람직하다. 이러한 개념을 "보차융합"이라고 불러도 좋을 것이다.

자전거 이용에 대한 잠재력이 높음을 감안하여 자전거도로를 설치한다면 중정으로부터 상가, 공원, 놀이터를 순환하는 패턴이 바람직할 것이다. 보행자 전용도로는 주로 근린공원 및 놀이시설을 연결함이 바람직하며, 놀이터 체계에서 유년놀이터는 보행자 전용도로에 인접 설치함이 바람직하다.

(4) 지구시설 : 지구시설은 단지외부에 혹은 인접하며 몇 개의 단지가 공동으로 이용하게 된다. 지구시설은 본 연구의 범위를 넘어서게 된다. 다만, 단지 내 도로체계와 관련하여 초등학교에 이르는 명확한 보행로가 확보되어야 할 것이다.

지구시설에 관한 연구는 연구대상지를 단지경계 내부에 국한시키지 않고 보다 광역적인 대상지를 선정, 연구하여야 할 것이다.

2 중정의 공간구성 모델

본 연구를 통하여 발견된 중요한 사실 중의 하나는 중정의 중요성이다. 앞서의 연구를 종합하여 중정의 바람직한 구성을 중층과 고층으로 나누어 살펴보면 다음과 같다.

⑴ 중층(5층 N-S형)에서의 중정구성 : 기존의 중정은 대부분 주차장만이 위치하고 있어 중정은 곧 "주차장"으로 이해되기도 한다. 그러나 앞서 연구결과를 따른다면 중정은 "마당"의 성격을 지니고 있다고 보아도 무방하다. 따라서 중정(마당)에서의 다양한 행위를 적절히 지원해 주기 위하여 다음 사항을 고려함이 바람직하다.

① 중정은 통과도로가 관통되지 않도록 하며, 중정의 프라이버시 및 식별성을 살린다.

② 주차장은 분할하여 주간에는 일부를 어린이놀이 마당으로 이용할 수 있도록 한다.

③ 주차장의 끝에는(보행로 쪽) 유아놀이터 및 휴게소를 인접 설치하여 안전한 유아의 놀이, 주민간의 대화가 일어나도록 유도한다.

④ 자전거 보관대를 현재 대형(15대)을 소형(3~5대)으로 하여 건물현관 입구에 분산 배치한다.

⑤ 필요한 부분에는 연석(curbstone)을 낮추어 자전거, 유모차, 장애자의 접근성을 높인다.

⑥ 도로에 병설된 보도는 주차장입구에서 끊지 말고 같은 높이로 연결시키고, 차량이 이를 넘어서 주차장에 진입하도록 하여 보행자를 우선적으로 고려한다.

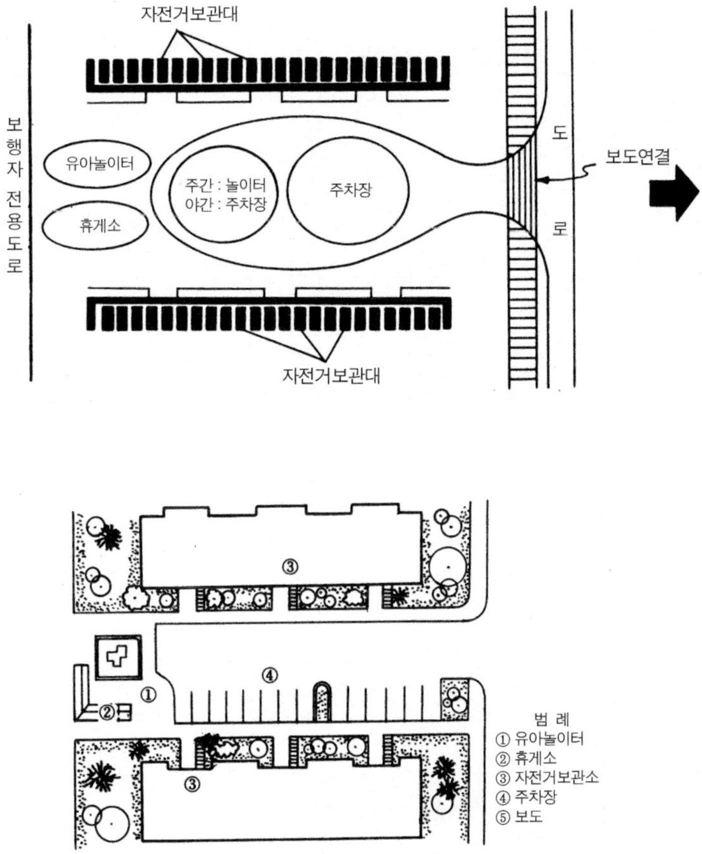

그림 8.45 **중정(5층, N-S형) 구성개념 및 배치도**

⑵ 고층(N형)에서의 중정구성 : 고층에서는 1동의 세대규모가 많아서 중층과는 달리 동별로 "마당(중정)"이 형성되는 것이 보통이다. 기존의 중정을 보면 주차장이 건물에 거의 접하고 있으며 나머지는 이용이 안 되는 관상용의 녹지로 구성된다. 고층의 중정에서의 형태는 중층에서의 형태와 유사함을 볼 수 있다. 따라서 중정구성을 위한 기본적인 고려사항은 앞서 중층의 경우와 동일하다. 다만 ③항의 유아놀이터 및 휴게소의 위치가 주차장과 건물 사이에 위치하며, ④항의 자전거보관대가 주차장과 현관 사이 보행로 변에 설치되는 점만이 다를 뿐이다(그림 8.46).

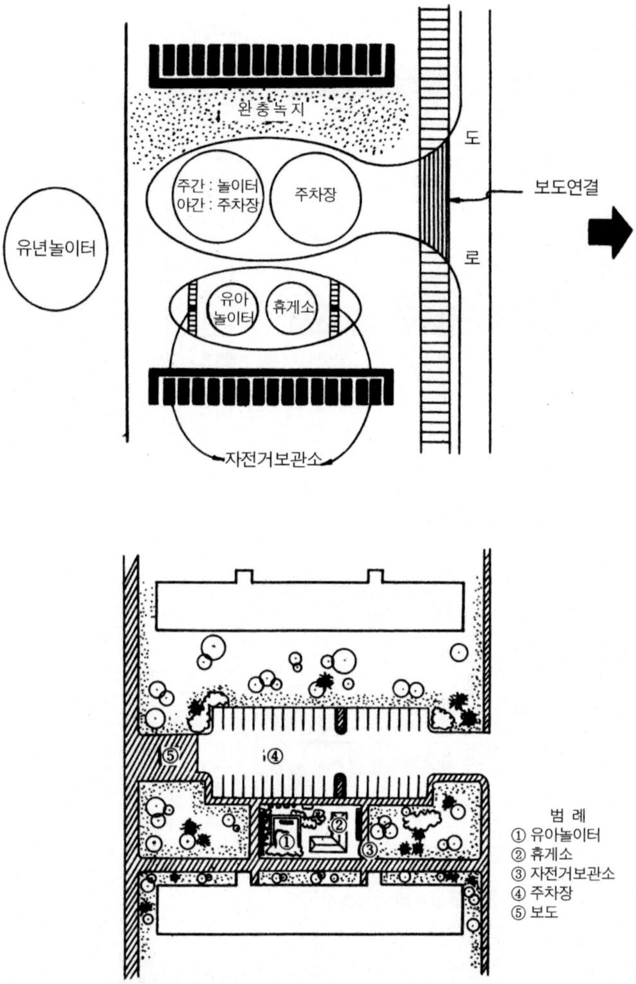

그림 8.46 **중정(고층, N형) 구성개념 및 배치도**

6. 요약 및 결론

본 연구는 기본적으로 주민의식 및 행태조사를 통하여 아파트단지의 옥외공간 이용실태를 진단해 보고 문제점을 도출하여 계속적인 연구를 위한 방향을 설정하는 것이다. 본 연구를 통하여 다음의 문제점을 도출할 수 있었으며 그에 대한 연구방향은 다음과 같다.

1 중정에서의 문제점

① 주차장의 그늘 부족–소규모로 분할하고 식재를 통한 그늘 조성방안 연구

② 주차와 놀이행위의 마찰–주차장의 다목적 이용방안 연구

③ 주차장 원단위의 과대–법규의 조정방안 연구

④ 주차대수 산정의 비합리성–평형 및 지역적 특성을 고려한 주차대수 산정방법의 연구

⑤ 자전거 보관시설 미비–자전거보관대의 적정위치 연구

⑥ 유아놀이터의 결여–유아놀이터의 적정시설 종류 및 규모, 법규에의 반영가능성 연구

2 연결공간에서의 문제점

① 단지 내 자동차도로 설계 시 보행자 고려 미흡–보차융합의 개념을 구현시킬 수 있는 설계지침의 연구

② 통과도로의 중정 프라이버시 침해–통과도로와 주차장의 분리방안 연구

③ 보행자 전용도로의 비순환성–산책행태(순환적 패턴)를 고려한 보행자 전용도로 및 도로의 체계적 구성방안 연구

④ 보행자 전용도로의 협소–우리나라 실정에 맞는 보행도로의 적정 폭에 관한 연구

⑤ 보행자 전용도로포장의 균일성 및 접근성 부족–보행로 포장개선 및 접근성 제고에 관한 연구

⑥ 자전거도로 체계의 미비 및 설계불량–자전거도로 보급방안 및 설계지침에 관한 연구

3 부대복리시설에서의 문제점

① 상가주변 휴게소의 부족–상가주변 휴게소의 확충 및 적정면적 기준에 관한 연구

② 노인정의 경제적 지원을 위한 고려 부족–노인들의 부업마련 방안 연구

③ 노인정의 획일적 배치–노인정의 적정배치 및 마을회관(가칭)의 설치 타당성 연구

④ 초등학교에 이르는 보행로 미비–최단거리의 보행자전용도로 확보 방안 연구

⑤ 초등학교 운동장의 휴게시설 미비–운동 시 이용할 수 있는 휴게시설확보방안 연구

⑥ 유치원 및 학원주변 환경의 불량–유치원 및 학원을 상가에 분리하여 별도배치방안 연구

⑦ 정구장의 부대시설 및 휴게시설 미비–부대시설 및 휴게시설확충방안 연구

4 공원 및 가로시설의 문제점

① 공원 내 운동시설의 부족–운동시설을 도입하여 이용자를 유인할 수 있는 방안의 연구

② 행사 프로그램의 결여–행사프로그램 운영방안 연구

③ 가로시설물의 훼손, 부족, 위치의 부적합–훼손방지, 적정개수, 산정방안, 적정위치에 관한 연구

④ 안내판 및 광고판의 디자인 통일성 결여–단지별로 통일성 있는 색채, 형태 보급방안 연구

⑤ 담장재료의 경직성–담장은 필요하나 생 울타리 등으로 대체방안 연구

⑥ 평상설계 및 위치의 부적합성–이용행태(담화)에 적합한 평상디자인 개발 및 적정위치에 관한 연구

5 단지유형에 따른 문제점

① 고층에서는 중층에 비하여 옥외공간 이용율 및 사회적 교류행위가 적다–고층건물 설계 시 사회적 교류행위를 수용할 수 있는 방안 연구

② 소규모 단지에서는 부대복리시설(상가, 유치원 등)에 대한 불만이 매우 높다–사회적, 경제적, 지리적 여건을 종합적으로 고려한 단지 적정규모에 관한 연구

③ 소형아파트에는 어린이(유아, 유년)의 구성비가 높다–소형 아파트와 중형 및 대형 아파트별 놀이시설 선별적용방안 연구

④ 평지에 건설된 아파트보다 구릉지 연립주택의 만족도가 높다–구릉지 연립아파트의 지방 중소도시 보급가능성 연구

6 공동주택단지의 옥외공간 구성모델

① 아파트 주민의 이용행태를 중심으로 한 옥외공간구성 체계를 계속 연구 발전시킴으로써 이용자의 욕구에 부응하는 단지환경이 조성될 수 있다.

② 층수, 배치 등의 유형에 따른 중정구성방안이 계속 연구 · 발전되어야 하겠다.

이상을 종합하여 볼 때 다음의 연구가 보다 깊이 있게 연구되어야 하겠다.

① 중정의 이용행태를 보다 밀도 있게 조사하여 중정유형별로 중정평면을 개발하는 연구

② 도로 및 보행자도로의 체계와 도로단면 및 상세연구(보차융합과 관련하여 포장, level, 폭문제 등의 구체적 연구)

③ 근린공원 활성화를 위한 설계지침 및 프로그램 운영방안 연구

④ 아파트단지 배치를 위한 옥외공간구성 모델연구

⑤ 자전거 이용 활성화방안 연구

⑥ 경사지를 이용한 집합주거패턴의 연구

⑦ 연립주택 보급의 타당성(지방, 소도시) 연구

⑧ 수도권과 지방도시의 옥외공간이용 비교연구

⑨ 계절별 옥외공간이용 비교연구

⑩ 지역별(도심, 외곽) 적정주차면적 연구

8.5 도심 소공원의 만족도

본 절에서는 서울시 도심에 위치하는 소공원을 대상으로 이용자들의 의식 및 만족도를 주간과 야간으로 나누어 조사하여 소공원의 만족도 결정인자를 추출하는 과정을 보여 주고 있다.

모든 소공원에 공통된 만족도 결정인자를 찾기는 어려웠으며, 장소별 특성에 따라서 조각, 식생 혹은 바닥포장의 아름다움 등이 주요인자로 등장함을 보여 주고 있다(안 외, 1985).

1. 서론

기존의 도시 소공원들은 설계자의 의도나 본래의 목적과는 다르게 이용되고, 이용자에게 충분한 만족을 제공하지 못하고 있다. 본 연구에서는 이러한 소공원의 문제점을 파악하고 앞으로의 소공원 설계에 과학적 자료를 제공하고자 한다.

최근까지 환경설계가(조경가, 건축가, 도시설계가)들은 설계안의 작성에만 신경을 써왔지 한 번 시공된 후에는 별로 관심을 기울이지 않은 것이 사실이다. 그러나 '70년대 이후 구미에서는 기존의 시행된 설계를 분석, 평가함으로써 다음의 설계에서 많은 점을 개선하려는 노력이 대두되고 있다. 이러한 노력은 환경설계평가(environmental design evaluation), 설계평가(design evaluation), 혹은 이용후평가(post occupancy evaluation)라는 이름 하에 기존의 설계에 대한 체계적인 분석 · 평가의 활발한 연구로 나타나고 있다(임, 1984). 본 연구에서는 설계평가의 기법을 도시 소공원 분석에 적용함으로써 소공원의 설계방향을 모색해 보고자 한다.

본 연구와 관련된 기존연구는 설계평가방법에 관한 연구와 도시 소공원에 관한 연구로 크게 둘로 나누어 볼 수 있다.

설계평가에 관련된 연구로서 초기에는 주로 건물을 대상으로 한 이용후평가(post occupancy evaluation)가 이루어졌다(Rabinowitz, 1979). 그러나 차츰 옥외공간에까지 그 대상범위가 확대되면서 환경설계평가

(environmental design evaluation)라는 보다 포괄적인 개념을 지니게 되었다(Friedmann, et al., 1978).

이러한 설계평가는 물리 · 생태적, 사회 · 행태적, 시각 · 미학적 측면 등을 포함하는 종합적 평가의 성격을 지니고 있으나 주로 행태적 측면에서의 평가에 초점을 맞추고 있다. 이러한 연구추세에 맞추어 연구방법에 관한 연구도 많이 보고되고 있다(Zeisel, 1981).

한편 도시 소공원에 관한 연구도 많이 보고된 바 있다. 조르다와 닐(Joardar & Neill, 1978)은 포켓스페이스(pocket space)를 조성함으로써 많은 이용자들을 유인할 수 있는 소공원의 설계제안을 하였으며, 린데이(Linday, 1978)는 가능한 많이 앉을 수 있는 시설(벤치, 플랜터, 계단 등)을 함이 바람직하다고 주장한 바 있다. 또한 로리(Laurie, 1978)는 도시 광장에서의 지나친 장식(over-design)을 경고한 바 있다. 화이트(Whyte, 1980)는 시간차촬영(time-lapse filming)을 통하여 뉴욕시의 소공원에 관한 광범위한 연구를 수행하였다. 이 연구에서 화이트는 충분한 앉을 자리, 수목, 햇볕의 확보, 간이판매대 마련, 주 보행통로와 긴밀한 관계, 흥미 있는 요소(조각, 연주 등)의 도입 등을 제안하고 있다.

우리나라에서도 서울시 6개 공원을 대상으로 이용실태분석을 통한 도시공원설계의 방향을 연구한 바 있으며(이, 1978), 도시공원설계기준에 관한 연구(김, 1977), 도시 내 보행자공간에 관한 연구(양, 1981) 등이 있었다.

이상에서 언급된 도시 소공원에 관련된 연구들은 소공원 설계에 유용한 자료들을 제안하고 있으나 설계평가에 초점을 맞추고 있지는 않다. 본 연구에서는 설계평가에 초점을 맞추고, 보다 엄격한 통계분석기법을 이용하여 도시 소공원의 설계방향을 제시하고자 한다.

2. 연구방법

서울시내의 5개 소공원을 대상으로 주간과 야간으로 나누어 설문지를 통한 빈도, 상관계수, 요인분석, 회귀분석을 실시하였다.

1 연구대상지

본 연구에서는 서울시내 도심에 위치하는 교보(Site Ⅰ), 미장(Site Ⅱ), 마로니에(Site Ⅲ), 세종(Site Ⅳ), 수표(Site Ⅴ) 소공원의 5개소를 연구 대상지로 선정하였다(그림 8.47, 8.48, 8.49, 8.50, 8.51).

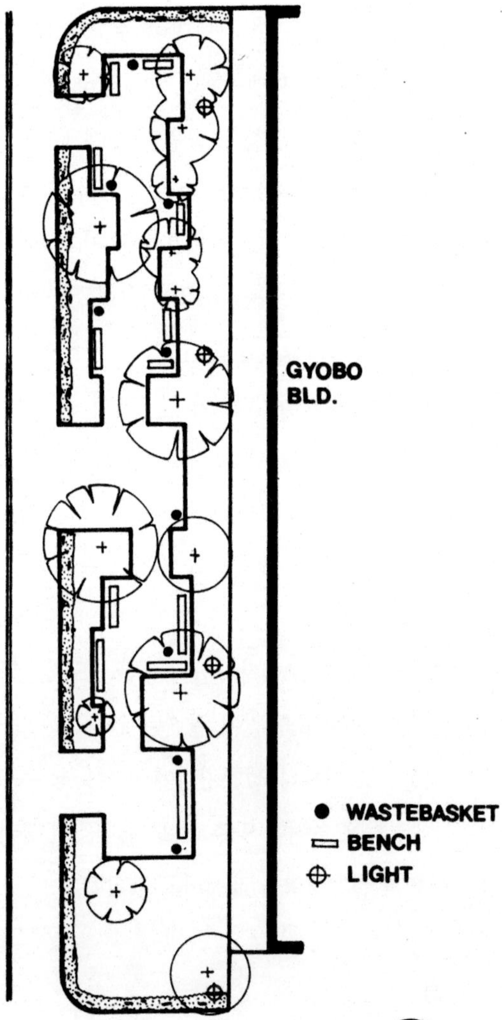

그림 8.47 교보공원 배치도

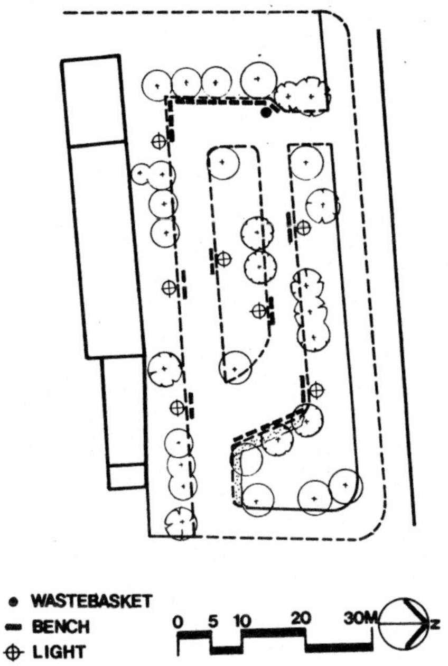

그림 8.48 미장공원 배치도

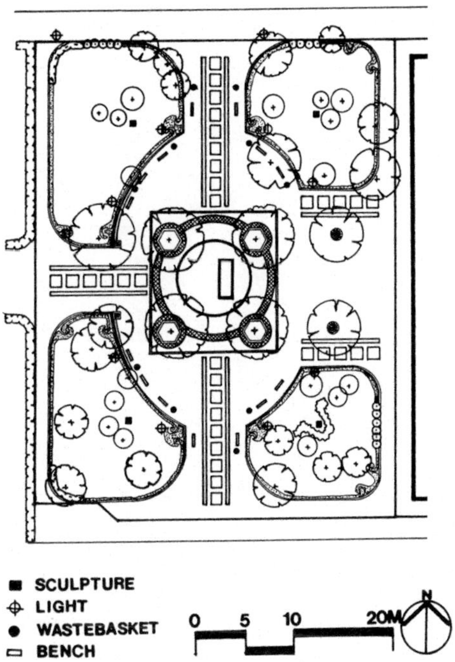

그림 8.49 마로니에공원 배치도

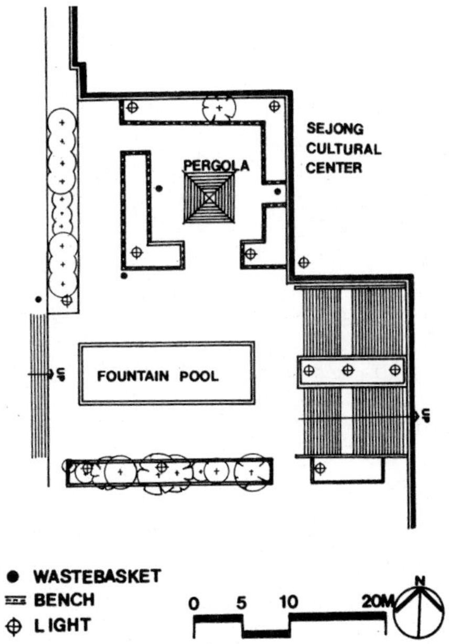

그림 8.50 세종문화회관공원 평면도

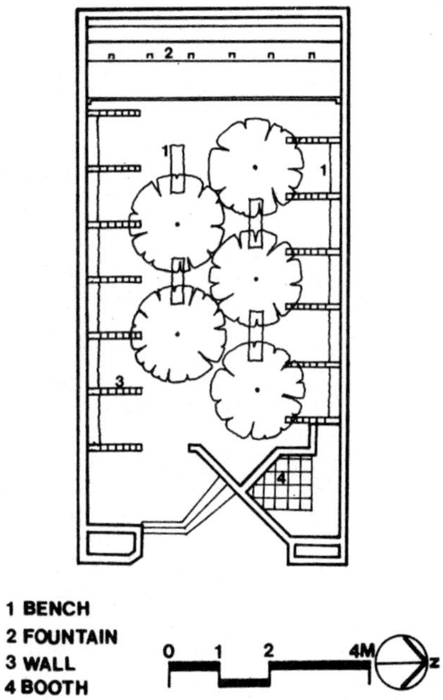

그림 8.51 수표소공원 평면도

선정기준으로서는 규모 및 이용행태의 측면에서 유사한 장소를 선정하였으며, 이들을 비교 평가함으로써 소공원의 일반적인 설계기준을 추출하려 시도하였다.

2 자료 수집

자료 수집은 주로 설문조사에 의하여 이루어졌으며, 1984년 7월 26일부터 8월 5일까지 5개 장소의 이용자를 대상으로 이루어졌다. 설문응답자는 각 장소에서 이용자들을 무작위로 추출하였으며, 각 장소마다 100매의 설문지를 회수하였다.

설문지는 장소별로 주중과 주말(토, 일)로 나누어 각각 50매씩으로 하였으며, 이들을 다시 오전(9~12시) 15매, 오후(12시~일몰) 20매, 야간(일몰 이후) 15매로 나누어 수집하였다. 이러한 시간별 표본추출은 일간 및 주간의 이용자들을 골고루 포함시키기 위한 배려에서 이루어졌다.

3 설문지

설문지는 크게 나누어 이용자의 인구학적 특성, 이용실태, 소공원의 평가, 자유응답에 관한 네 부분으로 구성되었다.

인구학적 특성으로서는 성별, 연령, 직업, 학력, 거주지 등이 포함되었으며, 이용실태로서는 이용 빈도, 이용 동기, 도달수단 및 시간, 체류시간, 이용 전과 후의 목적지 등이 포함되었다.

공원평가의 설문은 물리·생태적 인자, 사회·행태적 인자, 시각·미학적 인자의 세 항목으로 크게 나누었다. 각 항목별로 각각 7개의 설문을 만들었으며, 각 설문은 리커트척도(Likert attitude scale)를 사용하여 5단계로 나누고 긍정적인 질문과 부정적인 질문을 섞어서 응답에 신중을 기하도록 유도하였다(Zeisel, 1981). 끝으로 공원이용 시에 느끼는 종합적인 만족도를 물었으며 야간이용자에게는 조명의 밝기에 관한 질문을 추가하였다(표 8.28).

자유응답 설문에서는 해당공원에서 가장 매력적인 요소, 가장 보기 싫은 요소, 추가로 필요한 시설 및 개선점을 자유로이 기록하도록 하였다.

4 분석방법

이용자의 인구학적 변수 및 이용실태는 빈도와 백분율을 통한 분석을 하였으며, 공원평가는 리커트척도를 이용한 산술평균치를 통하여 분석하였다.

만족도 결정인지를 알아내기 위하여 우선 상관계수, 요인분석에 기초하여 만족도를 가장 잘 설명해 주는 변수를 선별하였다. 다음으로 이들 선별된 변수를 중심으로 다중선형 회귀분석을 실시하였으며, 회귀분석결과에 근거하여 만족도 결정인자 및 인자간 상대적 중요도를 고찰하였다.

이상의 분석은 서울대학교 농과대학의 HP-3000컴퓨터에서 LISA프로그램을 이용하여 분석되었다.

3. 연구결과

1 이용자의 일반사항

이용자들의 거주지는 일반적으로 보아 서울시 전역에 고루 분포되어 있다. 도심지의 소공원은 그 위치적 특성을 보아 근린공원과는 다르게 전체 도시의 인구를 이용대상자로 하고 있음을 쉽게 알 수 있다. 다만 마로니에 공원(Site Ⅲ)의 경우 공원과 인접한 종로구(34%) 및 동대문구(26%)에 많은 사람이 거주하고 있음을 볼 수 있는데, 이는 다른 소공원에 비하여 도심에서 다소 떨어져 있으며 규모도 비교적 커서 소공원이라기보다는 지구공원의 성격이 강한 데에 기인한다고 볼 수 있다.

이용자들의 연령은 15세부터 24세까지가 가장 많았으며 이들은 전체 이용자의 73.6%에 이르고 있다. 이는 조사기간이 방학기간이었기 때문에 많은 학생들이 도심에 집중되어 있는 서점, 오락시설 등을 이용함에 기인한다.

이용자들의 직업분포에서도 역시 학생이 60.6%로 절대다수를 차지하고 있으며 다음으로는 사무직(10.8%), 전문직(9.0%), 서비스업(6.6%), 상업(4.4%)의 순이었다.

2 이용현황

(1) 목적지 및 이용 동기 : 소공원을 이용하기 전에 머물렀거나 후에 머루를 장소는 똑같이 집이 가장 많았으며(각각 49%, 57.4%), 다음으로 시내, 사무실(직장), 학교의 순으로 나타났다. 이용 전과 후의 목적지를 동시에 집이라고 응답한 사람이 적은 것으로 보아(29.6%) 집에서 나와 소공원에서 다른 사람을 만나 원하는 곳으로 가는 경우, 혹은 시내 볼일을 본 후 공원에 잠시 들렀다 집으로 가는 경우(47.2%)가 가장 많은 것으로 나타났다.

이러한 사실은 이용 동기를 살펴보면 더욱 확실해진다. 즉, 이용 동기는 휴식(46.4%)과 약속장소(32.2%)가 가장 많았으며 다음으로 담화(10.4%), 산책(7.2%)의 순이었다.

(2) 도달수단 및 시간 : 소공원까지의 도달수단은 버스(45.2%), 도보(43.4%), 지하철(5.0%)의 순이었다. 버스 이용자가 제일 많은 곳은 세종문화회관의 소공원(Site Ⅳ)이었으며, 지하철 이용자가 제일 많은 곳은 교보빌딩 옆의 소공원(Site Ⅰ)이었다. 이는 버스정류장 및 지하철역에 각각 인접해 있기 때문으로 추측된다. 또한 마로니에공원(Site Ⅲ)의 경우는 도보 이용자(55%)가 버스 이용자(37%)보다 훨씬 많았는데 이는 인근 지역의 주민들이 많이 이용하고 있음을 보여 주는 것이며, 따라서 이 공원의 지구공원적 성격을 다시 한번 입증하는 것이다.

도달시간은 도보 이용자의 경우 10분 미만이 가장 많았으며 버스 이용자의 경우는 30분 내지 1시간이 가장 많았다.

(3) 이용 빈도 및 체류시간 : 이용 빈도는 일주일에 한 번 정도(25.4%)가 가장 많았으며, 다음으로는 처음 와보는 사람(19.0%)의 순이었다. 처음 와보는 사람이 비교적 많은 사실은 소공원이 전체 도시인을 상대로 하고 있다는 특성을 말해 주는 것이다.

체류시간은 20분 내지 1시간의 단기간 이용자가 전체의 과반수(50.2%)를 차지하고 있는데 이는 도시 소공원이 약속장소로서 혹은 잠시 휴식을 취하는 장소로서 이용됨에 기인한다. 수표소공원(Site Ⅴ)에 장기 체류자가 많은 것은 음료 및 주류를 파는 매점이 있어서이며, 지구공원의 성격을 지니는 마로니에공원(Site Ⅲ) 역시 장기 체류자가 비교적 많았다.

3 소공원 평가

리커트척도를 통한 이용자들의 공원평가를 평가항목별로 산술평균을 구하여 공원 상호간의 비교를 하였다(표 8.28). 이때에 평가결과를 재배열하여 높은 평균값일수록 보다 긍정적인 평가가 되도록 하였다. 산술평균값의 공원 상호간의 비교는 각 공원별로 평가자가 상이하므로 타당성이 다소 낮다고 볼 수 있으나, 실제 이용자를 대상으로 하였으므로 이용자들이 느끼는 대체적인 경향을 비교하여 볼 수는 있겠다. 또한 산술평균값은 평가의 정도를 대표함에 있어서 변량의 변이패턴에 따른 문제가 제기될 수 있다. 그러나 리커트척도와 빈도수간의 산포도가 대부분의 경우 정규분포에 접근하고 있으므로 산술평균치가 평가의 긍정 혹은 부정의 정도를 대표한다고 보았다. 그러나 이는 절대적인 값이 아니고 상대적인 값으로서 더 높다 혹은 더 낮다의 해석만이 가능하다.

물리 · 생태적인 측면에서는 주간, 야간 모두 마로니에공원이 제일 높은 평가를 얻었으며, 다음으로는 미장공원이었다.

사회 · 행태적인 측면에서도 주간, 야간 모두 마로니에공원이 제일 높은 평가를 얻었으며, 다음으로는 수표공원이었다.

시각 · 미학적인 측면에서는 주간에는 마로니에, 교보공원의 순이었으며, 야간에는 마로니에, 수표공원의 순이었다.

종합 만족도에서는 주간의 경우 마로니에가 제일 높았으며 다음으로 교보, 세종, 수표, 미장의 순서였으며, 야간의 경우에는 마로니에, 교보, 미장, 수표, 세종의 순서로 나타났다.

전체적으로 볼 때 주간, 야간의 경우 모두 마로니에공원이 제일 높은 평가 및 만족도를 나타내고 있는데, 이는 주변건물의 질(X2), 담화장소로서의 적당함(X13), 조각의 아름다움(X19)이 주된 원인으로 분석된다. 반면 대체로 낮은 평가와 만족도를 나타내고 있는 곳은 미장공원으로서 접근성(X1), 그늘의 부족(X8), 공간구성의 단조로움(X16)이 주된 원인으로 분석된다.

4 만족도 결정인자

도시 소공원의 종합적인 만족도를 결정하는 인자를 찾아내기 위하여 장소별로 주간과 야간으로 나누어 다중선형 회귀분석을 하였으며 그 과정은 다음과 같다.

설문결과에 의한 종합적인 만족도를 종속변수로, 공원평가의 21개 항목을 독립변수로 하였다. 우선 공원평가 항목간의 상관분석을 한 결과 약속장소(X11), 독서장소(X12), 담화장소(X13)로서의 적당함은 종합적인 만족도 및 변수 상호간에 비교적 높은 상관계수를 나타냈으므로, 이들 변수는 만족도에 영향을 미친다기보다는 만족도 자체의 다른 표현인 것으로 생각되어 이들 3개 변수는 회귀분석에서 제외되었다.

다음으로는 나머지 변수들에 관한 요인분석을 통하여 여러 개의 변수를 7개의 요인으로 분류하였다. 각 요인별로 요인부하치(factor loading)가 큰 것 3개를 택하여 각 요인을 대표하는 변수로 선정하였으며, 이들을 최종 회귀분석에 이용하였다. 이들 변수 가운데 각 요인별로 1개씩의 변수만을 뽑는 종합 중에서 값이 가장 높은 것을 최종 모델로 채택하였다.

(1) 교보 소공원 : 교보 소공원에서의 회귀분석 결과는 다음과 같다.

$$\text{만족도}(day) = 1.929 + 0.130(BLD) + 0.061(NOI) + 0.326(VEG) + 0.143(CRO) - 0.286(TOP) + 0.122(SPA) + 0.021(SCU)$$

사진 8.13 **교보소공원(광화문)**

표 8.28 소공원 평가를 위하여 설정된 변수

	변수	
물리 · 생태적 측면	X 1 (ACC)	접근성
	X 2 (BLD)	주변건물의 질
	X 3 (NOI)	소음의 정도
	X 4 (AIR)	대기오염의 정도
	X 5 (SUN)	햇빛의 양
	X 6 (TUR)	잔디면적
	X 7 (VEG)	식생의 양
사회 · 행태적 측면	X 8 (SHA)	그늘의 양
	X 9 (SIT)	앉을만한 장소
	X 10 (CRO)	혼잡도
	X 11 (MEE)	만남의 장소
	X 12 (REA)	독서를 위한 장소
	X 13 (TAL)	담화를 위한 장소
	X 14 (UND)	보기흉한 요소(음주, 구걸행위 등)
시각 · 미학적 측면	X 15 (TOP)	지형의 변화
	X 16 (SPA)	공간구성
	X 17 (ENC)	위요감
	X 18 (ARR)	수목배치
	X 19 (SCU)	조각의 아름다움
	X 20 (FUR)	가구, 장치물의 아름다움
	X 21 (PAV)	바닥포장의 아름다움
야간	X 22 (LIG)	야간조명
종합만족도	Xs (SAT)	만족도

주간의 경우 식생의 양, 바닥면 경사, 혼잡도, 주변건물의 질이 주요한 변수로 나타났다. 조사기간이 여름이었으므로 그늘을 주는 식생이 주요변수로 등장함은 당연하다고 보여진다. 혼잡도가 만족도에 긍정적인 영향을 미치는 것으로 나타났는데, 이는 도심지임을 고려할 때 어느 정도 혼잡함은 사람이 하나도 없을 때보다는 오히려 만족도를 높여 준다고 해석되어진다. 또한 바닥면 경사가 만족도에 부정적인 영향을 미치는 것으로 타나났는데, 교보공원의 경우 변적이 매우 좁아서 심한 바닥면 경사는 바람직하지 않게 느껴진 것으로 보여진다.

이 모델은 R-sq가 0.199였으며, 검정 결과는 5% 수준에서 유의성이 있었다. 야간의 경우에는 회귀분석모델이 유의성이 없는 것으로 나타났다. 이는 본 연구에서 상정되지 않은 별도의 변수(개인차 등)가 많이 작용하고 있음을 말해 주고 있다.

(2) 미장 소공원 : 미장 소공원의 회귀분석 결과는 다음과 같다.

$$\text{만족도(day)} = 1.387 + 0.090(ACC) + 0.231(NOI) - 0.015(SUN) + 0.093(VEG) - 0.010(UND) + 0.023(TOP) + 10.200(FUR)$$

$$\text{만족도(night)} = -0.287 + 0.633(AIR) + 0.108(SUN) + 0.042(TUR) + 0.364(SHA) + 0.268(TOP) - 0.121(ENC) + 0.085(LIG)$$

사진 8.14 **미장공원(광화문)**

주간의 경우 소음, 가로시설물의 아름다움, 식생의 양이 주요 변수로 나타났으며 모두 긍정적으로 작용하고 있다. 특이한 사항은 소음이 만족도에 긍정적인 영향을 미치는 것으로 나타났는데, 이는 소음이 전혀 없는 경우보다는 어느 정도의 소음이 있을 때에 각성의 정도(arousal level)를 높이게 되어 적정한 각성의 정도를 지니게 되므로 보다 높은 만족감을 느끼게 되는 것으로 설명되어질 수 있다(Berlyne, 1973).

야간의 경우에는 대기의 질, 그늘의 양, 바닥면 경사 등이 주요한 변수로 나타났으며 모두 긍정적으로 작용하고 있다.

이상의 두 모델은 값이 각각 0.196(주간), 0.646(야간)이었으며, 검정 결과 10%(주간), 1%(야간) 수준에서 유의성이 있었다.

(3) 마로니에공원 : 마로니에공원에서의 회귀분석 결과는 다음과 같다.

$$만족도(day) = 2.084 + 0.039(SUN) + 0.152(VEG) + .231(SHA) + 0.030(SIT) + 0.166(CRO) - 0.121(UND) + .141(TOP)$$

$$만족도(night) = -0.971 + 0.173(BLD) + 0.053(TUR) + 0.597(VEG) + 0.024(SHA) + 0.084(UND) + 0.470(SCU) - 0.089(LIG)$$

주간의 경우에는 그늘의 양, 혼잡도, 식생의 양, 바닥면 경사가 주요한 변수로 나타났으며, 모두 만족도에 긍정적으로 작용하고 있다. 교보 소공원에서와 마찬가지로 어느 정도의 혼잡도는 만족도를 높여 주는 것으로 나타났다. 또한 면적이 비교적 넓으므로 교보 소공원과는 다르게 바닥면 경사가 긍정적으로 작용하고 있다. 조사기간이 여름이었으므로 그늘의 양이 주요 변수로 등장하고 있음은 당연하다고 보겠다.

사진 8.15 마로니에공원

야간의 경우에는 식생의 양, 조각 등 장식물의 아름다움, 주변건물의 아름다움 등이 주요한 변수로 나타났으며 모두 만족도에 긍정적으로 작용하고 있다. 주간의 경우와는 다르게 조각, 주변건물의 질이 주요 변수로 등장하고 있음은 조명을 통하여 조작 및 건물이 시각적으로 더욱 부각됨에 기인한다.

이상의 두 모델은 값이 각각 0.261(주간), 0.466(야간)이었으며, 검정 결과 1%(주간), 5%(야간) 수준에서 유의성을 나타냈다.

(4) 세종 소공원 : 세종 소공원에서의 회귀분석결과는 다음과 같다.

$$만족도(day) = 0.381 + 0.030(ACC) + 0.026(SUN) - 0.023(TUR) + 0.336(VEG) + 0.293(CRO) + 0.017(ENG) + 0.294(PAV)$$

$$만족도(night) = 0.673 + 0.112(BLD) + 0.047(TUR) + 0.242(SHA) + 0.176(UND) + 0.328(ARR) + 0.104(PAV) - 0.045(LIG)$$

주간에는 식생의 양, 바닥포장의 아름다움, 혼잡도가 주요한 변수로 나타났으며, 모든 만족도에 긍정적으로 작용하고 있다. 혼잡도 역시 앞서의 경우와 마찬가지 이유에서 긍정적으로 작용하고 있는 듯하다. 조사기간이 여름이었으므로 역시 그늘을 주는 식생의 양이 주요 변수로 등장하고 있으며, 다른 장소와는 다르게 바닥포장이 주요 변수로 부각되고 있음은 세종 소공원의 바닥포장이 화강석으로 비교적 잘 시공되었음에 기인한다.

야간의 경우에는 수목의 배치, 그늘의 양이 주요 변수로 나타나고 있으며 모두 만족도에 긍정적으로 작용하고 있다. 특히 수목의 배치가 주요 변수로 등장함은 조명으로 인한 수목의 시각적 효과 때문으로 풀이된다.

이상의 두 모델은 값이 각각 0.324(주간), 0.452(야간)였으며, 검정 결과 1%(주간), 5%(야간) 수준에서 유의성을 나타냈다.

사진 8.16 세종문화회관공원

(5) 수표 소공원 : 수표 소공원에서의 회귀분석 결과는 다음과 같다.

$$\text{만족도}(day) = 1.298 + 0.062(NOI) + 0.060(SUN) + 0.261(SIT) + 0.205(UND) - 0.101(ENC) - 0.041(SCU) + 0.174(FUR)$$

$$\text{만족도}(night) = 0.032 - 0.050(ACC) + 0.629(BLD) - 0.130(SUN) + 0.104(SIT) + 0.113(CRO) + 0.332(SCU) + 0.192(LIG)$$

주간에는 앉을 만한 장소, 벤치 등 가구의 아름다움이 주요 변수로 나타났으며, 모두 만족도에 긍정적으로 작용하고 있다. 수표 소공원에는 다른 곳에 비하여 벤치가 많이 마련되어 있으며 건축적인 분위기가 높아서, 앉을 만한 장소, 벤치 등 가구의 아름다움이 주요 변수로 등장한 것으로 풀이된다.

사진 8.17 **수표 소공원**

야간에는 주변건물의 질, 분수 등 장식물이 주요 변수로 나타났으므로, 모두 만족도에 긍정적으로 작용하고 있다. 이는 마로니에공원의 경우와 마찬가지로 조명으로 인하여 건물 및 벽천이 시각적으로 두드러지는 데 기인한다고 보여 진다.

이상의 두 모델은 값이 각각 0.272(주간), 0.506(야간)이었으며, 검정 결과 1%(주간), 5%(야간) 수준에서 유의성을 보였다.

(6) 종합분석 : 이상에서 언급된 회귀분석 결과를 보면 장소마다의 특성(조각 혹은 분수, 바닥포장, 수목의 량)에 따라서 만족도를 결정짓는 주요 변수가 달라지며, 같은 변수라 할지라도 경우에 따라서(예 : 바닥면 경사) 만족도에 긍정적으로(예 : 마로니에공원) 혹은 부정적으로(예 : 교보 소공원) 작용한다. 따라서 모든 공원에 적용되는 만족도 결정의 주요 변수를 일괄하여 말하기는 매우 어렵다. 다만 5개 장소에 공통적으로 나타나는 주요 변수를 살펴봄으로써 일반적인 주요 변수를 추정할 수는 있겠다.

주간의 경우 3개 장소 이상에서 만족도 결정변수로 선택된 변수는 물리·생태적 측면에서 소음의 정도, 햇빛의 충분함, 식생의 양이었으며 사회·행태적 측면에서 혼잡의 정도, 시각·미학적 측면에서 바닥면 경사였다. 이 중에서 모든 장소에서 긍정적 영향을 미친 변수는 소음의 정도, 식생의 양, 혼잡의 정도였다.

야간의 경우 3개 장소 이상에서 만족도 결정변수로 선택된 변수는 물리·생태적 측면에서 주변건물의 질, 잔디면적, 조명의 밝기였으며, 사회·행태적 측면에서 그늘의 양, 시각·미학적 측면에서 조각 혹은 분수의 아름다움이었다. 이들 변수는 조명의 밝기를 제외하고는 모든 장소에서 긍정적 영향을 미치는 것으로 나타났다.

조명의 밝기는 미장 및 수표 소공원에서는 만족도에 긍정적 영향을, 마로니에와 세종 소공원에서는 부정적 영향을 미치는 것으로 나타났다. 이는 전자의 경우 면적이 비교적 좁아서 밝을수록 좋은 반면, 후자의 경우는 비교적 넓은 면적이어서 전체가 밝은 것보다는 부분적으로 밝은 곳과 어두운 곳이 함께 조화를 이루는 것이 더욱 쾌적하기 때문으로 풀이된다.

5 자유응답 설문

이용자들이 소공원에서 가장 아름답다고 응답한 결과를 공원평가의 21개 항목에 따라 분류하였다. 가장 많이 언급된 요소는 조각 혹은 분수, 수목, 벤치 등의 가로 장치물, 주변건물 등으로 나타났으며 이들은 앞서의 회귀분석 결과와도 대체로 일치하고 있다.

가장 보기 싫다고 응답한 요소는 관리의 허술, 주변 환경, 불유쾌한 모습(음주, 구걸, 불량배 등), 시설부족으로 나타났다. 또한 부족한 시설 혹은 개선점에 관하여 가장 많이 언급된 요소들은 그늘, 벤치, 음수대, 쓰레기통, 관리, 연못, 잔디, 조각 등의 순서로 나타났다. 조사기간이 여름이었으므로 역시 많은 그늘을 요구하고 있는 것으로 나타났다. 또한 필요시설(벤치, 음수대, 쓰레기통)이 부족한 점을 지적하고 있으며, 기타 미적 구성을 위한 분수, 잔디, 조각 등에 대한 요구도 많았다.

이용자들은 기본적으로 쉴 수 있는 그늘의 조성 및 편익시설을 원하고 있었으며, 더 나아가서 시각적 즐거움을 느낄 수 있고 공간의 흥미로움을 증대시킬 수 있는 분수, 조각 등의 시설을 원하고 있는 것으로 판단된다.

4. 요약 및 결론

1 이용자의 일반사항

서울시 소공원의 이용자는 서울시 전역에 비교적 고르게 분포되어 있으며, 이용자들은 15세부터 24세에 이르는 학생들이 가장 많았다.

2 이용현황

서울 도심의 소공원 이용 동기는 휴식, 약속장소, 담화 등이었으며, 공원까지의 도달수단은 버스 및 도보가 가장 많았다. 장소별로 볼 때에는 인근에 위치한 이용 가능한 교통수단을 주로 많이 이용하고 있다. 이용 빈도는 일주일에 한 번 정도가 가장 많았으며, 체류시간은 20분 내지 1시간이 전체의 과반수로서 단기간 이용자가 많았다.

3 소공원의 평가

주간의 경우에는 조각이 있으며 질이 높은 문화적 기능을 지닌 건물로 둘러싸여 있는 마로니에공원에서의 만족도가 가장 높았으며, 별로 장식이 없으며 보행통로로만 구성된 미장공원에서의 만족도가 가장 낮았다.

야간의 경우에는 역시 조명이 잘 되어 있는 마로니에공원이 만족도가 가장 낮았으며, 세종공원에서의 만족도가 가장 낮았다.

4 소공원의 설계방향

회귀분석 결과에 따르면 도심 소공원 이용자의 만족도를 높이기 위해서는 주간의 경우 소음, 햇빛, 수목, 혼잡도, 바닥면 경사를, 야간의 경우에는 주변건물의 질, 잔디면적, 조명, 조각 및 분수 등을 고려하여야 한다.

① 수목은 이용자에게 시각적, 심리적, 생리적 휴식을 주는 가장 중요한 요소이므로 충분한 양의 수목을 식재하여야 한다.

② 어느 정도의 소음 및 혼잡은 만족도에 긍정적으로 작용하므로 과도한 방음시설 및 이용자 제한이 꼭 필요한 것은 아니다.

③ 좁은 장소에서는 바닥면 높이 변화가 너무 심한 것은 바람직하지 않으며, 넓은 장소에서는 적당한 변화를 줌이 바람직하다.

④ 야간의 경우 좁은 장소에서는 밝은 조명이 바람직하며, 넓은 장소에서는 밝고 어두운 부분이 조화를 이룸이 바람직하다.

⑤ 야간 이용자가 늘어나는 추세에 비추어 조각, 분수 등의 장식물과 조명에 대한 고려가 동시에 이루어져야 한다.

⑥ 자유응답 결과에 의하면 이용자들은 쉴 수 있는 그늘 및 편의시설(벤치, 음수대, 쓰레기통)을 기본적으로 원하며, 이에 추가하여 분수, 조각 등의 공간장식 요소를 원하고 있으며, 이는 회귀분석 결과와도 일치한다.

Chapter 9

자연환경과 인간행태

자연환경과 인간의 접촉은 단기적 접촉과 장기적 접촉으로 나누어 볼 수 있다(Heimstra & MeFarling, 1978).

단기적 접촉은 주로 여가행위와 관련되는 것으로서 등산, 피크닉, 낚시, 수영, 보트타기 등과 같이 필요할 때에 몇 날 혹은 몇 주 원하는 기간 동안 자연과 접하게 된다.

장기적 접촉은 보다 광역적인 지리적 환경과 인간행태의 관계를 말한다. 일정 지역의 기후, 지질 등은 그 지역 주민들의 생활패턴을 지배한다. 입는 옷, 먹는 음식, 주택구조 등은 지리적 환경의 많은 영향을 받으며 인간은 이러한 환경에의 적응행태를 나타낸다. 이와 같은 적응행태는 지리적 환경과의 수 십 년 혹은 수 천 년의 장기적 접촉을 통하여 서서히 형성되어진다.

본 장에서는 주로 환경설계와 관련된 자연환경의 특성 및 여가행태에 관하여 살펴보기로 한다.

9.1 자연환경의 특성

우리가 일반적으로 경관이라고 함은 자연 및 도시를 포함하는 것은 물론이다. 인공적 요소가 지배적인 도시경관과 자연적 요소가 지배적인 자연경관의 특성은 여러 측면에서 대비되어진다.

자연경관에서는 자연요소(숲, 물 등)를 배경으로 하여 인공요소(건물, 교량 등)가 위치하지만 도시경관에서는 도심지로 갈수록 인공요소가 증가하여 인공요소(건물, 고가도로 등)를 배경으로 한 자연요소(수목, 연못 등)가 위치하게 된다(사진 9.1). 따라서 요즘 도심지의 대명사로서 빌딩의 숲이라는 말을 흔히 사용하기도 한다.

아시하라(Ashihara, 1970)는 도시공간을 적극적 공간(positive space), 자연공간을 소극적 공간(negative space)이라고 부른다. 일반적으로 도시공간은 인공물에 의하여 분할되고 적극적으로 이용되는 공간이며 자연공간은 보다 소극적인 분할 및 이용이 이루어지는 곳이다.

a) 도시경관(영국) b) 자연경관(스위스)

사진 9.1 **도시경관과 자연경관 : 도시경관은 인공물을 배경으로 자연요소(수목, 물)가 등장하며, 자연경관에서는 자연요소를 배경으로 인공요소(교량, 철로)가 등장한다.**

경관을 복잡성(complexity)의 측면에서 보면 도시경관은 중간 혹은 높은 정도의 복잡성을 갖는데 비하여 자연경관은 낮은 혹은 중간 정도의 복잡성을 갖는게 보통이다(Wohlwill, 1976, p.44).

시각적 복잡성의 높고 낮은 정도는 일반적으로 시계 내의 시각적 요소의 많고 적음에 달려 있다. 즉 이질적 요소들이 많이 섞여 있을 경우는 복잡성이 높아지며, 동질적 요소들이 질서 있게 배열되었을 경우에는 복잡성이 낮아진다. 따라서 도시 내에서는 이질적인 인공요소가 많으므로 복잡성이 높으며, 자연경관에서는 비교적 동질적인 요소들이 많으므로 상대적으로 복잡성이 낮다.

시각적 선호의 측면에서 보면 일반적으로 중간 정도의 복잡성일 경우에 높은 선호도를 나타낸다(Wohlwill, 1976). 따라서 복잡성이 높은 도시경관보다는 중간 정도의 복잡성을 갖게 되는 자연경관에 대한 선호도가 높다(그림 9.1).

자연경관은 부드러운 질감을 지니며 색채에 있어서도 자연스런 조화를 갖게 됨이 보통이나 도시경관에시는 많은 인공물로 인하여 딱딱한 질감을 지니며 여러 종류의 색채가 대비를 이루는 경우가 많다.

경관지각의 측면에서 볼 때, 자연환경에서는 특수한 경우(폭포, 파도 등)를 제외하고는 시각을 통한 환경지각이 지배적이나 도시환경에서는 시각 이외에도 청각(소음), 후각(매연) 등이 주요한 환경지각 요소로 등장하게 된다. 따라서 도시경관의 질을 고려할 때에는 시각적 요소 이외의 여러 요소에 대한 고려를 함께 하여야 한다.

한편 정신생리적인 측면에서 볼 때 자연경관을 많이 접하는 것이 도시경관을 접하는 것에 비하여 정신적 건강에 유익하다(Ulrich, 1981).

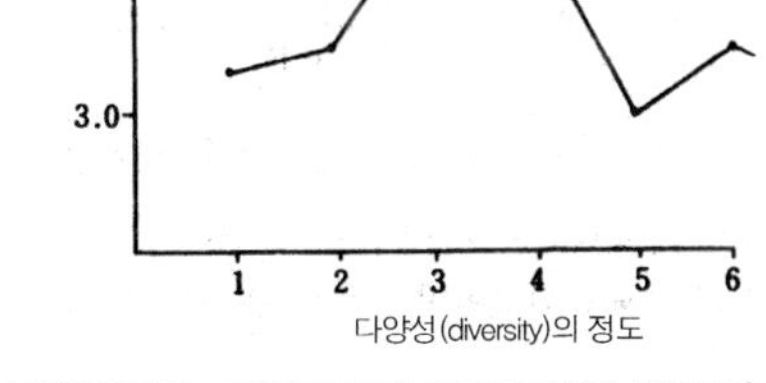

그림 9.1 **자연경관과 도시공간의 선호도(자료 : Wohlwill, 1976, p.47)**

자연경관을 접하는 경우에 스트레스가 많은 사람의 감정 상태를 현저히 개선시킨다는 결과가 뇌파측정(EEG-electroencephalograph), 맥박수측정(EKG-electrocardiograph) 등의 방법을 통한 연구에서 보고되고 있다.

9.2 레크레이션 행위

1. 레크레이션의 개념

여가(leisure)는 일 혹은 노동에 대비되는 개념으로서 주로 시간 혹은 마음의 상태와 관련되어 이해된다. 이에 비하여 레크레이션(recreation)은 공간 상의 행위로서 이해되어지는 것이 보통이다(Gold, 1980, p.32). 따라서 "여가시간을 특정의 레크레이션 행위를 통하여 즐긴다."라는 표현에서 여가와 레크레이션의 개념을 더욱 확실히 파악할 수 있다.

한편 관광과 레크레이션을 구분하는 견해도 있다(일본관광협회, 1976). 즉, 여가를 보다 포괄적인 개념으로 생각하며 관광과 레크레이션 그리고 기타(독서, TV 시청 등)의 행위로 구성된다고 보는 것이다. 더 나아가서 관광을 관광여행과 일상 생활권 외의 레크레이션을 포함하는 것으로 보고 있다(그림 9.2).

이상과 같은 개념의 정의가 일반적으로 많이 사용되고 있으나 최근에는 보다 넓은 개념으로 사용되는 경우가 많다. 즉, 여가는 자신의 표현(self-expression) 혹은 즐거움(pleasure)의 측면에서 이해되어지며, 레크레이션은 행위 혹은 경험이 인간에게 미치는 결과의 측면에서 이해되어지기도 한다(Gold, 1980).

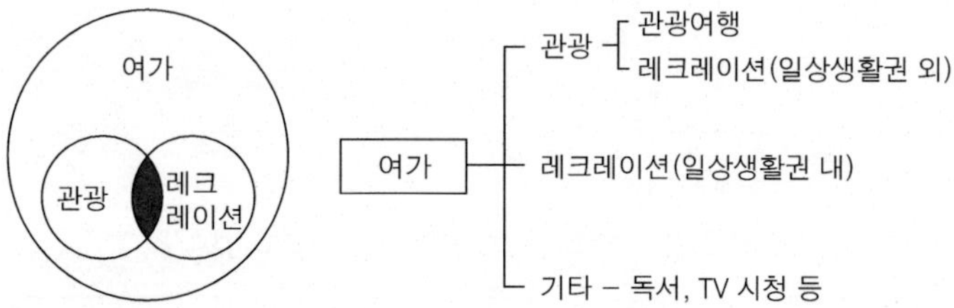

그림 9.2 **여가, 관광, 레크레이션 관계(자료 : 일본관광협회, 1976, p.10)**

관광지 개발 및 레크레이션 시설개발을 포함하는 여가계획은 과거의 자원 지향적(resource-oriented) 계획에서 이용자 지향적(user-oriented) 계획으로 관심이 높아져 왔으며 최근에는 물리적 자원과 이용자의 수요를 함께 고려하는 종합적 계획이 이루어지고 있다(Baudbovy & Lawson, 1977).

2. 레크레이션의 동기

레크레이션의 동기는 상반된 두 가지 측면에서 볼 수 있다. 즉, 일상 생활로부터의 '도피'의 측면과 새로운 것을 배우고 '참여'하는 측면의 두 가지 경우를 생각해 볼 수 있다(Driver & Tocher, 1979).

도피의 측면에서 보면 일상적인 짜여진 생활로부터 잠정적으로 떠나 레크레이션 활동에 몰입하여 일상 생활의 영위에 필요한 정신적, 신체적 에너지를 재충전하고자 하는 것이다(그림 9.3).

참여의 측면에서 보면 새로운 것을 배우고 받아들일 수 있는 기회를 얻기 위한 능동적인 노력이며 이를 통하여 성취감의 달성이 이루어진다.

이들 두 가지 측면은 상호 배타적인 것은 아니며 실제의 레크레이션 행위는 양자의 측면을 모두 지니는 경우가 대부분이다. 개인에 따라서 혹은 행위 유형에 따라 양자 중 어느 한 측면이 보다 강조될 수는 있으나 양자가 적절히 융합된 동기를 지니는 것이 보통이다.

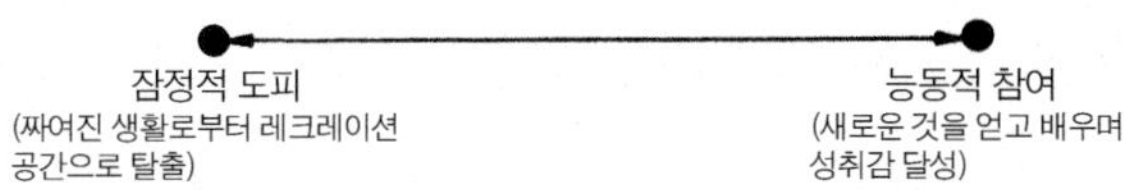

그림 9.3 레크레이션의 두 가지 동기

이상에서 언급된 레크레이션의 동기를 조금 더 구체적으로 살펴보기 위하여 굳만(Gutman)이 제시한 인간행위의 6가지 유형을 알아보면 다음과 같다(Driver & Tocher, 1979).

① 생리적(vegetative) 행위

② 반사적(reflexive) 행위

③ 조건적(conditioned) 행위

④ 학습된(learned) 행위

⑤ 문제해결(problem solving) 행위

⑥ 창조적(creative) 행위

생리적 행위라 함은 먹고 자는 행위와 같이 생명유지를 위한 기본적인 행위를 말하며, 반사적 행위는 자극에 대한 즉각적인 반응을 말하며 이는 의사가 무릎을 두드렸을 때 다리가 움직이는 것과 같이 학습을 통하지 않고 이루어지는 행위를 말한다.

조건적 행위(조건반응)라 함은 조건자극에 의해서 초래되는 행위를 말하며, 학습된 행위는 조건반응의 반복으로 학습된 행위를 말하며, 기타의 감각적, 지각적 학습을 통한 행위를 포함한다.

문제해결은 보다 복잡한 형태의 학습된 행위이며 개인의 인지적 과정을 필요로 한다. 창조적 행위는 가장 복잡한 형태의 행위이며 물리적 혹은 정신적 환경에 새로운 질서를 부여하는 모든 행위를 말한다.

이러한 군만의 행위유형의 구분은 매슬로우(Maslow)가 제시한 인간 욕구의 위계와 유사한 점이 많다.

매슬로우는 생리적 욕구, 안전에 대한 욕구, 소속감 및 사랑의 욕구, 존경의 욕구, 자기구현의 욕구와 같이 다섯 단계의 위계를 설정하고 하위의 욕구가 만족되면 다음 단계의 욕구를 성취시키고자 한다고 하였다. 이러한 측면에서 볼 때 레크레이션 행위는 학습, 문제해결, 창조 및 자기구현과 관계가 깊다고 볼 수 있으며 이들은 레크레이션의 동기가 될 수 있다.

이상에서 언급된 측면 이외에 다른 측면에서도 레크레이션 동기를 찾아볼 수 있다. 레크레이션 경험을 가족 친구 등과 함께 나누려는 욕망도 있을 수 있다. 즉 혼자서보다는 그룹에 소속되어 레크레이션 행위에 참가함으로써 귀속감을 느끼고자 하며, 수많은 등산, 낚시, 테니스 모임 등이 이를 잘 말해 준다.

또한 레크레이션에 관련된 기술향상을 통한 만족감 혹은 성취감의 달성도 있을 수 있으며 상패, 수석, 사진 등의 수집을 통한 특정 지위를 확보하는 측면도 있을 수 있다.

심리적으로 볼 때는 탐구욕구(exploratory needs)의 만족 측면에서 동기를 찾을 수도 있겠다.

이와 같은 다양한 동기로 이루어지는 레크레이션 행위는 시설 중심적일 수도 있으나 주로 자연환경과 밀접한 관련을 갖는다.

9.3 피크닉 행태

피크닉은 레크레이션 활동의 한 유형으로서 1일 단위의 옥외활동을 뜻한다. 따라서 주로 주말 혹은 휴일을 택하여 주거지에서 가까운 산, 계곡, 강변 등을 찾으며 간단한 점심식사 및 손쉬운 스포츠 활동을 포함한다.

우리나라는 80년대 이후 피크닉 인구가 증가하는 추세에 있으며 대도시근교의 산, 하천 등은 공해에 시달릴 정도로 많은 인구가 몰리고 있다.

서울시민들이 주로 찾는 관악산의 경우를 보면 20대가 전체 이용자의 39%로서 가장 많으며, 다음으로는 10대 이하와 30대로서 각각 약 20% 정도를 차지하고 있다(표 9.1). 또한 10대, 20대의 젊은 층은 친구와 주로 같이 오는데 비하여 30대, 40대의 청장년층은 가족과 함께 이용하는 비율이 가장 높다(심, 1985).

표 9.1 관악산의 연령별 이용자수

연령	10대 이하	20대	30대	40대	50대	60대 이상	계
응답자수	52 (21.9)	92 (38.8)	50 (21.1)	28 (11.8)	9 (3.8)	6 (2.5)	237 (100%)

(자료 : 심, 1985, p.38)

이용목적은 연령구분에 관계없이 모두 "피로를 풀고 휴식을 취하기 위해"가 약 40%로서 가장 높았다(표 9.2). 따라서 우리나라 사람들의 피크닉 목적은 자연감상, 운동보다는 휴식에 비중을 많이 둠을 알 수 있다. 이는 앞서 언급된 '도피'와 '참여'의 두 가지 레크레이션 동기 중 일상 생활로부터의 '도피'를 통한 에너지 재충전의 성격이 보다 강함을 말해 준다.

식사의 유형을 보면 산에서 직접 요리를 하는 경우가 약 50%로서 가장 많으며, 다음이 도시락을 지참하는 경우로서 약 30%를 차지하고 있다(표

9.3). 그러나 90년대 이후 산에서의 취사행위가 전면적으로 금지되고 등산로변의 식당도 모두 철거되어 최근에는 집에서 준비한 도시락을 먹는 경우가 대부분으로서 바람직한 변화를 보이고 있다.

또한 등산로변의 쓰레기통 주변에 쓰레기가 무질서하게 흩어져 있어 등산 분위기를 해쳤는데 역시 90년대부터 등산로변의 쓰레기통을 없애고 각자가 자기 쓰레기를 수거함으로써 쾌적한 등산 분위기를 조성하고 있다. 이와 같이 취사금지, 쓰레기통 철거 등 관리 방식을 개선함으로써 등산행태를 바람직한 방향으로 유도하고 환경훼손에도 효과적으로 대처할 수 있다.

표 9.2 관악산 이용목적

목격	담소	어린이 유희	가족들과 지내기 위해	자연의 아름다움을 보기 위해	피로를 풀고 휴식을 취하기 위해	야외에서의 식사와 음료를 위해	산책을 위해	운동을 위해	행사나 모임 때문에	기타	계
응답자수	18 (7.5)	2 (0.8)	27 (11.3)	29 (12.1)	95 (39.6)	8 (3.3)	14 (5.8)	8 (3.3)	36 (15.0)	3 (1.3)	240 (100%)

(자료 : 심, 1985, p.41)

표 9.3 식사의 유형

식사유형	집에서 준비한 음식을 먹음	식당 또는 매점에서 먹음	재료를 가져와서 해먹음	식사를 하지 않음	계
응답자수	76 (31.8)	26 (10.9)	118 (49.4)	19 (7.9)	239 (100%)

(자료 : 심, 1985, p.47)

즐겨 찾는 장소로는 나무 밑이 약 60%로서 가장 많으며, 다음이 시냇물가로 18.5%, 넓은 잔디밭이 약 10%를 차지하고 있다(표 9.4). 이는 그늘 및 아늑한 공간을 선호하는 데 기인하는 것으로 보여지며, 물에 대한 선호 역시 높은 것으로 분석된다. 잔디밭에 대한 선호도는 상대적으로 낮음을 볼 수 있는데 이는 산이라는 특수성 때문에 잔디밭이 적은 데에 기인한다고 볼 수 있으며, 이에 더하여 간단한 공놀이와 같은 활동을 하고자 하는 욕구가 적은 것도 하나의 이유로 지적할 수 있다.

서구의 경우에는 피크닉을 갈 때 간단한 공놀이 기구를 준비하여 넓은 잔디밭에서 노는 것이 보통으로 되어 있는 점과 비교해 볼 때 우리 나라 사람들의 피크닉 행태는 이와 차이가 있음을 알 수 있다.

표 9.4 즐겨 찾는 장소

장소	나무 밑	넓은 잔디밭	시냇물가	탁자나 의자	운동 시설	위락 시설	기타	계
응답자 수	141 (59.5)	23 (9.7)	44 (18.5)	15 (6.3)	4 (1.7)	4 (1.7)	7 (3.0)	238 (100%)

(자료 : 심, 1985, p.52)

우리나라 사람들이 피크닉 때 즐기는 행위는 주로 식사, 음주, 화투, 노래 부르기 등으로서 서구사람들의 행태와는 많은 차이점을 보여 주고 있다(표 9.5, 사진 9.2).

표 9.5 그룹별 피크닉 행태

그룹	행위
3~5명의 청소년	먹고, 마시고, 놀음, 음악듣기, 노래부르기, 사진촬영
8~12명의 청소년 단체	먹고, 마시고, 춤추고, 노래하고, 게임, 사진촬영, 운동
단일 가족	먹고, 음악듣고, 아이들재롱구경, 낮잠, 책읽기
복합 가족	먹고, 마시고, 놀음, 사진촬영, 낮잠, 물놀이
4~7명 장년층	먹고, 마시고, 춤추고, 놀음, 물놀이
10~20명의 직장 야유회	먹고, 마시고, 운동, 춤추기, 노래부르기, 사진촬영
10~30명의 유치원생 또는 소년, 소녀단원	먹고, 게임, 노래부르기, 야외학습

(자료 : 심, 1985, p.68)

사진 9.2 피크닉 행태 : 우리나라에도 서구식의 피크닉 테이블이 보편화 되고 있다(올림픽 공원).

이상에서 언급된 우리나라 사람들의 피크닉 행태는 서울시 관악산에 국한된 조사내용을 근거로 분석되었지만, 관악산이 전형적인 피크닉 장소 중의 하나라는 점에서 대도시 주변에서 이루어지는 피크닉 행태의 일반적 경향에 가깝다고 볼 수 있다. 그러나 이 조사는 80년대에 이루어진 것으로서 그동안의 경제 · 사회적 여건의 급격한 변화로 최근의 행태와는 차이가 있을 수 있다.

9.4 청소년 야영장의 만족도

우리나라에서는 80년대 이후 청소년을 위한 야외교육의 중요성에 대한 인식이 점점 높아지고 있으며, 이러한 추세에 부응하여 청소년 야영장이 점증하고 있는 현실이다. 여기서 청소년 야영장이라 함은 일반 야영장(camp site)과는 다소 상이한 개념으로서 숙박시설 및 자연학습, 연수, 운동 등을 위한 부대시설을 갖춘 보다 적극적인 교육 혹은 레크레이션 공간을 말한다(한국 청소년 연맹, 1983).

일반 야영장은 천막생활을 통한 옥외 레크레이션의 성격이 강한데 비하여, 청소년 야영장은 조직적인 단체 활동을 통한 청소년 수련의 성격이 강하다고 볼 수 있다.

이러한 성격의 청소년 야영장은 82년 조사에 의하면 전국에 394개소에 이르고 있다(한국 청소년 연맹, 1983). 이 가운데에서 서울근교에 위치한 천마산 심신 단련장, YMCA 청소년 체력수련장(그림 9.4), UNESCO청년원의 세 곳을 대상으로 조사한 바에 의하면(김, 1983) 이용 동기로서는 단체 활동의 경험을 쌓기 위해서가 49%로서 가장 높았다(표 9.6). 이는 청소년 야영장이 단순한 오락이나 친구를 사귀는 것보다는 자연학습, 단체 활동 등의 새로운 경험을 얻기 위해서 이용됨을 말해 준다. 이는 앞서 언급된 레크레이션의 동기 중 일상 생활로부터의 '도피' 보다는 새로운 경험을 얻기 위한 '참여' 의 성격이 강함을 말해 준다고 볼 수 있다.

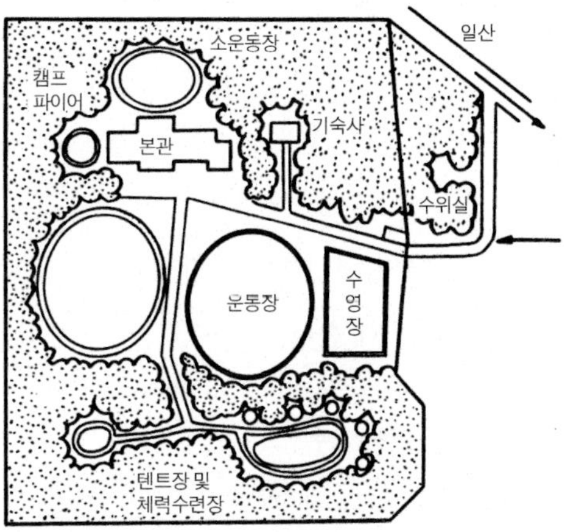

그림 9.4 YMCA 청소년 체력수련장 배치도(자료 : 한국청소년 연맹, 1983, p.24)

따라서 청소년 야영장에서는 보다 다양한 경험을 줄 수 있는 프로그램의 개발 및 환경조성이 중요하다고 볼 수 있다.

표 9.6 청소년 야영장의 이용 동기

친구를 사귀기 위해서	선생님 혹은 부모의 권유로	단체 활동을 경험하기 위해서	레크레이션을 목적으로	무응답	합계
40 (10.4)	54 (14.0)	190 (49.4)	92 (23.9)	9 (2.3)	385 (100%)

(자료 : 김, 1983, p.42)

한편 야영장에 오게 된 동기에 대한 만족도는 시설이용 만족도와 상관관계가 가장 높았으며 다음으로는 주변 경관에 대한 만족도와의 상관관계였다(표 9.7). 이는 야영장의 설치 시에 경관이 우수한 장소를 선택함도 중요하다고 볼 수 있으나, 더욱 중요한 것은 훌륭한 시설을 마련하는 것임을 말해 주고 있다.

표 9.7 야영장 이용 동기에 대한 만족도와 기타 만족도와의 상관계수

주변경관에 대한 만족도	자연자원 보존에 대한 만족도	야영장 시설 이용 후 만족도
.329	3235	.428

(자료 : 김, 1983, p.45) ($p<0.01$)

다음으로 야영장 시설에 대한 만족도와 시설물의 여러 측면과의 상관관계를 보면 시설물의 관리 상태와의 상관계수가 가장 높았으며, 다음으로 야영장의 청결상태, 이용 시 쾌적함, 시설물의 편리성의 순이었다(표 9.8).

이는 시설물에 대한 만족도는 시설물의 편리함에도 관계되지만, 관리 상태의 양호 및 청결성에 주로 좌우됨을 말해 준다.

표 9.8 시설 이용 후 만족도와 시설 인자간의 상관계수

야영장 청결상태	시설물의 관리상태	시설물의 편리성	야영장의 안전성	이용 시 쾌적함	관리인의 태도	시설의 매력성	활동장소의 다양성
.447	.485	.416	.393	.417	.398	.327	.254

(자료 : 김, 1983, p.45) ($p<0.01$)

따라서 청소년 야영장의 이용 동기를 최대한으로 만족시켜 주기 위해서는 야영장 시설에 대한 만족도를 높이는 것이 중요하며, 시설에 대한 만족도를 높이기 위해서는 시설물의 관리를 잘하고 청결성을 유지시키는 것이 필요함을 알 수 있다.

이 내용은 단지 세 곳의 야영장을 대상으로 조사한 것이므로 일반화시키기에는 어려움이 있으나, 청소년 야영장 설계를 위한 예비적인 가설로서는 의미가 있다고 보겠다.

9.5 여가공간에서의 다중 감각적 지각

2000년대에 오면서 기존의 논리와 이성을 벗어난 '감성설계'가 등장하고 있다. 이러한 경향에 따라 단일 감각에 의지한 디자인(single sensory design)에서 벗어나, 여러 감각기관을 자극하는 다중 감각 디자인(multi-sensory design)에 대한 관심이 높아져왔다. 지금까지는 공간을 다루는 대부분의 연구는 '시각' 및 일부 감각에만 초점이 맞추어져 왔으며 시각 외의 감각은 등한시되어 왔다.

여기서는 옥외여가공간을 대상으로 하여 시각뿐 아니라 청각, 촉각, 미각, 후각의 5감에 대하여 선호도 및 대상지의 이미지와 밀접한 영향력에 대한 연구를 소개하고자 한다(윤희정, 2004).

본 연구는 옥외여가공간의 유형별 시각, 청각, 후각, 미각, 촉각의 선호도 및 만족도를 측정하기 위해 실시되었다. 자연형 여가공간으로 관악산을, 인문형 여가공간으로 인사동을, 시설중심형 여가공간으로 서울랜드(주제공원)를 선정하였다.

1. 옥외여가공간의 유형별 다중 감각적 선호도 및 영향력

1 관악산

관악산 방문에 영향을 미치는 감각에 대한 다중응답분석결과 시각의 응답률이 46.2%로 가장 높게 나타났으며, 그 다음으로 촉각이 29.2%, 미각이 10.8%, 후각이 7.7%, 청각이 6.2%로 조사되었다. 이는 방문객들이 관악산을 방문하는 데 있어 시각, 촉각의 영향을 가장 많이 받는다는 것을 의미한다(표 9.9).

표 9.9 관악산 방문 시 영향을 미치는 감각(다중응답분석결과)

구분	빈도	% of responses	% of cases
미각(맛)	7	10.8	20.6
촉각(바람)	19	29.2	55.9
시각(풍경)	30	46.2	88.2
청각(소리)	4	6.2	11.8
후각(냄새)	5	7.7	14.7
계	65	100.0	191.2

관악산의 전체 만족도평균은 10점 만점에 8.24로 나타나 비교적 만족도가 높은 것으로 조사되었으며, 관악산을 방문할 경우 감각별 선호도에 대해서는 시각이 8.15로 가장 높고, 촉각이 7.76, 후각이 7.09, 청각이 6.76, 미각이 6.67로 분석되었다. 관악산 이미지에 영향을 미치는 감각영향력 역시 시각이 8.21, 촉각이 7.65로 나타났으며, 그 다음으로는 청각 6.82, 후각 6.44, 미각 6.42 순으로 조사되었다(표 9.10).

표 9.10 관악산 방문만족도 및 감각선호도, 감각영향력(10점 리커트척도 분석결과)

구분		Mean	S.D.	N	Min.	Max.
관악산 전체 만족도		8.24	1.50	34	5.00	10.00
감각선호도	청각(소리)	6.76	1.89	34	2.00	10.00
	미각(맛)	6.67	2.06	33	2.00	10.00
	후각(냄새)	7.09	1.60	34	5.00	10.00
	시각(풍경)	8.15	1.86	34	2.00	10.00
	촉각(바람)	7.76	1.76	34	2.00	10.00
감각영향력	후각(냄새)	6.44	1.97	34	1.00	10.00
	시각(풍경)	8.21	1.63	33	5.00	10.00
	촉각(바람)	7.65	1.79	34	3.00	10.00
	미각(맛)	6.42	2.22	33	1.00	10.00
	청각(소리)	6.82	2.26	3	41.00	10.00

분석결과 감각선호도 및 감각영향력 모두 시각, 촉각이 가장 높은 점수로 나타났으며, 이는 방문 시 영향을 미치는 감각과도 동일한 분석결과를 나타낸다(그림 9.5).

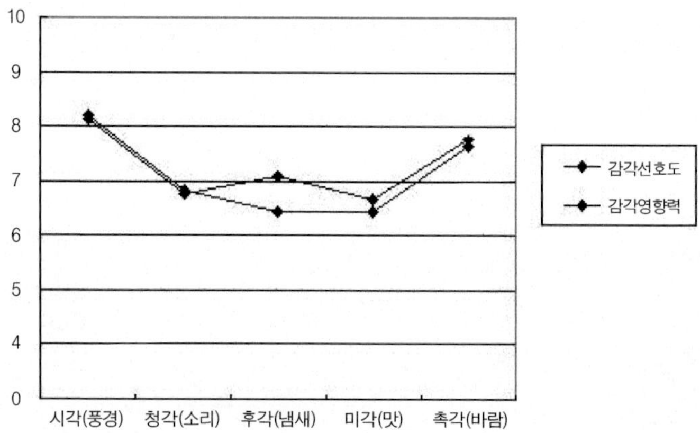

그림 9.5 관악산의 감각선호도 및 감각영향력

2 서울랜드

서울랜드 방문에 영향을 미치는 감각에 대한 다중응답분석결과 관악산과 마찬가지로 시각의 응답률이 44.1%로 가장 높게 나타났으며, 그 다음으로 촉각이 25.0%, 청각이 22.1%, 후각 및 미각이 4.4%로 조사되었다(표 9.11). 이는 방문객들이 서울랜드와 같은 시설중심형 주제공원을 방문할 경우 시각, 촉각의 영향을 가장 많이 받는다는 것을 의미한다. 이때 관악산과의 차이점이 있다면 서울랜드의 경우 청각의 응답비중이 상대적으로 높게 나타났으며, 이는 주제공원 방문 시 시설을 이용할 경우 나타나는 다양한 소리들이 이용객들을 자극하는 중요한 요소가 된다는 것을 의미한다.

표 9.11 서울랜드 방문 시 영향을 미치는 감각(다중응답분석결과)

구분	빈도	% of responses	% of cases
미각(맛)	3	4.4	8.8
촉각(바람)	17	25.0	50.0
시각(풍경)	30	44.1	88.2
청각(소리)	15	22.1	44.1
후각(냄새)	3	4.4	8.8
계	68	100.0	200.0

서울랜드의 전체 만족도평균은 10점 만점에 6.79로 나타났으며, 방문할 경우 감각별 선호도에 대해서는 시각이 8.24로 가장 높고, 촉각이 7.62, 청각이 6.50, 후각이 5.79, 미각이 5.26으로 분석되었다. 서울랜드 이미지에 영향을 미치는 감각영향력 역시 시각이 8.15, 촉각이 7.47로 나타났으며, 그 다음으로는 청각 6.59, 미각 5.62, 후각 5.50 순으로 조사되었다(표 9.12). 이러한 분석결과는 관악산과 같은 자연형 여가공간과 마찬가지로 시설중심형 여가공간 역시 시각과 청각의 선호도 및 영향력이 가장 높다는 것을 의미한다. 또한 서울랜드와 같은 시설중심형 여가공간에 영향을 미치는 감각과 감각선호도, 이미지와 밀접한 감각영향력 역시 모두 시각, 촉각이 가장 높게 나타나 항목에 상관없이 두 감각의 영향력이 가장 큰 것으로 분석되었다(그림 9.6).

표 9.12 서울랜드 방문만족도 및 감각선호도, 감각영향력(10점 리커트척도 분석결과)

구분		Mean	S.D.	N	Min.	Max.
서울랜드 전체 만족도		6.79	1.49	34	4.00	10.00
감각선호도	청각(소리)	6.50	2.21	34	1.00	10.00
	미각(맛)	5.26	1.90	34	1.00	9.00
	후각(냄새)	5.79	1.92	34	3.00	10.00
	시각(풍경)	8.24	1.26	34	6.00	10.00
	촉각(바람)	7.62	1.71	34	4.00	10.00
감각영향력	후각(냄새)	5.50	2.05	34	2.00	10.00
	시각(풍경)	8.15	1.42	34	5.00	10.00
	촉각(바람)	7.47	1.81	34	5.00	10.00
	미각(맛)	5.62	2.17	34	1.00	10.00
	청각(소리)	6.59	2.08	34	2.00	10.00

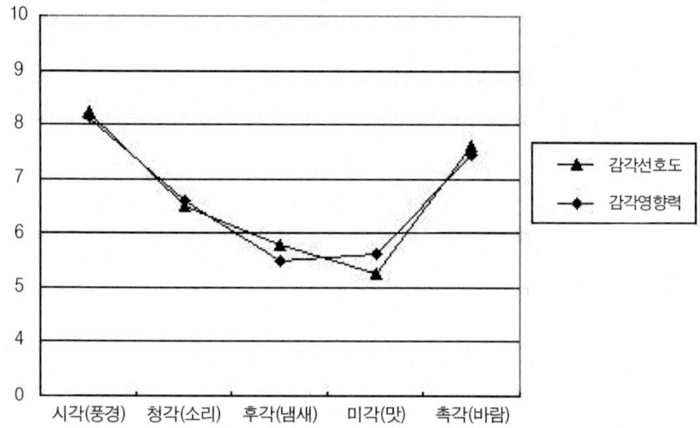

그림 9.6 서울랜드의 감각선호도 및 감각영향력

3 인사동

인문형 여가공간인 인사동 방문에 영향을 미치는 감각에 대한 다중응답분석결과 앞의 두 대상지와 마찬가지로 시각의 응답률이 46.4%로 가장 높게 나타났다. 그 다음으로 미각이 26.1%, 청각이 18.8%, 촉각 및 후각이 4.3%로 조사되었다(표 9.13). 이는 방문객들이 인사동을 방문할 경우 시각, 미각의 영향을 가장 많이 받는다는 것을 의미한다. 이때 관악산과 같은 자연형 여가공간과 서울랜드와 같은 시설중심형 여가공간은 시각 다음으로 촉각의 영향을 가장 많이 받았지만, 인사동의 경우는 시각 다음으로 미각의 영향을 가장 많이 받는다는 차이점이 있었다.

표 9.13 인사동 방문 시 영향을 미치는 감각(다중응답분석결과)

구분	빈도	% of responses	% of cases
미각(맛)	18	26.1	51.4
촉각(바람)	3	4.3	8.6
시각(풍경)	32	46.4	91.4
청각(소리)	13	18.8	37.1
후각(냄새)	3	4.3	8.6
계	69	100.0	197.1

인사동의 전체 만족도평균은 10점 만점에 6.78로 나타나 서울랜드와 거의 유사한 방문만족도를 보였으며, 감각별 선호도에 대해서는 시각이 8.23으로 가장 높고, 미각이 6.78, 촉각이 6.17, 청각이 5.86, 후각이 5.54로 분석되었다. 인사동의 이미지에 영향을 미치는 감각영향력 역시 시각이 8.29, 미각 및 청각이 6.91, 촉각 6.49, 후각 6.26 순으로 조사되었으나 시각을 제외하면 항목간 차이는 크지 않았다(표 9.14).

표 9.14 인사동 방문만족도 및 감각선호도, 감각영향력(10점 리커트척도 분석결과)

구분		Mean	S.D.	N	Min.	Max.
인사동 전체 만족도		6.78	1.42	35	4.00	10.00
감각선호도	청각(소리)	5.86	1.68	35	3.00	9.00
	미각(맛)	6.78	1.57	35	3.00	10.00
	후각(냄새)	5.54	1.60	35	2.00	9.00
	시각(풍경)	8.23	1.31	35	4.00	10.00
	촉각(바람)	6.17	1.90	35	1.00	10.00
감각영향력	후각(냄새)	6.26	2.21	35	1.00	10.00
	시각(풍경)	8.29	1.81	35	2.00	10.00
	촉각(바람)	6.49	2.29	35	1.00	10.00
	미각(맛)	6.91	1.87	35	2.00	10.00
	청각(소리)	6.91	1.79	35	2.00	10.00

이러한 분석결과는 인사동 방문 시 시각과 미각의 영향력이 가장 크다는 것을 의미하며, 위의 방문 시 영향을 미치는 감각과 감각선호도, 감각영향력 모두 유사한 결과를 보이는 것으로 분석되었다. 단 인사동에 영향을 미치는 감각영향력의 경우 시각 및 미각 외에 청각의 영향도 많이 받는 것으로 조사되었으며, 이는 인사동에서 행해지는 거리공연의 영향을 받은 것으로 판단된다(그림 9.7).

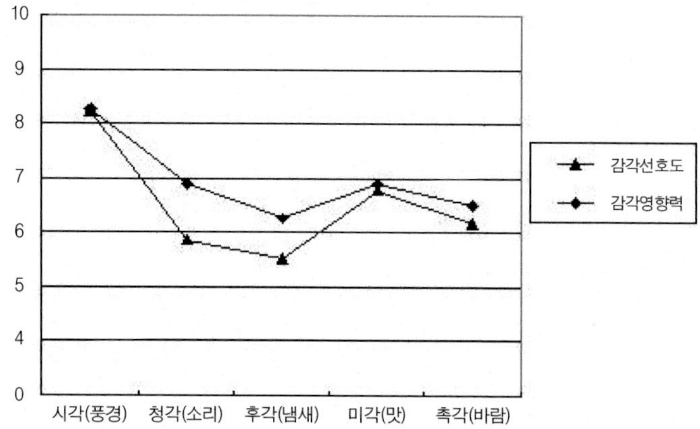

그림 9.7 **인사동의 감각선호도 및 감각영향력**

2. 옥외여가공간 유형별 다중 감각 차이

1 감각선호도 차이

본 연구에서는 이상의 3개 여가공간 유형별, 즉 자연형(관악산), 인문형(인사동), 시설중심형(서울랜드)의 감각선호도에 대하여 통계적으로 유의한 차이가 있는지 분석해보기 위하여 일원분산분석(oneway ANOVA)을 실시하였다. 분석결과 시각 및 청각은 대상지별 차이가 없는 것으로 분석되었으나, 후각 및 미각, 촉각은 유의수준 0.01% 이내에서 유의한 차이가 발견되었다. 특히 시각은 sig값이 0.964로 나타나 대상지별로 차이가 전혀 없다고 볼 수 있으며 앞서 분석한 결과에서처럼 유형별 가장 높은 선호도 및 영향력 값을 보이는 것으로 분석되었다. 이는 대상지별로 시각이 가장 높은 선호도 및 영향력을 행사하고 있으며, 청각은 대상지별 차이가 없고, 후각, 미각, 촉각의 경우 대상지별 차이가 있다는 것을 의미한다. 또한 앞서 연구에서 시각은 전체 감각 중 83%를 차지한다고 설명하고 있으나, 본 연구에서는 시각과 기타 4개 감각과의 차이가 그렇게 크지 않은 것으로 나타났으며, 이는 시각의 선호도가 가장 높지만, 그 외 촉각 및 청각, 미각 등의 선호 역시 높게 인지된다는 것을 의미한다.

표 9.15 대상지별 감각선호도 차이분석(ANOVA)

구분		Sum of Squares	df	Mean Square	F	Sig.
청각 (소리)	Between Groups	15.077	2	7.539	2.011	.139
	Within Groups	374.903	100	3.749		
	Total	389.981	102	.		
미각 (맛)	Between Groups	48.231	2	24.115	7.061	.001
	Within Groups	338.122	99	3.415		
	Total	386.353	101	.		
후각 (냄새)	Between Groups	47.117	2	23.559	8.041	.001
	Within Groups	292.980	100	2.930		
	Total	340.097	102	.		
시각 (풍경)	Between Groups	.165	2	.082	.037	.964
	Within Groups	224.554	100	2.246		
	Total	224.718	102	.		
촉각 (바람)	Between Groups	53.736	2	26.868	8.367	.000
	Within Groups	321.118	100	3.211		
	Total	374.854	102	.		

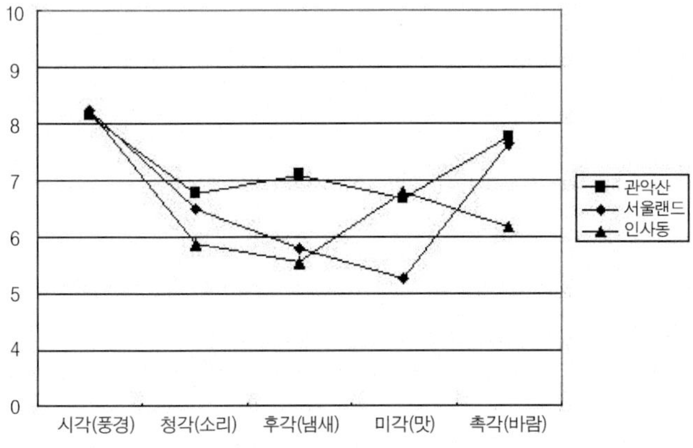

그림 9.8 대상지별 감각선호도

2 감각영향력 차이

대상지의 이미지에 영향을 미치는 감각영향력에 대한 일원분산분석(oneway ANOVA) 결과, 촉각과 미각만 유의한 차이가 발견되었고 시각, 후각, 청각은 차이가 없는 것으로 분석되었다. 감각선호도 차이분석과 마찬가지로 시각의 경우 sig 값이 0.939로 가장 높은 영향력을 행사하나 대상지별 차이가 없는 것으로 분석되어 시각의 영향력이 가장 큰 것으로 분석되었다.

표 9.16 대상지별 이미지에 영향을 미치는 감각영향력 차이분석(ANOVA)

구분		Sum of Squares	df	Mean Square	F	Sig.
후각 (냄새)	Between Groups	16.956	2	8.478	1.955	.147
	Within Groups	433.568	100	4.336		
	Total	450.524	102	.		
시각 (풍경)	Between Groups	.332	2	.166	.063	.939
	Within Groups	262.923	99	2.656		
	Total	263.255	101	.		
촉각 (바람)	Between Groups	27.138	2	13.569	3.453	.035
	Within Groups	392.978	100	3.930		
	Total	420.117	102	.		
미각 (맛)	Between Groups	29.491	2	14.745	3.373	.038
	Within Groups	432.833	99	4.372		
	Total	462.324	101	.		
청각 (소리)	Between Groups	1.945	2	.972	.232	.794
	Within Groups	419.919	100	4.199		
	Total	421.864	102	.		

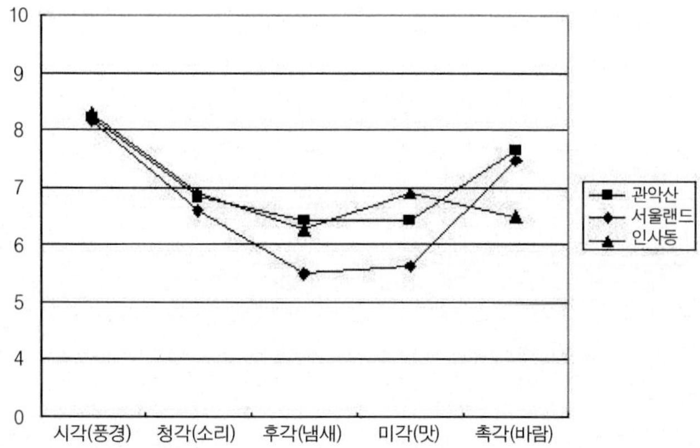

그림 9.9 대상지별 감각영향력

3. 연구결과

옥외여가공간 유형별 감각선호도는 관악산(자연형)이 시각 〉촉각 〉후각 〉청각 〉미각 순으로, 서울랜드(시설중심형)는 시각 〉촉각 〉청각 〉후각 〉미각 순으로 분석되었다. 마지막으로 인사동(인문형)은 시각 〉미각 〉촉각 〉청각 〉후각 순으로 분석되었다. 즉 3개 대상지 모두 시각이 가장 높은 선호도를 보였으며, 관악산과 서울랜드는 시각 다음으로 촉각의 선호도가 가장 높았으며, 인사동의 경우 시각 다음으로 미각의 선호도가 높게 나타났다. 또한 옥외여가공간 유형별 감각영향력 분석결과 관악산은 시각 〉촉각 〉청각 〉후각 〉미각 순으로, 서울랜드는 시각 〉촉각 〉청각 〉미각 〉후각, 인사동은 시각 〉미각 · 청각 〉촉각 〉후각 순으로 분석되었다. 대상지 유형별 감각영향력 분석결과 선호도와 마찬가지로 시각의 영향력이 가장 높게 조사되었으며, 관악산과 서울랜드는 촉각, 인사동의 경우는 미각이 높은 영향력을 행사하는 것으로 분석되었다. 그 외 옥외여가공간 유형별 감각선호도 및 감각영향력 차이분석결과 시각의 차이는 전혀 없는 것으로 나타났다. 감각선호도별 차이분석에서는 미각, 후각, 촉각이 유의한 차이가 발견되었고, 감각영향력에 있어서 촉각, 미각의 유의한 차이가 발견되었다.

기존에 공간을 다루는 대부분의 연구가 시각에 집중되어 있었으나, 본 연구는 대상지 전체를 포괄하는 다중 감각 즉, 인간의 5감을 모두 포함하는 감각선호도 및 감각영향력에 대하여 조사하였다는 데에 의의가 있다. 대상지별로 시각 이외에 어떠한 감각이 많은 선호를 보이고 영향을 미치는지 분석함으로써 시각 이외의 감각에 대하여 기초연구를 수행하였다는 데에 의의가 있다. 즉, 자연형, 시설중심형 대상지의 경우 시각 이외에 촉각의 선호도가 높으므로 바람 등을 이용한 설계기법이 도입될 필요가 있고, 인사동과 같은 인문형 여가공간 역시 미각을 최대한 도입하기 위한 방안이 마련되어야 할 것이다. 또한 공간의 감각을 다루었던 기존 연구들이 대부분 시각과 청각을 중심으로 연구되어 왔으나, 향후에는 촉각 및 미각에도 관심을 가져야 할 것이다.

Chapter 10

환경설계 연구방법

환경설계연구라 함은 체계적이고 과학적인 방법을 통하여 환경설계에 직접적 혹은 간접적으로 응용 가능한 결과를 도출할 수 있는 모든 연구를 포함한다. 따라서 설계와 관련된 자연과학적, 사회과학적, 예술적, 공학적인 광범위한 내용을 다루게 되겠으나 본 장에서는 주로 설계응용에 목적을 둔 의식 및 행태의 연구에 관하여 논하기로 한다.

10.1 연구계획 수립

연구가 성공적으로 수행되는가 안 되는가는 연구계획이 얼마나 잘 짜여져 있는가에 달려 있다고 해도 과언이 아니다. 연구내용에 적합한 연구유형, 자료수집 및 분석방법을 선택함은 연구계획 수립 시에 가장 중요한 사항이 된다.

일반적으로 연구과정은 개념(concept)의 도출 혹은 정립, 가설(hypothesis)의 설정, 그리고 실험 혹은 관찰을 통한 가설의 검증(testing)의 순서로 진행된다. 예를 들어 개인적 공간에 관한 연구를 하고자 한다면 우선 개인적 공간(personal space)의 개념을 정립하여야 한다.

나아가 내성적인 사람과 외향적인 사람의 개인적 공간을 비교하고자 한다면 '내성적인 사람의 개인적 공간의 크기는 외향적인 사람의 개인적 공간의 크기보다 크다' 등의 가설을 과거의 연구 혹은 예비조사, 경험, 직관 등에 의하여 설정하고 이를 체계적인 실험 혹은 관찰 등을 통하여 검증하게 된다.

1. 연구유형

연구방법으로서는 보통 진단적 연구, 기술적 연구, 이론적 연구, 행동적 연구로 구분된다. 진단적(diagnostic) 연구는 부분적인 사실들에 대한 철저한 연구보다는 주제에 관련된 전반적인 이해를 돕는 데 이용된다. 즉, 정밀도보다는 폭넓은 이해에 중점을 두는 연구방법이다. 연구자가 자신의 전문적 지식 및 관찰에 의거하여 연구 주제에 관한 기술 혹은 설명을 하며 연구문제에 관한 진단을 내린다. 이 연구방법은 연구주제에 관한 지식이 거의 알려지지 않았을 때 택하게 되며 보통 연구수행 초기에 택하며 보다 체계적인 연구를 위한 바탕이 된다.

기술적(descriptive) 연구는 일정 그룹 내의 하나, 혹은 몇 가지 특성 및 그들간의 관계성을 가능한 정확하게 기술하고 측정하는 방법이다. 개념의 명확한 정의는 이 방법에서 매우 중요한 사항이 된다. 인터뷰 혹은 설문조사를 통한 주민 혹은 이용자들의 기술은 이 방법의 중심을 이룬다.

이론적(theoretical) 연구는 경험으로부터 혹은 보다 종합적인 이론으로부터 도출된 가설을 검증하는 것이다. 이 방법은 연구주제에 관한 구체적인 사실보다는 연구주제에 관련된 '개념적 틀'에 더욱 관심을 둔다.

행동적(action) 연구는 인간에게 영향을 미치는 환경적 변화에 대하여 연구하며 인간행태예측의 밑바탕이 된다. 이 연구는 물리적 환경, 관리, 정책 등의 측면에서의 변화가 인간에게 미치는 영향을 이해하고 장래의 물리적 환경, 관리, 정책을 개선하는 데 목표를 둔다. 이 연구는 보통 유사한 상황 하에서 두 개의 서로 다른 '행위(action–물리적 배치, 관리, 정책)'가 초래하는 결과를 비교함으로써 각 행위의 긍정적인 면, 부정적인 면을 밝혀내고 장래의 바람직한 '행위'를 도출해낸다. 이러한 연구는 환경설계, 계획, 평가를 하는 데 있어 의사결정을 뒷받침하는 데 많이 이용된다.

2. 연구수행과정

연구수행과정은 연구과제의 특성 및 연구기간, 예산 등의 여건에 따라서 달라질 수 있으나 일반적인 연구수행과정은 크게 다섯 단계로 나누어 볼 수 있다.

우선 총괄적인 연구계획이 수립되어야 하며, 다음으로는 예비조사를 통하여 연구내용에 대한 가설을 설정하게 된다. 다음에는 가설 검증을 위한 구체적인 실험설계 혹은 조사계획이 짜여져야 하며, 이에 따른 실험 혹은 자료수집이 이루어진다. 최종단계는 얻어진 자료를 분석하여 가설을 검증하며 이에 의거한 결론 및 제안을 도출하는 것이다.

이와 같은 과정을 단계별로 살펴보면 다음과 같다(그림 10.1).

1 연구계획서 작성

연구계획서는 보통 연구예산을 확보하기 위하여, 또는 연구를 의뢰받았을 경우는 의뢰인의 동의를 얻기 위하여 연구의 총괄적인 내용을 개략적으로 정리하는 것이다. 연구계획서는 연구의 목적, 내용, 방법을 기본적으로 포함하며, 이 밖에도 기대되는 연구결과, 연구결과의 효용성, 연구기간 및 예산을 포함한다.

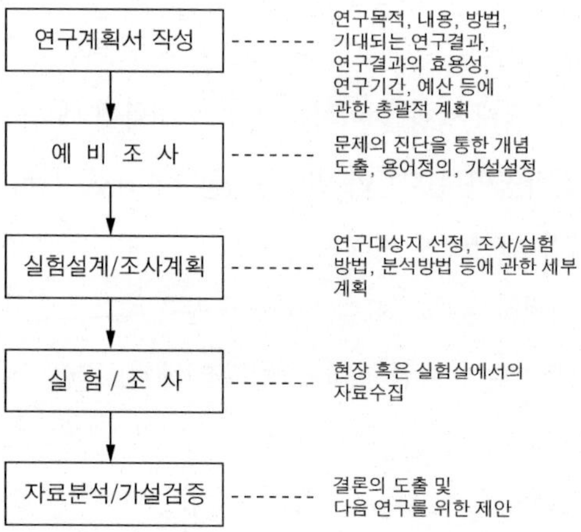

그림 10.1 **연구수행과정**

연구의 기능은 기존의 연구 혹은 지식을 바탕으로 하여 이보다 한 단계 발전시킨다는 특성을 지니고 있다. 따라서 연구계획서에서는 기존의 관련된 연구가 어디까지 와 있고, 이로부터 한 걸음 더 나아가 어떤 측면에서 새로운 사실을 규명할 것이라는 점을 명백히 하는 것이 필요하다. 이렇게 함으로써 연구의 필요성 및 기여도를 인식시킬 수 있으며, 이는 연구예산의 확보를 위해서도 중요한 사항이 된다.

2 예비조사

예비조사는 본격적인 연구수행을 위하여 필요한 개념의 도출 · 정의 및 가설의 설정을 목표로 한다.

예비조사는 문제의 소재 및 개략적인 내용을 알아보기 위한 진단의 성격을 지니는 것이 보통이다. 따라서 예비조사는 연구계획수립을 위하여 연구계획수립 이전에 실시하는 경우도 많으나, 일반적으로는 연구계획서에 언급된 연구 내용 · 방법 등을 보다 구체적으로 결정하기 위한 수단으로 이용된다.

예비조사를 위해서는 관련 문헌의 조사, 연구내용과 관련된 현장의 광범위한 관찰, 인터뷰 등의 방법이 이용되는데 이때에는 엄격하고 체계화된 조사보다는 관련 사항을 자연스럽게 진단하는 것이 보통이다.

예를 들면 연구대상지를 확정시키기 위하여 연구내용과 관련된 여러 장소를 임의로 관찰한다거나, 설문내용의 타당성을 알아보기 위하여 설문지를 시험 삼아 작성토록 하는 것 등은 예비조사에 속한다.

연구내용이 간단하거나 명확할 경우에는 예비조사 없이 직접 실험 혹은 조사에 착수할 수도 있다. 또한 엄격하고 구체적인 가설의 설정이 반드시 필요한 것은 아니며, 경우에 따라서는 매우 추상적이고 일반적인 가설을 설정하는 경우도 있다. 이러한 경우는 특정 가설의 진위여부를 판정하기보다는 일정한 사실의 일반적인 경향을 추출함에 목표를 둔다.

3 실험설계/조사계획

예비조사를 통하여 개념도출, 용어의 정의, 가설의 설정 등이 이루어지면, 가설의 검증을 위한 구체적인 연구 내용을 세부적으로 작성한다. 엄격한 실험일 경우에는 이를 실험설계라고 하며 그렇지 않을 경우는 조사 분석 계획으로 불러도 무방하다.

구체적인 내용으로는 자료수집장소, 자료수집방법, 분석방법 등을 포함한다.

4 실험/조사

앞 단계에서 작성된 실험설계 혹은 조사계획에 따라서 자료수집을 수행한다.

(1) 자료수집장소 : 자료수집은 현장(natural setting)에서 직접 수행될 수도 있고, 인위적으로 조성된 실험실 내에서도 수행될 수 있다.

현장에서의 연구는 '진단적 연구(diagnostic studies)' 시에 실제 무엇이 이루어지며, 어떤 요소, 관계가 두드러지게 나타나는지 등을 파악하는데 필요하다. 실험도 역시 현장에서 수행될 수 있다. 즉, 물리적 구성, 사회적 행태 혹은 정책을 변화시킴으로써 변화 전과 후를 비교하여 일정 변화로 인한 영향을 알아낼 수 있다.

실험실에서의 실험은 변수의 제어가 비교적 쉬우며 슬라이드, 스케치, 비디오 등의 모의조작(simulation)기법도 이에 포함된다.

(2) 자료수집방법 : 자료의 수집은 특정의 사례연구(case study), 여러 가지 경우의 공통된 요소에 관한 조사(survey), 혹은 일정 '행위' 에 관한 실험(experiment)을 통하여 이루어진다(그림 10.2).

사례연구(case study)는 전체 그룹에 일반화될 수 있는 자료수집을 목표로 하기보다는 특정 연구대상에 대하여 구체적인 자료를 얻고자 할 때 이용된다. 이러한 경우에는 연구대상 환경에 구성원의 일원으로 직접 참여하면서(함께 거주, 생활, 행사참여 등) 연구대상의 여러 측면에 대하여 자세한 자료를 얻어 내는 소위 참여관찰(participant observation)의 방법이 많이 이용되고 있다. 사례연구는 특정 대상만을 중심으로 연구하나 이 대상이 유사한 여러 다른 환경의 전형적인 패턴을 지니고 있을 경우는, 그 연구 결과는 다른 환경에도 적용될 수 있는 일반성을 갖게 된다.

일정 관심주제에 초점을 맞추어 다양한 상황을 조사(survey)할 때에는 설문지, 인터뷰 등의 기법이 이용된다. 가령 주택에 대한 만족도를 연구하고자 한다면 여러 가지 유형의 주택(단독주택, 아파트 등)에 사는 사람을 대상으로 설문지, 인터뷰 등을 통하여 주민들이 자신의 주택에 대하여 느끼는 만족도를 파악할 수 있다.

실험(experiment)은 일정 '행위'가 특정 상황 하에서 미치는 영향을 측정하고자 할 때 이용된다. 실험을 할 경우는 한 번에 일정 수 이내의 인자만 연구할 수 있으므로 그 밖의 여러 인자는 제한(혹은 고정시킴)할 수밖에 없다. 가령 쾌적하게 느끼는 중정의 크기를 연구하고자 한다면 크기만 다르고 이 밖의 모든 점에서 유사한 여러 개의 중정을 선정하여야 한다.

크기 이외에 둘러싸는 건물의 재료, 형태, 바닥의 재료 등 모든 점에서 동일한 조건을 갖추어야 서로 다른 장소의 쾌적함의 정도의 차이가 크기의 차이에 기인한다고 결론을 내릴 수 있으며, 동시에 어떤 크기의 중정이 가장 쾌적한가를 결정할 수 있게 된다. 실험은 특정 변수의 역할을 가장 신빙성 있게 알아낼 수 있는 방법이다.

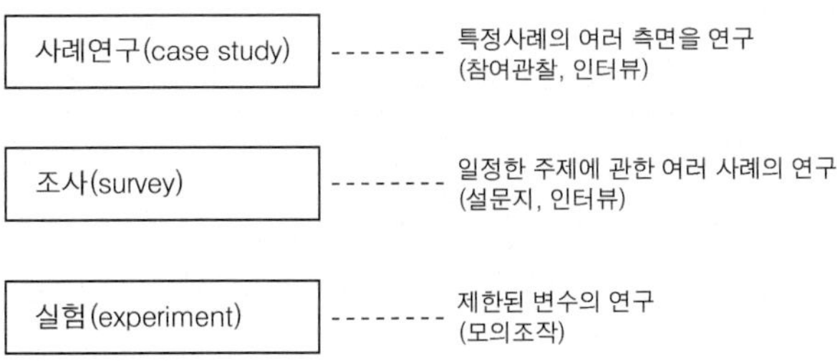

그림 10.2 **자료수집 방법**

5 자료 분석/가설 검증

필요한 자료의 수집이 끝나면 이들을 소정의 분석방법에 따라서 분석하게 되며 이를 토대로 하여 앞서 설정된 가설의 옳고 그름을 검증하게 된다.

가설의 검증은 반드시 계량적일 필요는 없으며 정성적인 분석도 가능하다. 그러나 최근에는 통계학적 기법을 통한 가설의 검증을 많이 이용하는 경향이 있다.

가설의 검증이 끝나면 연구결과가 지니는 의미에 대한 결론을 내리게 되며, 다음 연구를 위한 제안을 하는 것이 보통이다.

엄격한 가설의 검증이 연구목적이 아닌 경우에는 자료 분석 후에 곧바로 요약 및 결론에 이르게 되며, 역시 다음 연구를 위한 제안을 하는 것이 보통이다.

3. 연구결과의 질

연구결과가 소기의 목적을 달성하고 연구자들 사이에서 객관적으로 인정받기 위해서는 세 가지 측면에서 고려를 하여야 한다. : ① 적절한 연구방법을 사용하였는가? ② 가설이 검증 가능한 것인가? ③ 연구결과가 어느 정도까지 일반화될 수 있는가? (Zeisel, 1981)

1 연구방법

연구에서 사용된 연구방법은 해당 연구 과제의 수행을 위해 최적의 것이어야 하며 연구자들 사이에서 인정받을 수 있는 것이어야 한다. 이렇게 함으로써 연구결과가 다른 연구자들에 의하여 비평되어질 수 있으며 비평을 통하여 연구결과가 공식적으로 인정되며 다음 단계의 연구를 위한 바탕이 된다(intersubjectivity).

한편 사용된 방법은 유사한 상황 하에서 반복하여 이용할 경우 동일한 결과를 얻을 수 있어야 한다. 이러한 조건을 만족시킬 때 그 방법은 신뢰도 혹은 신뢰성(reliability)이 높다고 한다.

또한 사용된 방법은 타당성(validity)이 있어야 한다. 즉, 일정 연구목적을 위한 검증 혹은 측정방법이 검증하고자 하는 사실, 혹은 측정하고자 하는 사항을 실제로 검증하고 측정하였는가에 대한 타당성이 입증되어야 한다(Allen & Yen, 1979).

2 가설의 검증

모든 가설(hypothesis)은 검증이 가능하도록(testable) 설정되어야 한다. 즉, 옳고(true), 그름(false)이 분명하도록 기술되어야 한다. 예를 들면 '모든 소년은 어린 남자이다(옳음)' 혹은 '소녀는 아버지가 될 수 있다(그름)' 등과 같이 진위가 명백히 판단될 수 있어야 한다. 가령 '공원의 조성은 주민들의 애향심을 높이거나 낮추거나, 변화시키지 않는다.' 와 같은 가설은 검증이 불가능하다.

일단 가설이 검증을 통하여 부정되지 않거나, 반가설(rival hypothesis)이 부정되었을 때는 가설의 당위성(tenability)이 증가한다고 본다. 일반적으로 가설의 검증은 가설이 옳음을 증명하기보다는 가설이 틀렸다는 증거가 없음을 보임으로써 간접적으로 가설의 당위성을 뒷받침한다.

3 변수의 제어 및 결과의 일반성

연구 수행을 함에 있어 그 결과가 의도된 조건 하에서 이루어져야만 그 결과의 해석 및 이용에 신빙성이 있게 된다. 그러나 실제로 실험을 하는 과정에서 여러 가지의 변수가 작용을 하게 되므로 이들에 대한 각별한 주의가 필요하다. 즉, 시간의 흐름 및 계절의 변화에 따른 환경적 변화 및 응답자의 변화, 동일 응답자를 대상으로 반복적인 실험을 할 경우 응답자의 권태감 등으로 인한 성실성의 변화, 응답자 선정 시의 편중성 등의 여러 가지 의도하지 않았던 변수들의 발생에 대한 세심한 배려를 하여야 한다.

이들 원치 않는 변수들을 다루는 방법으로서는 첫째, 이들 변수가 실험에 영향을 미치지 못하도록 제어(control)하거나 둘째, 실험설계에서 이들 변수를 고려하고 통계적 기법을 통하여 이들의 실험 결과에 대한 영향을 구별해내는 방법들이 있다.

제어되는 변수가 많으면 많을수록 그 연구결과는 일반성(generalizability)이 적어진다. 즉, 한정된 조건 하에서 얻어진 결과이므로 다른 변수가 여기에 부가된 상황 하에서도 그 연구 결과가 적용되리라는 보장은 없다. 가령 대학생을 대상으로 좋아하는 스포츠를 조사하였다면 그 결과를 대학생 이외의 사람들에게도 일반화시키기는 어려울 것이다. 또한 여름철에 몇 개의 공원을 방문하여 이용자들의 선호도를 조사하여 비교하였다면 겨울철에도 선호도의 순위가 동일하리라는 보장은 할 수 없다. 따라서 이들 연구결과의 일반성은 대학생 혹은 여름철로 제한된다.

10.2 신뢰도와 타당성

하나의 연구는 채택된 연구방법의 신뢰도와 타당성이 입증되어야 그 결과가 모든 사람에게 인정을 받게 된다.

1. 신뢰도(reliability)

신뢰도는 연구방법 혹은 측정방법이 믿을 만한 방법인가를 나타내는 지표이다. 신뢰도 검증을 위해서는 반복실험을 하거나 표본을 반으로 나누는 방법이 이용된다(Allen & Yen, 1979).

1 반복측정을 통한 신뢰도 검증(test-retest validity)

이 방법은 동일한 실험 혹은 조사를 반복해서 수행하였을 경우 동일한 혹은 유사한 결과가 나타나는가를 알아보는 방법이다.

이는 주로 두 결과의 상관계수로써 나타내는데 상관계수가 높으면 신뢰도가 높다고 보며, 상관계수가 낮으면 신뢰도가 낮다고 본다(그림 10.3).

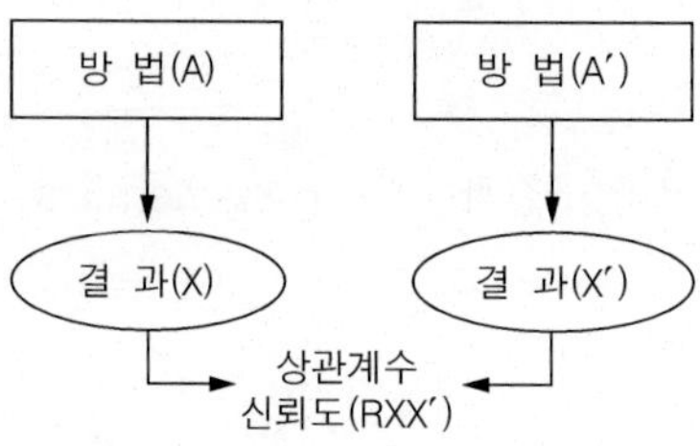

그림 10.3 반복측정을 통한 신뢰도의 검증

예를 들어 어린이 놀이터의 시간별 이용자수를 알아보기 위해 하루만 시간별로 조사를 한 경우를 생각해 보자. 이 경우에는 다른 날에도 유사한 이용자 패턴이 나타나는지를 알 수 없으므로 조사결과를 일반화시키기에는 어려움이 따른다. 따라서 동일한 조사를 반복해서 실행하고 두 결과의 상관계수를 산출하여 상관계수의 높고 낮음을 알아봄으로써 조사결과의 신뢰도를 입증하게 된다. 상관계수가 높을 경우에는 하루 중의 이용패턴이 어느 날이나 유사할 것이라는 추측이 가능하게 되어 조사결과를 어느 정도까지는 일반화시킬 수 있게 된다.

2 표본분할을 통한 신뢰도 검증(internal consistency estimates of reliability)

앞서의 경우는 반복실험 혹은 측정을 하여야 하나, 경우에 따라서는 단 한 번의 실험을 통한 신뢰도 검증도 가능하다. 이 경우에는 표본 수를 임의로 절반으로 나누고 상관계수를 산출하여 상관계수의 높고 낮음으로써 신뢰도를 검증한다(그림 10.4).

예를 들면 10장의 경관슬라이드를 30명에게 보여 주고 선호도를 측정하였을 경우(X) 피험자를 임의로 15명씩 두 그룹으로(Y, Y) 나누어 각 그룹의 각 경관에 대한 선호도를 산출하고 상관계수(RYY)를 계산함으로써 신뢰도를 검증할 수 있다. 이 상관계수(RYY)는 같은 측정을 반복하여 실행한 상관계수(RXX) 보다 낮아지는 것이 보통이다(표 10.1).

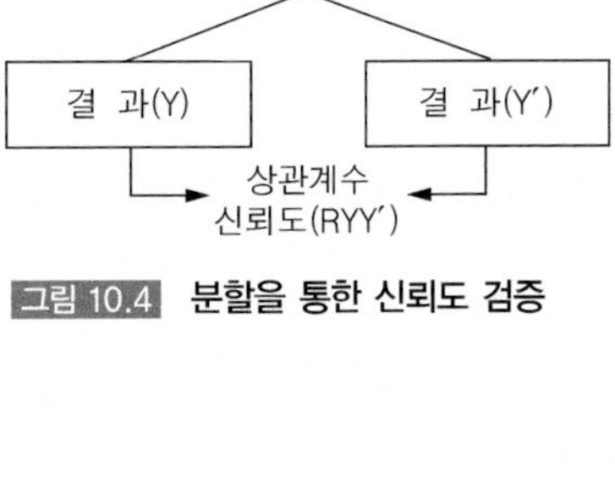

그림 10.4 **분할을 통한 신뢰도 검증**

표 10.1 반복측정을 통한 상관계수와 분할을 통한 상관계수

반복측정(RXX)	분할상관계수(RYY)
0.00	0.00
0.33	0.20
0.57	0.40
0.89	0.80
1.00	1.00

(자료 : Allen& Yen, 1979, p.79)

2. 타당성(validity)

타당성은 기본적으로 조사방법, 즉 실험방법, 측정방법 혹은 설문내용이 조사하고자 하는 바를 제대로 추출해냈는가를 알아보는 지표라고 할 수 있다.

타당성은 여러 가지 측면에서 검토되어질 수 있으나 설계연구와 관련하여 가장 중요한 것은 개념적 타당성(construct validity)이다. 이밖에도 내용적 타당성(content validity), 예측의 타당성(predictive validity) 등이 있는데 이들을 살펴보면 다음과 같다(Allen & Yen, 1979).

1 개념적 타당성(construct validity)

개념적 타당성은 측정방법 혹은 조사방법이 측정 혹은 조사하고자 하는 '개념' 혹은 '내용'을 충실히 측정 혹은 조사하였는가를 알아보는 것이다. 이는 주로 추상적 개념의 측정에서 문제가 되며, 물리적인 사물의 측정에서는 큰 문제가 되지 않는다(그림 10.5).

예를 들어 경관에 대한 시각적 선호의 정도를 SBE기법(8장 2절 참조)을 이용하여 측정하였을 경우 측정된 결과가 과연 시각적 선호를 측정하였는지를 입증하기란 매우 어려운 일이다. 시각적 선호라 함은 눈에 보이는 물리적인 것이 아니고 피험자가 느끼는 추상적인 개념이므로 개념적 타당성을 직접적으로 증명하기는 매우 어렵다. 즉, 원래의 개념과 측정된 개념 사이의 관계를 확인하기가 거의 불가능하다. 그러나 물리적인 것을 측정할 경우에는 개념적 타당성이 자명한 경우가 많다. 예를 들어 자를 가

지고 사람의 키를 잰다고 할 경우에는 측정결과가 과연 키를 잰 것인지에 관하여 의문을 가질 필요가 없이 개념적 타당성이 자명해진다.

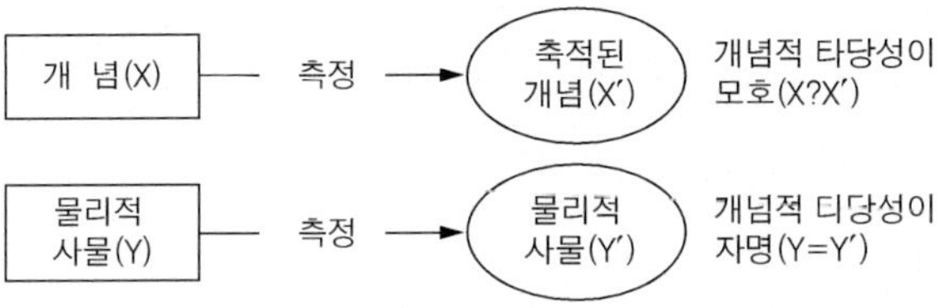

그림 10.5 **개념적 타당성**

개념적 타당성은 동일한 개념에 대하여 서로 다른 두 가지 측정 방법을 사용하여 얻은 결과의 상관계수를 산출함으로써 간접적으로 입증할 수 있다. 예를 들어 시각적 선호를 SBE기법과 쌍체비교 기법의 두 가지 방법을 통하여 측정한 결과 상관계수가 높았다고 한다면 SBE기법의 개념적 타당성이 높다고 말할 수 있다. 이때의 타당성을 '수렴타당성(convergent validity)' 이라고도 부른다(그림 10.6).

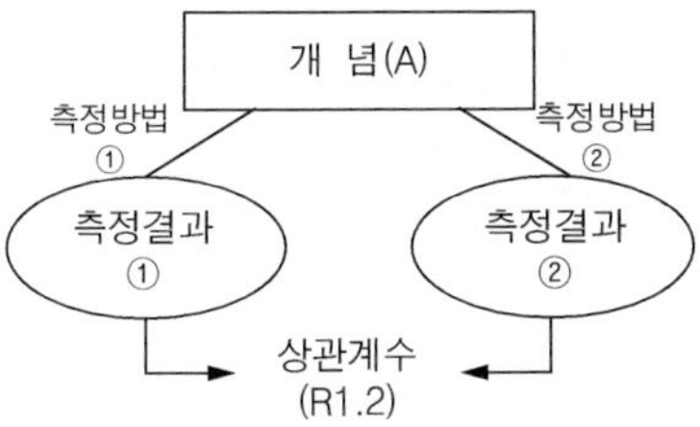

그림 10.6 **수렴타당성(convergent validity)**

한편 상호 다른 개념을 동일한 방법을 사용하여 측정하였을 경우에 상관계수가 낮음을 보임으로써 상이한 개념임을 입증할 수도 있다. 이러한 경우에는 '차별타당성(discriminant validity)' 이라고 부른다(그림 10.7).

따라서 개념적 타당성은 '수렴타당성' 과 '차별타당성' 의 두 가지 측면이 있음을 알 수 있다.

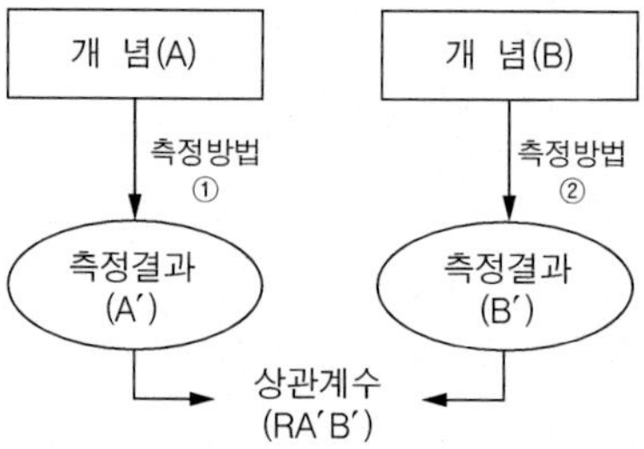

그림 10.7 **차별타당성(discriminant validity)**

2 내용적 타당성(content validity)

내용적 타당성은 주로 시험내용 혹은 설문내용에 관계되는 것으로서, 시험 혹은 설문내용이 조사하고자 하는 바에 적합한 내용인지를 검토하는 것이다(예비조사).

이는 주로 개인적인 혹은 주관적인 판단에 기초하여 타당성을 검토하게 된다. 예를 들면 작성된 설문지를 난이도, 항목별 내용의 측면에서 검토한다면 이는 곧 내용적 타당성의 검토가 될 것이다. 따라서 이를 위해서는 상관계수 등의 통계적 수단을 필요로 하지 않는다.

3 기준의 타당성(criterion-related validity)

이는 설계연구와는 직접적인 관련이 적으며, 주로 시험을 통한 개인의 능력측정에 관계된다. 즉, 입학시험을 통하여 입시생을 선발하였을 때 그 입학시험이 타당성을 지니려면 입학시험성적과 졸업성적의 상관계수가 높아야 한다. 입학시험은 대학공부에의 적성 혹은 능력여부를 판정한다는 가정 하에 치러지는 것이므로 높은 상관계수를 지녀야 함이 원칙일 것이다. 이러한 경우의 타당성은 당장 검증될 수 없으며 입학시험을 치른 후 4년이 지나서야 가능하다. 이와 같이 하나의 시험이 입학기준 혹은 입사기준으로서 적합한가를 알아보기 위하여 입시성적과 졸업성적 혹은 입사시험과 작업능률간의 상관관계를 검토하는 것을 기준의 타당성이라고 한다(그림 10.8).

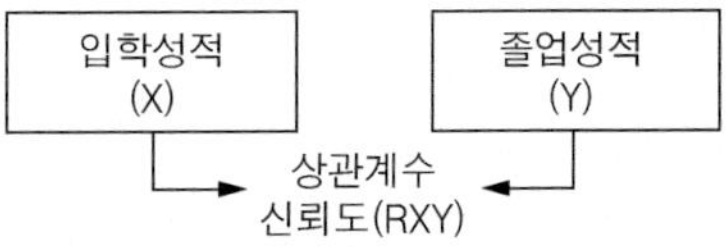

그림 10.8 **기준의 타당성**

4 예측의 타당성(predictive validity)

이는 주로 회귀분석을 통한 예측모델과 관련되는 것으로서 예측의 타당성을 나타내는 통계적 지표를 이용한다. 예측모델의 타당성을 나타내는 지표로서는 R2, Adjusted R2, Cp, PRESS, 교차법(cross-validation) 등이 있다(Draper & Smith, 1981).

3. 다개념-다방법 행렬표(multitrait-multimethod matrix)

이 행렬표는 몇 개의 개념을 몇 개의 방법을 이용하여 측정하였을 경우 이용되는 표이며, 이를 통하여 신뢰도와 타당성을 동시에 검증할 수 있다(Allen & Yen, 1979).

표 10.2에서 ( )부분은 동일한 개념을 동일한 방법에 의해서 반복 측정한 결과의 상관계수이므로 '신뢰도'를 나타내며 상관계수가 다른 경우(타당성)에 비하여 상대적으로 높은 것이 보통이다.

* 표시가 된 부분은 동일한 개념을 다른 방법에 의하여 반복 측정한 결과의 상관계수이므로 '수렴타당성'을 나타낸다.

실선으로 된 삼각형으로 둘러싸인 부분은 다른 개념을 같은 방법으로 측정한 결과의 상관계수이므로 '차별타당성'을 나타낸다.

점선으로 된 삼각형으로 둘러싸인 부분은 다른 개념을 다른 방법으로 측정한 결과의 상관계수이므로 앞서의 여러 경우보다 상관계수가 낮음을 볼 수 있다.

설계연구에서는 이상의 여러 가지 중 신뢰도와 수렴타당성을 검토하는 것이 보통이다.

표 10.2 다개념-다방법 행렬표

	개념	방법 1 A_1	방법 1 B_1	방법 1 C_1	방법 2 A_2	방법 2 B_2	방법 2 C_2	방법 3 A_3	방법 3 B_3	방법 3 C_3
방법 1	A_1	(.89)								
	B_1	.51	(.89)							
	C_1	.38	.37	(.76)						
방법 2	A_2	*.57	.22	.09	(.93)					
	B_2	.22	*.57	.10	.68	(.94)				
	C_2	.11	.11	*.46	.59	.58	(.84)			
방법 3	A_3	*.56	.22	.11	*.67	.42	.33	(.94)		
	B_3	.23	*.58	.12	.43	*.66	.34	.67	(.92)	
	C_3	.11	.11	*.45	.34	.32	*.58	.58	.60	(.85)

(　) 신뢰도, * 수렴타당성, ◺ 차별타당성, ⬚ 다개념-다방법

10.3 척도의 유형

일정 개념 혹은 사물의 특성을 측정한다는 것은 해당 개념 혹은 사물에 체계적으로 숫자를 부여하는 것이라고 정의할 수 있다(Allen & Yen, 1979).

숫자를 부여할 때에는 측정하고자 하는 특성에 맞는 척도(scale)의 유형을 선택하여야 한다. 척도의 유형으로서는 명목척, 순서척, 등간척, 비례척의 네 가지가 있다.

1. 명목척(nominal scale)

명목척은 사물 혹은 사물의 특성에 고유번호를 부여하는 것을 말한다.

예를 들면 운동선수의 유니폼에 쓰여진 번호는 선수 개개인이 고유한 이름을 지니고 있음과 마찬가지로 선수 개개인을 대표한다.

미식축구의 경우에는 공격수, 수비수 등과 같은 선수의 역할에 따라 일정 범위 내의 숫자를 임의로 사용할 수 있으며 따라서 번호를 보면 그 선수의 역할을 알 수 있게 된다. 이와 같이 명목척은 숫자의 크고 작음이 일정 특성의 크고 작음을 나타내는 것이 아니고 특성 자체를 대표한다. 즉,

공격수와 수비수를 구별하거나 선수 상호간을 구별할 뿐이지 크기의 비교를 하고자 하는 것이 아니다. 이와 같이 크기를 상호 비교할 수 없는 특성에 대하여 고유 숫자를 부여함으로써 상호 구별을 목적으로 하는 척도를 명목척이라 한다.

2. 순서척(ordinal scale)

이는 일정 특성의 크고 작음을 비교하여 크기의 순서에 따라 숫자를 부여하는 것을 말한다. 예를 들면 성적 순에 따라 학생에게 번호를 부여한다든가 키 순서에 따라 번호를 부여하는 것 등은 이에 속한다.

이 경우에는 숫자를 보고 일정 특성의 상대적인 크기를 비교할 수 있게 된다. 즉, 성적석차를 보고 1등은 2등보다 성적이 좋다는 것을 곧 알 수 있게 된다. 그러나 이 경우 더 많다, 혹은 더 크다와 같이 단순한 비교만 가능하지 얼마 만큼 더 많은지 혹은 더 큰지에 관하여는 알 수 없다. 즉, 1등이 2등보다 성적이 높다는 것만을 알지 몇 점이 높은지는 순서척만 보고는 알 수 없는 것이다(그림 10.9).

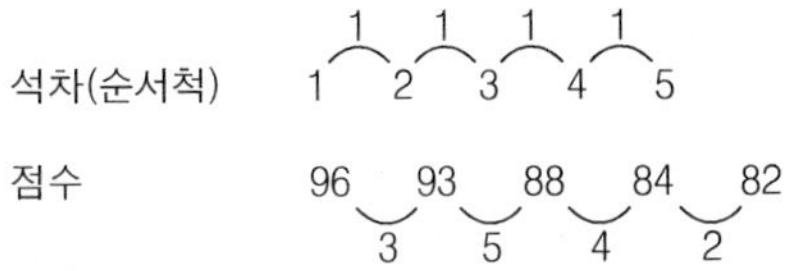

그림 10.9 **순서척 : 단순한 상대적 비교만 가능하지 차이의 크기를 알 수는 없다.**

가령 10장의 경관 사진을 놓고 피험자가 좋아하는 순서대로 늘어놓았을 경우에 이는 순서척을 이용한 연구라고 볼 수 있다.

3. 등간척(interval scale)

등간척은 순서척과 마찬가지로 일정 특성의 상대적인 비교를 할 수 있을 뿐더러 상대적인 차이의 크기도 비교할 수 있다.

예를 들면 섭씨 5도, 10도, 20도의 세 가지 온도가 있을 때 5도와 10도의 차이는 5도이고, 10도와 20도의 차이는 10도임을 알 수 있다. 더 나아가서 10도와 20도의 간격은 5도와 10도 간격의 두 배임도 알 수 있다. 이와 같이 등간척을 이용하면 두 크기의 단순한 비교는 물론 두 크기의 차이 정도를 알 수 있다(그림 10.10).

온도(등간척) 5도 10도 20도

5 10

그림 10.10 등간척 : 크기의 단순비교 및 차이 정도를 알 수 있다.

그러나 이 경우 비례의 개념은 도입될 수 없다. 즉, 10도가 5도보다 두 배 뜨겁다든지 20도가 5도보다 4배 뜨겁다고 말할 수는 없다. 다만 10도와 20도의 차이는 5도와 10도 차이의 두 배만큼의 간격을 지니고 있다고 말할 수 있을 뿐이다. 즉, 두 개의 등간척의 직접적인 비례 계산은 무의미하며 등간척 상호간의 차이의 비례만 가능하다(그림 10.11).

$$(10\text{도}) \div (5\text{도}) \fallingdotseq 2$$

$$(20\text{도}) \div (5\text{도}) \fallingdotseq 4$$

$$\frac{(20\text{도})-(10\text{도})}{(20\text{도})-(10\text{도})} = 2$$

그림 10.11 두 개 등간척의 직접적인 비례는 무의미하다.

설계 연구에서 이용되는 리커트척도(Likert Scale) 혹은 어의구별척(semomtic differential scale) 등은 등간척에 해당된다(본장 4절 참조). 이는 주로 물리적인 크기보다는 추상적, 심리적 개념 혹은 특성의 크기를 측정하는 데 이용된다. 일정 경관에 대한 선호도의 예를 들어 보면 많이 좋아한다. 조금 좋아한다고 말할 수는 있으나 두 배만큼 혹은 세 배만큼 좋아한다고 말하기는 사실상 어려운 점이 있다.

4. 비례척(ratio scale)

비례척은 등간척에서 불가능했던 직접적인 비례계산이 가능하다. 예를 들면 5cm, 10cm 길이의 두 연필이 있을 때 10cm의 연필은 5cm연필의 두 배의 길이를 지니고 있음을 쉽게 알 수 있다.

$$\frac{(10\text{cm})}{(5\text{cm})} = 2$$

비례척은 보통 길이, 무게, 부피, 속도 등과 같이 물리적 사물의 특성에 대한 크기를 측정할 때 이용된다.

이상에서 살펴본 바와 같이 설계 연구를 위하여 측정방법을 채택할 때는 측정하고자 하는 혹은 조사하고자 하는 내용의 특성에 따라서 적절한 척도의 유형을 선택하여야 한다.

10.4 자료수집방법

설계연구를 위해서는 정밀하고 체계적인 자료수집방법만이 사용되는 것은 아니고 다소 정밀도나 체계성이 낮다고 할지라도 설계의 단서를 찾기 위하여 필요하다고 인정될 때에는 자료수집방법으로서 채택될 수 있다.

설계연구를 위한 자료수집은 실험실보다는 현장에서 이루어지는 경우가 많으므로 엄격한 자료수집방법을 사용하기 어려울 때가 많다. 즉, 현장에서는 수많은 변수가 상호작용하고 있으므로 실험실에서와 같이 엄격한 자료수집방법의 채택은 대개의 경우 거의 불가능하다.

설계연구를 위한 자료수집방법은 주로 사회학, 심리학, 인류학 등에서 이용되는 방법을 빌려온 것이 많다. 이를 물리적 흔적의 관찰, 인간행태관찰, 인터뷰, 설문조사, 문헌조사로 나누어 살펴보기로 한다(그림 10.12).

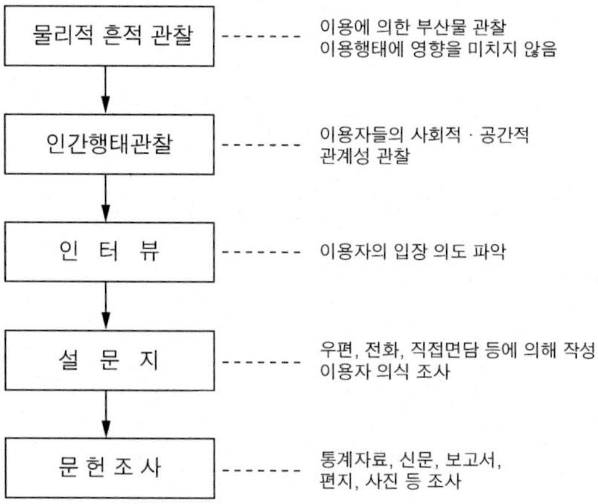

그림 10.12 설계연구를 위한 자료수집방법

1. 물리적 흔적의 관찰

물리적 흔적의 관찰이라 함은 인간의 주변 환경, 혹은 행위의 결과로 남은 흔적들을 체계적으로 조사하는 것을 말한다. 이러한 조사를 통하여 어떻게 오늘의 환경이 조성되었는가, 설계자가 어떤 의도로 설계하였는가, 사람들이 실제로 어떻게 이용하고 있는가, 이용자들이 어떻게 느끼는지 및 이용자들의 욕구를 얼마나 만족시켜 주고 있는지 등에 대한 추론을 할 수 있다(Zeisel, 1981).

1 물리적 흔적(physical traces) 관찰의 특성

이 방법은 연구프로젝트의 초기단계에 연구과제에 대한 이해를 돕고, 가설을 검증하며 새로운 개념을 도출하는 데 유용하다. 이 방법의 특징으로서는 네 가지를 들 수 있다.

첫째, 프로젝트의 연구 방향 및 성격을 용이하게 파악할 수 있다. 일정 장소의 의자배치, 청결상태, 낙서, 잔디마모 등의 물리적 흔적(traces)의 관찰을 통하여 그 장소의 분위기, 문제점, 행위의 패턴 등에 대한 사항을 미루어 짐작할 수 있다. 이 방법에서는 '무엇이 있는가'를 관찰하는 것도 중요하지만 당연히 있으리라고 기대되는 것이 없는 것을 관찰하는 것 또한 못지않게 중요하다. 즉, '무엇이 빠져있는가' 를 관찰함도 매우 중요하다.

둘째, 이 방법은 연구하고자 하는 인간행태에 영향을 미치지 않는다. 이 방법은 행위가 일어난 후에 그 결과로 생긴 물리적 흔적을 관찰하는 것이므로 관찰자의 출현이 연구의 대상이 되는 행태에 영향을 미치지 않는다. 인터뷰 혹은 행태관찰의 경우에는 연구대상이 되는 행태의 주체가 관찰자의 출현으로 인하여 본래의 행태와는 다르게 행동하는 경우가 종종 있다. 예를 들면 어린이 놀이터에서 어린이들의 놀이행태를 관찰할 경우 어른(관찰자)의 출현으로 인하여 어른을 의식한 행동을 하거나 놀이를 중단해 버리는 경우를 볼 수 있다.

셋째, 대부분의 물리적 흔적은 비교적 장시간 변형되지 않으므로 반복적인 관찰이 가능하다. 사진을 찍어 두거나 스케치를 하여 두면 더욱 효과적이다. 그러나 행위에 따라서 흔적을 많이 남기는 행위와 거의 남기지 않는 행위가 있으므로, 흔적을 남기지 않는 행위의 연구는 이 방법의 사용이 어렵다. 예를 들면 음주나 식사 후에는 흔적이 많이 남게 되나 카드게임 등을 할 때는 거의 흔적이 없게 된다. 한편 물리적 흔적은 보통 '누적효과' 를 갖게 된다. 지름길로 가기 위한 보행자에 의하여 일단 잔디가 마모되기 시작하면 이 지름길을 이용하는 보행자 수는 가속적으로 증가하여 잔디의 마모속도도 빨라진다. 또한 휴지가 떨어진 곳에는 더 많은 휴지 혹은 쓰레기가 쌓이는 경향이 있다. 물리적 흔적의 관찰을 통한 행태의 연구 시에는 이러한 '누적효과' 를 고려하여야 한다.

넷째, 이 방법은 일반적으로 비용이 적게 들고 중요한 정보를 빨리 얻을 수 있다. 따라서 연구의 방향, 가설의 설정 등을 결정함에 있어 손쉽고 효율적인 수단이 된다.

2 기록방법

관찰자는 현장에 가기 전에 언제 관찰하며, 어떠한 방법으로 기록할 것인가를 미리 결정하는 것이 바람직하다. 기록 방법으로서는 보통 네 가지를 들 수 있다.

첫째, 설명이 포함된 다이어그램(annotated diagram)이 흔히 많이 사용된다. 이 방법은 많은 준비도 필요치 않으며 특별한 기술도 필요로 하지 않는다. 다만 조사장소의 평면도를 가능하면 미리 마련하는 것이 기록에 편리할 것이다. 또한 많은 사항들을 반복하여 기록할 경우에는 상징적 도형, 혹은 문자를 사용하여 기록이 용이하도록 한다(그림 10.13).

둘째, 관찰 장소의 3차원적 스케치를 해두면 보다 생생한 기록이 될 수 있으며 최종보고서 등의 작성에 매우 유용하다.

셋째, 연구초기에 찍은 사진은 가설의 설정에도 많은 도움을 주며 연구 진행과 더불어 시간이 흐른 후에도 항상 현장의 분위기를 생생하게 느낄 수 있다. 특히 연구대상지의 접근이 어렵거나 멀리 있는 경우에는 더욱 중요한 기록수단이 된다.

넷째, 연구의 성격에 따라서는 일정 흔적(쓰레기통, 낙서, 상점 등)의 숫자를 세는 것이 필요할 때가 있다.

이 경우에는 위치를 표시할 평면도와 함께 조사항목이 포함된 표를 미리 마련함이 바람직하다.

3 관찰 대상

연구의 의도에 따라서 무엇을 관찰할 것인가가 결정된다. 관찰대상은 크게 네 가지로 나누어 볼 수 있다.

첫째, 이용에 의한 부산물을 들 수 있으며 이용으로 인한 환경의 마모, 이용하고 남은 물건, 흔적의 결여 등이 이에 속한다. 보행으로 인한 잔디밭의 마모, 철망에 난 구멍 등은 설계 의도대로 이루어지지 않는 이용행태의 결과로 생긴 환경의 마모 혹은 파괴라고 보겠다. 놀이터의 쓰레기, 부엌의 서랍 손잡이에 걸어 놓은 행주 등은 일정 행위가 이루어진 후 남은 흔적들이라고 할 수 있는데 이들은 쓰레기통의 부족, 행주걸이의 미비점 등을 말해 주고 있다. 한편 마땅히 있어야 할 흔적들이 결여되어 있는가를 관찰함도 도움이 되는 경우가 많다. 만약 아파트 발코니에 의자가 없다면 발코니가 거실의 연장으로서의 기능이 잘 발휘되지 못하고 있음을 알 수 있을 것이다.

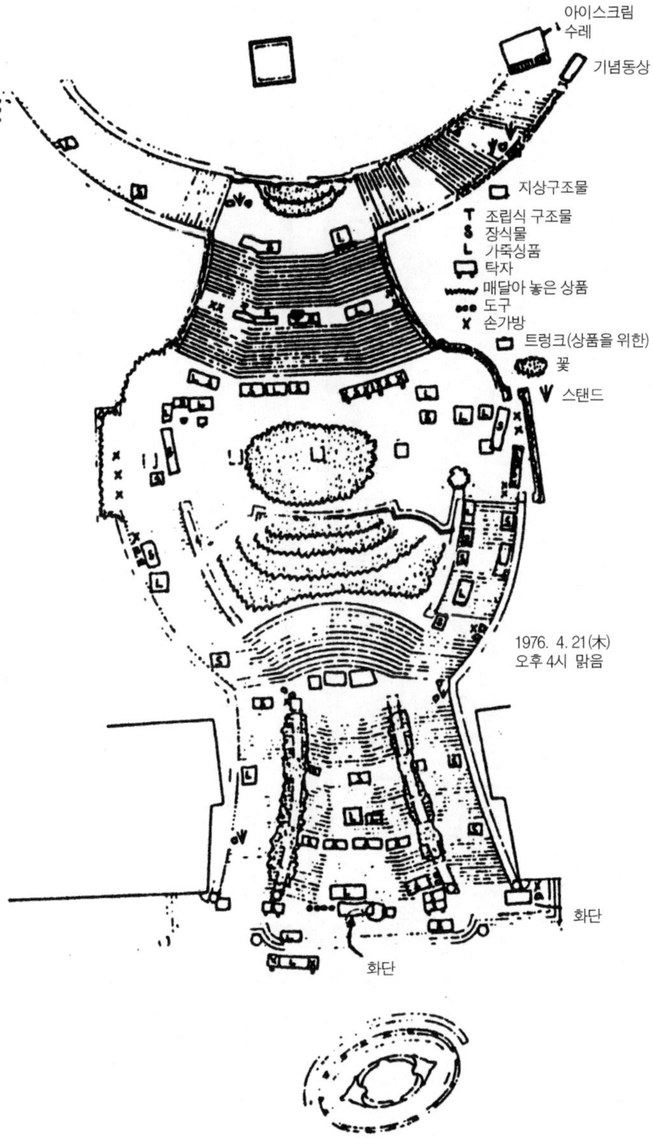

그림 10.13 **부호를 이용한 물리적 흔적의 기록(자료 : Zeisel, 1981, p.96)**

둘째, 이용자들의 환경적응을 위한 환경의 변경을 관찰함으로써 설계자들은 많은 것을 배울 수 있다.

이용자들은 새로운 가구를 배치한다든지, 칸막이를 이용하여 공간을 분리한다든지, 혹은 벽을 헐고 두 개의 공간을 하나로 만들기도 한다. 이러한 행태의 연구는 다음의 설계를 함에 있어 훌륭한 자료가 된다.

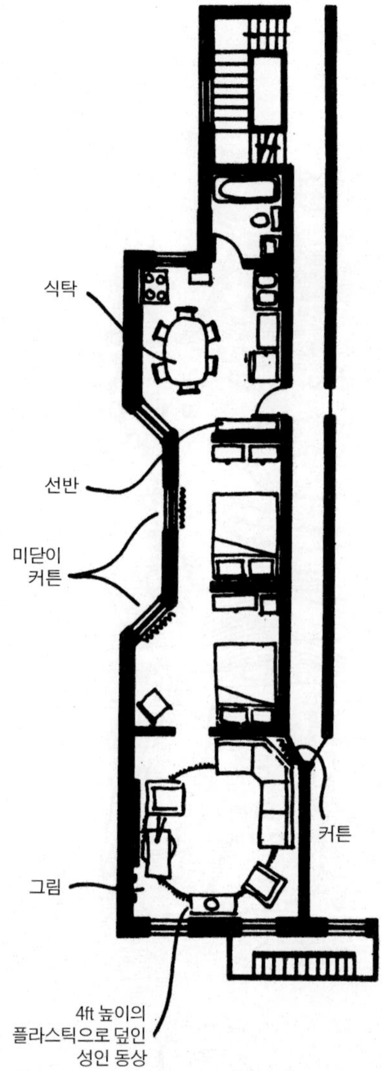

그림 10.14 가구배치의 기록(자료 : Zeisel, 1981, p.97)

셋째, 개인 주변 환경의 장식을 관찰함으로써 이용자 개개인이 보다 쾌적하게 느낄 수 있는 공간의 설계에 도움이 될 수 있다. 사무실에 놓여 진 가족사진, 화분 등을 통하여 이용자들이 어떻게 자신의 공간을 개인화(personalize)시키는가를 알 수 있으며 상패, 포스터, 그림, 조각 등의 내용을 관찰함으로써 이용자가 종교적, 사회적으로 어느 그룹에 속하는 사람인가도 알 수 있다.

넷째, 광고탑, 벽보, 낙서 등은 일반 대중에게 정보를 알리기 위한 수단이며 동시에 개인 혹은 일정 그룹의 상징적 표현이다. 따라서 이들을 관찰함으로써 정보 전달의 행태를 이해할 수 있으며 정보 내용을 검토함으로써 사회적 구조의 한 단면을 엿볼 수 있다.

이상에서 살펴본 바와 같이 물리적 흔적의 관찰은 손쉽게 자료를 얻을 수 있으며, 이용행태에 영향을 미치지 않고 자료조사가 가능한 장점이 있는 반면에 물리적 흔적을 남기지 않는 행태의 흔적이 어렵다는 단점을 지니고 있다.

2. 인간행태의 관찰

인간행태의 직접적인 관찰은 사람들이 자신의 환경을 어떻게 이용하고 있는가를 체계적으로 조사하는 것이다. 일정 장소에서 이용자들이 실제로 무엇을 하며, 이용자 상호간에 어떠한 공간적, 사회적 관계성을 지니며 동시에 물리적 환경이 그 안에서 일어나는 행위에 적합하게 구성되어 있는지 아닌지를 관찰한다(Zeisel, 1981).

1 인간행태관찰의 특성

행태관찰방법은 연구자가 행위자의 느낌을 그대로 느낄 수 있고, 직접적인 조사를 할 수 있으며, 동적인 현상을 다루고, 연구 현장에서의 참여정도가 다양한 특성을 지니고 있다.

첫째, 연구자는 행태를 관찰함으로써 행태가 일어나는 상황을 보다 절실하게 파악할 수 있으며 동시에 행위자의 느낌을 쉽게 이해할 수 있어서 행태의 해석이 용이하다. 그러나 행태의 해석이 연구자의 주관에만 너무 좌우되지 않도록 하여야 한다.

둘째, 인터뷰를 하는 경우에는 응답자가 보통의 상식에 어긋나는 대답을 하기를 꺼려하는 경향이 있으므로 정확한 자료를 얻지 못하는 경우가 있을 수 있으나 행위자의 행태를 직접 관찰할 경우에는 이러한 어려움을 배제시킬 수 있다.

셋째, 이 방법은 동적인 행태를 관찰하는 것이다. 즉, 시간의 흐름에 따라 변화되는 행태를 연구하며 특히 일정 순서에 따라 일어나는 연속적 행태(놀이터에서의 놀이기구 이용 순서, 은행에서의 업무처리 순서 등)를 연구하는 데 유용하다.

넷째, 관찰자는 행위자들이 관찰자 자신을 어느 정도 인식하도록 할 것인가를 결정하여야 한다. 즉, 장외에서 눈치채지 않도록 관찰할 것인가, 자신이 관찰자임을 드러내 놓고 관찰할 것인가, 혹은 현장에 출현하되 행위자들이 관찰자임을 눈치채지 못하도록 할 것인가(지나는 행인같이 행동), 혹은 연구대상이 되는 행위의 일원으로 직접 참여할 것인가(식당의 여급, 행사에 참여 등) 등을 연구대상이 되는 행태의 특성에 비추어서 결정하여야 한다.

2 기록방법

행태의 기록방법으로서는 기술, 조사표 이용, 지도, 사진, 비디오 촬영 등이 이용된다.

행태를 기술할 경우에는 노트의 한 쪽에 여백을 남겨 놓아 기술된 사항과 관련된 의문사항이나 기술자의 느낌을 병행하여 기록함이 바람직하며 나중에 다시 정리할 때 현장의 상황을 보다 정확하게 기억할 수 있으며 행태의 분석에 도움을 준다.

행태의 기술은 행태에 관한 진단적 분석에 유용하며, 행태의 보다 체계적 분석을 위하여 행태의 빈도수를 조사하고자 할 때에는 진단적 분석을 기초로 하여 여러 종류의 행태가 열거된 조사표를 미리 만들어 현장에서 관찰한다.

일정 장소에서 일어나는 행태를 물리적 환경의 구성과 연관지어 관찰하고자 할 때에는 그 장소의 평면도를 미리 준비하여 이 평면도에 각종 행태를 기록한다. 이 방법은 일정 시에 전체 공간이 어떻게 이용되는가를 이해하는 데 도움을 주며, 연속적 행위를 기록하는 데도 유용하다.

사진, 비디오 촬영은 지나쳐 버리기 쉬운 미묘한 움직임을 이해하는 데 많은 도움을 준다. 즉, 의자에 기대는 자태, 혹은 대화 시의 자세 등과 같은 순간적인 행태를 파악하는 데 도움을 주며 생생한 현장의 분위기를 필요할 때마다 재 관찰할 수 있다(그림 10.15).

3 관찰내용

설계자는 인간의 행위를 지원해 주는 환경을 조성한다. 따라서 다양한 인간행태 및 행위자 상호간의 관계성에 대한 깊은 이해는 인간행위에 적합한 환경을 조성하는 데 필수적이다.

인간행태를 보다 깊이 있게 관찰하기 위해서는 체계적인 분석을 통한 관찰이 요구된다. 즉, 누가(who), 무엇을(what), 누구와 함께(with whom) 하며, 이러한 행태가 어떠한 상황(what context) 및 어느 장소(physical setting)에서 이루어지는가를 체계적으로 분석하여야 한다(그림 10.16).

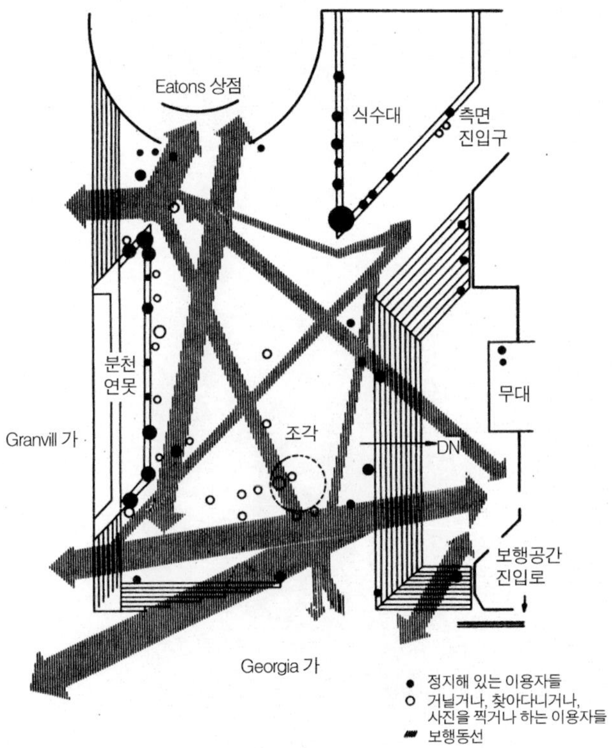

그림 10.15 시간차 촬영에 의한 이용행태분석도(자료 : Joardar & Neill, 1978, p.489)
모서리에 많은 사람이 앉아 있으며 조각의 주변에 사람들이 모인다.
넓은 면적의 광장은 통로로만 이용되고 있다.

행위자(actor) – 일반적으로 환경설계를 함에 있어서 이용자 개개인 모두를 위한 설계를 하기는 매우 어려우므로, 이용자들이 몇 개의 소그룹으로 나누어질 수 있다면 이들 각 그룹의 특성에 맞도록 설계를 함이 보통이다. 예를 들면 어린이 놀이터 설계에서는 연령별 그룹에 맞는 놀이시설을 배치하게 되며, 유원지 설계 시에는 피크닉 그룹, 캠핑 그룹, 수변이용 그룹 등으로 구분하고 이들에 적절한 환경을 조성하게 된다. 따라서 이용자들 관찰함에 있어서는 그 이용자가 어떠한 사회적 지위, 연령층, 학력, 직업, 위락 행태를 대표하는가를 파악함이 필요하다.

Le Corbusier의 마르세이유 Block Housing
옥상의 수영장과
앉아서 쉬는 공간, 마르세이유, 프랑스

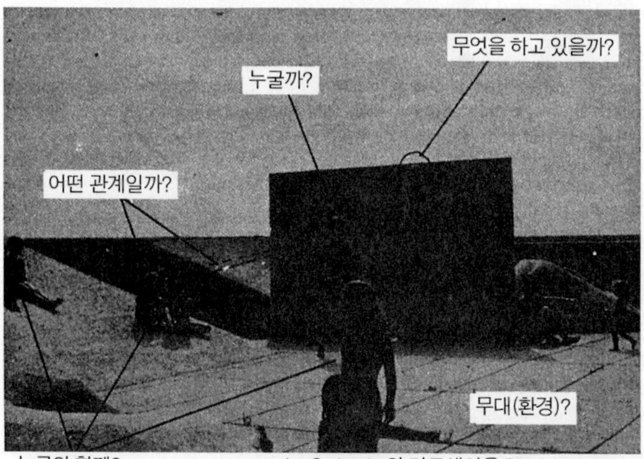

Le Corbusier의 마르세이유 Block Housing
Housing 옥상에서 공놀이하는 소녀를
지켜보고 있는 어린이, 마르세이유, 프랑스

그림 10.16 인간행태의 체계적 분석(자료 : Zeisel, 1981, p.125)

행위(act) – 관찰자는 행위를 기술함에 있어서 어느 정도 깊이 있게 세부사항을 기술할 것인가를 관찰의 목적에 비추어 결정하여야 한다. 예를 들어 소핑 센터에서의 행태를 연구하고자 할 경우 쇼핑하는 사람과 구경만 하는 사람을 구별하여 기술할 수도 있고, 더 나아가서 어느 상점에 많은 사람이 모이는가, 혹은 더욱 세밀한 관찰을 통하여 진열장의 위, 중간, 아래 어느 부분에 더욱 시선이 쏠리는가, 혹은 어떠한 눈동자의 움직임이 일어나는지 등 미세한 행태까지도 필요에 따라서 관찰할 수 있다(표 10.3).

표 10.3 **쇼핑센터에서의 관찰 정도에 따른 행태기술 및 관련 설계 과제**

	행태 관찰	설계 과제
일반적 기술	'쇼핑' 하는 사람과 '통과' 하는 사람의 행태 비교	얼마나 많은 공간이 '통과' 하는 사람을 위하여 필요하며, 어떻게 '쇼핑' 하는 사람을 방해하지 않도록 할 것인가?
↑	'사는' 사람과 '구경' 하는 사람의 행태 비교	어떻게 진열하면 사는 사람과 구경하는 사람이 잘 볼 수 있으며 동시에 사는 사람의 접근을 쉽게 할 수 있는가?
	슈퍼마켓 진열대에서 고객이 어느 곳에 얼마나 자주 멈추는가의 관찰	고객의 최대 편의, 진열품의, 최대 노출 및 최소 관리를 위하여 바닥재료, 조명, 진열대길이 등이 어떻게 설계되어야 하는가?
↓	고객들이 얼마나 높게 손이 닿으며 얼마나 낮게 구부리는가를 관찰	고객들이 진열품에 용이하게 손이 닿도록 하기 위해서는 진열대 설계 및 각종 크기의 상품의 배치를 어떻게 할 것인가?
세부적 기술	진열대를 통과할 때 고객의 눈이 어디에 집중되는 가를 관찰	고객의 시선을 끌기 위하여 상품안내표시를 어디에 세워야 하며, 할인판매표시를 어디에 위치시켜야 하는가?

(자료 : Zeisel, 1981, p.128)

한편 관찰행위들이 상호관련성을 갖는 연속적 행위의 한 단면을 나타낼 경우에는 연속적 행위 전반에 관한 이해를 깊이 함으로써 단편에 유의하여야 한다.

물리적 배경(setting) – 일정 장소의 물리적 공간구성을 면밀히 관찰하고 여기에서 일어나는 행태와의 관련성을 파악함은 환경설계에 직접적인 도움을 준다. 공간구성을 관찰함에 있어서는 공간구성요소별로 분석함이 바람직하다. 공간구성의 기본요소는 바닥, 벽, 공간형태, 공간수식 요소 등으로 구분할 수 있으며 이들을 표로 만들어 체계적으로 분석함이 효율적이다.

바닥재료(모래, 잔디, 포장 등)의 위치 및 분포패턴은 공간구분의 중요한 인자이며 일정 바닥재료 및 패턴은 일정한 인간행위에 적합하도록 되어 있다. 벽의 위치, 재료, 높이 역시 공간구분의 중요한 인자가 되며 이에 따라서 두 공간 사이의 관계성(분리 혹은 연결)이 결정된다. 벽은 수직적 요소로서 돌, 벽돌 등을 사용할 수도 있으며 관목, 교목 등 수목을 사용할 수도 있다. 유리벽과 같이 투시적일 수도 있으며 콘크리트 벽과 같이 불투시적일 수도 있다.

공간형태는 주로 바닥과 벽의 구성으로 결정되며 공간의 형태 및 크기가 행위에 미치는 영향은 매우 크다. 예를 들면 ㄱ자형, 정방형, 원형의 평면을 가진 공간들은 전체의 공간을 부분으로 나눌 수 있는 정도에 있어서 차이가 있으며, 따라서 그 안에서 이루어지는 행위들의 관련성에 영향을 미치고 결과적으로 행위 자체에도 영향을 미치게 된다.

'ㄱ' 자형의 공간에서는 서로 이질적인 행위의 공존이 가능하나 원형공간에서는 프라이버시가 거의 없게 되므로 이질적인 행위 상호간에 마찰이 생겨 공존이 힘들게 된다. 이상과 같이 관찰의 대상이 되고 있는 행태가 공간형태에 따라 어떻게 영향을 받는가를 관찰함은 행태를 해석하는 데 결정적인 정보를 제공할 수 있다(그림 10.17).

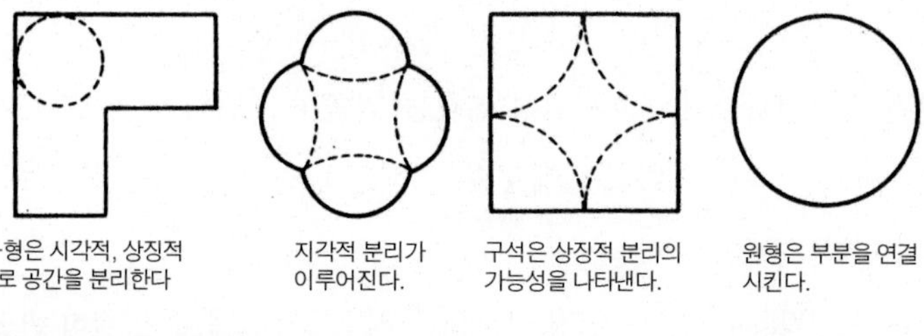

그림 10.17 공간행태에 따른 행위적 특성(자료 : Zeisel, 1981, p.134)

3. 인터뷰

인터뷰는 질문을 통하여서 이용자들이 무엇을 생각하고, 느끼며, 어떠한 행동을 하는가, 무엇을 알고 있고, 믿으며, 기대하는가에 대한 것을 체계적으로 밝혀내는 방법이다.

사람들이 일정 상황 하에서 어떻게 반응하는가를 철저히 규명하기 위해서는 인터뷰하기 전에 미리 그 상황에 대한 분석을 할 필요가 있다. 사전분석을 통하여 인터뷰의 주제, 내용 등에 대한 사항을 잠정적인 행위의 해석을 보다 정확하게 할 수 있다. 즉, '쇼핑'을 할 경우 쇼핑목록의 작성, 집에서의 출발, 상점도착, 구입, 상점출발, 집에의 도착 등 일련의 행태에 관한 전반적인 이해는 구입행위를 보다 깊이 이해하는 데 도움이 된다.

주변 인물(significant others) – 많은 경우에 인간행위는 주변 인물의 있고 없음과 또한 누가 있는가에 영향을 받게 된다.

유원지 혹은 공원에 친구와 함께 있을 때와 가족과 함께 있을 때의 행위는 차이가 있을 것이며 어린이 놀이터에서도 어린이들만 있을 때와 어른이 옆에 있을 때의 어린이들의 행태에는 변화가 있을 것이다. 이와 같이 일정 행위가 누구와 함께 일어나는지 및 주변에 누가 있는가를 주의 깊게 관찰하여야 한다.

주변 인물과의 관련성 – 일정 상황 하에서 행위자와 주변 인물 사이에는 일정 관계성이 형성된다. 이 관계성은 공동으로 행위에 참여하는 긴밀한 관계로부터 상호 무관심한 관계에 이르는 다양한 관계성을 유지한다.

이러한 관계성은 주로 행위의 특성에 좌우된다. 도서관에서 책을 읽을 때는 가능하면 타인의 방해를 받지 않기 위한 노력을 할 것이며 파티장소에서는 다른 사람과 많은 접촉을 하고자 할 것이다. 이러한 연결 혹은 분리는 시각적, 청각적, 촉각적 및 후각적 연결 혹은 분리로 나누어 볼 수도 있다. 유리로 칸막이된 공중전화 박스는 시각적으로는 연결되어 있으나, 청각적으로는 분리되어 있다. 또한 간이 칸막이로 구분된 부엌과 거실은 시각적으로는 분리되어 있으나 후각적으로는 연결되어 있다고 볼 수 있겠다. 이와 같이 행위자와 주변 인물들과의 관련성을 세밀하게 관찰함으로써 행위의 특성을 더욱 깊이 있게 파악하는 데 도움이 된다.

상황(context) – 똑같은 행위라 할지라도 환경적 상황 혹은 문화적 배경에 따라서 다르게 해석되어질 수 있다. 벤치에 두 사람이 나란히 앉았을 때 다른 빈 벤치가 많이 남아 있을 경우는 서로 가까운 혹은 아는 사람이기 때문에 같이 앉아 있다고 쉽게 결론을 내릴 수 있으나, 모든 벤치가 차 있을 경우에는 빈자리가 없어서 옆에 앉았는지 아는 사이이기 때문에 옆에 앉았는지 판단을 내리기가 어렵다. 우리나라 사람들은 이리 오라고 할 경우에 손등을 위로 하고 위아래로 저으면서 손짓을 하는데 이것을 미국 사람이 보았다면 무슨 뜻인지 모를 수 있다. 미국 사람은 오라고 할 경우 보통 손바닥을 위로하고 손짓을 한다. 이와 같이 같은 행위가 상황적 혹은 문화적 배경에 따라서 다르게 해석되는 경우가 많으므로 행태 관찰 시에 이러한 점적으로 결정할 수 있으며 이러한 사항들은 인터뷰를 하면서 유연성 있게 적용된다(Zeisel, 1981).

1 인터뷰의 목적

인터뷰를 통하여서 사람들이 일정 상황에 대해서 취하는 입장을 알 수 있으며, 감정의 강도를 알 수 있으며, 일정 행동을 하는 의도를 알 수 있다.

첫째로, 사람들이 일정 상황에 대하여 어떻게 정의를 내리는가를 들음으로써 그 상황을 어떻게 해석하며 어떠한 입장에 있는가를 추측할 수 있다. 예를 들어 교정의 잔디밭 이용에 대하여 학생들은 '잔디밭이 눕기에 좋아서', '다른 곳에 앉을 만한 곳이 없어서' 이용한다고 하는 반면 관리자들은 '몰지각한 행동'이라고 규정지어 버릴 경우에 같은 행위를 놓고 입장이 다름에 따라 상이한 표현을 하고 있음을 알 수 있다.

둘째로, 설계 시에는 항상 모든 문제를 완벽하게 만족시킬 수 있는 해결안을 만들기는 거의 불가능하며, 주요한 문제에 초점을 맞추어 해결안을 찾게 된다. 이 경우 다양한 문제에 대한 이용자들이 느끼는 우선 순위를 파악함으로써 문제해결의 초점을 어디에 맞출 것인가를 결정할 수 있다.

이용자들이 여러 문제 각각에 대해서 해결되어야 한다고 느끼는 감정의 상대적 강도를 인터뷰를 통하여 찾아낼 수 있다.

셋째로, 행동의 관찰만으로서는 행위자의 의도를 정확하게 파악하기는 어려운 경우가 많으므로 직접적인 질문을 통하여 행위의 의도를 알아낼 수 있다.

2 인터뷰의 성격

인터뷰 방법은 다음의 여섯 가지 특성이 있다. 첫째, 인터뷰에 응하는 사람은 특정한 유사상황에 처한 사람들을 선정하게 된다. 이 경우 몇 개의 상이한 그룹별로 선정하기도 한다.

둘째, 상황에 대한 사전분석을 통하여 어떠한 점이 중요하며, 어떠한 의미를 내포하고 있으며, 행위자에게 어떤 영향을 미치는가를 조사하며, 잠정적인 가설을 설정하기도 한다.

셋째, 이상의 분석을 토대로 하여 인터뷰지침을 작성하여 질문하고자 하는 내용을 구체화시킨다.

넷째, 인터뷰를 통하여 사람들의 주관적인 경험을 파악하고 이미 분석된 결과와 비교 검토하여 상황과 행태의 상호관련성을 파악한다.

다섯째, 인터뷰를 진행하는 과정에서 보다 확실한 정보를 얻어내기 위하여 적절한 대응(probe)이 필요하다 '대응'이라 함은 응답자와 대화하는 과정에서 '그렇군요', '네-', '아-', '그래서요?', '그게 무슨 뜻이죠?' 등과 같이 응답자가 계속 이야기를 이어나갈 수 있도록 하며 동시에 대화의 방향을 유도하는 것, 화제를 자연스럽게 바꾸는 것, 조금 더 구체적인 응답을 하도록 유도하는 것 등이 있다. 숙달된 연구자는 대화를 자연스럽게 이끌어 원하는 정보를 얻어낼 수 있는 기술이 필요하다.

여섯째, 인터뷰는 많은 경우 개인별로 하게 되나, 일정 그룹을 대상으로 하는 경우도 있다. 그룹 인터뷰일 경우 대개 한 번에 15인 이하로 한정하는 것이 바람직하며, 시간을 절약할 수 있는 점 이외에도 다른 사람의 표현에 자극받아 쉽게 자신의 감정을 털어 놓는 장점이 있다. 그러나 한 두 사람만이 말을 많이 하게 되는 경우가 생기며 의견을 강하게 표현할 경우는 다른 사람의 견해에 영향을 미치게 되므로 가능하면 모든 참여자가 골고루 의견을 발표할 수 있도록 유도하여야 한다.

4. 설문지

설문지에 의한 조사는 문제의 성격이 명확하고, 다루고자 하는 관련된 개념 및 내용이 확실할 경우에 이용된다. 설문지에 대한 응답 자료의 분석을 통하여 계량화된 결론을 얻을 수 있다.

설문지는 우편을 통하여 전달되기도 하며 전화를 통하여 작성되기도 한다. 또한 직접 응답자와 만나서 작성(scheduled interview)하기도 한다(Zeisel, 1981).

1 설문조사의 특성

설문조사를 위해서는 사전에 설문을 치밀하게 작성하여야 한다. 설문의 잘되고 못됨이 연구 결과에 직접적인 영향을 미치게 되므로 설문의 내용은 물론이고 설문지의 체계도 세심한 배려를 하여야 한다. 설문조사의 특성은 여섯 가지 정도로 요약할 수 있다.

첫째, 표준화된 설문지를 여러 응답자에게 반복적으로 사용함으로써 여러 다른 사람의 응답을 비교할 수 있으며, 더 나아가서 별개의 유사한 연구에서 동일한 설문지를 이용함으로써 과거의 연구 결과와 비교할 수 있으며 연구 결과가 축적되어진다.

둘째, 설문작성을 위해서는 예비조사를 함이 바람직하다. 인터뷰 혹은 현장관찰 등을 통한 진단적 연구를 통하여 보다 구체적인 설문작성을 위한 토대를 마련한다. 또한 일단 작성된 설문을 소수의 응답자를 대상으로 사전 테스트해 보는 것도 필요하다. 이렇게 함으로써 각 질문들이 잘 이해되는지, 혼동되는 점은 없는지, 설문의 의도가 무엇이라고 생각하는지, 응답자의 견해를 충분히 표현할 수 있도록 구성되어 있는지 등에 관한 미비점을 보완할 수 있다.

셋째, 설문조사 결과는 통계적 처리를 통하여 계량적 결론을 얻어낼 수 있기 때문에 연구 결과를 설득시키는 힘이 비계량적인 결과보다 크다. 그러나 문제에 대한 질적인 이해 없이 숫자만을 맹목적으로 과신하는 경향이 있을 수 있으므로 이 점을 유의하여야 한다.

넷째, 설문지 앞부분에 연구의 의도를 명확하게 솔직히 밝힘으로써 의도한 정확한 자료를 얻어내도록 하며, 또한 응답자가 즐거운 마음으로 용이하게 설문에 답할 수 있는 분위기를 조성하도록 한다.

다섯째, 앞부분의 질문이 나중의 질문에 답하는 데 영향을 주는 경우가 있다. 예를 들어 앞의 질문에서 특정 사항이 이미 언급되었다면, 나중의 질문에서 그 사항에 관한 응답자의 지식을 테스트한다는 것은 무의미할 것이다. 설문을 배열하는 데 있어서 일반적인 사항부터 시작하여 세부적인 사항으로 넘어가는 것이 보통이다.

여섯째, 30분 이상 걸리는 설문이라면 응답자는 지루하게 느끼기 시작하며 응답하는 데 있어서도 성의가 떨어진다. 지루함을 줄이기 위해서는 주제별로 그리고 응답형태별(예-아니오 타입, 스케일 타입 등)로 그룹지어 설문을 배열하는 것이 바람직하다.

2 자유응답(free responses)설문

자유응답설문은 응답자가 특정한 형식에 구애받지 않고 질문에 자유롭게 대답할 수 있는 설문형식을 말한다.

기술을 요하는 설문은 대개 여기에 속한다. '귀하가 살고 계신 아파트 단지에서 가장 불편한 점은 무엇입니까?' 혹은 '귀하가 가장 좋아하는 스포츠는 무엇입니까?' 등과 같이 응답자가 아무 구애를 받지 않고 자신의 생각을 기록할 수 있는 설문이 이에 속한다.

이밖에도 '네, 아니오'로 단순하게 응답할 수 있는 설문도 이에 속한다. '귀하는 담배를 피우십니까?' 혹은 '귀하는 골프를 치러 갈 때 가족과 함께 가십니까?' 등은 이에 속하는 설문이다.

자유응답설문은 제한응답설문에 비하여 설문작성이 용이하나 자료의 체계적 정리에 어려움이 많다. 따라서 연구의 가설 설정을 위한 예비조사 혹은 주요 변수선정의 타당성을 뒷받침하기 위한 보조적인 조사에 이용된다.

3 제한응답(precoded responses)설문

응답자의 응답범위를 표준화시켜 일정한 체계를 만들고 이 체계를 따라서 응답하도록 하는 방법이다. 이 방법은 통계적 처리를 통하여 계량적인 결과를 얻을 수 있다.

단순응답 – 나이, 종교, 학력 등에 관한 일반 자료를 얻기 위한 설문으로서 응답자가 깊이 생각함이 없이 기계적으로 응답할 수 있는 설문이다(표 10.4).

표 10.4 자유응답설문과 제한응답설문의 비교

자유응답	제한응답
공원의 이용에 불편을 느끼십니까? ① 네 ( ) ② 아니오 ( )	공원의 이용에 불편을 느끼시는 정도는? ① 불편하다 ( ) ② 보통이다 ( ) ③ 불편하지 않다 ( )
불편하게 느끼신다면 그 이유는 무엇이라고 생각하십니까? ① ② ③	불편하게 느끼신다면 그 이유는 다음 중 어느 것이라고 생각하십니까? 가장 중요한 원인 세 가지만 골라 주십시오. ① 집에서부터 거리가 멀다 ( ) ② 벤치가 적다 ( ) ③ 화장실이 없다 ( ) ④ 음수전이 없다 ( ) ⑤ 사람이 너무 많다 ( )
1년에 몇 번 공원을 이용하십니까?	1년에 몇 번 공원을 이용하십니까? ① 이용 안 한다 ( ) ② 1~10 ( ) ③ 11~20 ( ) ④ 20~30 ( ) ⑤ 30번 이상 ( )

태도(attitudes)조사 – 일정한 상황, 사람, 사물, 환경에 대한 응답자의 태도를 조사하는 데 있어서 '공정하다', '편리하다', '바람직하다' 등을 몇 단계로 나누어 제시하여(예 : 매우 공정, 공정, 불공정, 매우 불공정) 응답자가 이 가운데에서 선택하도록 하는 방법을 많이 사용한다.

이러한 방법의 하나로서 리커트척도(Likert attitude scale)가 이용된다. 이 방법은 일정 사항에 대한 기술을 하고 이에 대한 동의 혹은 동의 안 하는 정도를 응답하도록 하는 것이다. 동일한 사항에 대한 질문을 몇 가지의 다른 측면에서 작성하여 이에 대한 응답의 결과를 종합하면 일정 사항에 대한 응답자들의 태도를 알 수 있다(표 10.5). 설문을 작성함에 있어서 긍정적인 질문과 부정적인 질문을 섞어서 나열함으로써 일정한 답만 고르게 되는 폐단을 없애는 것이 바람직하다.

표 10.5 **리커트척도의 예**

	다음 사항에 대하여 당신이 동의하는 정도를 골라 O표를 하십시오.				
	절대적으로 동의한다.	동의한다.	잘 모르겠다.	동의하지 않는다.	절대적으로 동의하지 않는다.
이 공장의 규칙은 공정하지 못하다.	1	2	3	4	5
공장운영이 직업교육에 매우 도움이 된다.	5	4	3	2	1
우리 작업환경은 손쉽게 개선할 수 있는 점이 많다.	1	2	3	4	5

(네모 안의 숫자는 실제 설문에는 기록하지 않는다)

(자료 : Zeisel, 1981, p.167)

의미(meaning)조사 – 우리가 어떤 사물을 볼 때 그 사물에 대한 우리의 반응에는 여러 인자가 작용을 하게 되는데 그 가운데 하나는 '그 사물이 우리에게 어떤 의미를 지니고 있는가' 하는 것이다. 그러나 많은 사람들은 일정 사물이 자신에게 어떤 의미를 지니는가를 표현하는 데 있어서 어려움을 느낀다. 가령 일정 수목에 대한 느낌을 표현하라고 한다면 많은 사람이 '멋있다', '보기 좋다' 등의 표현으로 한정되는 것이 보통이다. 그러나 여러 표현으로 구성된(부드럽다, 정형적이다, 웅장하다, 아름답다 등) 목록을 제시한다면 각각의 사항에 대하여 자신들이 느끼는 감정의 강도를 표현하기가 용이해진다.

이러한 사실을 응용하여 오스굳 등(Osgood, et al., 1957)은 어의구별척도(semantic differential scale)를 제시하였다. 이 척도는 환경, 인간, 장소 혹은 상황 등에 관한 의미의 질 및 강도를 조사하는 데 쓰여진다.

표 10.6 어의구별척도의 예

당신의 의자에 대하여 당신이 느끼는 정도를 각 항목별로 골라서 O표 하십시오. 당신의 의자								
넓다								좁다
	(1)	(2)	(3)	(4)	(3)	(2)	(1)	
최신식								전통식
기능적								비 기능적
고상하다								고상하지 못하다
명랑하다								우울하다
질서하다								무질서하다
사적이다								공적이다
빛난다								어둡다

(자료 : Zeisel, 1981, p.168)

어의구별척도의 이용방법은 우선 장소 혹은 사물을 응답자에게 제시하거나 경우에 따라서는 이름 혹은 사진을 제시한 후에 양극으로 표현되는 형용사의 목록을 제시한다. 예를 들면 좋다/나쁘다, 행복하다/슬프다, 크다/작다 등과 같은 형용사를 제시하고, 제시된 사물이 응답자 자신에게 어떠한 의미를 지니고 있는지를 선택하도록 하는 것이다(표 10.6).

어의구별척도를 사용함에 있어서는 연구방향 및 응답자의 특성에 맞도록 적절한 형용사 목록을 만드는 것이 중요하다. 특히 목록을 만든 후에는 예비조사를 통하여 응답자들이 느끼는 항목들이 적절하게 포함되어 있는지, 응답자들이 이해 못하는 항목이 없는지를 검토하여야 한다.

순위(rank-ordering)조사 – 순위조사는 여러 관련 사항들간의 상대적 중요성을 조사하는 데 이용된다. 여러 사항들이 기록된 목록을 제시하고 이들 사항들을 일정 특성(중요성, 아름다움, 유용성, 바람직함)에 기초하여 상대적 순위를 매기도록 하는 것이다(표 10.7). 비교하여야 할 사항이 아주 비슷하거나 복잡한 경우에는 커플비교(paired comparison)의 방법을 사용하기도 한다. 이 방법은 두 개씩 짝을 지어 제시하여 응답자가 둘 중에서 더 중요한 것, 혹은 더 아름다운 것을 고르도록 하는 것으로서 응답자의 선택이 쉽고 단순하게 이루어질 수 있다는 장점이 있다. 그러나 비교사항이 많을 경우에는 너무 많은 커플수가 나온다는 결점이 있다. 가령 10가지 사항이 있다면 45가지 커플이 생기며 20가지 사항이 있다면 190가지 커플이 생긴다.

표 10.7 순위조사의 예

다음에 열거된 공간 중 주택에 포함되어야 할 가장 중요한 것은 무엇입니까? (가장 중요하다고 생각되는 공간에 대해서는 '1' 번에 ○표를 하고, 두 번째로 중요하다고 생각하는 공간에 대해서는 '2' 번에 ○표를, 그리고 그 다음 번으로 중요하다고 생각되는 공간에는 '3' 번에 ○표를 하시고, 같은 요령으로 전 항목에 대하여 순위를 매기시기 바랍니다.)												
목욕탕	1	2	3	4	5	6	7	8	9	10	11	12
부엌	1	2	3	4	5	6	7	8	9	10	11	12
세탁장	1	2	3	4	5	6	7	8	9	10	11	12
침실	1	2	3	4	5	6	7	8	9	10	11	12
놀이방	1	2	3	4	5	6	7	8	9	10	11	12
서재	1	2	3	4	5	6	7	8	9	10	11	12
창고(다락방)	1	2	3	4	5	6	7	8	9	10	11	12
현관	1	2	3	4	5	6	7	8	9	10	11	12
식당	1	2	3	4	5	6	7	8	9	10	11	12
기타 : 중요한	1	2	3	4	5	6	7	8	9	10	11	12
공간이 있다면	1	2	3	4	5	6	7	8	9	10	11	12
기록하십시오	1	2	3	4	5	6	7	8	9	10	11	12

(자료 : Zeisel, 1981, pp.169~170)

4 시각적 응답(visual responses)

환경의 인식(cognition) 혹은 지각(perception)에 관한 자료는 서술적인 응답보다는 시각적 표현이 더욱 유용한 경우가 많다.

지도 그리기 - 응답자로 하여금 일정 지역의 지도를 자유롭게 그리도록 함으로써 응답자들의 그 지역에 대한 인식 혹은 지각에 대한 정보를 얻을 수 있다. 린치(Lynch, 1979)는 이 방법을 이용하여 도시의 이미지에 관한 연구를 하였으며, 도시의 이미지의 요소로서 통로(paths), 모서리(edges), 지역(districts), 결절점(nodes) 및 랜드마크(landmarks)를 제시하였다(그림 10.18), (2장 참고).

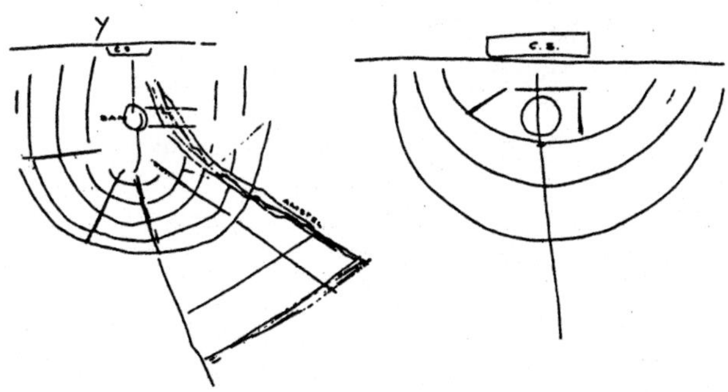

그림 10.18 암스테르담의 이미지도(응답자의 스케치)(자료 : Zeisel, 1981, p.172)

지도에 표시하기 – 응답자에게 지도 혹은 평면도를 제사하고 응답자들의 통행로 혹은 특정 사물의 위치를 표시하도록 함으로써 일정 공간을 어떻게 사용하는가, 느끼는가에 대한 자료를 얻을 수 있다(그림 10.19).

스케치 – 미래에 대하여 가지고 있는 생각을 응답자들이 자유롭게 스케치하도록 함으로써 많은 정보를 얻어낼 수 있다. 이상적인 도시, 학교, 주택에 대한 응답자들의 스케치를 검토함으로써 미래 환경에 대한 많은 아이디어를 얻을 수 있다(그림 10.20).

사진선택 – 여러 종류의 경관에 관한 사진을 제시하고 좋아하는 것을 선택하도록 하거나, 순서대로 나열하도록 하거나, 혹은 커플비교를 통하여 선호도 혹은 일정 특성을 비교하는 방법이다.

게임 – 한정된 조건 하에서 관련된 인자 상호간의 우선 순위를 조사하는 방법이다. 예를 들면 일정 커뮤니티의 각종 시설의 시각적 도해 및 설치비용을 열거하고 응답자에게 일정액의 예산 내에서 필요하다고 생각되는 시설물을 선택하도록 하는 것이다. 응답자들은 시설의 필요성과 그 비용을 함께 고려하여 선택을 하게 되므로 막연한 중요성의 열거보다는 보다 현실적인 자료를 얻게 된다.

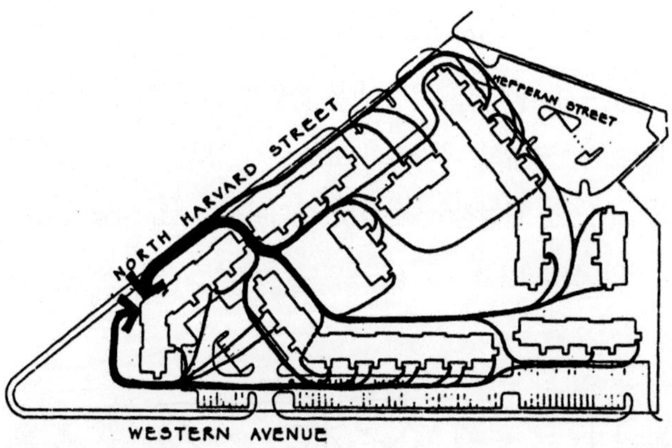

그림 10.19 집으로부터 상점까지의 보행로 및 보행량(자료 : Zeisel, 1981, p.173)

5. 문헌조사(archives)

문헌조사는 과거나 현재 발행된 신문, 보고서, 통계자료, 예산서, 편지, 사진 혹은 도면 등의 내용을 검토함으로써 원하는 정보를 찾아내는 방법이다. 역사적 사실에 대한 연구는 직접관찰이나 인터뷰를 통하여 자료를 얻기 어려우며 문헌조사가 가장 중요한 자료습득 수단이 된다. 또한 기존 설계도면의 검토는 설계의 의도를 이해하는 데 중요한 바탕이 된다.

1 문헌조사의 특성

첫째, 통계자료를 이용할 경우에는 자료의 재분류가 필요하다. 연구의 목적이 통계자료 수집의 원래 목적과 동일할 경우에는 재분류가 불필요한 경우도 있으나 대개의 경우 연구 목적에 따라서 재분류 혹은 종합이 필요하다.

둘째, 과거의 자료를 검토할 경우에 단순한 분석이 아닌 자료에 대한 적절한 해석이 필요하다. 물론 연구자의 편견 등은 가능한 배제되어야 한다.

셋째, 일정 기간을 두고 정기적 혹은 부정기적으로 기록된 자료(인구통계, 지도, 뉴스 등)로부터는 일정 행위 및 행위변화의 패턴을 알 수 있다.

넷째, 자료의 접근성에 차이가 있다. 신문, 잡지 등은 자유롭게 얻을 수 있는 반면, 개인의 프라이버시에 관계되거나 정보나 기관의 자료 등은 경우에 따라서 접근에 제한이 따른다.

다섯째, 자료를 해석함에 있어서는 자료가 쓰여진 배경 혹은 상황을 염두에 둘 필요가 있다. 즉, 관련 자료 중에서 의도적으로 누락된 것은 없는가? 자료 기록이 긍정적인, 부정적인 혹은 중립적인 입장에서 이루어졌는가? 등에 대한 판단을 함으로써 보다 정확한 자료해석이 이루어질 수 있다.

그림 10.20 어린이들이 그린 전형적인 아프리카, 일본, 미국의 학교와 이상적인 학교
(자료 : Zeisel, 1981, p.175)

2 자료의 유형

문장 – 신문기사, 잡지, 편지 등의 내용을 분석하는 경우에는 필자가 어떠한 상황 하에서 어떤 대상을 염두에 두고 썼는가를 검토하여 보다 정확한 해석을 내리도록 한다. 또한 연구자의 편견을 줄이기 위하여 가능하면 여러 사람이 검토하여 종합적인 해석을 함이 바람직하다.

과거에 발생된 문제의 유형(예 : 아파트의 문제점, 어린이 놀이터의 문제점 등)을 알고자 할 때에는 과거에 발생된 신문 혹은 전문지 등에서 언급된 문제의 종류를 중점적으로 고찰하게 된다. 그러나 문제의 중요성을 알고자 할 때에는 신문 혹은 전문지에서 언급된 문제의 종류별 빈도수를 고찰함으로써 그 빈도수에 따라 문제의 중요성을 간접적으로 파악할 수 있다.

숫자 – 인구수, 범죄율, 연령, 거주기간, 성적 등과 같이 숫자화된 자료를 검토함으로써 일정 그룹 혹은 장소의 성격, 일정 사건 혹은 행위 발생의 추세 및 패턴을 알 수 있다.

시각적 자료 – 다이어그램, 사진, 평면도, 스케치, 광고 등이 이에 속하며 이 중에서 평면도의 분석이 환경설계 분야에서 보편화되고 있다.

평면도 분석은 주로 설계자의 의도 및 이용자의 이용행태를 파악하는데 초점이 모아진다(그림 10.14).

평면도분석에서는 다음의 사항을 관심 있게 검토한다.

① 프라이버시의 정도

② 영역성(territoriality)

③ 개인공간화(personalization)

④ 준비행위(backstage behavior)–부엌과 식당, 준비실과 무대, 간호원실과 병실의 관계 등을 검토한다.

⑤ 길찾기(wayfinding)–목적지를 찾아가는 데 어려움이 없는가?

위의 사항에 관한 검토를 바탕으로 다음의 사항을 종합적으로 분석한다.

① 이용자 그룹 및 그룹별 바람직한 형태

② 각 이용자 그룹이 실제로 무엇을 느끼고(빛, 냄새, 소리 등) 어떻게 행동하도록 되어 있는가?

③ 가구의 배치, 공간의 연결 및 분리, 전체적 공간의 구성 및 체계이상과 같은 평면도의 효율적 해석은 조경설계뿐 아니라 일반적 환경설계 분야에서 보다 쾌적하여 이용자의 욕구를 만족시킬 수 있는 설계안 작성을 위한 기초가 되고 있다.

| 찾 · 아 · 보 · 기 |

환경심리와 인간행태 인용문헌

—동양문헌 · 서양문헌—

인용문헌

동양문헌

김경영 (1983) "우리나라 도시환경 색채의 주조색 설정에 관한 연구" 한국조경학회지 11(2) : 211~225
김광수 (1977) "이용자 실태분석을 통한 도시공원계획기준에 관한 연구" 서울대학교 환경대학원
김남춘 (1983) "청소년 활동양식분석을 통한 청소년 야영장시설의 개선방안에 관한 연구" 석사논문. 서울대학교 농과대학 생활조경학과
대한주택공사 (1984) "84 · 놀이환경개발 : 조합놀이시설 설계" 보고서 74p.
(1985) "공동주택단지내 부대복리시설 및 녹지공간이용실태에 관한 연구" 주연-S-116. 245p.
서울대학교 (1977) 서울대학교 교과과정(대학원 과정)
(1981) 서울대학교 교과과정(학사과정 및 대학원 과정)
(1985) 서울대학교 교과과정(학사과정 및 대학원 과정)
서울대학교 응용과학연구소 (1972) "서울대학교 종합캠퍼스 기본설계 건축보고서" p.32
서울특별시 (2000) "서울시 기상특성을 고려한 도시계획 기법연구."
심상덕 (1985) "서울시민의 피크닉행태와 피크닉환경의 선호도에 관한 연구" 석사논문. 서울대학교 환경대학원.
양위주 (1987) "시각적 복잡성의 장소별 적정 수준에 관한 연구", 서울대학교대학원 석사학위논문
양홍모 (1981) "도시내 보행자 공간에 관한 연구" 서울대학교 환경대학원 석사논문
이규목 (1978) "서울시 도시공원의 이용실태에 관한 조사연구" 한국조경학회지. 6(2) : 11~24
임승빈 (1983) "환경설계를 위한 시각적 질의 계량적 접근방법에 관한 연구" 한국조경학회지. 11(2) : 183~192.
(1984 a) "시각적 선호의 예측 모델에 관한 연구" 국토계획 19(1) : 172~188.
(1984 b) 조경계획 · 설계론 서울 : 보성문화사
임승빈, 주신하 (2002) "조경계획 · 설계", 보문당
임승빈 (1991) "경관분석론", 서울대 출판부
정대유 (1978) "학교내 놀이기구에 대한 어린이의 의식조사연구" 서울대학교 환경대학원 석사논문.
지철근 (1965) 조명공학 : 문운당.
진양교 (1994) "환경-행태 연구의 환경설계분야에서의 적용과 문제", 기획논설, 한국조경학회지, 21(4) : 147-170.
한국청소년연맹 (1983) "청소년 야영장 설치기준에 관한 연구"
황인희 · 이경회 (1985) "도심고층건물의 색채현황조사를 중심으로 한 건물 외관의 색채계획" 대한건축학회 추계학술발표 논문집 : 155~158.

서양문헌

A

Agrest, Diana (1977) "Architectural Anagrams: The Symbolic Performance of Skyscrapers." *Oppositions*. winter(no. 11) : 26~51.
Alexander, C., Ishikawa, S., & M. Silverstein, (1977) *A pattern Language*. New York: Oxford Univ. Press.
Allen, M.J. & W.M. Yen, (1979) *Introduction to Measurement Theory*. Monterey, Calif. : Brooks/Cole Pub. Co.
Altman, I. (1975) *The Environment and social Behavior* Monterey, Ca., : Brooks/Cole.
Altman, I. and M. M. Chemers (1980) *Culture and Environment* Monterey, Ca., : Brooks/Cole.

Anderson, L.M. (1981) "Land Use Designations Affect Perception of Scenic Beauty in Forest Landscapes." *Forest Science*. 27(2) : 392–400.

Ankerl, G. (1981) *Experimental Sociology of Architecture : A Guide to Theory, Research, and Literature*. Mouton Publishers.

Arnheim, R. (1974) *Art and Visual Perception*. Berkeley, Ca. : Univ. of California Press.

Arthur, L.M. (1977) "Predicting Scenic Beauty of Forest Environments: Some Empirical Tests." *Forest Science*. 23 : 151~160.

Ashihara, Yoshinobu (1970) *Exterior Design in Architecture* New York: Van Nostrand Reinhold Co.

B

Barker, R.G. (1968) *Ecological Psychology* Stanford Univ. Press.

Baud-Bovy, M & F. Lawson (1977) *Tourism and Recreation Development* Boston : CBI Pub. Co. : 89~97, 138~143.

Bell, P.A., Fisher, J.D. & R.J. Lomis, (1978) *Environmental Psychology* Philadelphia: W.B. Saunder Company.

Berlyne, D.E. (1971) *Aesthetics and Psychobiology*. New York: Appleton Century-Crofts.

(1973) "The Vicissitudes of Aplopathematic and Teleomatoscopic Pneumatology(or the Hydrography of Hedonism)" In Berlyne, D.E. & Madsen, K.B. (Eds.) *Pleasure, Reward, Preference*. New York & London: Academic Press : 1~33.

(1974) "The New Experimental Aesthetics." In Berlyne, D.E. (Ed.) *Studies in the New Experimental Aesthetics : steps toward an objective psychology of aesthetic appreciation*. New York: John Wiley & Sons: 1~26.

Berlyne, D.E. & S. Peckham, (1966) "The Semantic Differential and Other Measures of Reaction to Visual Complexity." *Canadian J. of Psychology*. 20(2): 125~135.

Bonnes, M. & M. Bonaiuto (2002) "Environmental psychology : from spatial-physical environment to sustainable environment", In Bechtel & Churchman (Eds.) Handbook of Environmental Psychology. John Wiley & Sons, New York : 28–54.

Briggs, D.J. & J. France, (1980) "Landscape Evaluation : A Comparative Study." *J. of Environmental Management*. 10 : 263~275.

Broadbent, G (1980) "A Semiotic programme for architectural psychology." In G. Broadbent, R. Bunt, T. Llorens (Eds.) *Meaning and Behavior in the Built Environment* Chichester: John Wiley & Sons: 313~359.

Broadbent, G., R. Bunt, C. Jencks (1980) Signs, Symbols, and Architecture (Eds.) New York: John Wiley & Sons:

Broadbent, G., R. Bunt, T. Lovens (1980) *Meaning and Behavior in the Built Environment*. Chichester : John Wiley & Sons.

Broadbent, J.D. Wellman, H. Harvey, & R.A. Fraser (1978) "Landscape Architects interpretations of people's landscape preferences." *J. of Environmental Management*. 6 : 255–262.

Brown, R. D & T. J. Gillespie (1995) "Microclimatic Landscape Design.", Wiley, New York.

Buhyoff, G. J. & W. A. Leuschner, (1978) "Estimating Psychological Disutility from Damaged Forest Stands." *Forest Science*. 24(3) : 424~432.

Buhyoff, G. J. & J. D. Wellman, (1980) "The Specification of a Non-linear Psychophysical Function for Visual Landscape Dimensions." *J. of Leisure Research*. 12(3) : 257~272.

C

Carls, E. G. (1974) "The Effects of People and Man-induced Conditions on Preferences for Outdoor Recreation Landscapes." *J. of Leisure Research*. 6 (spring) : 113~124.

Correy, A. (1983) "Visual Perception and Scenic Assessment in Australia." *IFLA Yearbook* : 181~189.

Craik, K. H. (1973) "Environmental Psychology." *Annual Review of Psychology*. vol. 24 Palo Alto, Calif. : Annual

Reviews, Inc. : 402~422.

D

Daniel, T. C., L. M. Anderson, H. W., Schroeder, & L. Wheeler Ⅲ (1977) "Mapping the Scienic Beauty of Forest Landscapes." *Leisure Science*. 1(1) : 35~52.

Daniel, T. C. & R. S. Boster (1976) *Measuring Landscape Esthetics : The Scenic Beauty Estimation Method*. USDA Forest Service, Research Paper RM-167, Rocky Mountain Forest and Range Experiment Station, Forest Service, U.S. Dept. of Agriculture.

Darley, J. M., S., Glucksberg, L. J., Kamin, & R. A. Kinchla, (1981) *Psychology*. Englewood Cliffs, New Jersey : Prentice-Hall Inc. : 316. Inc.

Dearden, Philip (1980) "A Statistical Technique for the Evaluation of the Visual Quality of the Landscape for Land-use Planning Purposes." *J. of Environmental Management*. 10 : 51~68.

Dearinger, J. A. (1979) "Measuring Preferences for Natural Landscapes." *J. of the Urban Planning and Development Division*. Proceedings of the American Society of Civil Engineers. 105 (January) : 63~80.

De Jonge, D. (1962) "Images of Urban Areas : Their Structure and Psychological Foundations." *AIP*. 28 : 266~276.

Desor, J. A. (1972) "Toward a Psychological Theory of Crowding." *J. of Personality and Social Psychology*. 21 : 79~85.

Draper N. R. & H. Smith (1981) *Applied Regression Analysis* (2nd ed.) John Wiley & Sons, Inc.

Driver, B. L. and S. R. Tocher (1979) "Toward a behavioral interpretation of recreational engagements with implications for Planning" In, C.S.V. Doren, G.B. Priddle, and J.E. Lewis (Eds.) *Land and Leisure*. London : Methuen & Co.

E

Eco, Umberto. (1980) "A Componential analysis of the architectural sign/column/" In G. Broadbent, R. Bunt, C. Jencks (Eds.) *Signs, Symbols, and Architecture*. New York : John Wiley : 213-232.

Evans, G.W. & W. Eichelman, (1976) "Preliminary Modeles of Conceptual Linkages Among Proxemic Variables." *Environment & Behavior* 8 : 87~116.

Evans, G.W., P.C. Marrero, and P.A. Bulter, (1981) "Environmental Learning and Cognitive Mapping," *Environment & Behavior* 13(1) : 83~104.

Eysenck, H. J. (1973) "Personality and the Law of Effect." In C.E. Berlyne & K.B. Madson (Eds.) *Pleasure, Reward, Preference*. New York & London : Academic Press : 133~166.

F

Feimer, Nickolaus R. (1981) "Environmental Perception and Cognition in Rural Context." In A.W. Childs & G.B. Melton (Eds.) *Rural Psychology*. New York : Plenum Press.

Friedmann, A., C. Zimring and E. Zube. (1978) *Environmental Design Evaluation*. Plenum Press, New York.

G

Gold, S.M. (1980) *Recreation Planning and Design*. New York : McGraw-Hill : 31-32.

Green, D.M. & J.A. Swetts, (1966) *Signal Detection Theory and Psychophysics*. New York : John Wiley.

Guilford, J.P. (1954) *Psychometric Methods*. New York : McGraw-Hill.

Gulick, John (1963) "Images of an Arab City." *AIP*. 29 (August) : 179~198.

H

Hall, E.T. (1966) *The Hidden Dimension.* New York : Doubleday.

Halprin, Lawrence (1965) "Motation." *Progressive Architecture.* 46 (July) : 126~133.

Heath, T.F. (1968) "Problems of Measurement in Environmental Aesthetics." *Architectural Science Review.* 11(1) : 17~28.

Hegemann, V. & E. Peets (1922) *The American Vitruvius : An Architect's Handbook of Civic Art.* New York : Architectural Pub. Co. : 92.

Heimstra, N.W. & L.H. McFarling *Environmental Psychology.* Monterey Ca. : Brooks Cole Pub. Co.

Hodgson, R.W. & Jr., Thayer, R.L. (1980) "Implied Human Influence Reduces Landscape Beauty." *Landscape Planning.* 7 : 171~179.

Holahan, C.J. (1982) *Environmental Psychology.* New York : Random House, Inc.

I

Im, Seung-Bin (1983) *An Investigation of the Relationship between Visual Preference and Ratio Variables in Enclosed Urban Spaces.* Ph. D. Dissertation, Environmental Design & Planning Program, VPI & SU.
(1984) "Visual Preferences in Enclosed Urban Spaces." *Environment & Behavior* 16(2) : 235~262.

Ittelson, W.H., H.M. Proshansky, L.G. Rivlin, & G.H. Winkel, (1974) *An Introduction to Environmental Psychology.* Holt, Rinehart and Winston, Inc.

J

Jencks, Charles (1972) "Rhetoric and Architecture." *Architectural Association Quarterly.* 4(3) Summer : 4~17.

Joardar, S.D., & J.W., Neill, (1978) "The Subtle Differences in Configuration of Small Public Spaces." *Landscape Architecture.* (November) 487~491.

K

Kantowitz, B.H. (1977) "Environmental Psychology." In Baron, R.A., D., Byrne, & B.H. Kantowitz, (Eds.) *Psychology : Understanding Behavior.* Philadelphia, Pa. : W.B. Saunders.

Kaplan, R. (1976) "Way-finding in the natural environment" In G.T. Moore & R.C. Galledge (eds.), *Environmental Knowing.* Stroudsburg, PA. : Dowden, Hutchinsion, & Ross : 46~57.

Kaplan, S., R., Kaplan, & J.S. Wendt, (1972) "Rated Preference and Complexity for Natural and Urban Visual Material." *Perception & Psychophysics.* 12(4) : 354~356.

Koffka, K. (1963) *Principles of Gestalt Psychology.* New York : Harcourt, Brace, & World, Inc.

Krampen, Martin (1974) *Survey on Current work in Semiology of architecture.* a paper presented in Semiotics Conference in Milan, Italy.

L

Laurie, I.C. (1978) Over-design is the death of outdoor liveliness. *Landscape Architecture* (Nov.) : 485-486.

Lawlor, M. (1955) "Cultural Influences on Preference for Designs." *J. Abnormal Psychology and Social Psychology.* 51 : 690~692.

Le Corbusier, (1971) *The Modulor, trans.* Jeanneret, C.E., Cambridge : MIT Press.

Linday, N. (1978) It all comes down to a comfortable place to sit and watch. *Landscape Architecture* (Nov.) : 402-407.

Lynch, Kevin (1975) *Site Planning.* Cambridge : MIT Press : 192-194.
(1976) *What Time Is This Place?* Cambridge : MIT Press.
(1979) *The Image of the City.* Mass. : MIT Press.

M

McElroy, W.A. (1952) "Aesthetic Appreciation in Aborigines of Arnheim Land : A Comparative Experimental Study," *Oceania*. 23(2) : 81~94.

Michelson, W. (1976) *Man and His Urban Environment : A Sociological Approach*. London : Addison-Wesley publishing company.

Moore, C. & G. Allen (1976) Dimensions. New York : McGraw-Hill

Moore, G.T. (1979) "Environment-behavior studies" In J.C. Snyder & A.J. Catanese (Eds.) *Introduction to \ Architecture*. New York : McGraw-Hill : 46-71.

Moore, G.T. & R.G. Golledge, (1976) "Environmental knowing : Concepts and Theories," In Moore, G.T., & Golledg, R.G. (Eds.) *Environmental Knowing*. Pennsylvania : Dowden. Hutchinson & Ross, Inc. 3~24.

N

Newman. Oscar (1973) *Defensible Space*. New York : Macmillan Pub. Co.

O

Osgood, C.E., G. Suci, P.H. Tannenbaum (1957) *The Measurement of Meaning* Urban, Ⅲ. : Univ. of Illinois Press.

P

Porteous, J. Douglas (1977) *Environment & Behavior* Menlo Park, Ca., Addison-Wesley.

Perin, Constance (1970) *An Interdis plinary Prospetus for Environmental Design*. Cambridge : MIT Press.

Peterson, G.L. (1967) "A Model of Preference : Quantitative Analysis of the Perception of the Visual Appearence of Residential Neighborhoods." *J. of Regional Science*. 7(1) : 19~31.

Pfaffmann, Carl (1960) "The Pleasures of Sensation." *Psychological Review*. 67(4) : 253~268.

Proshansky, H.M. (1976) "Environmental Psychology and the Real World." *American Psychologist* (April) : 303~309.

Proshansky, H.M., W.H. Ittelson, L.G. Rivlin (1970) *Environmental Psychology : Man and His Physical Setting* (Eds.) New York : Holt, Rinehart, and Winston.

R

Rabinowitz, H.Z. (1979) Postoccupancy evaluation. Pages 412~430. in J.C. Snyder and A.L. Catanese eds. Introduction to Architecture. McGraw-Hill, New York.

Rapoport, Amos (1969) *House Form and Culture*. Englewood Cliffs, N. J. : Prentice-Hall

(1977) *Human Aspects of Urban form*. Oxford : Pergamon

(1982) *The Meaning of the Built Environment* Beverly Hills : sage

Relph, E. (1976) "Place and Placelessness London.", Pion Ltd.

S

Saarinen, T.F. (1976) *Environmental Planning*, Atlanta : Houghton Mifflin Co.

Schiffman, H.R. (1976) *Sensation and Perception : An Integrated Approach*. John Wiley & Sons, Inc.

Schroeder, H & T.C. Daniel (1981) "Progress in Prediciting the Perceived scenic beauty of forest landscapes." *Forest Science* 27 : 71~80.

Shafer, E.L., J.F. Hamilton, & E.A. Schmidt. (1969) "Natural Landscape Preference : A Predictive Model." *J. of Leisure Research*. 1(1) : 1~19.

Shafer, E.L. & M. Tooby, (1973) "Landscape Preferences : An International Replication." *J. of Leisure Research*. 5 (Spring) : 60~65.

Sitte, Camillo (1945) *The art of Building Cities.*

Sommer, R (1974) *Tight Spaces.* Englewood Cliffs, V.J. Prentice Hall.

(1969) *Personal Space.* Englewood Cliffs, NJ. : Prentice Hall.

Spreiregen, P.D. (1965) *Urban Design : The Architecture of Towns and Cities.* New York : McGraw-Hill : 74-75.

Steinitz, Carl (1968) "Meaning and the Congruence of Urban Form and Activity." *AIP.* 34(4) : 233~248.

Stephens, Suzanne (1979) "What Becomes a Mounment Most?" *Progressive Architecture.* May : 87~89.

Stokols, D. (1973) "The Relationship between Micro and Macro Crowding Phenomena." *Man-Environment Systems.* 3 : 139~149.

T

Thiel, Philip (1961) "A Sequence Experience Notation." *Planning Town Review.* 32 (April) : 33~52.

Torgerson, W.S. (1958) *Theory and Methods of Scaling.* New York : Wiley.

U

Ulrich, R.S. (1981) "Natural versus Urban Scenes : Some Psychophysiological Effects." *Environment and Behavior.* 13(5) : 523~556.

V

Vaughan, D & T. Asbury (1977) *General Opthalmology.* Los Altos, Ca. : Large Medical Publications : 353-355.

Vitz, P.C. (1966) "Preferences for Differents of Visual Complexity." *Behavioral Science.* 11 : 105~114.

W

Whyte, William H. (1980) *The Social Life of Small Urban Spaces.* Washington, D.C. : The Conservation Foundation.

Wicker, A.W. (1979) "Ecological psychology : Some recent and prospective developments" *American Psychologist* 34(9) : 755~765.

Wicker, A. (2002) "Ecological Psychology : historical contexts, current conception, prospective directions." In Bechtel & Churchman (Eds.) Handbook of Environmental Psychology. John Wiley & Sons, New York : 114-126.

Wohlwill, J.E. (1968) "Amount of Stimulus Exploration and Preference as Differential Functions of Stimulus Complexity." *Perception and Psychophysics.* 4(5) : 307~312.

(1976) "Environmental Aesthetics : the Environment as a Source of Affect." In Altman, I. & Wohlwill, J.F. (Eds.) *Human Behavior and Environment : Advances in Theory and Research.* (Vol. 1), New York : Plenum : 37~82.

Wools, R.M. (1970) "The assessment of room friendliness." In D.V. Canter(Ed.) *Architectural Psychology.* Proceedings of the Conference Held at Dalandhui, Univ. of Strathclyde, Cambridge : W. Heffer & Sons Ltd., RIBA : 48-55.

Z

Zeisel, J. (1981) *Inquiry by Design.* Monterey, California : Brooks Cole Publishing Company.

Zube, E.H. (1973) "Rating everyday rural landscapes of the northeastern U.S." *Landscape Architecture* (July) : 370~375.

| 저자약력 |

임 승 빈

서울대학교 농업생명과학대학 조경·지역시스템공학부 명예교수

한국인공제반녹화협회장(2012)

한국경관협의회장(2009)

한국조경학회장(2005)

한국농촌계획학회장(2003)

미국 하버드대학교(Harvard Univ.) 디자인대학원(GSD) 객원교수(2000)

영국 런던대학교(Univ. College London) 건축 및 계획대학 Post-Doc 연구(1988)

미국 버지니아주립공과대학교(VPI & SU) 환경설계·계획학과(환경설계·계획학박사/1983)

미국 펜실베이니아대학교(Univ. of Penn) 조경 및 지역계획학과(조경학석사/1977)

서울대학교 환경대학원 조경학과(조경학석사/1975)

서울대학교 공과대학 건축학과 졸업(1971)

| 저서 |

「도시경관계획론(2008)」 집문당

「조경계획·설계(2002)」 보문당

「조경이 만드는 도시(1998)」 서울대학교 출판부

「경관분석론(1991)」 서울대학교 출판부